21世纪高等学校规划教材 | 计算机科学与技术

Hibernate+Spring 简明实例教程

吕海东　张坤　主编

清华大学出版社
北京

内 容 简 介

本书通过实际案例编程讲述了当前流行的轻量级开源框架 Hibernate5 和 Spring4 的基础知识、框架组成以及每个组成部分的编程，并通过一个实际案例讲述 Hibernate 和 Spring 框架的实际运用。

本书内容全面，易于理解，示例众多。书中既包含了简单易懂的代码片段，也有大量实际可用的应用系统示例，有利于读者迅速掌握 Hibernate 和 Spring 的核心以及重点知识和运用。书中全面采用最新版的 Hibernate 和 Spring 进行讲述，帮助广大读者了解最新版的使用和编程，保证了所学知识的先进性。

本书主要面向有 Java 语言基础、有一定 JavaEE Web 开发基础的高校学生和相关技术的爱好者，可作为大专院校 Hibernate 和 Spring 开发课程的教材，也可作为 Java 企业级应用开发人员的入门书籍和参考书，尤其适合于对 Hibernate 和 Spring 了解不够深入的开发人员阅读。

图书在版编目（CIP）数据

Hibernate+Spring 简明实例教程 / 吕海东，张坤主编. —北京：清华大学出版社，2018（2023.12 重印）
（21 世纪高等学校规划教材・计算机科学与技术）
ISBN 978-7-302-49285-6

Ⅰ. ①H… Ⅱ. ①吕… ②张… Ⅲ. ①JAVA 语言-程序设计-高等学校-教材 Ⅳ. ①TP312.8

中国版本图书馆 CIP 数据核字（2018）第 003704 号

责任编辑： 贾 斌 李 晔
封面设计： 傅瑞学
责任校对： 梁 毅
责任印制： 杨 艳

出版发行： 清华大学出版社
网 址： https://www.tup.com.cn, https://www.wqxuetang.com
地 址： 北京清华大学学研大厦 A 座　**邮 编：** 100084
社 总 机： 010-83470000　**邮 购：** 010-62786544
投稿与读者服务： 010-62776969，c-service@tup.tsinghua.edu.cn
质 量 反 馈： 010-62772015，zhiliang@tup.tsinghua.edu.cn
印 装 者： 三河市龙大印装有限公司
经 销： 全国新华书店
开 本： 185mm×260mm　**印 张：** 30　**字 数：** 729 千字
版 次： 2018 年 6 月第 1 版　**印 次：** 2023 年12月第 6 次印刷
印 数： 2801~3000
定 价： 69.80 元

产品编号：064600-01

出版说明

随着我国改革开放的进一步深化，高等教育也得到了快速发展，各地高校紧密结合地方经济建设发展需要，科学运用市场调节机制，加大了使用信息科学等现代科学技术提升、改造传统学科专业的投入力度，通过教育改革合理调整和配置了教育资源，优化了传统学科专业，积极为地方经济建设输送人才，为我国经济社会的快速、健康和可持续发展以及高等教育自身的改革发展做出了巨大贡献。但是，高等教育质量还需要进一步提高以适应经济社会发展的需要，不少高校的专业设置和结构不尽合理，教师队伍整体素质亟待提高，人才培养模式、教学内容和方法需要进一步转变，学生的实践能力和创新精神亟待加强。

教育部一直十分重视高等教育质量工作。2007 年 1 月，教育部下发了《关于实施高等学校本科教学质量与教学改革工程的意见》，计划实施"高等学校本科教学质量与教学改革工程（简称'质量工程'）"，通过专业结构调整、课程教材建设、实践教学改革、教学团队建设等多项内容，进一步深化高等学校教学改革，提高人才培养的能力和水平，更好地满足经济社会发展对高素质人才的需要。在贯彻和落实教育部"质量工程"的过程中，各地高校发挥师资力量强、办学经验丰富、教学资源充裕等优势，对其特色专业及特色课程（群）加以规划、整理和总结，更新教学内容、改革课程体系，建设了一大批内容新、体系新、方法新、手段新的特色课程。在此基础上，经教育部相关教学指导委员会专家的指导和建议，清华大学出版社在多个领域精选各高校的特色课程，分别规划出版系列教材，以配合"质量工程"的实施，满足各高校教学质量和教学改革的需要。

为了深入贯彻落实教育部《关于加强高等学校本科教学工作，提高教学质量的若干意见》精神，紧密配合教育部已经启动的"高等学校教学质量与教学改革工程精品课程建设工作"，在有关专家、教授的倡议和有关部门的大力支持下，我们组织并成立了"清华大学出版社教材编审委员会"（以下简称"编委会"），旨在配合教育部制定精品课程教材的出版规划，讨论并实施精品课程教材的编写与出版工作。"编委会"成员皆来自全国各类高等学校教学与科研第一线的骨干教师，其中许多教师为各校相关院、系主管教学的院长或系主任。

按照教育部的要求，"编委会"一致认为，精品课程的建设工作从开始就要坚持高标准、严要求，处于一个比较高的起点上；精品课程教材应该能够反映各高校教学改革与课程建设的需要，要有特色风格、有创新性（新体系、新内容、新手段、新思路，教材的内容体系有较高的科学创新、技术创新和理念创新的含量）、先进性（对原有的学科体系有实质性的改革和发展，顺应并符合 21 世纪教学发展的规律，代表并引领课程发展的趋势和方向）、示范性（教材所体现的课程体系具有较广泛的辐射性和示范性）和一定的前瞻性。教材由个人申报或各校推荐（通过所在高校的"编委会"成员推荐），经"编委会"认真评审，最后由清华大学出版社审定出版。

目前，针对计算机类和电子信息类相关专业成立了两个“编委会”，即“清华大学出版社计算机教材编审委员会”和“清华大学出版社电子信息教材编审委员会”。推出的特色精品教材包括：

（1）21 世纪高等学校规划教材·计算机应用——高等学校各类专业，特别是非计算机专业的计算机应用类教材。

（2）21 世纪高等学校规划教材·计算机科学与技术——高等学校计算机相关专业的教材。

（3）21 世纪高等学校规划教材·电子信息——高等学校电子信息相关专业的教材。

（4）21 世纪高等学校规划教材·软件工程——高等学校软件工程相关专业的教材。

（5）21 世纪高等学校规划教材·信息管理与信息系统。

（6）21 世纪高等学校规划教材·财经管理与应用。

（7）21 世纪高等学校规划教材·电子商务。

（8）21 世纪高等学校规划教材·物联网。

清华大学出版社经过三十年的努力，在教材尤其是计算机和电子信息类专业教材出版方面树立了权威品牌，为我国的高等教育事业做出了重要贡献。清华版教材形成了技术准确、内容严谨的独特风格，这种风格将延续并反映在特色精品教材的建设中。

清华大学出版社教材编审委员会
联系人：魏江江
E-mail:weijj@tup.tsinghua.edu.cn

前言

Hibernate 和 Spring 的诞生彻底改变了传统的 JavaEE 企业级应用开发的方式和设计模式。

Hibernate 是一个开放源代码的对象关系映射框架，它对 JDBC 进行了非常轻量级的对象封装，使得 Java 程序员可以随心所欲地使用面向对象编程思维来操纵数据库。Hibernate 的目标是成为 Java 中管理数据持久性问题的一种完整解决方案。它协调应用程序与关系型数据库的交互，让开发者解放出来专注于项目的业务逻辑问题。

Spring 是为了解决企业应用开发的复杂性而创建的，其主要优势之一就是其分层架构，分层架构允许使用者选择使用哪一个组件，同时为 JavaEE 应用程序开发提供了与各种其他框架的集成。Spring 使用基本的 JavaBean 组件来完成以前只能由 EJB 完成的企业级特性，而且 Spring 的用途不仅限于服务器端的开发，也可开发基于 JDK 的桌面级应用。从简单性、可测试性和松耦合的角度而言，任何 Java 应用都可以从 Spring 中受益。Spring 的核心是控制反转（IoC）和面向切面（AOP），它们可极大地简化 JavaEE 级应用的设计与开发。

Spring 和 Spring MVC 集成 Hibernate 可以解决以 MVC 模式为主的企业 Java 应用任何层的编程问题，并且比传统的 Struts2 编程的代码量明显减少，项目开发效率显著提高。

本书在详细讲述 Hibernate 和 Spring 框架的原理和组成架构时、辅以详细的案例编程，包括持久层的 Hibernate 编程、业务层的 Spring 管理事务和依赖注入，控制层的 Spring MVC 控制器和表示层的 Spring MVC 标记等，帮助读者尽快在自己的项目中运用所学知识和组件技术。

目前在开发企业级 Java 应用系统时，无一例外都会使用 Hibernate 和 Spring 集成以简化系统的开发，以提高项目的开发效率，尽快地交付项目。尤其是当前项目开发正朝向以 REST API 为核心的 Web 服务模式转换，Spring MVC 天生的 REST API 服务开发特性，使得其成为开发 REST 服务的首选，而其他框架如 Struts2、WebWork 等在支持 REST 服务这方面还是非常欠缺的。

本书的特点

1. 循序渐进，深入浅出，通俗易懂

本书在讲解 Hibernate 和 Spring 框架的各个组成部分时，从基础开始，结合 JavaEE 架构技术进行对比学习，采用通俗的语言和日常生活中的案例进行各种技术的讲解，便于读者学习与理解。在介绍新的技术和概念时，避免使用生涩难懂的技术词汇，使用通俗易懂的大众语言，形象生动，便于读者接受和理解。

2. 案例丰富，面向实际，案例驱动

本书面向案例驱动，通过一个简易的办公自动化项目的编程，展示了如何在实际项目中使用 Hibernate、Spring 和 Spring MVC，并详细讲述每个部分的使用、编程、测试和部署。这些案例都经过实际测试和应用，便于读者上手，并在自己的项目中加以灵活应用。

3. 重点突出，内容详实，易于理解

由于 Spring 框架及其 API 过于繁杂，本书挑选了实际项目开发中经常使用的元素加以详细讲解，并附以详尽的编程案例加以说明，旨在加强读者的印象和使用经验。

4. 案例典型，实现完整，配置详细

书中的案例全部选择软件开发企业的实际应用项目，并对其进行简化处理帮助初学者积累实际业务经验和知识，通过简化的实际项目编程熟悉 Hibernate 和 Spring 使用的重点，而不至于被繁杂的代码所迷惑。

本书的内容

第 1 章 Hibernate 的概念、特性以及应用领域，Hibernate 框架的组成和 API。
第 2 章 Hibernate 开发环境的安装和配置，使用 Eclipse 辅助 Maven 和 Ant 两种工具。
第 3 章 Hibernate 的配置和 SessionFactory 创建。
第 4 章 Hibernate 简单映射的基本原理，Hibernate 映射的 XML 和注释方式语法。
第 5 章 Hibernate 主键属性映射，主键值生成器的类型与配置。
第 6 章 Hibernate 关联映射的基本原理，多对一和一对多关联映射的实现与应用。
第 7 章 Hibernate 多对多映射的基本原理，多对多映射的 XML 和注释实现。
第 8 章 Hibernate 一对一关联映射的基本原理，以及 XML 和注释方式映射的配置。
第 9 章 Hibernate 的 Session API 的持久化编程，持久对象的状态和转换。
第 10 章 Hibernate 简单查询的基本原理、HQL 语言的基本语法、Query 接口的使用。
第 11 章 Hibernate 高级查询，包括关联查询、分类汇总查询和子查询的 HQL 实现。
第 12 章 Hibernate 的高级特性，包括执行 SQL 查询、调用数据库的存储过程与函数。
第 13 章 Spring 框架的概念、模块组成以及 Spring 框架的下载和项目引入的方式。
第 14 章 Spring Bean 的概念、Spring Bean 的配置、Bean 的范围、工厂 Bean 等。
第 15 章 Spring IoC 容器的基本原理、IoC 容器的配置方式、IoC 容器的接口和实现类。
第 16 章 AOP 概念、AOP 组成元素、Spring 实现 AOP 的方式、Advice 类型、Advice 开发、XML 和注释方式配置 AOP。
第 17 章 Spring 集成 Hibernate 基本原理、Spring 管理各种数据库连接池、Spring 配置管理 SessionFactory、各种 Hibernate 属性的配置、映射文件的配置、事务处理的配置。
第 18 章 Spring MVC 框架概念、组成和基本工作流程，DispactherServlet 的功能和配置，Spring MVC 简单案例的编程过程。

第 19 章　Spring MVC 控制器编程、控制器类的注释类、控制器方法的参数类型和相关的注释类、控制器方法的返回类型和相关的注释类。

第 20 章　Spring MVC 处理文件上传和下载的编程、文件上传解析器的配置、文件上传控制器方法的编程、上传文件的处理，通过 Hibernate 将上传文件写入到数据库。

第 21 章　Spring MVC 表单标记，表单标记与控制器传递的业务 Model 对象的数据绑定，与控制器的 Model 中的容器绑定的表单标记。

第 22 章　Spring MVC 数据验证的原理和实现方式，重点是 Spring MVC 内置的数据验证架构与 Java 验证规范 JSR-303 实现数据验证的编程，JSR303 的实现框架 Hibernate Validator 的使用和配置。

第 23 章　Spring MVC 实现国际化 I18N 的基本原理，I18N 和 L10N 的概念，Java 实现 I18N 的实现机制，Spring 实现 I18N 的机制，Spring MVC 的国际化的标记使用。

第 24 章　REST API 概念，REST API 的规范，Spring MVC 实现 REST 服务的编程和配置，Spring MVC 专用的@RestController 的使用。

适合读者

（1）Hibernate 和 Spring 的初学者。

（2）JavaEE 企业级应用开发人员。

（3）大中专院校的学生。

预备知识

（1）Java 编程语言。

（2）网页编程语言 HTML、JavaScript、CSS 和 DOM。

（3）数据库基础知识、SQL 语言、SQL Server 或 Oracle 或 MySQL。

（4）JavaEE 企业级 Java 开发架构。

致谢

在本书撰写的全程中得到了清华大学出版社贾斌老师的悉心指导以及大连理工大学城市计算机工程学院的大力协助。书中全部的案例代码由大连英科时代发展有限公司系统开发部陆永林总工程师进行精细审核和全面测试，在此作者表示衷心的感谢。由于作者水平有限，书中难免出现疏漏之处，欢迎广大读者批评指正，作者的 e-mail 为 haidonglu@126.com。

编　者

2017 年 10 月

[illegible]

适合读者

[illegible]

预备知识

[illegible]

致谢

[illegible]

2017年10月

目录

第1章 Hibernate 概述

本章要点

- Hibernate 概述。
- 对象关系映射 ORM 原理。
- Hibernate API 组成。
- Hibernate 的工作原理。

Hibernate 在英文的意思是“冬眠，蛰伏”，Hibernate 框架采用此单词作为名称，寓意着自有了 Hibernate 框架以后，Java 程序员再不需要每日每夜、贪黑起早为项目开发而劳顿，而是像有些动物一样可以冬眠了。Hibernate 框架能极大地减少程序员的编程工作量，提高开发效率，缩短项目的部署时间，减轻开发人员的压力。

本章重点介绍了 Hibernate 的基本概念、工作原理、Hibernate 的安装和配置、Hibernate 的组成以及对简单数据表的操作编程。学习完本章后，读者可以对 Hibernate 的基础有初步的了解，能自行安装和配置 Hibernate，并按照本章介绍的 Hibernate 编程步骤能进行简单的持久化编程。

1.1 Hibernate 概念

学习任何知识和技术，首先需要知道它是什么，然后了解它能做什么，它是如何做的，它有哪些组成部分，每个组成部分又是什么、能做什么，这样对其抽丝剥茧，理解掌握每个细节就能融会贯通，对其运用自如。

Hibernate 是基于 Java 的持久层的框架，也可称为 ORM 框架，专门负责应用中对数据库表的操作，完成数据的持久化操作，即俗称的 CRUD，即 C（Create）增加、R（Retrieve）查询、U（Update）修改、D（Delete）删除，对应数据库操作语句 SQL 的 insert、select、update 和 delete 四条语句。实际上任何软件应用系统，不论简单还是复杂，最终都归结为对数据库的增、删、改、查四大操作。

在没有 Hibernate 之前，我们通常使用 JDBC 来完成应用中的数据库操作，要完成一个项目的所有数据操作，编程工作量之大，凡是开发过实际项目的人都会有切身体会。

Hibernate 的设计目标就是为了取代使用传统的 JDBC 完成 Java 应用项目 95%的操作数据库的编程代码以实现对数据库的增加、修改、删除和查询，俗称 CRUD，减轻程序员代码编程工作量，提高其开发效率，加快项目的开发进度，节省项目的投资，提高客户的满意度。

1.2 ORM 概述

以 JavaEE 为基础的企业级软件项目开发中，无一例外地都使用数据库来存储和管理系统中的业务数据，并且基本上都使用关系数据库（RDBMS）。这样在系统编程中就涉及两种不同的概念和事物，即 Java 中的类和对象、数据库中的表和记录。

Java 环境是对象的世界（Object World），我们看到的都是类、对象、属性、方法、对象间的关联，依赖。使用类表达现实对象的汇总和抽象，使用对象表达具体的事物，如一本书、一个订单、一个产品。使用属性表达事物的特性，如定义产品名称、单价、库存数量；通过关联表达对象间的联系，如产品和订单关联、订单与客户和员工关联。

数据库环境是关系世界（Relation World），这个世界有的只是表、记录和字段，以及表间的关联关系，如一对多、多对一、多对多等。

在 Java 应用开发中，我们使用 Java 对象表达现实业务对象，将用户在操作界面输入的数据保存到 Java 对象的属性中，通过某种机制将这些属性值保存到数据表中，这种机制就是对象到关联表的转换机制，也称为 ORM，即 Object-Relational Mapping。

在 ORM 中，Java 中的类对应数据库中的表，对象对应表的记录，Java 对象属性对应表的字段，构成了 Java 对象世界与数据库关系世界的一一对应关系，也表达了一个现实业务对象在这两个世界的不同表达。图 1-1 表达了 ORM 的对应关系。

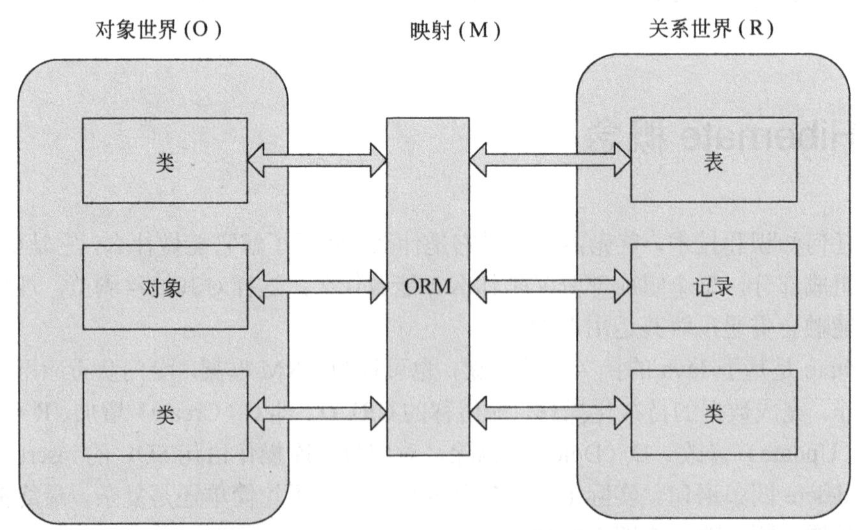

图 1-1 ORM 映射关系图

在应用开发中需要进行对象世界和关系世界的相互转换的编程，即 ORM 的实现编程，也称为 ORM 解决方案。在此需求驱动下，诞生了众多 ORM 框架，其中比较著名就是

Hibernate，此外还有 MyBatis、ibatis、TopLink、JPA 等。

1.3 Hibernate 在企业级应用的地位

现代企业级应用项目开发中，一般都采用分层设计原则，根据类的功能职责将其划分到不同的层（Layer）中，其中最常用的是 5 层架构设计，不论其采用 JavaEE 基础架构，还是采用微软的.NET，还是 PHP，这种架构已经成为事实上的标准。

以 JavaEE 企业级应用为例，可以将整个应用分为如图 1-2 所示的 5 层组件体系结构。

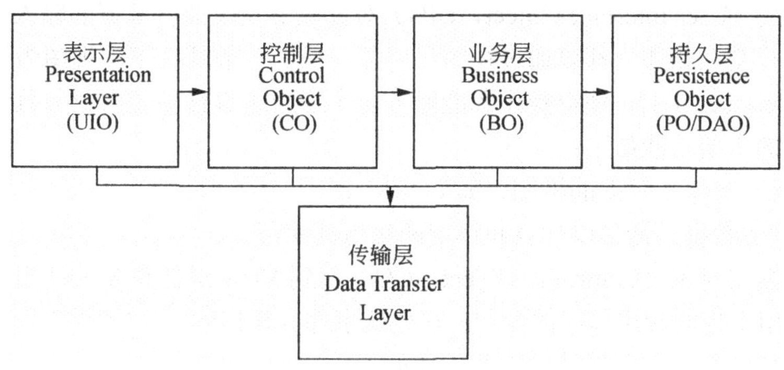

图 1-2　JavaEE 企业级应用 5 层架构组成

（1）传输层对象 DTO，也称为模型类（Model Object）担当业务对象的数据表示职责，由于业务对象数据都保存在数据库表中，因此每个模型类与数据库表对应，也称为 Domain Model 类。

（2）持久层（Persistence Layer）对象 DAO（Data Access Object）,称为数据访问对象，有的资料也称为 PO（Persistence Object），即持久对象，实际上就是 ORM 实现层。

DAO 对象的职责是负责与数据库连接，将 DTO 对象代表的业务数据存入数据库表中，反之将表记录代表的业务数据读出写入到 DTO 对象中，也可称之为 ORM 解决方案。图 1-3 展示了 DAO 对象所处的位置和职责。

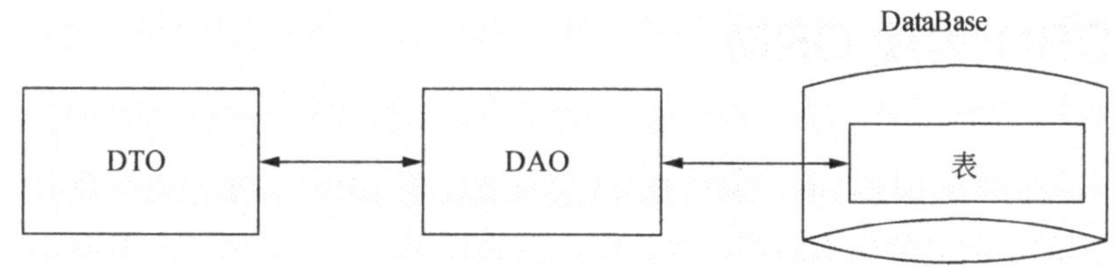

图 1-3　DAO 层功能职责表示

DAO 的主要功能执行对数据表的 CRUD 操作，每个操作说明如下。

① C（Create）创建操作。

创建记录，将 DTO 表达的业务对象数据增加到数据表中，执行 insert into 语句。

② U（Update）更新操作。

更新记录，将 DTO 对象属性值将业务表中对应的记录进行更新，执行 update 语句。

③ D（Delete）删除操作。

删除记录，将 DTO 对象对应用的记录删除，执行 delete 语句。

④ R（Read）读取操作。

将表中的记录读出，每个字段值写入到 DTO 对象的属性中，可以返回多个记录列表对应多个 DTO 对象的 List 容器，以及单个记录对象的 DTO 对象。

（3）业务层对象（BO）主要实现应用系统的业务处理。所有软件应用系统都是对现实业务系统的模拟，将原来手工业务处理转移到计算机应用系统中，这样原来手工系统的业务处理都需要在软件系统进行实现，即业务对象的方法实现，现实应用系统中的每个业务处理在业务层对象中都有一个方法与之对应，所有方法的集合构成了系统的功能需求。

（4）视图层（User Interface Object，UIO）对象能够实现业务数据的输入和显示，外部对象与系统进行交互和通信都要通过视图层对象完成。一般情况下，视图为操作者显示的界面（User Interface，UI），使得操作者能通过这个窗口来进行系统内业务数据的管理和维护。视图组件的主要功能如下：

① 提供操作者输入数据的机制，如 FORM 表单。

② 显示业务数据。通常以列表和详细两种方式实现。

（5）控制器层对象（Controller Object，CO）起到 View 组件和 Model 组件之间的组织和协调作用，用于控制应用程序的流程。它处理事件并作出响应。“事件”包括用户的行为和数据模型上的改变。控制组件的主要功能如下：

① 取得 View 组件收集的业务数据。

② 验证 View 组件收集数据的合法性，分为格式合法性和业务合法性。

③ 对 View 收集的数据进行类型转换。

④ 调用 Model 组件的业务方法，实现业务处理。

⑤ 保存给 View 显示的业务数据。

⑥ 导航到不同的 View 组件上，显示不同的操作窗口。

根据每层实现的功能，Hibernate 正好与 DAO 层功能完全一致，因此 Hibernate 担任的正是 DAO 层的解决方案，也将其称为持久层解决方案框架。

1.4 JDBC 实现 ORM

在 Hibernate 没有出现以前，编写 DAO 层只能使用 JDBC API 完成对数据库的操作，下面通过一个简单的对部门表的增、改、删、查操作展示一下如何使用 JDBC 编程完成。

1）数据库连接工厂的编程。

为简化 DAO 层的编程，通常编写一个数据库连接工厂，封装取得数据库连接的代码，DAO 层编程时使用此工厂取得连接 Connection 的对象，其代码参见程序 1-1。

程序 1-1 ConnectionFactory.java //数据库连接 Connection 工厂类

```
package com.city.oa.factory;
import java.sql.Connection;
import java.sql.DriverManager;
```

```
//数据库连接工厂
public class ConnectionFactory {
    public static Connection createConnection() throws Exception
    {
        Class.forName("com.mysql.jdbc.Driver");
        Connection cn=DriverManager.getConnection("jdbc:mysql://localhost:
        3306/cityoa", "root", "root");
    return cn;
    }
}
```

为简要演示数据库连接 Connection 对象的取得，代码中没有使用数据库连接池，而是直接使用 DriverManager 获得，实际项目开发中应该使用连接池来取得连接对象，如使用 C3P0 框架，或在 JavaEE 服务器中配置连接池，并通过 JNDI 取得连接对象。

2）数据表达 Model 类编程

在 Java 应用编程中，为表达数据库表中存储的数据，会定义一个 Java 类以及与表字段对应的属性，每个对象与表中的一个记录对应，将字段的值保存到对象的属性中，实现 Java 对象与数据库表记录的对应操作，即上面介绍的 ORM。

本案例使用 MySQL 数据库，在数据库 CITYOA 中有一个部门表，其表的结构设计参见表 1-1。

表 1-1 部门表定义

字 段 名	字 段 类 型	约 束	说 明
DEPTNO	Int(10)	主键 自增量	部门序号
DEPTCODE	Varchar(20)		部门编码
DEPTNAME	Varchar(50)		部门名称

根据此部门表设计的部门的 Model 类实现代码，参见程序 1-2。

程序 1-2 DepartmentModel.java //部门表映射类

```
package com.city.oa.model;
import java.io.Serializable;
//部门的持久化类，与 MySQL 数据库 cityoa 的表 OA_Department 对应
public class DepartmentModel implements Serializable {
    //部门序号
    private int no=0;
    //部门编码
    private String code=null;
    //部门名称
    private String name=null;
    public int getNo() {
        return no;
    }
    public void setNo(int no) {
        this.no = no;
```

```
    }
    public String getCode() {
        return code;
    }
    public void setCode(String code) {
        this.code = code;
    }
    public String getName() {
        return name;
    }
    public void setName(String name) {
        this.name = name;
    }
}
```

在部门 Model 类中，分别定义与表字段对应的类属性变量，每个属性定义了一对 get/set 方法，这些 get/set 方法构成了 Java 对象的属性，Model 类符合 JavaBean 的设计规范，将来被用于 Web 应用使用标记进行数据的显示和绑定。

3）DAO 接口的编程

DAO 接口定义了一个持久化对象的 DAO 层 CRUD 的方法，且在 DAO 层方法定义上已经形成了统一的模式，即 create、update、delete、getList 和 get 等对 Model 类对象的增加、修改、删除、取对象列表和单个对象的操作。程序 1-3 展示了对部门进行 CRUD 的 DAO 层接口的编程。

程序 1-3 IDepartmentDao.java //部门 DAO 接口

```
package com.city.oa.dao;
import java.util.List;
import com.city.oa.model.DepartmentModel;
//部门 DAO 接口
public interface IDepartmentDao {
    //增加部门
    public void create(DepartmentModel dm) throws Exception;
    //修改部门
    public void update(DepartmentModel dm) throws Exception;
    //删除部门
    public void delete(DepartmentModel dm) throws Exception;
    //取得所有部门列表
    public List<DepartmentModel> getListByAll() throws Exception;
    //取得指定的部门
    public DepartmentModel getDepartment(int departmentNo) throws Exception;
}
```

由 DAO 接口代码可见，很多方法都以 Model 对象为参数，实现将 Model 对象与表记录的相互转换。

4）DAO 实现类的编程

在介绍 Hibernate 之前，首先使用传统的 Java JDBC API 来实现 DAO 层的编程，使用

Connection 取得与数据库的连接，使用 PreparedStatement 执行 SQL 语句，使用 ResultSet 表示执行 select 的查询结果。使用 JDBC API 完成的部门 DAO 实现类，参见程序 1-4。

程序 1-4 DepartmentDaoImpl.java //部门 DAO 实现类

```
package com.city.oa.dao.impl;
import java.sql.Connection;
import java.sql.PreparedStatement;
import java.sql.ResultSet;
import java.util.ArrayList;
import java.util.List;
import com.city.oa.dao.IDepartmentDao;
import com.city.oa.factory.ConnectionFactory;
import com.city.oa.model.DepartmentModel;
//部门 DAO 实现类，使用 JDBC API 实现持久化编程
public class DepartmentDaoImpl implements IDepartmentDao {
    @Override
    public void create(DepartmentModel dm) throws Exception {
        String sql="insert into OA_Department (DEPTCODE,DEPTNAME) values
        (?,?)";
        Connection cn=ConnectionFactory.createConnection();
        PreparedStatement ps=cn.prepareStatement(sql);
        ps.setString(1,dm.getCode());
        ps.setString(2, dm.getName());
        ps.executeUpdate();
        ps.close();
    }
    @Override
    public void update(DepartmentModel dm) throws Exception {
        String sql="update OA_Department set DEPTCODE=?,DEPTNAME=? where
        DEPTNO=?";
        Connection cn=ConnectionFactory.createConnection();
        PreparedStatement ps=cn.prepareStatement(sql);
        ps.setString(1,dm.getCode());
        ps.setString(2, dm.getName());
        ps.setInt(3, dm.getNo());
        ps.executeUpdate();
        ps.close();
    }
    @Override
    public void delete(DepartmentModel dm) throws Exception {
        String sql="delete from OA_Department where DEPTNO=?";
        Connection cn=ConnectionFactory.createConnection();
        PreparedStatement ps=cn.prepareStatement(sql);
        ps.setInt(1, dm.getNo());
        ps.executeUpdate();
```

```
        ps.close();
    }
    @Override
    public List<DepartmentModel> getListByAll() throws Exception {
        List<DepartmentModel> list=new ArrayList<DepartmentModel>();
        String sql="select * from OA_Department";
        Connection cn=ConnectionFactory.createConnection();
        PreparedStatement ps=cn.prepareStatement(sql);
        ResultSet rs=ps.executeQuery();
        while(rs.next()){
            DepartmentModel dm=new DepartmentModel();
            dm.setNo(rs.getInt("DEPTNO"));
            dm.setCode(rs.getString("DEPTCODE"));
            dm.setName(rs.getString("DEPTNAME"));
            list.add(dm);
        }
        rs.close();
        ps.close();
        cn.close();
        return list;
    }
    @Override
    public DepartmentModel getDepartment(int departmentNo) throws Exception {
        DepartmentModel dm=null;
        String sql="select * from OA_Department where DEPTNO=?";
        Connection cn=ConnectionFactory.createConnection();
        PreparedStatement ps=cn.prepareStatement(sql);
        ps.setInt(1, departmentNo);
        ResultSet rs=ps.executeQuery();
        while(rs.next()){
            dm=new DepartmentModel();
            dm.setNo(rs.getInt("DEPTNO"));
            dm.setCode(rs.getString("DEPTCODE"));
            dm.setName(rs.getString("DEPTNAME"));
        }
        rs.close();
        ps.close();
        cn.close();
        return dm;
    }
}
```

由代码可见，使用 JDBC 编写与数据库有关的持久化功能代码时，代码编写烦琐，尤其是执行检索操作时，如果表的字段较多，则需要编写的重复代码会非常多，在一般 Java 项目中，如果使用 JDBC API，其 DAO 层编程工作量会占整个项目的 50%左右，如果再考虑表间的关系，并编写对应 Java Model 对象之间的关联操作，实现起来更是烦琐。

Hibernate 框架就是针对 JDBC 编写 DAO 层的烦琐编程和超大工作量而诞生的，它将传统的 JDBC 操作进行封装，只需在其 API 对象的方法中传入 Model 对象，Hibernate 会根据映射信息生成对应的 JDBC 操作，而不再需要编程，这就极大地简化了项目中对数据库的持久化操作。

1.5 Hibernate 框架组成

Hibernate 框架采用模块结构模型，每个模块可以单独使用，也可以整合使用多个模块，完成复杂的持久化编程。按照功能划分，Hibernate 由如下模块组成。

1．核心模块（hibernate-core）

Hibernate 框架的核心，包括 Hibernate 主要 API 接口和实现类，以及依赖的其他类库文件。开发 Hibernate 应用必须引入核心模块的 jar 文件。

2．Hibernate 实体管理器模块（hibernate-entitymanager）

Hibernate 对 JavaEE JPA 规范的支持模块，可以使用 Hibernate 实现 JPA 的 API。

3．Hibernate Java8 支持模块（hibernate-java8）

该模块提供了对 Java8 新的数据类型的支持，如对 Java8 新的日期和时间数据类型的全面支持。

4．Hibernate 历史版本的支持模块（hibernate-envers）

该模块提供了对历史版本实体的支持。

5．空间数据支持模块（hibernate-spatial）

Hibernate 在此模块中提供了对 GIS 空间数据类型的支持，将 Hibernate 应用于 GIS 系统的开发。

6．Hibernate OSGi 支持模块（hibernate-osgi）

该模块提供在 OSGi 容器中运行 Hibernate 应用的支持。OSGi（Open Service Gateway initiative）技术是 Java 动态化模块化系统的一系列规范，OSGi 服务平台向 Java 提供服务，这些服务使 Java 成为软件集成和软件开发的首选环境。

7．C3P0 支持模块（hibernate-c3p0）

该模块使得 Hibernate 能配置使用 C3P0 数据库连接池框架，配置到任何数据库服务器上，实现高性能的数据库连接。

8．HiKariCP 框架支持模块（hibernate-hikaricp）

该模块提供了 Hibernate 与数据库连接框架 HiKariCP 的配置支持。HiKariCP 是数据库连接池的一个后起之秀，号称性能最好，超越了其他连接池框架，其官方数据测试称它的数据库连接性能是 C3P0 等的 25 倍左右。但是从其在 Github 上多年没有更新版本的情况看，使用其作为数据库连接，情况不容乐观。

9．Proxool 框架支持模块（hibernate-proxool）

Hibernate 支持 Proxool 数据库连接池配置模块。Proxool 是一个 sourceforge 下的 Java 数据库连接池开源项目。这个项目提供一个健壮、易用的连接池，最为关键的是这个连接池提供监控的功能，方便易用，便于发现连接泄漏的情况。目前其与 DBCP 以及 C3P0 一起，成为最流行的三种 JDBC 连接池技术，但最近 Hibernate 官方宣布由于 Bug 太多不再支持 DBCP，而推荐使用 Proxool 或 C3P0。

10．Jcache 支持模块（hibernate-jcache）

该模块支持将 Jcache 框架作为 Hibernate 的二级缓存机制，实现 Hibernate 高性能的查询处理。

11．Ehcache 支持模块（hibernate-ehcache）

该模块支持将缓存框架 Ehcache 作为 Hibernate 的二级缓存，提高 Hibernate 的查询处理速度。

12．Infinispan 框架支持模块（hibernate-infinispan）

该模块支持将缓存框架 Infinispan 作为 Hibernate 的查询处理的二级缓存框架，对应 Hibernate 查询相同的结果集可以直接从缓存中获得，不再需要进行数据库连接和数据读取操作。

由以上模块可见，最新版的 Hibernate 已经可以支持多种目前最流行的数据库连接池框架和数据缓存框架，实现高性能的数据持久化操作，提高了应用系统的性能，改进了用户操作体验。

1.6 Hibernate API 组成

由于 Hibernate 只是实现 ORM 的持久层的框架，其功能较为单一而集中，不像 Spring 框架那样庞大与复杂。Hibernate 框架的 API 只包含非常少的几个接口和类，使得编程 Hibernate 应用非常简单，学习 Hibernate 比较难的部分是类间关联关系的映射和各种检索策略的实现。

Hibernate API 主要包括以下类和接口，下面简单说明一下，具体每个类和接口的使用将在后续章节中详细讲述。

1．Configuration 类

Configuration 类的对象用于配置和启动 Hibernate。Hibernate 应用通过 Configuration 实例来指定对象/关系映射文件的位置或者动态配置 Hibernate 的属性，然后创建 SessionFactory 实例。

2．SessionFactory 接口

一个 SessionFactory 实例对应一个数据存储源。应用从 SessionFactory 中获取 Session 实例。SessionFactory 有如下特点，在编程时需要注意。

（1）它是线程安全的，它的一个实例能够被应用的多个线程共享。

（2）它是重量级的，创建该对象需要较多的资源和运行时间，不能随意创建或者销毁，一个数据库只对应一个 SessionFactory。通常构建 SessionFactory 是在某对象 Bean 的静态初始化代码块中进行的。

如果应用只是访问一个数据库，那么只需创建一个 SessionFactory 实例即可，并且在应用初始化的时候创建该实例。如果应用要同时访问多个数据库，则需为每个数据库创建

一个单独的 SessionFactory。

3．Session 接口

它是 Hibernate 应用最广泛的接口。它提供了和持久化相关的操作、如添加、删除、更改、加载和查询对象。Session 接口的对象有以下特性。

(1)它是线程不安全的，因此在设计软件架构时，应尽量避免多个线程共享一个 Session 实例。

（2）Session 实例是轻量级的，这意味着在程序非常快捷迅速地创建和销毁 Session 对象，如为每个客户请求分配单独的 Session 实例。使用 Session 的原则是一个线程一个 Session，一个事务一个 Session。

4．Transaction 接口

该接口是 Hibernate 的事务处理接口，它对底层的事务接口进行封装。

5．Query 接口

该接口用于执行 Hibernate 提供的类似 SQL 的 HQL 查询语句，Query 实例包装了一个 HQL 查询语句，可执行该 HQL 语句返回持久对象集合或单个持久对象。

6．Criteria 接口

该接口是 Hibernate 的查询接口，用于向数据库查询对象，以及控制执行查询的过程。Criteria 接口完全封装了基于字符串形式的查询语句，比 Query 接口更面向对象。Criteria 更擅长于执行动态查询。

通过其 API 组成可见，Hibernate 框架还是比较简单的，其编程也不是非常复杂。

1.7　Hibernate 的特性

Hibernate 已经成为企业级 Java 应用开发的 DAO 层事实上的标准实现，它的优点和特性如下。

1．对象/关系数据库映射（ORM）

它使用时只需要操纵对象，使应用开发对象化，抛弃了数据库中心的思想，完全体现了面向对象的编程思想。

2．透明持久化（persistent）

带有持久化状态的、具有业务功能的单线程对象的生存期很短。这些对象可能是普通的 JavaBeans/POJO，这个对象没有实现第三方框架或者接口，唯一特殊的是它们正与（仅仅一个）Session 相关联。一旦这个 Session 被关闭，这些对象就会脱离持久化状态，这样就可被应用程序的任何层自由使用。

3．完善的事务处理机制

事务用来指定原子操作单元范围的对象，它是单线程的，生命周期很短。它通过抽象将应用从底层具体的 JDBC、JTA 以及 CORBA 事务隔离开。某些情况下，一个 Session 之内可能包含多个 Transaction 对象。尽管是否使用该对象是可选的，但无论是使用底层的 API 还是使用 Transaction 对象，事务边界的开启与关闭是必不可少的。

4．非侵入性设计实现轻量级框架设计

Hibernate 没有强制要求 Model 类必须实现 Hibernate 的接口或继承特定的实现类，普通的 POJO 就可以成为 Hibernate 管理的持久类。

5．代码移植性好

Hibernate 通过配置连接各种数据库，避免了硬编程方式与数据库的连接，可通过修改配置切换到不同的数据库。在映射时，通过 Hibernate 的类型，而不是使用数据库的类型，可以屏蔽不同数据库的差异性。

6．提供优良的缓存机制，提供一级缓存和二级缓存

Hibernate 内置一级缓存机制，极大地提高了数据的操作和检索速度，另外还支持二级缓存机制，可显著提高使用 HQL 的查询速度。

7．提供简洁的 HQL 编程

Hibernate 使用类似 SQL 语法的面向对象的查询语言 HQL，极大地降低了程序员的学习成本，只要熟悉 SQL，就会使用 HQL。

了解了 Hibernate 的基本概念和功能后，第 2 章将详细介绍 Hibernate 应用开发环境的安装和配置，并通过一个简单的部门增加功能演示使用 Hibernate 的编程步骤。

本章小结

本章详述了 Hibernate 的基本概念和基本功能，及其在企业级 JavaEE 应用中的位置，介绍了 Hibernate 框架的组成、ORM 映射的基本原理和 Hibernate API 组成。

第2章 Hibernate 应用开发环境安装与配置

本章要点

- Hibernate 开发环境的工具。
- Hibernate 开发环境的安装。
- Hibernate 应用开发环境的配置。

在学习使用 Hibernate 完成数据持久化到数据库之前，首先要安装和配置应用项目开发环境，并配置引入 Hibernate 类库以后，才能使用 Hibernate 提供的各种 API 接口和类库完成对数据库的操作功能。下面分别通过使用引入 Hibernate 类库方式和 Maven 方式，详细介绍各自模式下创建 Java Web 项目以及引入 Hibernate 类库的过程。

2.1 Hibernate 环境要求

本书选择了最新版的 Hibernate5.2.3 作为 Hibernate 学习的基础，此版本 Hibernate 要求事先安装并配置好如下软件环境。

（1）Java8 开发 JDK。

Hibernate5.2.3 新增了支持 Java8 新数据类型的映射，要求必须按照 Java8 版本的 JDK 和 JRE 才能正常运行。

（2）JDBC4.2 数据库连接 API。

Hibernate5.2.3 要求 JDBC 的版本在 4.2 以上，因为 Hibernate 底层与数据库连接依然使用的是 JDBC API。JDBC4.2 增加了 Java8 中新的数据类型，尤其是与日期和时间对应的类型，在操作数据库时，可以将 Java8 新类型与数据库产品支持的数据类型进行对应操作。

在安装了 JDK8 版本后，就满足了开发 Hibernate5.2.3 的基本要求，可以进行基于 Hibernate 框架的 Java 项目的开发。在当今软件项目开发中，除移动设备开发原生 App 外，基本上都在开发 Web 应用项目，这里主要讲述 Java Web 项目中使用 Hibernate 的开发环境的配置步骤，关于桌面 Java 项目的开发环境配置就不再讲解了。

2.2 JavaEE Web 项目创建

在互联网时代，企业开发项目基本上都是 Web 项目，Hibernate 和 Spring 也基本上使用在 Web 项目中。下面我们详细说明使用 Eclipse 创建 Java Web 项目后，引入 Hibernate 类库的全过程。

1. 创建 Java Web 项目

要创建 Java Web 项目，需要使用 Eclipse for Java EE Developers 版本，在 Eclipse 的官方网站 www.eclispe.org 下载页面中选择：Eclipse IDE for Java EE Developers。下载 zip 文件解压后即可启动 Eclipse。在创建项目之前要配置好 JavaEE 服务器，本书使用 Tomcat8 作为 Web 服务器。配置过程如下所述。

在菜单中选择 Windows->Preferences->Server->Runtime Environment，显示如图 2-1 所示的服务器配置界面。

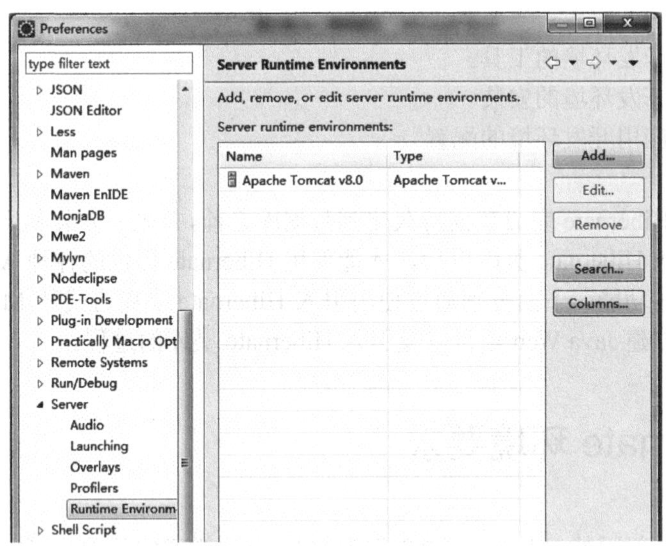

图 2-1 Eclipse 配置服务器初始界面

在图 2-1 的界面中单击 Add 按钮，弹出如图 2-2 所示的服务器选择界面。

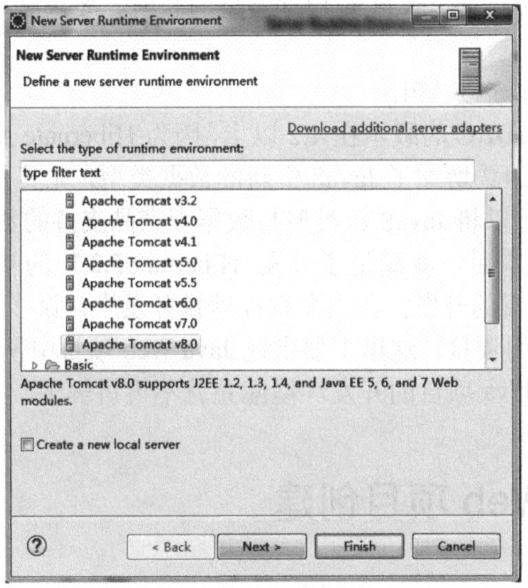

图 2-2 Eclipse 服务器选择界面

在图 2-2 中选择 Apache Tomcat v8.0，单击 Next 按钮，进入服务器安装目录选择界面，如图 2-3 所示。

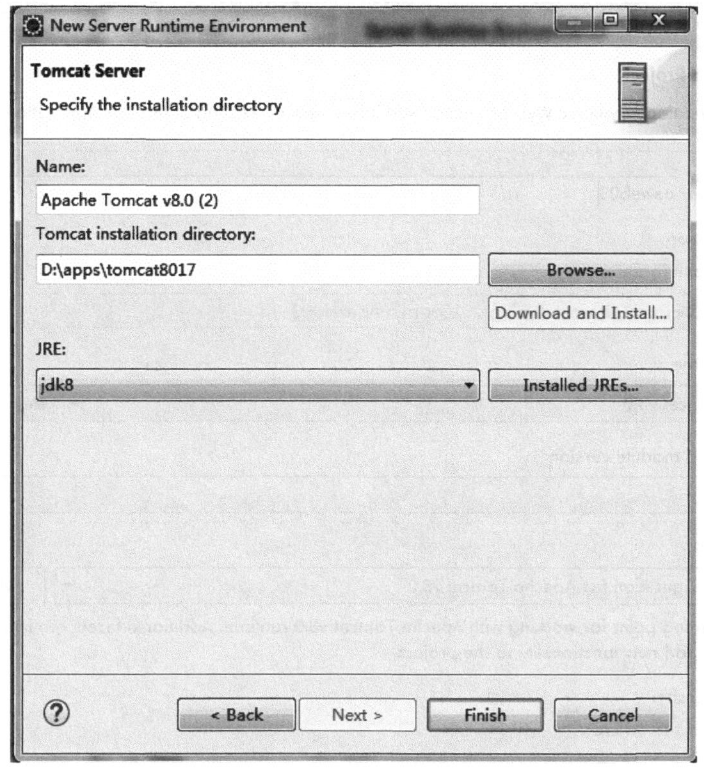

图 2-3　选择 Tomcat 服务器的安装目录

选择 Tomcat8 的安装目录，这里是 D:\apps\tomcat8017，通过 JRE 下拉列表框选择已检测到的 JRE 版本，也可以通过单击 Installed JREs 按钮再增加新的 JRE，在此选择 jdk8，单击 Finish 按钮，完成 Tomcat8 服务器的配置，配置完的服务器参见图 2-4。

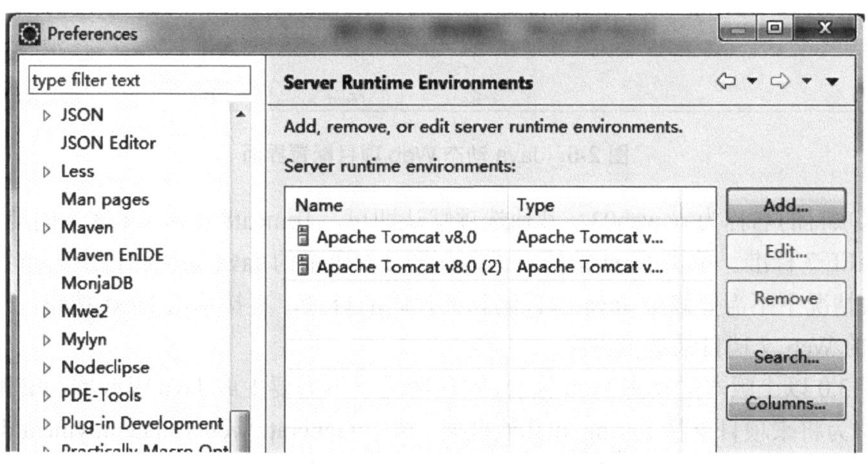

图 2-4　完成 Tomcat 服务器配置的界面

在服务器配置好以后，就可以创建 Java Web 项目了。在菜单中选择 File->New->Dynamic Web Project，弹出动态 Web 项目的配置界面，如图 2-5 所示。

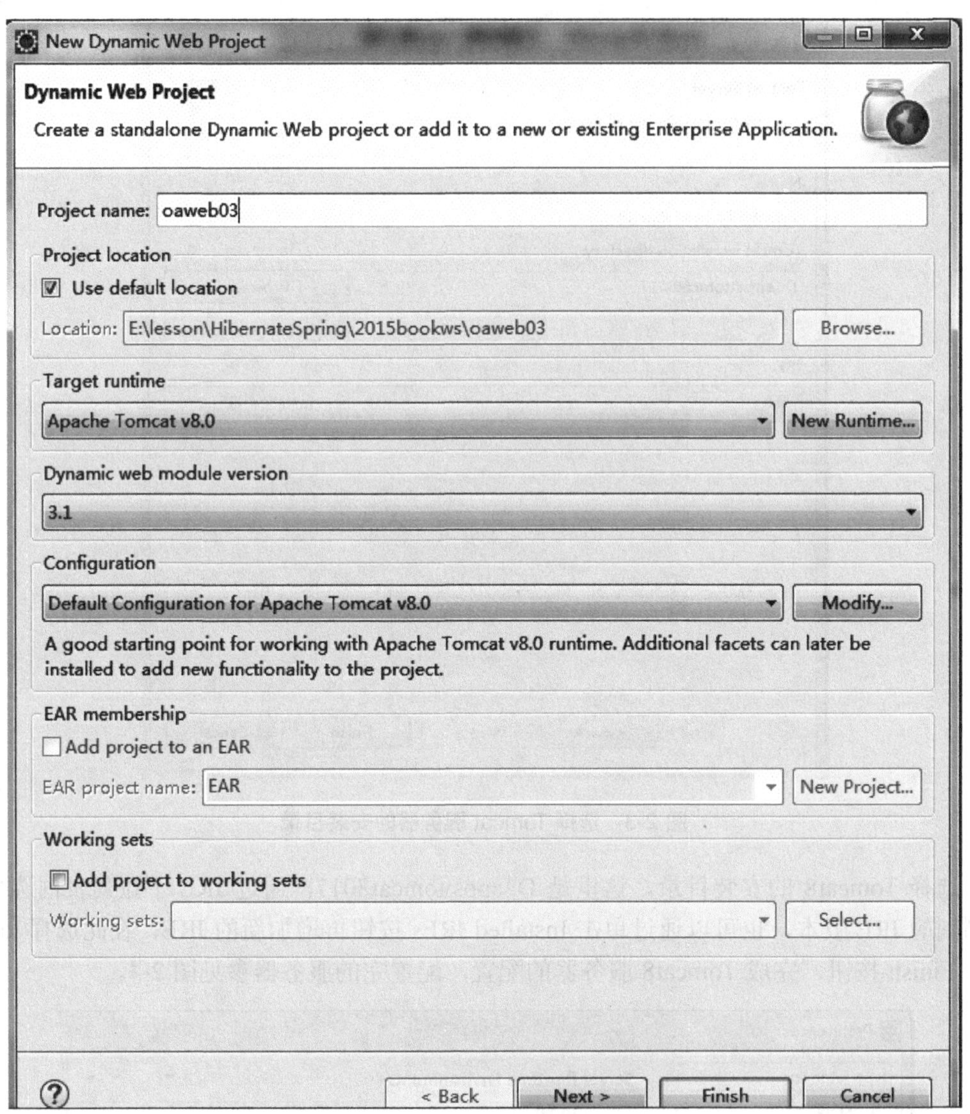

图 2-5 Java 动态 Web 项目配置界面

输入项目的名称为 oaweb03，其他选项默认即可。Tomcat8 支持 3.1 版本的动态 Web，符合 JavaEE 7 标准。单击 Next 按钮，进入如图 2-6 所示的 Java 源代码目录选择界面。

一般情况下不需要修改 Java 源代码和类代码的目录，直接单击 Next 按钮，进入如图 2-7 所示的 Web 文档目录选择界面。

对于 3.0 以上版本的动态 Web 模块，默认情况下不需要生成 Java Web 的 xml 配置文件 web.xml，为将来项目支持 Spring 和其他框架，选中 Generate web.xml deployment descriptor 复选框，通知项目向导生成 web.xml 文件。单击 Finish 按钮，生成动态 Web 项目的目录结构如图 2-8 所示。

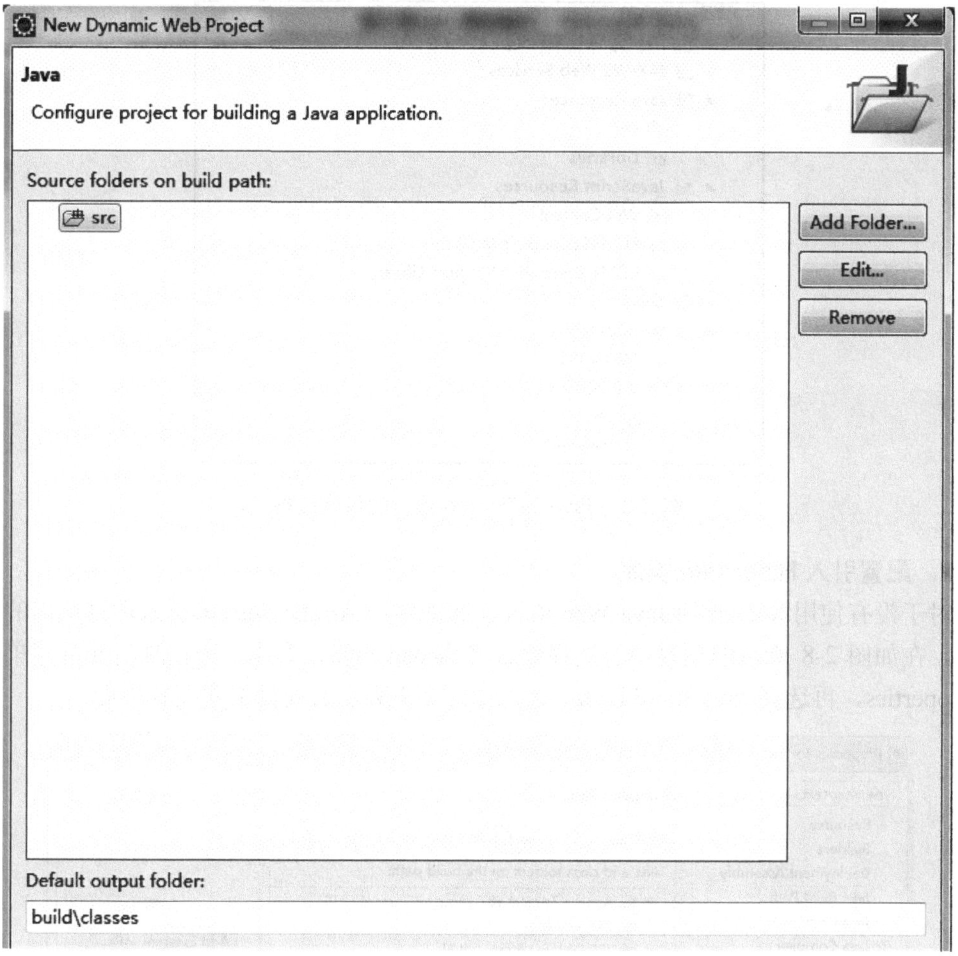

图 2-6　Java 源代码目录选择界面

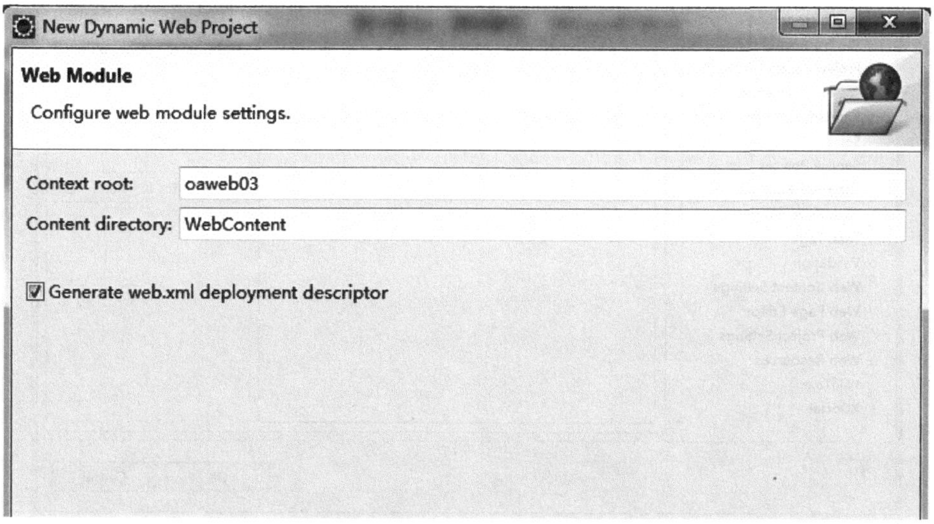

图 2-7　Web 文件目录选择界面

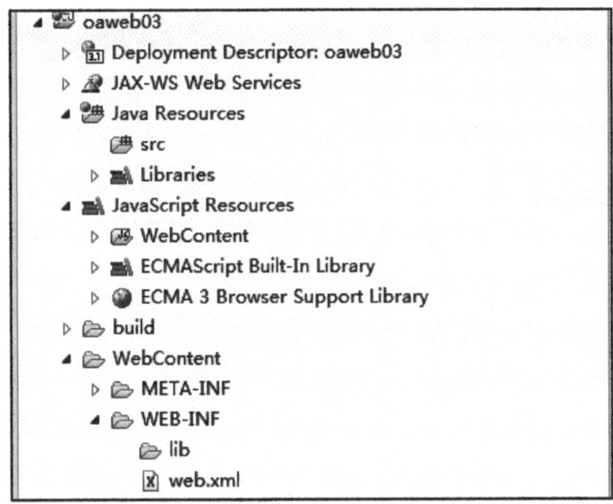

图 2-8 Java 动态 Web 项目的目录结构

2. 配置引入 Hibernate 类库

对于没有使用 Maven 的 Java Web 项目，通常使用 Ant Builder 来引入项目所需的 Java 类库。在如图 2-8 所示的项目中，选择项目名称 oaweb03，右击，弹出项目属性菜单，选择 Properties，再选择 Java Build Path，进入如图 2-9 所示的项目类库配置界面。

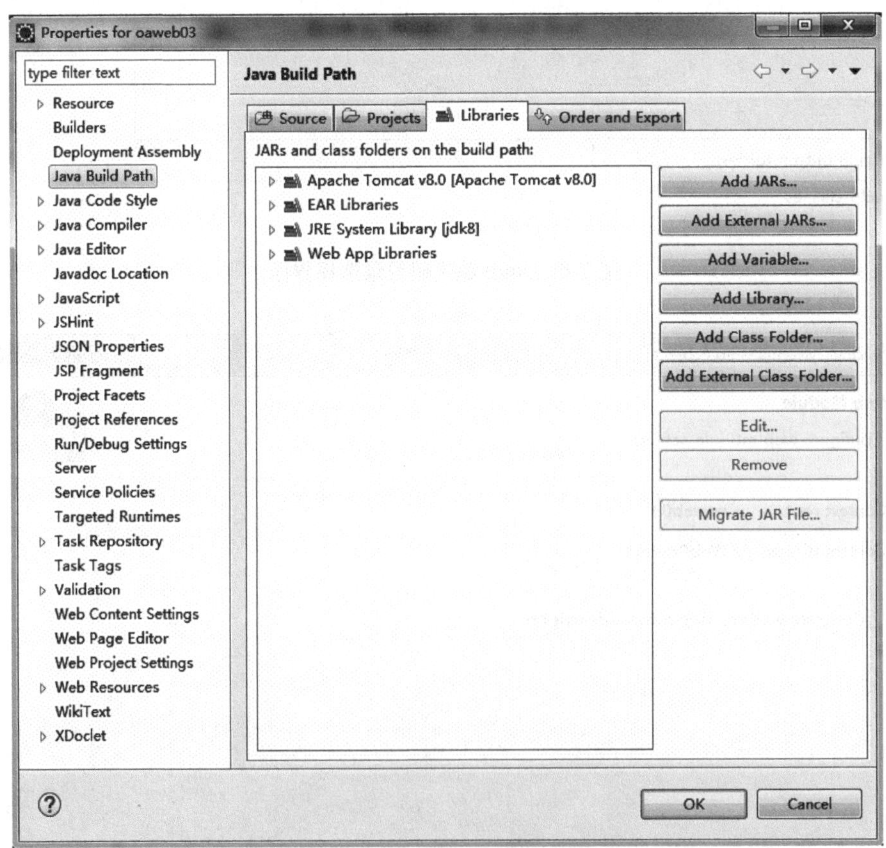

图 2-9 Java 项目类库配置引入界面

对于 Java Web 项目默认会自动引入 Tomcat 类库和 JRE 类库，其他类库文件需要开发者自己配置。为了更好地管理类库，一般将外部的类库 JAR 文件按照 library 进行管理，为引入 Hibernate 类库，在图 2-9 中单击 Add Library 按钮，进入如图 2-10 所示的 JAR 类库选择界面。

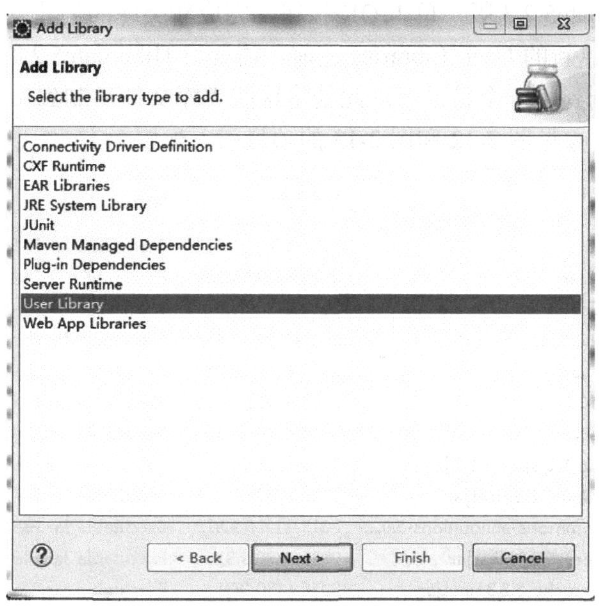

图 2-10　项目类库 JAR 选择界面

选择 User Library 即用户自定义类库，单击 Next 按钮，进入如图 2-11 所示的自定义类库管理界面。

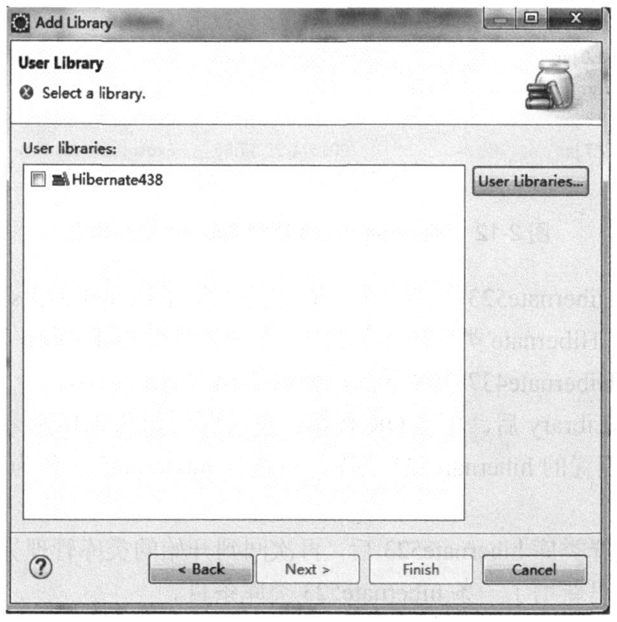

图 2-11　用户类库选择界面

如果在此工作区环境内已经创建过 Hibernate 的类库，此时可以直接选择此类库。如果不想使用此类库，可以创建新的 Hibernate 类库，当然在没有 Hibernate 类库的情况下，只能创建新的自定义类库，单击 User Libraries 按钮。进入如图 2-12 所示的用户自定义类库管理界面。单击 New 按钮，弹出输入新类库名称的对话框，输入 Hibernate523，因为本书采用最新版的 Hibernate5.2.3 版，单击 OK 按钮，完成新类库的创建。

在 Eclipse 中创建新的 User Libraries 之前，需要将 Hibernate5.2.3 版的类库 jar 文件从解压的目录集中复制到另一个目录下，此处将这些类库文件复制到 d:\javalib\hibernate523 下，所需的类库文件参见图 2-12 和图 2-13 的项目引入配置。

名称	修改日期	类型	大小
antlr-2.7.7.jar	2014/6/19 14:23	Executable Jar File	435 KB
c3p0-0.9.2.1.jar	2014/6/19 14:22	Executable Jar File	414 KB
cdi-api-1.1.jar	2014/6/23 10:56	Executable Jar File	70 KB
classmate-1.3.0.jar	2015/10/7 11:45	Executable Jar File	63 KB
dom4j-1.6.1.jar	2014/6/19 14:21	Executable Jar File	307 KB
ehcache-2.10.1.jar	2015/11/12 22:59	Executable Jar File	8,706 KB
el-api-2.2.jar	2014/6/19 14:23	Executable Jar File	34 KB
geronimo-jta_1.1_spec-1.1.1.jar	2015/5/11 12:42	Executable Jar File	16 KB
hibernate-c3p0-5.2.3.Final.jar	2016/9/30 9:43	Executable Jar File	12 KB
hibernate-commons-annotations-5.0....	2015/11/26 12:12	Executable Jar File	74 KB
hibernate-core-5.2.3.Final.jar	2016/9/30 9:31	Executable Jar File	6,272 KB
hibernate-ehcache-5.2.3.Final.jar	2016/9/30 9:31	Executable Jar File	138 KB
hibernate-jpa-2.1-api-1.0.0.Final.jar	2014/6/19 14:23	Executable Jar File	111 KB
hibernate-proxool-5.2.3.Final.jar	2016/9/30 9:48	Executable Jar File	12 KB
jandex-2.0.0.Final.jar	2015/11/26 12:12	Executable Jar File	184 KB
javassist-3.20.0-GA.jar	2015/10/9 17:53	Executable Jar File	733 KB
javax.inject-1.jar	2014/6/19 14:23	Executable Jar File	3 KB
jboss-interceptors-api_1.1_spec-1.0.0...	2014/6/19 14:23	Executable Jar File	6 KB
jboss-logging-3.3.0.Final.jar	2015/5/30 10:27	Executable Jar File	66 KB
jsr250-api-1.0.jar	2014/6/19 14:23	Executable Jar File	6 KB
mchange-commons-java-0.2.3.4.jar	2014/6/19 14:22	Executable Jar File	568 KB
proxool-0.8.3.jar	2014/6/19 14:24	Executable Jar File	465 KB
slf4j-api-1.7.7.jar	2015/4/20 17:56	Executable Jar File	29 KB

图 2-12 Hibernate5.2.3 所需类库 jar 文件列表

选中新创建的 Hibernate523 类库，单击右部的 Add External JARs 按钮，弹出 JAR 文件选择对话框，选择 Hibernate 类库所在的目录，选中文件并单击 Open 按钮后，选中的 JAR 文件会自动放入到 Hibernate437 类库下面，如图 2-14 所示。

在管理完 User Library 后，单击 OK 按钮，重新回到如图 2-15 所示的类库选择界面，可见已经多了我们配置的 hibernate523 类库，再选择 hibernate523 作为项目的 Hibernate 类库即可。

在图 2-15 中选择类库 hibernate523 后，再次回到开始的类库管理界面 Java Build Path，如图 2-16 所示，这里新增了一条 hibernate523 类库条目。

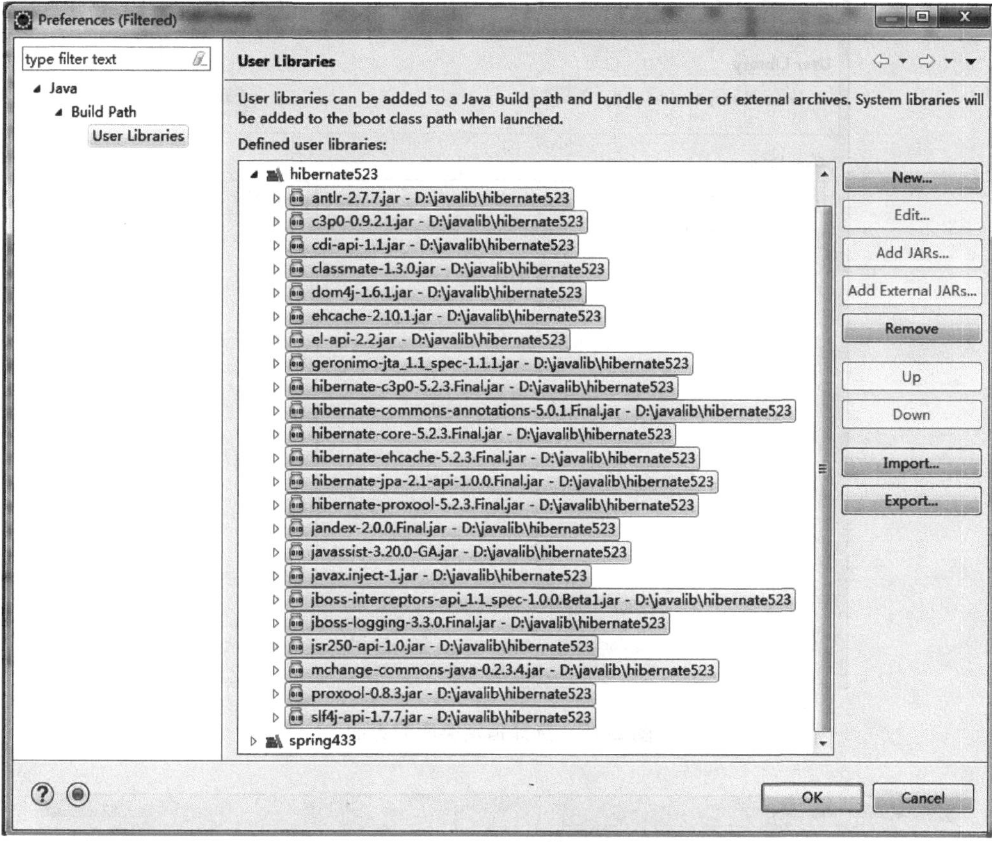

图 2-13　用户自定义类库管理界面

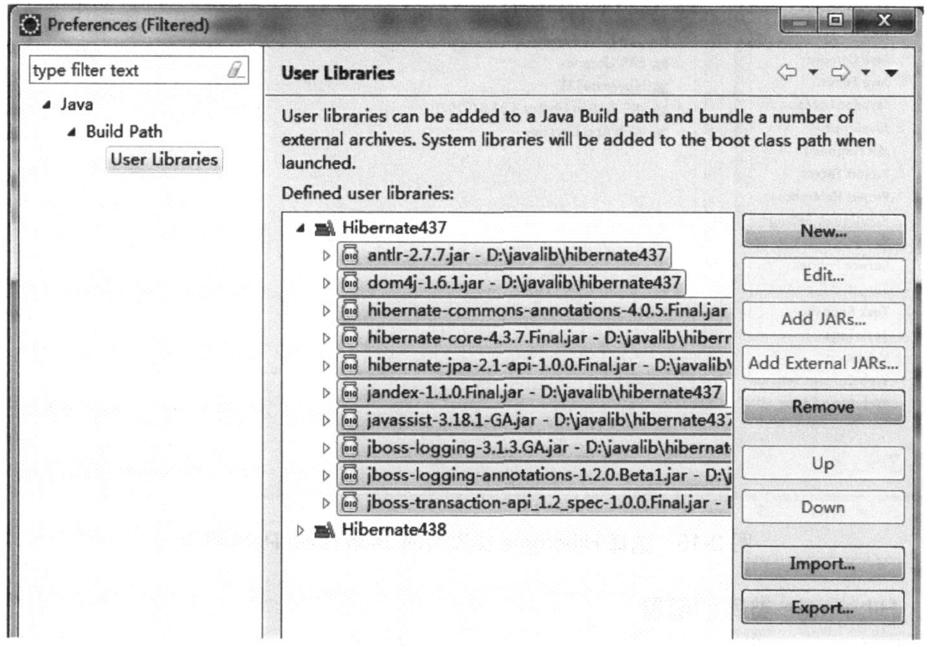

图 2-14　类 jar 文件选择后的类库显示界面

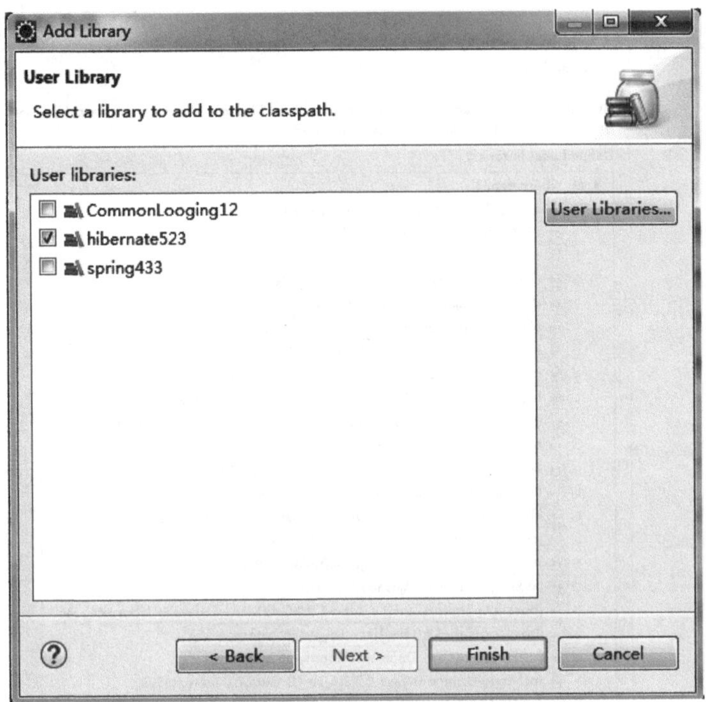

图 2-15　选择指定类库的界面

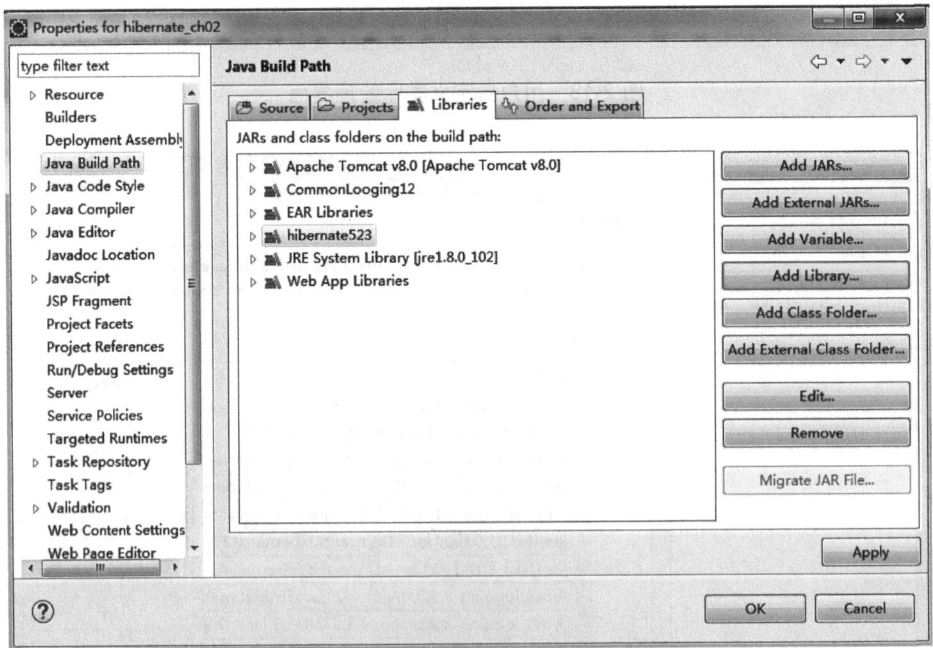

图 2-16　选择 Hibernate 类库后的 Java Build Path 界面

3. Hibernate 类库的部署

完成 Hibernate 类库的配置，只是在编写 Java 代码时，可以导入 Hibernate 的所有接口和类，并调用其对象的方法，但在运行时，由于 Java Web 项目要先部署到 Tomcat 服务器上，才能运行并访问，但是 Tomcat 本身并不提供 Hibernate 类库，因此需要将 Hibernate 类库与项目一起部署到 Tomcat 上，才能保证 Hibernate 对象的正常运行，最后还需要部署 Hibernate 到 Tomcat 上。在项目的属性窗口中，选择 Deployment Assembly，进入类库部署界面，如图 2-17 所示。

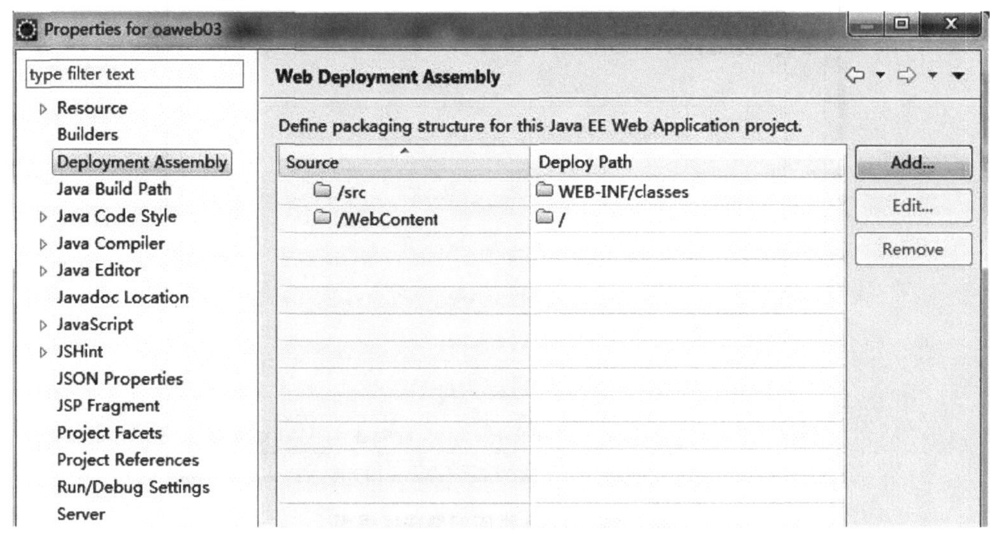

图 2-17　Java Web 项目类库部署管理界面

从图 2-17 可见，当前部署时，只是将 Java 类文件部署到 Tomcat 项目的 WEB-INF/classes 目录下，Web 文档部署在项目的根目录下，并没有部署类库文件。单击 Add 按钮，进入类库部署选择界面，如图 2-18 所示。

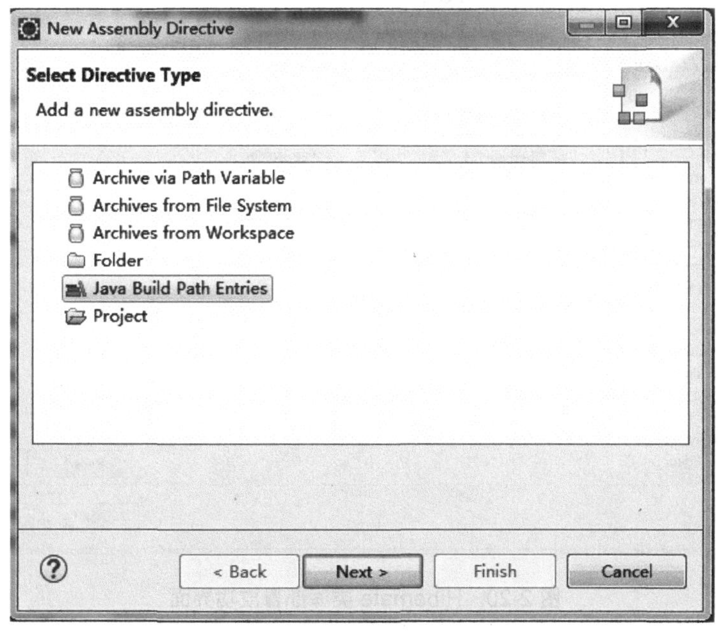

图 2-18　项目文件部署选择界面

在图 2-18 中选择 Java Build Path Entries，单击 Next 按钮进入类库选择界面，如图 2-19 所示。

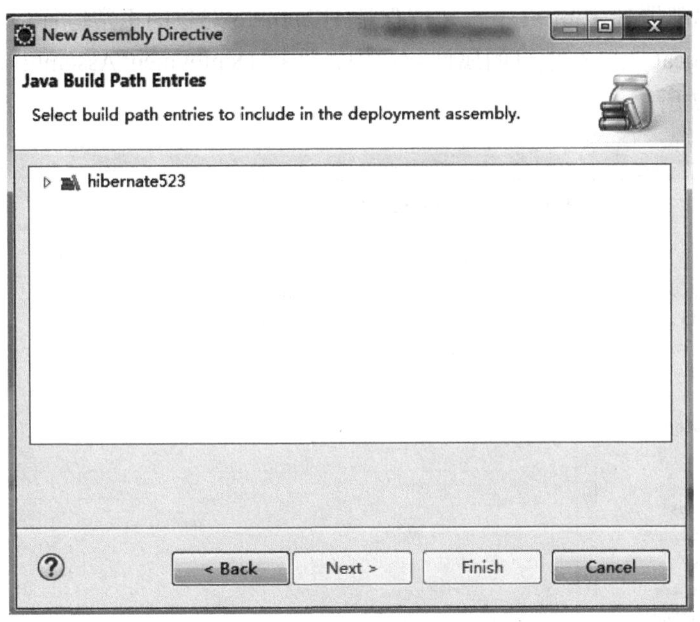

图 2-19 Java 类库部署选择界面

选中类库 hibernate532，单击 Finish 按钮即可完成 Hibernate 类库的部署，如图 2-20 所示，比开始的部署界面多了一条部署项目。

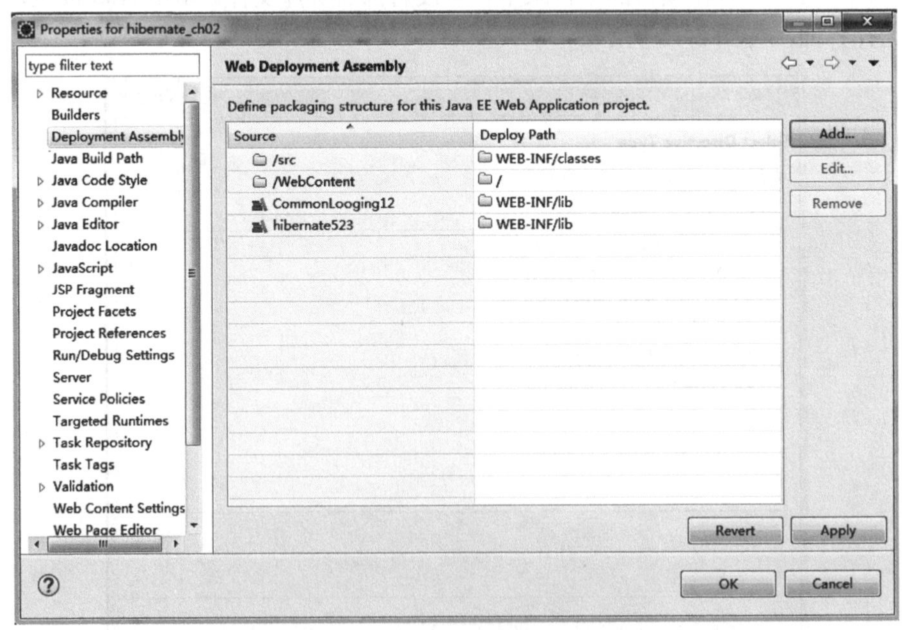

图 2-20 Hibernate 类库部署成功界面

从图 2-20 可见，Hibernate 所有的 jar 文件都被部署到 Web 项目的 WEB-INF/lib 目录下，

这正是 Java Web 项目类库放置的正确位置。

完成以上配置后，就可以使用 Hibernate 进行编程并能部署到 Tomcat 项目正常运行了。以上是使用传统的方式创建和配置项目，目前这种方式在企业开发中正被逐渐淘汰，代之以全面使用 Maven 管理项目创建和类库的管理。

2.3 Maven Web 项目

在软件企业开发项目中，使用 maven 管理项目依赖的 JAR 类库已成事实上标准，通过 Maven 管理项目中依赖的所有类库 JAR，简化了项目类库的管理，提高了团队的开发效率。

要使用 Maven 管理 Hibernate 类库，需要按照如下操作步骤进行。

1. Maven 的安装

如果没有安装 Maven，首先要安装 Maven，Maven 是 Apache 的开源项目，访问 Apache 的官方网站 www.apache.org，选择 Donwload，选择推荐的下载镜像网站，如 http://mirrors.cnnic.cn/apache/。在下载页面中选择：maven ->maven-3 ->3.2.5->binaries，进入图 2-21 所示的 Maven3 最新版 3.2.5 的下载页面，单击 apache-maven-3.2.5-bin.zip 下载即可。

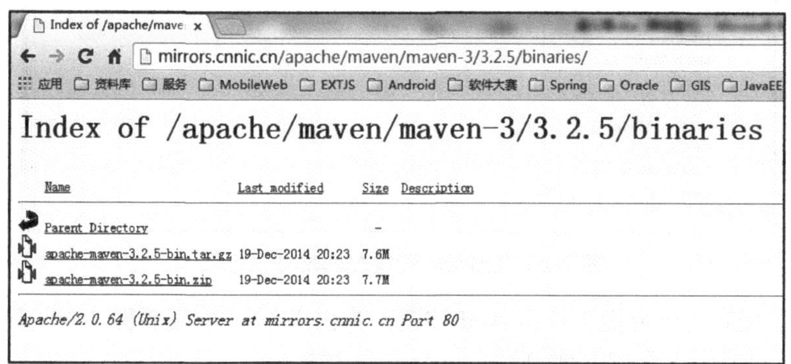

图 2-21　Maven 下载页面

将下载的 ZIP 压缩文件解压到指定的任意目录，如 D:\apps\maven325，参见图 2-22 中的 Maven 安装目录。

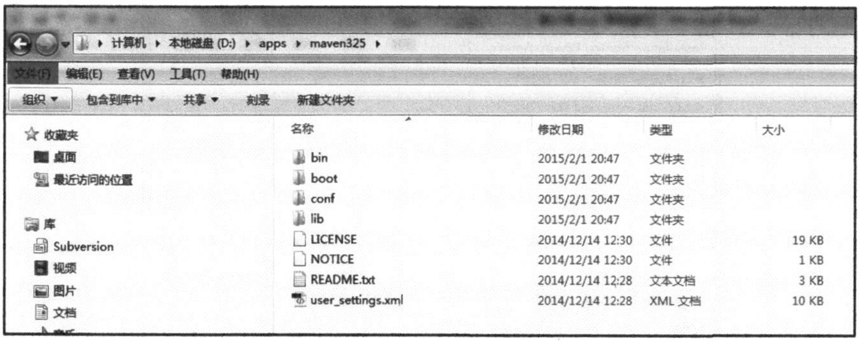

图 2-22　Maven 安装目录

其中将目录 config 中的 settings.xml，复制到 maven325 中，最好改名为 user_settings.xml，

作为 Maven 的本地配置文件，不要改动全局文件 config/settings.xml。使用文本编辑工具（如记事本）打开 user_settings.xml 文件，在<settings>标记下，使用如下语句增加本地仓库位置的配置。

<localRepository>D:\apps\maven325\m2</localRepository>

如果 maven325 目录下没有 m2 子目录，则创建之。以后 Maven 将项目中需要的 Java 类库都会自动下载到指定的本地仓库目录。

2. Eclipse 配置 maven

安装Maven后，即可在Eclipse中配置Maven。启动Eclipse后，选择Window->Preferences -> Maven ->Installations，启动 Maven 配置窗口，参见图 2-23。

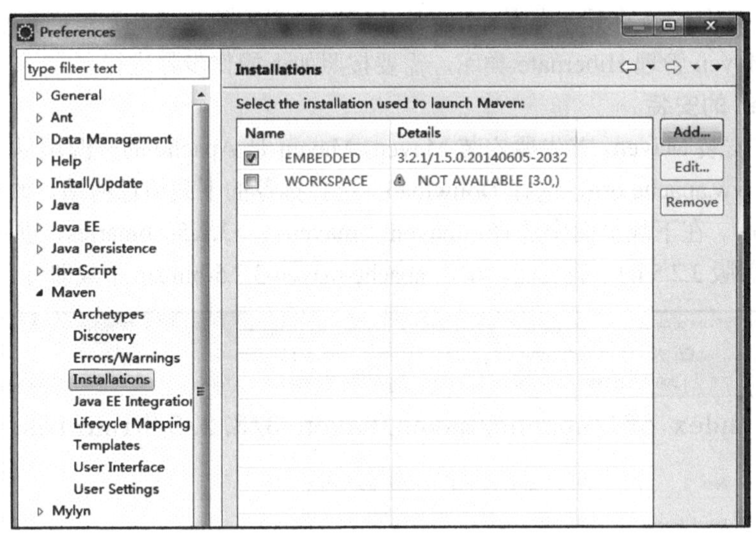

图 2-23 Eclispe 配置 Maven 初始界面

在 Maven 配置初始界面中单击 Add 按钮，弹出 Maven 配置界面，参见图 2-24，选择 Maven 的安装目录，本案例中使用 D:\apps\maven325。

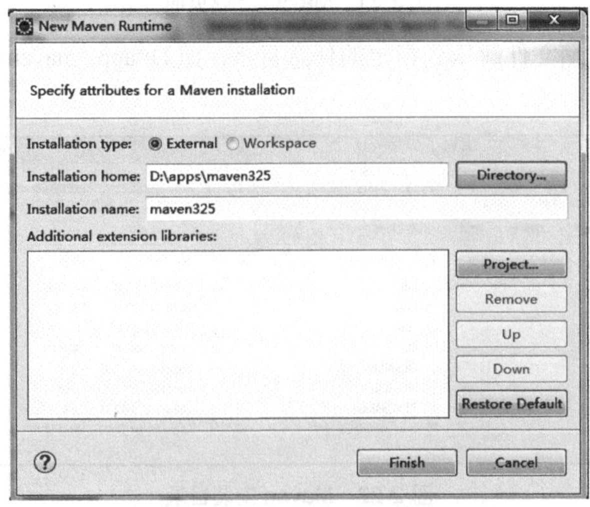

图 2-24 Maven 安装目录选择界面

配置完 Maven installations 以后，选择 User Settings，进入 Maven 仓库配置界面，参见图 2-25。

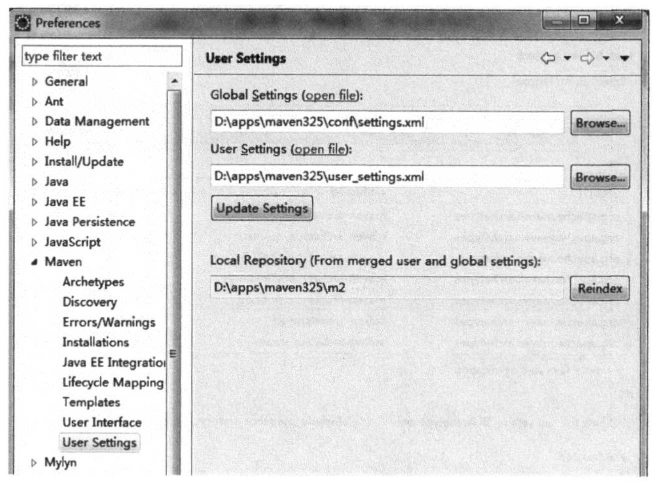

图 2-25　配置 Eclipse 的 Maven 设置

根据图中的选择示例，依次选择 Global Settings、User Settings，并单击 Update Settings 按钮，Eclipse 根据 user_settings.xml 指定的本地仓库路径自动更新 Local Repository 的目录。至此 Eclipse 配置 Maven 大功告成，可以在 Eclipse 项目中使用 Maven 管理依赖类库，但先决条件是要创建 Maven 类型项目。

3. Eclipse 创建 Maven 项目

要使用 Maven 管理项目中依赖的类库，需要在 Eclipse 中创建 Maven 项目，在 Eclipse 中选择 File->New->Maven Project 即可启动 Maven Project 向导，参见图 2-26。

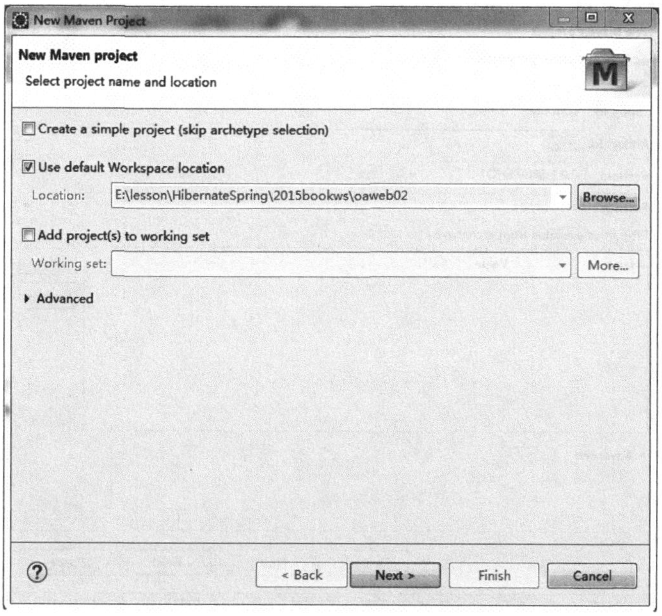

图 2-26　创建 Maven 项目启动向导

在 Maven Project 向导中单击 Next 按钮，进入 Maven 项目模板类型选择界面，参见图 2-27。

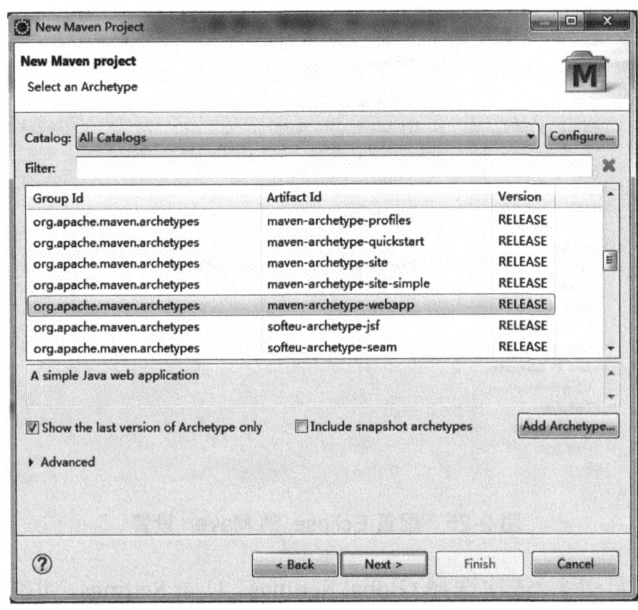

图 2-27　选择 Maven 项目模板为 maven-archetype-webapp 项目

Maven 几乎提供了所有项目类型的 Maven 模板，通过模板可以快速创建各种类型项目的基本目录结构和所需的基本文件，如 Java Web 项目的 Java 源代码目录和 Web 目录。

我们计划在 Java Web 项目中使用 Hibernate，因此选择 maven-archetype-wbeapp 模块，继续下一步，进入 Maven 项目参数配置界面，参见图 2-28。

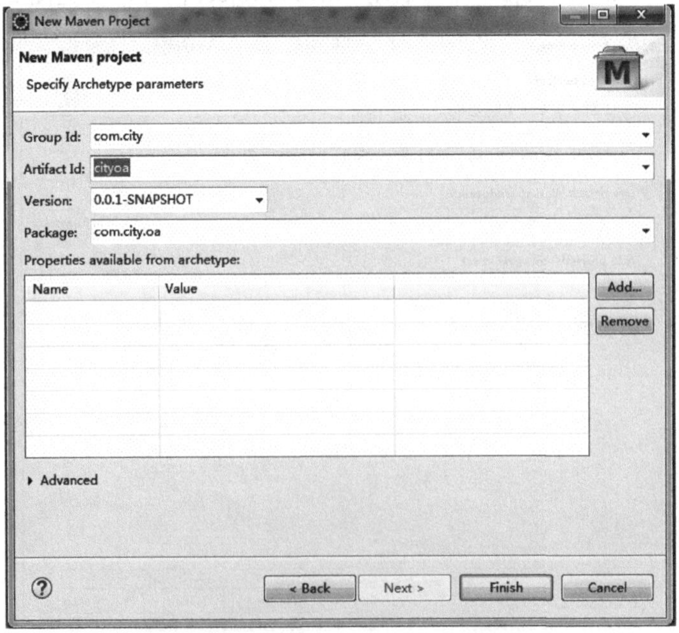

图 2-28　输入 Maven 项目的配置信息

每个 Maven 项目都需要以下配置信息。

（1）Group Id：表示应用的所有者，一般使用单位或公司的域名，如 com.neusoft，表示东软软件有限公司。

（2）Artifact Id：表示项目的名称，如 OA 表示办公自动化项目，erp 表示企业资源计划项目等。本项目名称为 cityoa。

（3）Version：项目的版本号，选择默认的 0.0.1-SNAPSHOT。

（4）Package：版本，Maven 项目自动根据 GroupId 和 ArtifaceId 组合确定项目的起始包名，也可以自行修改，本案例起始包名改为 com.city.oa。

最后单击 Finish 按钮完成 Maven 项目的创建。在 Maven 向导创建项目过程中会自动从 Maven 的仓库下载项目需要的类库，因此当首次创建 Maven 项目时，会需要一段时间，要耐心等待，且不可半途而废。如果确实没有成功，请删除本地 Maven 仓库 D:\apps\maven325\m2 中的所有文件夹和文件，重新创建即可。

待 Maven 模板创建 Java Web 项目结束后，可以看到如图 2-29 所示的项目目录结构。其中 src 目录保存源代码文件，其子目录\main\webpp 保存网页相关文件，如 HTML 页面、JSP 页面、图片、CSS、JavaScript 等。子目录\main\java 为类的起始路径，存放 Java 源代码文件，但实际编程时，应该将 Java 类源文件创建在目录 Java Resources\src\main\java 下，Maven 同步此目录和目录 src\main\java 下的源代码，但 Java Resources\src\main\java 符合 Java 包的显示风格，符合开发人员习惯。

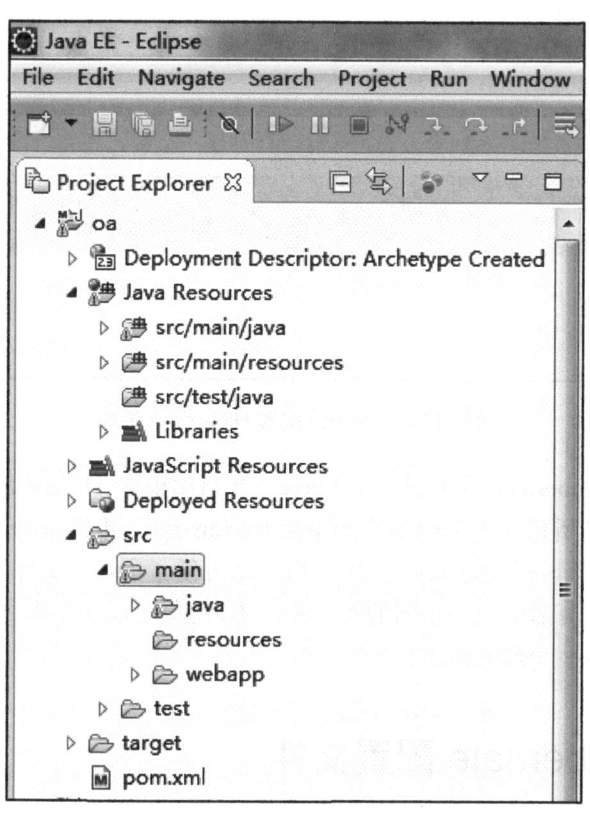

图 2-29　Maven Java Web 项目目录结构

项目中的 pom.xml 是 Maven 的核心配置文件，用于管理整个项目的类库依赖。

4．引入 Hibernate 依赖

Maven 管理 Hibernate 依赖非常方便，只需将 Hibernate 官方网站的 Maven 依赖管理的代码复制粘贴到项目的 pom.xml 中即可，参见图 2-30。

From Maven

```
<dependency>
    <groupId>org.hibernate</groupId>
    <artifactId>hibernate-core</artifactId>
    <version>5.2.4.Final</version>
</dependency>
```

图 2-30　Hibernate Maven 依赖配置代码

将项目的 pom.xml 打开，将 Hibernate 依赖配置代码粘贴到<dependencies>内部即可，参见图 2-31。

*oa/pom.xml

```
<project xmlns="http://maven.apache.org/POM/4.0.0" xmlns:xsi="http://www.w3.org/2001/XMLSchema-instance"
  xsi:schemaLocation="http://maven.apache.org/POM/4.0.0 http://maven.apache.org/maven-v4_0_0.xsd">
  <modelVersion>4.0.0</modelVersion>
  <groupId>com.city</groupId>
  <artifactId>oa</artifactId>
  <packaging>war</packaging>
  <version>0.0.1-SNAPSHOT</version>
  <name>oa Maven Webapp</name>
  <url>http://maven.apache.org</url>
  <dependencies>
    <dependency>
      <groupId>junit</groupId>
      <artifactId>junit</artifactId>
      <version>3.8.1</version>
      <scope>test</scope>
    </dependency>
    <dependency>
        <groupId>org.hibernate</groupId>
        <artifactId>hibernate-core</artifactId>
        <version>4.3.8.Final</version>
    </dependency>
  </dependencies>
  <build>
    <finalName>oa</finalName>
  </build>
</project>
```

图 2-31　pom.xml 配置 Hibernate 依赖

只需配置一个 Hibernate 依赖即可，Maven 会自动根据 Hibernate 的依赖关系，下载 Hibernate 类库以及其所依赖的其他类库到本地 Maven 仓库，不需要开发人员自己再操心该引入哪些 Hibernate 及其相关的 Java 类库，极大地方便了项目的类库管理，而且能够保证开发团队中的每个成员都引用到相同的类库和版本，避免了以往使用 Ant Build 技术管理类库时经常出现的版本不一致的问题。

2.4 创建 Hibernate 配置文件

待项目创建完成后，应该首先创建 Hibernate 的配置文件，在 Java Resource 的 src 目录

下，创建 Hibernate 默认的配置文件 hibernate.cfg.xml。使用 2.1 节介绍的方式创建的 Java Web 项目，hibernate.cfg.xml 文件直接在 Java Resources\src 目录下创建，参见图 2-32；而使用 2.2 节介绍的方式创建的 Maven 项目，配置文件要创建在 Java Resources\src\java\main 目录下，参见图 2-33。

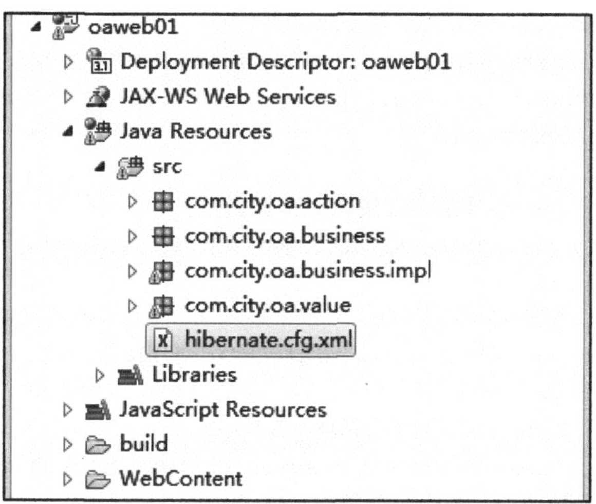

图 2-32　一般 Java Web 项目下 Hibernate 配置文件的存放位置

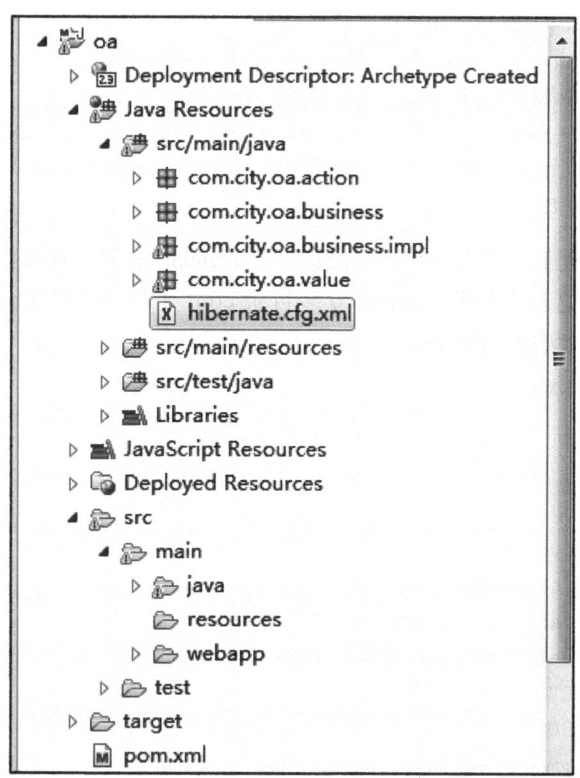

图 2-33　Maven Web 项目下 Hibernate 配置文件的存放位置

打开 Hibernate.cfg.xml 文件，将程序 2-1 所示的代码写入到文件中，具体的配置语法和会义将在第 3 章中详细介绍。

程序 2-1 Hibernate.cfg.xml

```
<?xml version='1.0' encoding='utf-8'?>
<!DOCTYPE hibernate-configuration PUBLIC
        "-//Hibernate/Hibernate Configuration DTD 3.0//EN"
        "http://www.hibernate.org/dtd/hibernate-configuration-3.0.dtd">
<hibernate-configuration>
    <session-factory>
        <!-- 使用 Tomcat 数据源连接 MSSQL 数据库 -->
        <property name="hibernate.connection.datasource">java:comp/env/cityoa
        </property>
        <!-- SQL 方言 -->
        <property name="hibernate.dialect">org.hibernate.dialect.MySQLDialect
        </property>
        <!-- 启用 Hibernate 自动会话环境管理-->
        <property name="current_session_context_class">thread</property>
        <!-- 不启用 Hibernate 二级缓存  -->
        <property  name="cache.provider_class">org.hibernate.cache.internal.
        NoCacheProvider</property>
        <!-- 显示生成的 SQL 语句 -->
        <property name="show_sql">true</property>
    <!-- 引入类与表映射文件 -->
        <mapping resource="com/city/oa/value/DepartmentValue.hbm.xml"/>
    </session-factory>
</hibernate-configuration>
```

需要注意是，此配置文件连接数据库使用了 Tomcat 配置的连接池，需要先在 Tomcat 中配置连接池。使用记事本打开 Tomcat 安装目录 conf 子目录下的 context.xml 文件，写入如程序 2-2 所示的连接池配置代码。

程序 2-2 context.xml

```
<?xml version='1.0' encoding='utf-8'?>
<Context>
<Resource
      name="cityoa"
      auth="Container"
      type="javax.sql.DataSource"
     driverClassName="com.mysql.jdbc.Driver"
     maxIdle="2"
     maxWait="5000"
     url="jdbc:mysql://localhost:3306/cityoa"
     username="root"
     password="XXXXXXXX"
```

```
        maxActive="20"
        removeAbandoned="true"
        removeAbandonedTimeOut="5"
        logAbandoned="true" />
</Context>
```

本案例连接的是本地 MYSQL 数据库，数据库名称是 cityoa，账号为 root，密码为 XXXXXXXX。要保证连接池工作，还要将 MySQL 的 JDBC 驱动类库复制到 Tomcat 安装目录下的 lib 子目录中，参见图 2-34。

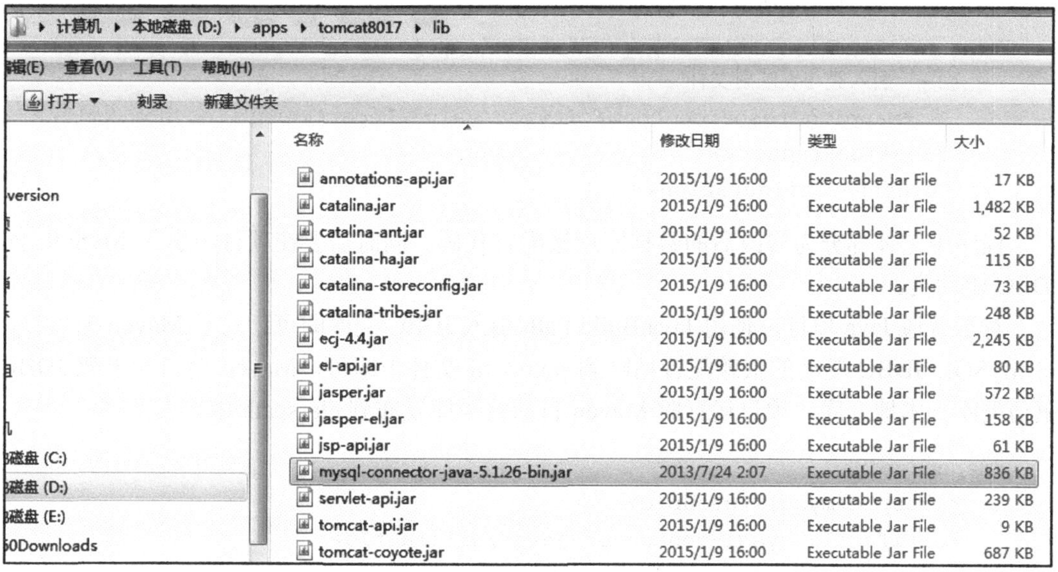

图 2-34　MySQL JDBC 驱动类库的存储位置

在开发 Hibernate 项目时，应优先选择应用服务器配置的数据库连接池，以实现最佳的性能和安全管理。但在开发 Java 桌面应用时，没有 JavaEE 应用服务器，无法使用服务器配置的数据库连接池，此时只能使用 Hibernate 配置的数据库连接或第三方连接池框架（如 C3P0），将 hibernate.cfg.xml 修改为如程序 2-3 所示的配置代码。

程序 2-3　hibernate.cfg.xml

```
<?xml version='1.0' encoding='utf-8'?>
<!DOCTYPE hibernate-configuration PUBLIC
      "-//Hibernate/Hibernate Configuration DTD 3.0//EN"
      "http://www.hibernate.org/dtd/hibernate-configuration-3.0.dtd">
<hibernate-configuration>
   <session-factory>
   <!-- 使用 JDBC 驱动连接 MSSQL 数据库 -->
   <property   name="connection.url">jdbc:mysql://localhost:3306/cityoa
   </property>
   <property name="connection.driver_class">com.mysql.jdbc.Driver
   </property>
   <property name="connection.username">root</property>
```

```
        <property name="connection.password">XXXXX</property>
            <!-- SQL 方言 -->
            <property  name="hibernate.dialect">org.hibernate.dialect.MySQLDialect
            </property>
            <!-- 启用 Hibernate 自动会话环境管理-->
            <property name="current_session_context_class">thread</property>
            <!-- 不启用 Hibernate 二级缓存  -->
            <property   name="cache.provider_class">org.hibernate.cache.internal.
            NoCacheProvider</property>
            <!-- 显示生成的 SQL 语句 -->
            <property name="show_sql">true</property>
        <!-- 引入类与表映射文件 -->
            <mapping resource="com/city/oa/value/DepartmentValue.hbm.xml"/>
        </session-factory>
    </hibernate-configuration>
```

程序中黑体部分为修改后的数据库连接配置代码。同时需要在项目中引入 MySQL 的 JDBC 驱动类。

对于普通 Java 项目，使用 Java Build Path 引入 JDBC 类库即可；对于 Maven 的项目，将 MySQL JDBC 驱动的依赖配置粘贴到 pom.xml 文件中即可，Maven 会自动下载 JDBC 驱动类库到本地仓库，项目运行时 Maven 自动将类库发布到 classpath 中。

```
<dependency>
    <groupId>mysql</groupId>
    <artifactId>mysql-connector-java</artifactId>
    <version>5.1.34</version>
</dependency>
```

2.5 创建数据库表

为初步演示 Hibernate 的编程过程，在 MySQL 数据库中创建最简单的表，该表没有与其他表进行关联。在 MySQL 数据库 cityoa 中创建部门表 OA_Department，其建表的 SQL 语句如下：

```
Create table OA_Departmet
(
    DEPTNO int(10) primary key auto_increment,
    DEPTCODE varchar(20),
    DEPTNAME varchar(100)
);
```

部门表中 DEPTNO 表示部门的序号，没有任何实际意义，属于代理主键，并且是 MySQL 管理的子增量类型。

2.6 创建持久化类

创建完数据表以后，Hibernate 需要一个持久类与表进行对应，实现 ORM 映射。Hibernate 的持久类就是简单的 JavaBean POJO 即可，不需要实现 Hibernate 任何接口或继承某个 Hibernate 的父类。在项目的 Java 源代码目录 src 下创建包 com.city.oa.model，再创建程序 2-4 所示的持久类 DepartmentModel。在类中定义与表对应的属性，每个属性生成一对 set/get 方法即可。

程序 2-4　DepartmentModel.java //部门持久化 Model 类

```
package com.city.oa.model;
import java.io.Serializable;
//部门持久类
public class DepartmentModel implements Serializable {
    //部门序号，自增量
    private int no=0;
    //部门编码
    private String code=null;
    //部门名称
    private String name=null;
    public int getNo() {
        return no;
    }
    public void setNo(int no) {
        this.no = no;
    }
    public String getCode() {
        return code;
    }
    public void setCode(String code) {
        this.code = code;
    }
    public String getName() {
        return name;
    }
    public void setName(String name) {
        this.name = name;
    }
}
```

持久类中属性变量的类型要与数据库表字段的类型进行对应，所有属性要求是私有的，而 set 和 get 方法要求是公共的，set 和 get 方法命名符合 JavaBean 的规范。需要注意的关键一点是持久类必须有无参的构造方法，否则 Hibernate 框架无法操作此持久类对象。

2.7 创建映射文件

创建持久类后，需要配置类与表的映射信息，根据映射信息，Hibernate 才能执行相应的持久化操作。Hibernate 支持两种形式的映射配置：一种是使用 XML 文件的映射配置；另一种就是使用 Java 注释模式的映射，直接在持久类内部通过注释完成映射配置。此处先使用 XML 格式的方式。在持久类 DepartmentValue 的包 com.city.oa.value 中直接创建 XML 映射文件 DepartmentModel.hbm.xml，其映射代码参见程序 2-5。

程序 2-5 DepartmentModel.hbm.xml

```
<?xml version="1.0"?>
<!DOCTYPE hibernate-mapping PUBLIC
      "-//Hibernate/Hibernate Mapping DTD 3.0//EN"
      "http://www.hibernate.org/dtd/hibernate-mapping-3.0.dtd">

<hibernate-mapping package="com.city.oa.model">
   <class name="DepartmentModel" table="OA_Department">
     <id name="no" column="DEPTNO">
       <generator class="native"></generator>
     </id>
     <property name="code" column="DEPTCODE"></property>
     <property name="name" column="DEPTNAME"></property>
   </class>
</hibernate-mapping>
```

配置代码中首先是映射文件的 DTD 类型说明，映射代码从<hibernate-mapping>元素开始，每个持久类的映射从<class>元素开始。

在<class>内部包含<id>元素用于与表主键字段对应的属性映射配置，<property>元素用于普通字段的属性映射，详细映射语法将在第 4 章详细说明。

2.8 创建业务接口

在企业级项目开发中，Hibernate 作为持久层即 DAO 层对象，需要编写业务层模拟企业的业务方法，调用 DAO 层完成持久化功能。业务层通常都定义接口，规定了业务层对象要实现的功能，在此定义部门的业务接口，在项目中创建业务接口包 com.city.oa.service，在此包下创建部门的业务接口 IDepartmentService，定义其业务方法，参见程序 2-6。

程序 2-6 IDepartmentService.java

```
package com.city.oa.service;
import java.util.List;
import com.city.oa.model.DepartmentModel;
```

```
//部门业务方法接口
public interface IDepartmentService {
  //增加新部门
  public void add(DepartmentModel dm) throws Exception;
  //修改部门
  public void modify(DepartmentModel dm) throws Exception;
  //删除部门
  public void delete(DepartmentModel dm) throws Exception;
  //取得部门列表
  public List<DepartmentModel> getList() throws Exception;
  //取得指定的部门
  public DepartmentModel getDepartment(int no) throws Exception;
}
```

2.9 创建业务实现类

使用 Hibernate API 实现部门业务实现类 DepartmentServiceImpl.java，此业务类实现了 2.8 节定义的部门业务接口方法，完成部门信息到数据库部门表的增加、修改、删除和查看操作，其代码参见程序 2-7，通过此案例了解 Hibernate 的接口和类的使用即可，具体每个 API 接口和类的语法和详细功能将在本书后续章节详细讲述。

程序 2-7　DepartmentServiceImpl.java //部门业务实现类

```
package com.city.oa.service.impl;
import java.util.List;
import org.hibernate.Query;
import org.hibernate.Session;
import org.hibernate.SessionFactory;
import org.hibernate.Transaction;
import org.hibernate.boot.registry.StandardServiceRegistryBuilder;
import org.hibernate.cfg.Configuration;
import org.hibernate.service.ServiceRegistry;
import org.hibernate.service.ServiceRegistryBuilder;
import com.city.oa.business.IDepartmentBusiness;
import com.city.oa.value.DepartmentValue;
//部门业务实现类，使用 Hibernate API 完成
public class DepartmentServiceImpl implements IDepartmentBusiness
{   //增加新部门
    @Override
    public void add(DepartmentModel dm) throws Exception {
        Configuration cfg=new Configuration();
        cfg.configure();
        SessionFactory sf=cfg.buildSessionFactory();
        Session session=sf.getCurrentSession();
```

```
        Transaction tx=session.beginTransaction();
        session.save(dm);
        tx.commit();
    }
    //修改现有的部门
    @Override
    public void modify(DepartmentModel dm) throws Exception {
        Configuration cfg=new Configuration();
        cfg.configure();
        SessionFactory sf=cfg.buildSessionFactory();
        Session session=sf.getCurrentSession();
        Transaction tx=session.beginTransaction();
        session.update(dm);
        tx.commit();
    }
    //删除指定的部门
    @Override
    public void delete(DepartmentModel dm) throws Exception {
        Configuration cfg=new Configuration();
        cfg.configure();
        SessionFactory sf=cfg.buildSessionFactory();
        Session session=sf.getCurrentSession();
        Transaction tx=session.beginTransaction();
        session.delete(dm);
        tx.commit();
    }
    //取得所有部门类别，返回包含所有部门持久类对象的集合 List 对象
    @Override
    public List<DepartmentModel> getList() throws Exception {

        Configuration cfg=new Configuration();
        cfg.configure();
        SessionFactory sf=cfg.buildSessionFactory();
        Session session=sf.getCurrentSession();
        Transaction tx=session.beginTransaction();
        Query query=session.createQuery("from DepartmentValue");
        List<DepartmentModel> list=query.list();
        tx.commit();
        return list;
    }
    //取得指定的部门信息，返回持久类对象
    @Override
    public DepartmentModel getDepartment(int no) throws Exception {
        Configuration cfg=new Configuration();
        cfg.configure();
```

```
        SessionFactory sf=cfg.buildSessionFactory();
        Session session=sf.getCurrentSession();
        Transaction tx=session.beginTransaction();
        DepartmentModel  dm=(DepartmentModel)session.get(DepartmentModel.
        class, no);
        tx.commit();
        return dm;
    }
}
```

通过以上代码可见，使用 Hibernate 完成持久化功能的编程步骤基本相同，都是通过以下步骤实现的。

（1）读取 Hibernate 配置文件。

通过创建 Hibernate 的 Configuration 对象并调用其 configure()方法实现，其示意代码如下所示。

```
Configuration cfg=new Configuration();
cfg.configure();
```

读取配置文件后，可以确定数据库的信息以及映射信息，确定持久类以及与表的映射关系，进而可以进行持久操作，即 CRUD（增、查、改、删）。

（2）创建 SessionFactory 对象。

取得 Hibernate 配置信息后，需要创建 Hibernate 的 SessionFactory 对象，此对象类似于 JDBC 操作数据库的 DataSource，是 Hibernate 中负责与数据库连接对象 Session 的工厂类，通过 SessionFactory 得到与数据库连接对象 Session。创建 SessionFactory 的代码如下。

```
SessionFactory sf=cfg.buildSessionFactory(serviceRegistry);
```

以上代码使用了 Hibernate5.0 以上的语法。

（3）取得 Hibernate 的 Session 对象。

Session 对象表达与数据库的连接，类似于 JDBC 的 Connection 对象，同时 Session 对象负责持久化操作，包括增加、修改、删除，取得单一持久对象。取得 Session 的代码如下：

```
Session session=sf.openSession();
```

此处 sf 是 SessionFactory 接口的对象。当以后使用 Spring 集成 Hibernate 时，推荐使用方法 getCurrentSession()取得 Session 对象，可将事务处理的代码采用 AOP 实现，从而极大地简化 Hibernate 持久化编程。

（4）开启事务。

Hibernate 的持久化编程，需要显式启动事务，不像 JDBC 的 Connection 是隐式提交事务的，Hibernate 需要明确开启事务，启动事务代码如下：

```
Transaction tx=session.beginTransaction();
```

通过 Session 对象的 beginTransaction 方法开启新的事务，并返回事务对象本身。以后通过此事务对象可以实现事务的提交和回滚。

（5）执行持久化操作。

Hibernate 的核心功能是持久化操作，即实现对数据库表的增加（Create-对应 SQL Insert into 语句）、修改(Update-对应 SQL Update 语句）、删除（Delete-对应 SQL Delete 语句）、查询（Retrive-对应 SQL Select 语句）。Hibernate 完成持久化操作的核心对象是 Session，可以完成增加、修改、删除操作。查询操作 Hibernate 根据主键值取得单条记录时使用 Session 对象，而根据查询语句取得多条记录对象时，使用 Query 对象，使用的查询语句称为 HQL，即 Hibernate Query Language，与数据库的 SQL 语法类似，在本书中有专门的章节对之进行详细介绍。

执行增加部门操作使用 save 方法，代码如下：

```
session.save(dv);
```

执行修改部门使用 update 方法，代码如下：

```
session.update(dv);
```

执行删除部门使用 delete 方法，代码如下：

```
session.delete(dv);
```

取得单个部门对象使用 get 方法，代码如下：

```
DepartmentValue dv=(DepartmentValue)session.get(DepartmentValue.class, no);
```

取得所有部门列表，需要使用 HQL 和 Query 对象，代码如下：

```
Query query=session.createQuery("from DepartmentValue");
List<DepartmentValue> list=query.list();
```

Hibernate 的核心操作就是这些持久化方法，调用这些方法是非常简单的，使用 Hibernate 的核心工作是如何完成持久类的映射，此案例的映射非常简单，因为没有多表间的关联关系，而在实际项目中，业务表的数量非常多，并且存在复杂的关联关系，因此类映射是学好 Hibernate 的关键。

（6）提交事务。

执行完 Hibernate 持久化方法，如果不执行事务提交，是无法将数据真正写到数据库表的，需要执行事务对象的 commit 方法完成事务的提交。当有异常时，执行事务的回滚 rollback 方法，实现事务的回滚，取消方法内的所有持久化操作。本案例中没有捕获异常后执行回滚的操作代码，实际项目中通常使用声明式异常捕获机制，不需要使用代码捕获异常，而是将使用 AOP 模式实现事务的回滚，在第 16 章中将详细讲解如何使用面向切面编程完成声明式事务处理，不需要在代码中执行 commit 或 rollback 操作。本案例中完成事务提交的代码如下：

```
tx.commit();
```

对于使用 Hibernate3.x，在提交事务操作后，还需要关闭 session 对象，即执行如下代码：

```
session.close();
```

对于使用 AOP 方式管理的事务，因为使用 getCurrentSession 方法取得 Session 对象是不能关闭 Session 对象的。

2.10　创建视图界面

任何应用系统都需要提供给操作者的用户界面(UI)，在 Java Web 项目中使用动态页面 JSP 或静态页面 HTML 实现用户界面。此处只演示了部门增加操作的页面，其他修改、删除的操作页面基本类似，读者可以自己编程进行测试。

在 Web 文档的目录 WebContent 下创建部门的目录/department，并创建增加部门的 JSP 页面 add.jsp，此时只是简单演示一下增加部门的编程过程，并未像实际项目那样进行页面的布局和美观，其页面代码参见程序 2-8。

程序 2-8　/department/add.jsp

```
<%@ page language="java" contentType="text/html; charset=UTF-8"
   pageEncoding="UTF-8"%>
<!DOCTYPE html>
<html>
<head>
<meta http-equiv="Content-Type" content="text/html; charset=UTF-8">
<title>CITY OA 管理系统</title>
</head>
<body>
<h1>部门增加</h1>
<form action="add.do" method="post">
部门编码:<input type="text" name="code" /><br/>
部门名称:<input type="text" name="name" /><br/>
<input type="submit" value="提交">
</form>
</body>
</html>
```

页面中只是简单地增加部门表单，提交后请求部门增加控制器类地址 add.do。

2.11　创建控制器类

按照 MVC 模式职责，控制器类负责取得 View 层 JSP 提交的数据，并进行数据验证和类型转换，调用业务层对象的方法，最后实现到 View 的跳转。目前使用 Servlet 作为控制器，未来将使用 Spring MVC 的控制器实现，程序 2-9 演示了部门控制器的编程。

程序 2-9　DepartmentAddAction.java //部门增加处理控制器

```
package com.city.oa.action;
```

```
import java.io.IOException;
import javax.servlet.ServletException;
import javax.servlet.annotation.WebServlet;
import javax.servlet.http.HttpServlet;
import javax.servlet.http.HttpServletRequest;
import javax.servlet.http.HttpServletResponse;
import com.city.oa.business.IDepartmentBusiness;
import com.city.oa.business.impl.DepartmentBusinessImpl;
import com.city.oa.value.DepartmentValue;
/**
 * 部门增加处理器类  */
@WebServlet("/department/add.do")
public class DepartmentAddAction extends HttpServlet {
    private static final long serialVersionUID = 1L;
    /**
     * @see HttpServlet#doGet(HttpServletRequest request, HttpServletResponse
     response)
     */
    protected void doGet(HttpServletRequest request, HttpServletResponse
    response) throws ServletException, IOException {

        String code=request.getParameter("code");
        String name=request.getParameter("name");
        if(code!=null&&code.trim().length()>0)
        {
            code=new String(code.getBytes("ISO-8859-1"),"utf08");
        }
        if(name!=null&&name.trim().length()>0)
        {
            name=new String(name.getBytes("ISO-8859-1"),"utf08");
        }
        try
        {
            IDepartmentBusiness db=new DepartmentBusinessImpl();
            DepartmentValue dv=new DepartmentValue();
            dv.setCode(code);
            dv.setName(name);
            db.add(dv);
        }
        catch(Exception e)
        {
            System.out.println("Error:"+e.getMessage());
        }
    }
    /**
```

```
     * @see HttpServlet#doPost(HttpServletRequest request, HttpServletResponse
     response)
     */
    protected void doPost(HttpServletRequest request, HttpServletResponse
    response) throws ServletException, IOException {
        doGet(request,response);
    }
}
```

2.12　功能测试

将开发完成的 Java Web 项目在 Eclipse 下部署到 Tomcat 服务器，待服务器启动运行后，打开浏览器，输入如图 2-35 所示的 URL 地址，显示部门增加页面。

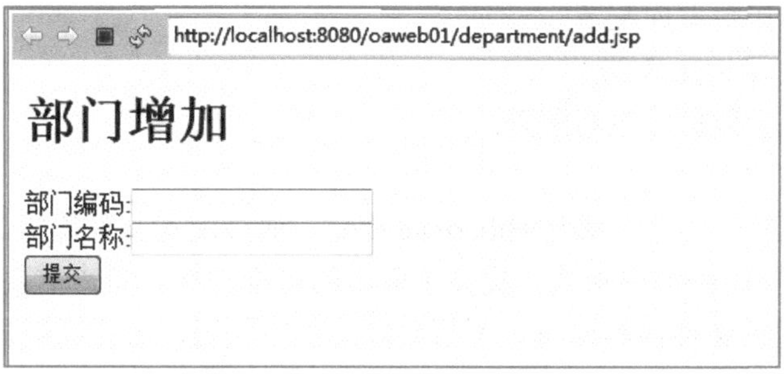

图 2-35　增加部门界面

输入要增加的部门编码和名称，单击“提交”按钮，将输入数据提交到部门处理控制器 Servlet，取得输入的编码和名称，调用业务层对象方法，在该方法内会使用 Hibernate API 完成部门的增加。打开 MySQL 客户端，查看 OA_Department 表，可以看到增加的新的部门信息。

至此完成了最简单的 Hibernate 应用的开发，在本书后续章节中将讲述有表间关联的复杂对象模型的 Hibernate 的持久化编程以及复杂查询的实现。

本章小结

本章详细讲述了开发 Hibernate 项目时，引入 Hibernate 类库的两种方式：一种是使用 Ant 在项目的 build path 中引入 Hibernate 类库 jar 文件；另一种是使用 Maven 方式，通过 Maven 的 artifact 自动管理项目的 Hibernate 类库文件。

在引入 Hibernate 所需的依赖类库后，详细讲述了一个简单的没有关联情况的单表在数据增加情况下，使用 Hibernate 编程所需要创建的文件、接口和类，并结合 JavaEE 的 MVC 模式，讲解了各个模型层类和接口的创建和编程。

第3章 Hibernate 配置和 SessionFactory 创建

本章要点

- Hibernate SessionFactory 的配置。
- Hibernate 连接数据库配置。
- Hibernate 生成 SQL 配置。
- Hibernate 检索数据库策略配置。

Hibernate 框架的核心之一就是 Hibernate 配置，通过配置文件确定 Hibernate 运行时的行为参数，避免了使用硬编码形式，提高了应用的可维护性。将来需要修改某些属性，直接修改 Hibernate 配置文件内容即可，不需要修改程序代码，再重新编译。

Hibernate 的配置内容主要包括 Hibernate 自身功能参数配置和类-表映射配置，本章只讲解 Hibernate 自身参数配置，第 4 章开始讲解类映射配置。通过本章的学习，读者应该理解 Hibernate 的配置项以及每项取值的含义，熟练掌握 Hibernate 的基本配置。

Hibernate 编程的核心是取得 SessionFactory 对象，在 Hibernate 开发中，可以使用多种方式取得此对象，对实际项目开发中，一般使用 Spring 集成 Hibernate 方式，通过 Spring 管理 Hibernate 的 SessionFactory 对象的创建。本章主要介绍使用 Hibernate 方式创建 SessionFactory 对象，重点了解其基本原理，掌握学习 Hibernate 编程，因为企业实际项目基本不用本章讲述的这些方式。

3.1 Hibernate 配置的功能

Hibernate 配置完成 Hibernate 连接数据库的参数设定、数据库类型的设定、查询二级缓存的配置、映射文件的引入、注释映射类的引入、各种检索策略的设置等等。

在完成 Hibernate 的配置信息后，就可以使用 Hibernate 的 Configuration 对象读取配置的信息，为创建 SessionFactory 做准备。

Hibernate 框架的核心配置信息和映射配置信息，是 Hibernate 的核心，在此基础上使用 Hibernate API 完成项目的持久化功能。

3.2 Hibernate 配置的方式

Hibernate 支持 XML 格式配置、属性文件（Properties）和编程方式三种配置方式。实际项目开发中推荐的方式是使用 XML 格式，以其语法格式清晰、功能强大、便于修改等优点使其成为配置的首选。

1. XML 格式文件配置

Hibernate 应用开发时，最常见的配置方式就是使用 XML 文件格式，既可以使用默认的 hibernate.cfg.xml，也可以使用自定义的配置文件名。使用 Configuration 配置对象的方法 configure()用于读取配置文件并对其进行解析，为创建 SessionFactory 提供所需信息。

2. 属性文件配置

属性文件配置方式具有简洁、配置代码编写少的优点，因为不需像 XML 文件那样需要众多的<property>标记，而是直接以 propertyname=value 进行配置即可，因此属性文件通常要比 XML 文件要小得多，但是属性文件的缺点是无法进行映射文件或映射类的引入。在实际项目中可以结合属性文件和 XML 文件配置，在属性文件中配置 Hibernate 属性参数，而在 XML 文件中引入映射文件和映射类。

3. 编程方式配置

此种配置方式是不推荐的方式，但可在项目的测试阶段，通过编程方式加载需要的配置参数和映射文件，检查 ORM 的映射语法是否正确。通过编程逐步增加映射文件或映射类，可以测试出哪个映射文件或映射类有问题。

3.3 Hibernate XML 方式配置

Hibernate XML 配置方式通过使用 XML 格式的配置文件对 Hibernate 的各种特征属性进行配置，默认情况下，启动 Hibernate 的 Configuration 配置对象后，调用其 configure()方法会自动读取 classpath 根目录下的 hibernate.cfg,xml 文件，其读取的编程代码如下：

```
Configuration cfg=new Configuration();
cfg.configure();
```

也可以使用其他名称的配置文件，甚至将配置文件保存在一个指定包的文件夹内。假如创建的配置文件名为 hibernate.oa.xml，将此保存在包 com.city.oa.config 中，则创建配置对象后，通过带参数的 configure()方法实现对此配置文件的读取，其示意代码如下：

```
Configuration cfg=new Configuration();
cfg.configure("com.city.oa.config.Hibernate.oa.xml");
```

企业实际项目开发中，如果采用 Spring 整合 Hibernate，一般不需要此 Hibernate 配置文件，直接在 Spring 配置文件中配置 Hibernate 的配置信息。单独开发 Hibernate 应用时，通常直接使用 hibernate.cfg.xml 配置文件。

如果使用 Eclipse 开发工具开发 Hibernate Java 项目，在项目的 Java Resources 的 src 目录下创建 hibernate.cfg.xml，项目的目录结构和配置文件的位置参见图 3-1。

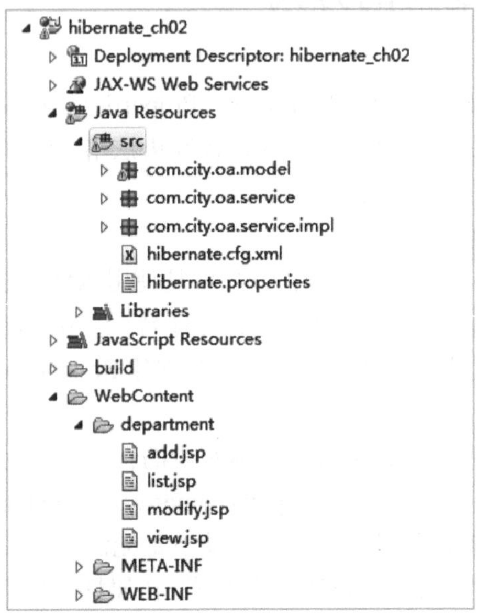

图 3-1　Hibernate 项目目录结构和配置文件位置

创建的 hibernate.cfg.xml 代码案例参见程序 3-1。其文件结构主要包含如下内容。

（1）XML 文件头标志。

（2）Hibernate 配置文件的 DTD。

（3）根元素标记<hibernate-configuration>。

（4）SessionFactory 配置元素标记<session-factory>。

（5）各种 Hibernate 的配置属性标记。

程序 3-1　hibernate.cfg.xml //Hibernate 核心配置 XML 文件

```
<?xml version='1.0' encoding='utf-8'?>
<!DOCTYPE hibernate-configuration PUBLIC
       "-//Hibernate/Hibernate Configuration DTD 3.0//EN"
       "http://www.hibernate.org/dtd/hibernate-configuration-3.0.dtd">
<hibernate-configuration>
    <session-factory>
       <!-- 使用 Tomcat 数据源连接 MSSQL 数据库 -->
       <property name="hibernate.connection.datasource">java:comp/env/cityoa
       </property>
       <!-- SQL 方言 -->
       <property  name="hibernate.dialect">org.hibernate.dialect.MySQLDialect
       </property>
       <!-- 启用 Hibernate 自动会话环境管理-->
       <property name="current_session_context_class">thread</property>
       <!-- 不启用 Hibernate 二级缓存  -->
```

```
        <property  name="cache.provider_class">org.hibernate.cache.internal.
        NoCacheProvider</property>
        <!-- 显示生成的 SQL 语句 -->
        <property name="show_sql">true</property>
    <!-- 引入类与表映射文件 -->
        <mapping resource="com/city/oa/value/DepartmentValue.hbm.xml"/>
    </session-factory>
</hibernate-configuration>
```

Hibernate XML 配置文件的属性配置的语法是<property name="属性名" value="属性值" />，属性名是固定的，由 Hibernate 框架确定，取值需要根据 Hibernate 的文档进行配置。

Hibernate XML 配置文件除属性配置外，还可以配置引入映射信息的标记<mapping>，通过此标记，可以引入 XML 的映射文件和包含了映射注释信息的持久类，如下代码演示了如何引入 XML 映射文件和包含映射注释的类文件。

```
<mapping resource="com/city/oa/value/DepartmentModel.hbm.xml"/>
<mapping class="com.city.oa.value.DepartmentModel"/>
```

3.4 Hibernate 属性方式配置

Hibernate 还支持使用属性文件的方式配置，配置的文件名是 hibernate.properties，并存储在类路径(classpath)根目录内。当创建 Hibernate 的 Configuration 配置对象时，该对象会自动读取类根目录下的 hibernate.properties 文件，读取其配置的属性参数值，对 Hibernate 的 SessionFactory 的特性进行定制。

配置文件内使用 name=value 的方式配置 Hibernate 启动时需要的参数，其简单的案例代码参见程序 3-2。

程序 3-2　hibernate.properties //Hibernate 属性配置文件

```
hibernate.connection.driver_class=com.mysql.jdbc.Driver
hibernate.connection.url=jdbc:mysql://localhost:3306/cityoa
hibernate.connection.username=root
hibernate.connection.password=root
hibernate.dialect = org.hibernate.dialect.MySQL5Dialect
```

属性文件配置方式的缺陷是无法指定映射文件，在使用 Configuration 类创建 SessionFactory 时，不得不手动编程引入类映射文件，因此在实际项目中很少使用属性文件配置方式，都倾向于使用 XML 的配置文件。由于 Hibernate 的众多属性都有其默认的参数值，一般情况下，需要配置的属性参数不是很多。

3.5 Hibernate 编程配置方式

Hibernate 支持无须配置文件的纯编程方式进行 Hibernate 配置，该方式通过

Configuration 对象的各种方法完成属性的设定，映射 XML 文件的引入和采用 Java 注释方式的持久类的引入。

Configuration 类提供的设置属性的方法如下。

1. setProperty（String name,String value）

该方法每次设定一个 Hibernate 属性，参数 name 指定 Hibernate 的属性名，value 指定属性的取值。如下代码演示了使用此方法设置数据库连接信息属性。

```
cfg.setProperty("hibernate.connection.driver_class","com.mysql.jdbc.Driver");
cfg.setProperty("hibernate.connection.url","jdbc:mysql://localhost:3306
/cityoa");
cfg.setProperty("hibernate.connection.username","root");
cfg.setProperty("hibernate.connection.password","root");
cfg.setProperty("connection.pool_size","1");
cfg.setProperty("hibernate.dialect","org.hibernate.dialect.MySQLDialect");
```

2. setProperties（properties）

该方法通过传入的 Properties 的集合对象，可以同时设定多个 Hibernate 属性参数。将上面单次设定属性的方法改造为使用 Properties 对象的示意代码如下。

```
Configuration cfg=new Configuration();
Properties props=new Properties();
props.setProperty("hibernate.connection.driver_class", "com.mysql.jdbc.
Driver");
props.setProperty("hibernate.connection.url", "jdbc:mysql://localhost:3306
/cityoa");
props.setProperty("hibernate.connection.username", "root");
props.setProperty("hibernate.connection.password", "root");
props.setProperty("connection.pool_size", "1");
props.setProperty("hibernate.dialect", "org.hibernate.dialect.MySQLDialect");
cfg.setProperties(props);
cfg.addResource("com/city/oa/model/DepartmentModel.hbm.xml");
```

通过比较，使用单次设定属性方式与使用 Properties 对象的编程量基本相当，使用任何一种方式均可。

3.6 Hibernate 配置的内容

Hibernate 配置文件的核心内容是数据库连接配置，支持各种方式连接数据库，在此基础上，Hibernate 的配置包括缓存的设置、检索机制的配置等，其配置的内容包括如下项目。

（1）数据库连接配置。

（2）数据库方言配置。

（3）生成数据表配置。

（4）显示生成 SQL 语句配置。

（5）事务处理的配置。

（6）Hibernate 缓存的配置。

3.7　数据库连接配置

Hibernate 提供了许多属性用于设定与数据库的连接，因为 Hibernate 是持久层框架，与数据库连接是核心的配置。Hibernate 支持多种连接数据库的配置方式，包括 Hibernate 自己管理的数据库连接，或使用其他著名的连接池框架（如 C3P0、Proxocol 等），也可以使用 JavaEE 应用服务器管理的数据库连接池。

3.7.1　使用 JDBC 驱动类连接数据库

Hibernate 框架自身可以直接使用 JDBC 驱动连接数据库，并有内置的简化的连接池管理机制，Hibernate 在使用数据库连接时，都是以连接池方式进行管理的。但此内置连接池管理机制缺少其他连接池框架拥有的各种特性和高性能，无法适应高并发和对性能要求较高的场合，因此在实际项目部署场合，不能使用其内置的这种数据库连接池，而是使用服务器管理的连接池或第三方著名的连接池框架。

Hibernate 提供的使用 JDBC 确定的属性名和取值参见表 3-1。

表 3-1　Hibernate JDBC 数据库连接属性

属 性 名	说　明	取　值
hibernate.connection.driver_class	驱动类	连接数据库的 JDBC 驱动类名
hibernate.connection.url	连接 URL	JDBC 连接地址
hibernate.connection.username	数据库用户名	数据库用户名
hibernate.connection.password	用户密码	数据库用户的密码
hibernate.connection.pool_size	连接池个数	初始的连接个数，整数
hibernate.connection.isolation	连接隔离级别	取值 1，2，4 或 8

使用 JDBC 方式配置数据库连接的 XML 配置代码示意如下。

```
<session-factory>
 <property name="connection.driver_class">com.mysql.jdbc.Driver</property>
 <property name="connection.url">jdbc:mysql://localhost:3306/cityoa</property>
 <property name="connection.username">root</property>
 <property name="connection.password">city62782116</property>
 <property name="connection.pool_size">1</property>
</session-factory>
```

3.7.2　使用 JavaEE 服务器管理的连接池连接数据库

对于开发要部署到应用服务器上的 JavaEE 企业级应用，Hibernate 应该优先使用服务器配置的数据库连接池，因为服务器配置的数据库连接池通常具有非常优秀的性能，与服务器的融合也是最佳的。

JavaEE 服务器都提供了自身特有的数据库连接池配置机制，一些大型的企业级应用服务器如 Oracle WebLogic、IBM WebSphere、Oralce GlassFish 等都提供了 Web 操作界面来实现连接池的配置，而一些开源的小型应用服务器基本都使用配置文件方式，在指定的配置文件中实现对数据库连接池的配置。以著名的 Tomcat 服务器为例，其数据库连接池的配置在安装目录的/config/context.xml 文件中完成，其配置的语法参见如下代码：

```
<?xml version='1.0' encoding='utf-8'?>
<Context>
   <WatchedResource>WEB-INF/web.xml</WatchedResource>
   <WatchedResource>${catalina.base}/conf/web.xml</WatchedResource>
<Resource
    name="cityoa"
    auth="Container"
    type="javax.sql.DataSource"
    driverClassName="com.mysql.jdbc.Driver"
    maxIdle="2"
    maxWait="5000"
    url="jdbc:mysql://localhost:3306/cityoa"
    username="root"
    password="root"
    maxActive="20"
    removeAbandoned="true"
    removeAbandonedTimeOut="5"
    logAbandoned="true" />
</Context>
```

上面的代码中在<Context>根元素下使用<Resource>元素配置一个连接到 MySQL 数据库 cityoa 的数据库连接池，最大连接个数为 50，默认连接个数为 2，注册到服务器命名服务中的注册名为 cityoa，Hibernate 框架可通过此注册名使用配置的数据库连接池。

Hibernate 使用 JNDI 查找 JavaEE 应用服务器命名服务中注册的数据库连接池管理对象 DataSource 的相应属性名和参数值如表 3-2 所示。

表 3-2 Hibernate 使用服务器管理连接池的属性

属 性 名	说 明	取 值
hibernate.connection.datasource	数据源注册名	注册的数据源名
hibernate.jndi.class	JNDI 实现类	Context 的实现类名
hibernate.jndi.url	JNDI 服务器 URL	命名服务器的位置 url
hibernate.jndi	JNDI 参数	创建 Context 实现类对象的参数

项目开发中部署到应用服务器的 Hibernate 应用项目通常使用服务器内置的命名服务器，即本地 JNDI 命名服务器，此时只需指定 hibernate.connection.datasource 属性即可，其值指定服务器连接池配置的 JNDI 服务名，如下示意代码演示了使用 Tomcat8 配置的数据

库连接池的 Hibernate 配置案例。

```
<session-factory>
 <property name="connection.datasource">java:comp/env/cityoa</property>
</session-factory>
```

代码中的连接池数据源注册名是在配置的<Resource>的 name 属性值 cityoa 的基础上增加 Tomcat 命名服务前缀 java:comp/env 结合而成的，这是 Tomcat 的语法，对应其他应用服务器是不需要的。每个服务器都有自己的 JNDI 命名语法，具体配置信息需要参阅不同服务器的文档，如 GlassFish 直接使用配置的数据源名称即可，不需要添加任何前缀。

通过数据源方式配置连接数据库，不再需要配置其他的账号、密码和连接池大小等信息，因为这些信息已经在服务器的配置文件中。

3.7.3　使用连接池框架 C3P0 连接数据库

如果开发的项目不部署在 JavaEE 应用服务器上，当然这种情况是很少见的，因为现代企业级项目基本都运行在各种应用服务器上。或者在项目的测试阶段，为加快项目的开发进度，通常使用单元测试类，测试使用 Hibernate 编程完成的各种对象的方法，不会把项目部署到服务器再测试，而是单独编写的测试类进行测试。

此时由于代码不是在服务器上运行，因此不能使用服务器配置的数据库连接池和 JNDI 命名服务，项目开发人员会使用第三方提供的连接池开源框架（如 C3P0、Hikaricp、Pproxool 等）。从前经常使用的 Apache 的连接池管理框架 DBCP 由于其缺陷和性能较差，最新版的 Hibernate 已经不再支持使用 DBCP，这点开发者一定要注意。

C3P0 框架由于其全面支持 JDBC4 版本的新特性和优良的连接池管理性能，被 Hibernate 框架选为最佳搭档，在 Hibernate 类库中已经包含了 C3P0 的类库文件和 Hibernate 整合文件，保存在 Hibernate 的压缩文件包里的\lib\optional\c3p0 文件夹内，其包含的与 C3P0 有关的类库文件参见图 3-2。

名称	修改日期	类型	大小
c3p0-0.9.2.1.jar	2014/6/19 14:22	Executable Jar File	414 KB
hibernate-c3p0-5.2.3.Final.jar	2016/9/30 9:43	Executable Jar File	12 KB
mchange-commons-java-0.2.3.4.jar	2014/6/19 14:22	Executable Jar File	568 KB

图 3-2　Hibernate 内置的 C3P0 类库文件

Hibernate 配置使用 C3P0 时，只需在原来配置使用 JDBC 驱动方式基础上，增加使用 C3P0 的属性即可，Hibernate 框架启动时会检测到 C3P0 属性，自动启动 C3P0 连接池框架，同时终止 Hibernate 内部自带的连接池管理机制。下面给出了 Hibernate 配置 C3P0 连接池框架的配置代码。

```
<session-factory>
 <property name="connection.driver_class">com.mysql.jdbc.Driver</property>
 <property name="connection.url">jdbc:mysql://localhost:3306/cityoa</property>
```

```
<property name="connection.username">root</property>
<property name="connection.password">root</property>
<property name="connection.pool_size">1</property>
<!-- 最大连接数 -->
<property name="hibernate.c3p0.max_size">20</property>
<!-- 最小连接数 -->
<property name="hibernate.c3p0.min_size">5</property>
<!-- 获得连接的超时时间,如果超过这个时间,会抛出异常，单位秒 -->
<property name="hibernate.c3p0.timeout">120</property>
<!-- 最大的 PreparedStatement 的数量 -->
<property name="hibernate.c3p0.max_statements">100</property>
<!-- 每隔 120 秒检查连接池里的空闲连接，单位是秒-->
<property name="hibernate.c3p0.idle_test_period">120</property>
<!-- 当连接池里面的连接用完的时候，C3P0 一下获取的新的连接数 -->
<property name="hibernate.c3p0.acquire_increment">2</property>
<!-- 每次都验证连接是否可用 -->
<property name="hibernate.c3p0.validate">true</property>
</session-factory>
```

3.7.4 使用连接池框架 Proxool 连接数据库

Proxool 是一种 Java 数据库连接池技术，是 sourceforge 下的一个开源项目，这个项目提供一个健壮、易用的连接池，最为关键的是这个连接池提供监控功能，方便易用，便于发现连接泄露的情况。

由于 Proxool 框架是在其他框架基础上开发的，吸收了其他连接池框架的优点，增加了监控连接内存泄露功能，因此得到了开发者的青睐。

Hibernate 使用 Proxool 框架，需要首先配置 Proxool 的配置文件 Proxool.xml，并将其保存在与 hibernate.cfg.xml 相同的 classpath 根目录下。

在 Proxool.xml 文件内，配置了管理数据库连接的基本信息，包括驱动、URL、账号和密码信息，其配置信息参见程序 3-3。

程序 3-3 Proxool.xml //Proxool 连接池配置文件

```
<?xml version="1.0" encoding="UTF-8"?>
<!-- the proxool configuration can be embedded within your own application's.
Anything outside the "proxool" tag is ignored. -->
<something-else-entirely>
  <proxool>
    <alias>CITYOAPool</alias>
<driver-class>com.mysql.jdbc.Driver</driver-class>
<driver-url>jdbc:mysql://localhost:3306/cityoa</driver-url>
    <driver-properties>
      <property name="user" value="root"/>
      <property name="password" value="root"/>
    </driver-properties>
```

```
      <maximum-connection-count>10</maximum-connection-count>
      <house-keeping-test-sql>select CURRENT_DATE</house-keeping-test-sql>
    </proxool>
  </something-else-entirely>
```

Proxool 框架在启动时，自动检索 classpath 根目录下的 Proxool.xml 配置文件，设置数据库连接信息。

Proxool 配置后，在 Hibernate 的配置文件 hibernate.cfg.xml 中配置使用 Proxool 连接池框架的信息，指定其配置文件。程序 3-4 演示了二者的整合配置信息。

程序 3-4　hibernate.cfg.xml //使用 Proxool 的 Hibernate XML 配置文件

```
<?xml version='1.0' encoding='utf-8'?>
<!DOCTYPE hibernate-configuration PUBLIC
      "-//Hibernate/Hibernate Configuration DTD 3.0//EN"
      "http://hibernate.sourceforge.net/hibernate-configuration-3.0.dtd">
<hibernate-configuration>
   <session-factory>
      <!-- Database connection settings -->
      <property  name="hibernate.connection.provider_class">org.hibernate.
      connection.ProxoolConnectionProvider</property>
      <property name="hibernate.proxool.pool_alias">CITYOAPool</property>
      <property name="hibernate.proxool.xml">Proxool.xml</property>
      <!-- SQL dialect -->
      <property name="dialect">org.hibernate.dialect.MySQLDialect</property>
      <!-- Echo all executed SQL to stdout -->
      <property name="show_sql">false</property>
      <!-- Drop and re-create the database schema on startup -->
      <property name="hbm2ddl.auto">create</property>
      <!-- 引入持久类映射文件 -->
      <mapping resource="com/city/oa/model/DepartmentModel.hbm.xml"/>
   </session-factory>
</hibernate-configuration>
```

在 Hibernate 与 Proxool 整合的类库文件 hibernate-proxool-5.2.3.Final.jar 中定义了 Hibernate 集成 Proxool 的属性如下。

（1）hibernate.proxool.pool_alias。

该属性指定了 Proxool 配置的连接池的别名，此处是 CITYOAPool。

（2）Hibernate.proxool.xml。

该属性指定 Proxool 配置文件的名称，此处为 Proxool.xml，由于将其保存在 classpath 根目录下，不需要指定文件夹，直接使用文件名即可。

3.8　Hibernate 数据库类型属性配置

由于不同数据库在 SQL 语法上有所区别，需要 Hibernate 生成针对不同数据库生成不同的 SQL 语句，Hibernate 使用方言属性设定数据库的类型。方言的属性名称是：

hibernate.dialect。Hibernate 框架内置了不同数据库类型的方言实现类，表 3-3 是 Hibernate 内置的不同数据库的方言实现类。设定该属性时，指定其方言类名即可，配置的语法代码如下所示。

```
hibernate.dialect=数据库方言实现类名
```

表 3-3　Hibernate 框架数据库方言实现类

数据库类型	方言实现类
DB2	org.hibernate.dialect.DB2Dialect
DB2 AS/400	org.hibernate.dialect.DB2400Dialect
DB2 OS390	org.hibernate.dialect.DB2390Dialect
PostgreSQL	org.hibernate.dialect.PostgreSQLDialect
MySQL	org.hibernate.dialect.MySQLDialect
MySQL with InnoDB	org.hibernate.dialect.MySQLInnoDBDialect
MySQL with MyISAM	org.hibernate.dialect.MySQLMyISAMDialect
Oracle	org.hibernate.dialect.OracleDialect
Oracle 9i/10g	org.hibernate.dialect.Oracle9Dialect
Sybase	org.hibernate.dialect.Oracle9Dialect
Sybase Anywhere	org.hibernate.dialect.SybaseDialect
Microsoft SQL Server	org.hibernate.dialect.SybaseAnywhereDialect
SAP DB	org.hibernate.dialect.SQLServerDialect
Informix	org.hibernate.dialect.SAPDBDialect
HypersonicSQL	org.hibernate.dialect.InformixDialect
Ingres	org.hibernate.dialect.HSQLDialect
Progress	org.hibernate.dialect.IngresDialect
Mckoi SQL	org.hibernate.dialect.ProgressDialect

在本书中使用 MySQL 数据库，其方言的配置代码如下：

```
<property name="dialect">org.hibernate.dialect.MySQLDialect</property>
```

3.9 Hibernate 处理检索属性

Hibernate 提供了执行 SQL 批处理操作时策略的设定，通过这些检索策略属性的设定，可以提高 Hibernate 执行批处理的执行速度，进而提高系统的性能。Hibernate 配置中与检索有关的属性及其取值和含义参见表 3-4。

表 3-4　Hibernate 设置 DML 批处理性能的属性

属　性　名	取　　值	说　　明
hibernate.jdbc.batch_size	数值（如 10）	设定批处理个数
hibernate.order_inserts	true|false	设定是否将批处理 insert 语句进行排序，默认为 false
hibernate.order_updates	true|false	设定是否将批处理 update 语句进行排序，默认为 false
hibernate.jdbc.batch_versioned_data	true|false	是否指定在实体中增加版本信息，默认为 true

3.10　Hibernate 查询批处理设定属性

Hibernate 对执行查询的操作也提供了批处理设定属性，用于提高 Hibernate 执行检索时的速度，这些属性的设定需要根据不同的数据库和服务器的内存情况进行设定，一般要在项目测试和运行过程中进行不断的调整，以达到最佳的处理性能。Hibernate 用于设定查询批处理的参数属性参见表 3-5。

表 3-5　Hibernate 设置查询检索批处理性能的属性

属 性 名	取 值	说 明
hibernate.jdbc.fetch_size	0 或者数值	设定 JDBC 的 Statement 读取数据的时候每次从数据库中取出的记录条数。当 Fetch Size=50 的时候，性能会提升 1 倍之多，当 Fetch Size=100，性能还能继续提升 20%，Fetch Size 继续增大，性能提升的就不显著了
hibernate.max_fetch_depth	0～3	设定当执行对一关联的查询时，外关联抓取树结构的最大深度。值为 0 意味着将关闭默认的外连接抓取。设为 1 或更高值能启用 one-to-one 和 many-to-oneouter 关联的外连接抓取，它们通过 fetch="join"来映射
hibernate.jdbc.use_scrollable_resultset	true|false	当读取结果集数据时，是否启动可滚动类型的结果集，默认是 false，启用只读向前的结果集类型
hibernate.jdbc.use_streams_for_binary	true|false	当读取 binary 类型字段数据时，是否启用 Stream 流方式，默认是 false
hibernate.jdbc.use_get_generated_keys	true|false	是否启用 JDBC3 预编译 SQL 执行对象的生成主键值的方法
hibernate.jdbc.wrap_result_sets	true|false	启用是否保证查询结果集以加快查询处理速度。默认为 false
hibernate.enable_lazy_load_no_trans	true|false	在事务之外初始化一个代理对象或关联的容器。通常不要设定为 true

通常使用属性文件方式设定 Hibernate 的这些批处理增加、修改、删除或检索策略的属性，而在 XML 文件中设定连接数据库的属性。当不需要这些属性定义时，可直接修改属性文件的名称，如果将 hibernate.properties 文件修改为 hibernate01.properties，则 Hibernate 框架将不再读取此属性文件。

3.11　SQL 日志追踪属性

在测试 Hibernate 应用时，经常需要查看 Hibernate 生成的 SQL 语句进行代码的检查和验证，Hibernate 提供了生成 SQL 日志的选项属性。有关 SQL 日志的属性参见表 3-6。

表 3-6 Hibernate 设置 SQL 日志的属性

属 性 名	取 值	说 明
hibernate.show_sql	true|false	是否启用SQL生成日志，启用后将向日志文件生成select 语句，如果没有指定日志设定，则在 JVM 控制台输出生成的 SQL 语句
hibernate.format_sql	true|false	是否生成格式化的 SQL 语句。每个子句单独为一行，便于查看复杂的 SQL 语句
hibernate.use_sql_comments	true|false	是否启用 SQL 中的注释生成。有利于开发者进行错误的调试

3.12 缓存策略设定属性

Hibernate 提供处理性能的关键是其提供了执行持久化操作时的数据缓存机制，如在查询操作时，如果多次检索同一个实体对象，且缓存中该实体对象已经存在，则 Hibernate 不会执行对数据库表的 Select 操作，而是直接取得缓存中保存的对象并返回，因而性能得以显著提高。

Hibernate 有二级缓存机制，当操作持久对象时，先在一级缓存中查找此对象，如果没有再到二级缓存中查找，如果这二个缓存中都没有要操作的持久对象，才对数据库执行 select 语句，检索出需要的持久对象。

Hibernate 一级缓存又称为“Session 的缓存”。Session 不能被卸载，Session 的缓存是事务范围的缓存（Session 对象的生命周期通常对应一个数据库事务或者一个应用事务），一级缓存是无法通过配置参数进行配置的，Hibernate 只提供了对二级缓存的配置参数。

Hibernate 二级缓存是一个可插拔的缓存插件，它由 SessionFactory 负责管理。由于 SessionFactory 对象的生命周期和应用程序的整个过程对应，因此第二级缓存是进程范围或者集群范围的缓存。这个缓存中存放的对象的松散数据。第二级对象有可能出现并发问题，因此需要采取适当的并发访问策略，该策略为被缓存的数据提供了事务隔离级别。缓存适配器用于把具体的缓存实现软件与 Hibernate 集成。第二级缓存是可选的，可以在每个类或每个集合的粒度上配置第二级缓存。

Hibernate 的一级缓存是其框架内部设定，不能终止一级缓存，而二级缓存是专门用于查询时保存检索对象的缓存，可以使用多个缓存框架产品用于 Hibernate 的二级缓存的实现。有关缓存方面的设定属性参见表 3-7。

表 3-7 Hibernate 设置缓存机制的属性

属 性 名	取 值	说 明
hibernate.cache.use_query_cache	true|false	是否启动查询缓存
hibernate.cache.use_second_level_cache	true|false	是否启动二级缓存机制
hibernate.cache.query_cache_factory	缓存实现类的全名	设定二级缓存机制的实现机制

如下代码演示了 Hibernate 中启用二级缓存机制，使用 EhCache 作为缓存实现机制，并指定使用 oa.ehcache.xml 文件作为缓存配置文件。

```
<!-- 开启二级缓存 -->
<property name="hibernate.cache.use_second_level_cache">true</property>
<!-- 二级缓存的提供类 在 hibernate4.0 版本以后我们都是配置这个属性来指定二级缓存的提
供类-->
<property  name="hibernate.cache.region.factory_class">org.hibernate.cache.
ehcache.EhCacheRegionFactory</property>
<!-- 二级缓存配置文件的位置 -->
<property  name="hibernate.cache.provider_configuration_file_resource_path">
oa.ehcache.xml</property>
```

3.13　事务处理和并性控制设定属性

Hibernate 内部使用 JDBC API 完成数据库的操作，将持久类对象保存到对应的数据表中或从表中读取记录的字段值到持久对象中。默认情况下 Hibernate 使用 JDBC Connection 接口提供的事务处理机制通过数据库提供的事务处理服务完成数据处理的事务操作。

在 JavaEE 服务器环境下开发企业级应用时，Hibernate 也可以使用 JavaEE 提供的 JTA 事务机制完成事务处理，而不是使用 JDBC API 提供的。JTA 提供了在分布式环境下跨越多个数据库的分布式事务机制，而这是 JDBC API 所不具备的。

在 Hibernate 配置中通过表 3-8 所示的与事务处理相关的属性，实现对 Hibernate 事务处理的配置，包括使用何种事务处理方式以及事务处理平台的选择。由于与事务处理有关的配置参数较多，本书只重点展示了最常用的几个配置参数，其他参数请参阅 Hibernate 的在线文档。

表 3-8　Hibernate 设置事务处理的配置属性

属　性　名	取　值	说　明
hibernate.transaction.coordinator_class	jdbc|jta	设定选择事务处理的机制类型，默认是 jdbc
hibernate.transaction.jta.platform	Borland|Bitronix|JBossAS|JBossTS|JOTM|Weblogic|WebSphere|Resin	当选择事务处理为 jta 时，选择提供 JTA 服务的服务器类型

Hibernate 在没有配置事务处理类型选项 hibernate.transaction.coordinator_class 参数时，自动使用 JDBC API 提供的事务处理机制，此机制下，会使用使用数据库提供的内置的事务完成 Hibernate 应用的事务处理。

如果选择 JTA 事务处理类型，可根据 Hibernate 应用具体使用哪种服务器，通过设定 hibernate.transaction.jta.platform 对 JTA 的实现机制进行详细的指定，例如如果应用运行 WebLogic 服务器上，则选择此参数值为 Weblogic，各个服务器的取值参见表 3-8。

3.14　取得 Hibernate SessionFactory 的方式

完成 Hibernate 配置后，Hibernate 编程最重要的步骤就是读取配置信息，然后创建

SessionFactory 对象。SessionFactory 负责创建 Session 实例，可以通过 Configuration 实例构建 SessionFactory。

Configuration 实例 config 会根据当前的数据库配置信息，构造 SessionFacory 实例并返回。SessionFactory 一旦构造完毕，即被赋予特定的配置信息。配置信息的任何变更将不会影响到已经创建的 SessionFactory 实例 sessionFactory。

SessionFactory 保存了对应当前数据库配置的所有映射关系，同时也负责维护当前的二级数据缓存和 SQL 执行对象 Statement 的缓存池，加快对象的持久化操作。SessionFactory 的创建过程非常复杂，创建时间长，对应用的性能影响巨大。

在系统设计中一定要使用 SessionFactory 的重用策略，由于 SessionFactory 采用了线程安全的设计，可由多个线程并发调用。如果项目开发中选择如程序 3-5 所示的方式取得 Hibernate 的 SessionFactory 对象，在每个业务方法中都单独创建配置对象再读取配置信息，最后调用 Configuration 对象的 buildSessionFactory()创建 SessionFactory，如此每个业务方法都会对配置文件和映射文件进行解析，这些操作都需要很长时间才能完成，将会极大地减慢应用的运行速度，影响系统的性能。

程序 3-5 DepartmentServiceImpl.java //部门业务实现类

```
//使用 Hibernate API 完成部门增加功能
package com.city.oa.service.impl;
import org.hibernate.Session;
import org.hibernate.SessionFactory;
import org.hibernate.Transaction;
import org.hibernate.cfg.Configuration;
import com.city.oa.model.DepartmentModel;
import com.city.oa.service.IDepartmentService;
//部门业务实现类
//使用 Hibernate API 完成
public class DepartmentServiceImpl implements IDepartmentService {
    //增加部门业务方法
    public void add(DepartmentModel dm) throws Exception {
        Configuration cfg=new Configuration();
        cfg.configure();
        SessionFactory sf=cfg.buildSessionFactory();
        Session session=sf.openSession();
        Transaction tx=session.beginTransaction();
        session.save(dm);
        tx.commit();
        session.close();
        sf.close();
    }
}
```

实际项目开发时整个应用使用一个单例的 SessionFactory 对象即可，不需要每个线程都创建一个单独的 SessionFactory 对象。下面将分别讲述不同创建或取得 SessionFactory 的方法，并比较这些创建方式的优点和对性能的影响。

3.14.1　原型模式取得 SessionFactory 对象

使用原型模式取得 SessionFactory 对象，就是每次调用 Hibernate API 对象完成持久化功能时，都创建单独的 SessionFactory 对象，使用完后就将其销毁，程序 3-5 已经演示了在业务方法内使用原型模式创建 SessionFactory 对象，在实际应用编程中，应该避免使用此种模式创建该对象，应该使用单例共享模式，使得整个应用项目共享一个 SessionFactory 对象。

3.14.2　单例工厂模式取得 SessionFactory 对象

由于 SessionFactory 对象的创建时间长，占用的资源多，如果每个业务对象的方法内当使用此对象时都创建新的对象实例，会极大地影响系统的性能，应该采用单例模式编程，保证整个系统公用此对象。程序 3-6 演示了通过单例模式取得 SessionFactory 方法。

程序 3-6　SessionFactoryUitl.java　//SessionFactory 单例模式工厂

```
package com.city.oa.util;
import org.hibernate.SessionFactory;
import org.hibernate.cfg.Configuration;
//SessionFactory 单例工厂
public class SessionFactoryUtils {
    //类变量 SessionFactory
    private static SessionFactory sessionFactory=null;
    static{
        Configuration cfg=new Configuration();
        cfg.configure();
        sessionFactory=cfg.buildSessionFactory();
    }
    //取得 SessionFactory
    public static SessionFactory getSessionFactory(){
        return sessionFactory;
    }
}
```

通过定义类的静态属性变量，并使用 static 静态代码块，只创建一个 SessionFactory 对象，所有需要 SessionFactory 对象的代码只需调用此类的静态方法即可取得单例的、可供多线程共享的实例对象，新的取得 SessionFactory 对象的代码示意如下。

```
SessionFactory sessionFactory=SessionFactoryUtils.getSessionFactory();
```

取得单例的 SessionFactory 对象后，就可以创建非单例的 Session 对象，实现并发的持久化操作。

3.14.3 使用 Hibernate 内置的 Session-Facotry-Name 属性配置的 JNDI 取得 SessionFactory 对象

使用上述单例工厂模式取得 SessionFactory 对象，依然存在无法持久取得单例的对象问题。依据 Java 对象的管理机制，当一个对象在 JVM 内存创建后，如果没有其他对象引用时候，会被 Java 虚拟机的垃圾收集器标注，在线程空闲时，被垃圾收集器回收，对象被销毁，内存被释放，下次再使用 SessionFactory 对象时，还需要载入其工厂类，创建新的单例对象。如何能保证创建的 SessionFactory 对象永久被引用，需要一定的机制实现对象该对象的引用，JavaEE 提供了命名服务机制实现对指定对象的永久引用。

应用开发人员可以手动编程，在创建 SessionFactory 对象后，将其注册到应用服务器的命名服务中，以后当需要此对象时，通过 JNDI API 从命名服务中取得已经绑定的对象，不需重新创建，进而快速取得该对象，提高系统的性能。

一般要保证在应用启动时，自动创建 SessionFactory 对象并注册到命名服务中，要使用自启动机制实现。在 Java Web 应用项目中，最佳的实现方式是使用服务器启动监听器，当服务器启动后，立即执行创建 SessionFactory 对象并注册到命名服务中的任务。程序 3-7 给出通过 Java Web ServletContextListener 监听器完成这一任务的代码实现。

程序 3-7 WebApplicationStartupListener.java //Web 站点启动监听器

```
package com.city.oa.listenenr;
import javax.naming.Context;
import javax.naming.InitialContext;
import javax.servlet.ServletContextEvent;
import javax.servlet.ServletContextListener;
import javax.servlet.annotation.WebListener;
import org.hibernate.SessionFactory;
import org.hibernate.cfg.Configuration;
@WebListener
public class WebApplicationStartupListener implements ServletContextListener {
    //服务器启动监听方法
    public void contextInitialized(ServletContextEvent event){
        Configuration cfg=new Configuration();
        cfg.configure();
        //取得创建的 SessionFactory 对象
        SessionFactory sessionFactory=cfg.buildSessionFactory();
        try {
            //连接到本地命名服务
            Context ctx=new InitialContext();
            //注册创建的 SessionFactory 对象到命名服务
            ctx.bind("sessionFactory",sessionFactory);
            ctx.close();

        } catch (Exception e) {
```

```
            e.printStackTrace();
        }
    }
    //服务器停止监听方法
    public void contextDestroyed(ServletContextEvent event){
    }
}
```

当 Web 应用启动后，SessionFactory 对象被注册到命名服务中，可以修改程序 3-7 中的 SessionFactoryUitl 工厂类，将取得 SessionFactory 对象的方法改造为使用 JNDI 从命名服务中取得，而不再是从读取配置信息阶段开始，又进一步提高了系统的性能，因为查找对象的时间要比创建对象少得多，速度更快，性能更好，程序 3-8 为使用 JNDI 后查找 SessionFactory 改进后的实现代码。

程序 3-8　SessionFactoryUtilsWithJNDI.java

```
package com.city.oa.util;
import javax.naming.Context;
import javax.naming.InitialContext;
import org.hibernate.SessionFactory;
public class SessionFactoryUtilsWithJNDI {
    //取得 SessionFactory
    public static SessionFactory getSessionFactory() throws Exception{
        Context ctx=new InitialContext();
        SessionFactory sessionFactory=(SessionFactory)ctx.lookup
        ("sessionFactory");
        ctx.close();
        return sessionFactory;
    }
}
```

在业务方法内要实现对象的持久化，可以使用此工厂类取得 SessionFactory 对象，再使用 Hibernate 其他 API 对象完成，下面给出了重新改造后的部门增加的业务方法代码。

```
public class DepartmentServiceImpl implements IDepartmentService {
    //增加部门业务方法
    public void add(DepartmentModel dm) throws Exception {
        SessionFactory sf=SessionFactoryUtilsWithJNDI.getSessionFactory();
        Session session=sf.openSession();
        Transaction tx=session.beginTransaction();
        session.save(dm);
        tx.commit();
        session.close();
        sf.close();
    }
}
```

经过以上代码升级改造后，应用系统在持久化的处理性能要比原来每次直接读取配置文件后创建 SessionFactory 的方式有巨大的提高。由于将 SessionFactory 对象注册到命名服务的方式已经成为流行的处理方式，Hibernate 框架提供了配置 SessionFactory 注册到命名服务的配置参数：hibernate.session_factory_name，当在配置文件中配置此参数后，当首次创建 SessionFactory 对象后，该对象被 Hibernate 框架自动注册到命名服务中，不再需要手动编程，如下代码演示了将创建的 SessionFactory 对象以 OASessionFactory 注册到命名服务中。

```
hibernate.session_factory_name=OASessionFactory
```

如果配置此参数，则程序 3-7 的 Web 服务器启动监听器的监听代码就不需要手动连接命名服务了，此部分代码可以改为如下代码所示。

```
public void contextInitialized(ServletContextEvent event){
        Configuration cfg=new Configuration();
        cfg.configure();
        //取得创建的 SessionFactory 对象
        SessionFactory sessionFactory=cfg.buildSessionFactory();
}
```

如此原来连接命名服务和注册对象的代码就可以省略了，首次创建 SessionFactory 对象后，Hibernate 负责自动完成对象的命名服务注册的工作，不再需要编程。

等使用 Spring 框架后，一般都使用 Spring 管理 SessionFactory，将此对象的管理交由 Spring IoC 容器完成，就不需要 Hibernate 的这种机制了，这也是实际项目开发最常用的管理 SessionFactory 的方式。

本章小结

本章中详细讲述了 Hibernate 框架的各种配置方式，包括 XML 配置文件方式、属性文件方式和手动编程方式，在实际应用开发中，最常使用的 XML 文件方式，该方式可以直接进行映射文件或映射类的引入。在使用 Hibernate 开发持久化应用中，各种参数的配置是重点，通过使用 Hibernate 提供的各种配置参数，可以对 Hibernate 进行精确的配置和设定，最常用的配置是有关数据库的配置，以及各种检索策略参数的设定。

在开始学习 Hibernate 时，需要重点掌握的是数据库的连接配置，以及使用各种数据库连接框架的配置，尤其是 C3P0 的配置，待逐渐对 Hibernate 的使用熟练以后，可以尝试使用各种与性能调整有关的配置参数，逐步提高系统的处理速度和性能。

在掌握了 Hibernate 的配置后，就需要熟练掌握映射配置，它是 Hibernate 的核心，是实现 Hibernate 基本功能的基础，以下各章从简单映射开始，逐渐深入讲述复杂的关联映射，最终完成复杂的数据模型的应用的设计和编程。

第4章 Hibernate 简单映射

本章要点

- Hibernate 映射的基本原理。
- Hibernate 简单映射的 XML 方式语法。
- Hibernate 简单映射的 Java 注释方式。
- 简单映射的实际应用编程。

Hibernate 是 ORM 的框架，其核心就是 Java 对象与数据库表记录之间的映射关系。通过配置文件确定要连接的数据库和检索策略后，Hibernate 通过映射信息完成 Java 实体类，也称之为持久类与数据库表的对应关系，并通过 Hibernate 的内部机制实现对实体对象的操作转变为对数据表记录的操作，自动生成对应的 SQL 语句，将开发人员从烦琐的持久化编程代码中解放出来，极大地提高了软件项目的开发效率。

本章主要介绍简单的单个数据表并且无关联的对应的持久类的映射语法，使读者理解和掌握 Hibernate 基本的映射语法和 Hibernate 的 API 的简单编程使用。后续章节将深入介绍复杂的且有关联关系的表和持久类的映射语法和编程。

4.1 Hibernate 映射的基本原理

Hibernate 的核心功能就是通过操作经过映射配置的持久类的对象完成对数据库表记录的处理。但现代数据库管理系统基本都是关系型数据库，数据表中不是直接保存对象，而是按关系模型保存数据的记录和字段。Hibernate 是基于 Java 语言的框架，它操作的是 Java 对象，不是关系模型的实体记录，这就需要 ORM 的机制，将关系世界的实体与对象世界的对象进行对应关系的映射。

无论关系模型还是对象模型都是对象对现实世界的模拟，通过各种模型类对象实现对现实世界对象的抽象表达。关系模型的概念和实体与对象世界的概念和对象有着相同含义的表达，否则也难以实现二者之间的映射。

关系模型中的实体（表）表达具有相同属性对象的集合，而对象模型中类是具有相同属性和相同功能（方法）的对象的集合，如果不考虑功能，则二者表达的含义是一样的，因此在 Hibernate 持久类编程时，基本不考虑其具有的功能，只是考虑其表达的对象的属性，这样关系模型中的实体与对象世界的类就是对应的关系。

关系世界的记录表达一个实体的具体对象，而对象世界的对象与之表达的是一样的，记录与对象对应的关系。

关系世界实体的字段表达对象的属性特性，与对象世界中类的属性表达的意义完全相同，这样可以使用 Java 类的属性表示表的字段。

对象关系映射（ORM）就是一种为了解决面向对象与关系数据库存在的互不匹配的现象的技术。简单地说，ORM 是通过使用描述对象和数据库之间映射的配置信息数据，将程序中的对象自动持久化到关系数据库中。Hibernate、TopLink、MyBstis 都是完成 ORM 任务的 Java 软件框架。

每种 ORM 框架都需要提供 ORM 映射的配置方式，Hibernate 支持使用 XML 配置文件和 Java 注释两种映射配置方式，实现将 Java 持久类和数据库表进行对应关系的建立。

4.2 Hibernate 映射的数据库表案例

本书为全面演示 Hibernate 映射配置和编程，使用 MySQL 数据库作为数据存储，以一个简单的 OA 项目作为 Hibernate 集成 Spring 和 Spring MVC 开发的案例。本案例中设计了部门表、爱好表、员工表、员工爱好关联表和员工地址表。

部门表用来表达员工所属的部门信息，其表结构和约束参见表 4-1。

表 4-1 部门表（OA_DEPARTMENT）字段结构

字 段 名	数 据 类 型	约 束	说 明
DEPTNO	Int(10)	主键，自增量	部门编号
DEPTCODE	Varchar(20)		部门编码
DEPTNAME	Varchar(50)		部门名称

爱好表表达员工的喜好，每个员工有多个爱好，每个爱好也拥有多个员工，构成多对关系，爱好表的定义参见表 4-2。

表 4-2 爱好表（OA_BEHAVE）字段结构

字 段 名	数 据 类 型	约 束	说 明
BNO	Int(10)	主键，自增量	爱好编号
BNAME	Varchar(50)		爱好名称

员工表存储 OA 系统中的员工信息，为展示 Hibernate 对各种数据类型的支持，在此表中设计了各种类型的字段。员工表中包含指向部门表部门编号的外键，构成员工和部门之间的多对一和一对多关系，其表结构参见表 4-3。

表 4-3 员工表（OA_EMPLOYEE）字段结构

字 段 名	数 据 类 型	约 束	说 明
EMPID	varchar(20)	主键	登录账号
DEPTNO	int(10)	外键→部门表主键	部门编号
EMPPassword	varchar(20)		登录密码
EMPNAME	varchar(50)		员工姓名

续表

字　段　名	数 据 类 型	约　　束	说　　明
SEX	varchar(2)	取值'男'，'女'	性别
AGE	int(2)	取值 18～60 之间	年龄
SALARY	decimal(12,2)		工资
BirthDAY	date		生日
JoinDate	date		入职日期
PHOTO	longblob		照片
PhotoFileName	varchar(100)		照片文件名
PhotoContentType	varchar(50)		照片文件类型
RESUME	longtext		员工简介

为表达员工和爱好之间的多对多关系，设计了员工和爱好的关联表，此表只有两个字段，分别来自员工表的主键字段员工账号和爱好表的主键爱好编号，它们联合做主键，分别是外键，其表的设计结构参见表 4-4。

表 4-4　员工爱好关联表（OA_EMPLOYEEBEHAVE）字段结构

字　段　名	数 据 类 型	约　　束	说　　明
EMPID	Varchar(20)	联合主键，外键	员工账号
BNO	Int(10)	联合主键，外键	爱好编号

最后为了展示 Hibernate 一对一关联关系，设计了员工的地址信息表，该表与员工表公用员工账号主键，保存员工的地址、城市、省份、邮编信息。其表结构参见表 4-5。

表 4-5　员工地址信息表（OA_EmployeeAddress）字段结构

字　段　名	数 据 类 型	约　　束	说　　明
EMPID	Varchar(20)	主键，外键	员工账号
Address	Varchar(200)		员工地址
CITY	Varchar(50)		城市
Province	Varchar(20)		省份
POSTCODE	Varhcar(6)		邮政编码

在 MySQL 数据库中创建 CITYOA 数据库，并创建以上案例中使用的表，为方便读者，将根据表设计生成的 SQL 语句编写到程序 4-1 所示的代码中，读者自己可以参照执行，创建案例所需的表和数据。

程序 4-1　案例表创建 DDL SQL 语句

```
-- 部门表
create table oa_department
(
  DEPTNO int(10) primary key auto_increment,
  DEPTCODE varchar(20),
  DEPTNAME varchar(100)
);
-- 员工表
create table oa_employee
```

```
(
    EMPID varchar(20) primary key,
    DEPTNO int(10) references OA_Department(DEPTNO),
    EMPPassword varchar(20),
    EMPNAME varchar(50),
    SEX varchar(2),
    AGE int(2) default 18 check(age  between 18 and 60),
    SALARY decimal(12,2) default 0,
    BirthDAY date,
    JOINDATE date,
    PHOTO longblob,
    PhotoFileName varchar(50),
    PhotoContentType varchar(50),
    RESUME longtext
);
-- 爱好表
create table oa_behave
(
   BNO int(10) primary key auto_increment,
   BNAME varchar(100)
);
-- 员工爱好关联表
create table oa_employeebehave
(
    EMPID varchar(20) references OA_Employee(EMPID),
    BNO int(10) references oa_Behave(BNO),
    primary key (EMPID,BNO)
);
--员工地址表
create table oa_employeeaddress
(
    EMPID varchar(20) primary key references oa_employee(EMPID),
    Address varchar(200)
    CITY varchar(50),
    Province varchar(20),
    POSTCODE varchar(6)
);
```

在 MySQL 数据库 cityoa 中创建以上表之后，就可以进行 Hibernate 简单应用案例的设计与编程，本书中全部的编程均使用以上各表进行对应的持久类设计和应用案例开发，余下章节将不再对其进行重复定义。

4.3 Hibernate 持久类的设计

Hibernate 框架通过与数据库表对应的 Java 持久类对象的操作，实现对数据库表中记录的 CRUD 操作，设计 Hibernate 的持久类是开发使用 Hibernate 的开始且最为关键的步骤。

当将一个应用项目的所有表对应的持久类都设计出来，并使用 Hibernate 映射技术完成持久类与表的映射后，就可以非常方便地使用 Hibernate API 完成对数据库表的数据的操作了。

Hibernate 采用非侵入式设计，直接使用普通的 POJO 类就可以作为 Hibernate 的持久类，不需要继承或实现任何 Hibernate 的类或接口，这与传统的使用 JavaEE 的 EJB 的 Entity 持久类相比有巨大的优势。

虽然任何 POJO 类都可以作为持久类，但是 Hibernate 对持久类的编程还是有一定的限制的，其对持久类的限制包括如下方面。

（1）持久类不能是 final 类，因为 Hibernate 需要对其进行重写操作。

（2）持久类必须提供一个默认的构造方法。

（3）定义与表字段对应的持久类属性，原则上是私有的，使用 private 修饰符对其进行访问控制修饰，变量的前 2 个字符必须是小写，否则违反 JavaBean 的规则。

（4）对每个与表字段对应的类属性变量，必须提供一对 get/set 的属性方法，这些方法构成了持久对象的属性。

（5）与表字段对应的属性类型要保持与字段类型对应的 Java 类型，Hibernate 提供了这方面的指导原则，此原则将会在本章后面小节进行详细的说明。

编写 Hibernate 持久类时，推荐都实现 Java 的串行化接口 ava.io.Serializable，以保证未来在应用于分布式环境持久对象的传输时的正确性，但 Hibernate 并没有强制要求这一特性。

按照持久类的编写原则，在没有考虑表间关系的情况下，根据 Hibernate 每个表对应一个持久类的基本准则，本书 OA 案例需要设计的持久类包括部门持久类、爱好持久类、员工持久类和员工地址持久类。

为什么员工与爱好的关联表没有对应的持久类呢？这是因为此表没有表达一个现实中的实体对象，它只是表示员工与爱好之间的多对多关系，此表没有对应的持久类。

在数据库关系模型中实体对象之间的关系是通过外键实现的，但外键只能表达多对一和反向的一对多关系，无法实现多对多，只能通过一个关联表，将多对多表达为两个一对多的关系。

在持久类命名上，虽然不同公司有自己的命名规则，但一个共识已经被大家所接受，其规则如下。

（1）持久类的包的命名。

在项目开发中，需要将持久类与其他业务层或控制层的类进行区别，将其放置在自己专门的包中，其命名规则是：域名.项目名.模块名.model，如下为几个简单的包的命名案例。

- com.ibm.erp.production.model 表示 IBM 公司的 ERP 项目的生产模块的持久类包。
- com.city.oa.hr.model 表示城市学院 OA 项目的人力资源模块的持久类包。

（2）持久类的命名。

持久类的名称要体现其对应的实体对象，还要体现出它是 Hibernate 的持久类，现在公司普遍支持的命名规则是：对象名+Model。表 4-6 是本书案例中使用的持久类名称和包名。

参照上面的数据表的定义，在案例中分别定义的这些持久类的示意代码参见程序 4-2 中的部门持久类，程序 4-3 中的爱好持久类，程序 4-4 中的员工持久类和程序 4-5 中的员工地址持久类。这些代码中没有体现类间的关联关系的代码，从第 5 章开始详细讲述类间的各种关联关系类型和有关联情况下的持久化编程。

表 4-6 OA 人力模块案例持久类设计结果

序号	域名	项目名	模块名	包名	类名
1	com.city	oa	hr	com.city.oa.hr.model	DepartmentModel
2	com.city	oa	hr	com.city.oa.hr.model	BehaveModel
3	com.city	oa	hr	com.city.oa.hr.model	EmployeeModel
4	com.city	oa	hr	com.city.oa.hr.model	EmployeeAddressModel

程序 4-2 DepartmentModel.java //部门持久类代码

```
package com.city.oa.model;
//XML 方式映射的部门持久类
public class DepartmentModel {
    //部门序号
    private int no=0;
    //部门编码
    private String code=null;
    //部门名称
    private String name=null;
    public int getNo() {
        return no;
    }
    public void setNo(int no) {
        this.no = no;
    }
    public String getCode() {
        return code;
    }
    public void setCode(String code) {
        this.code = code;
    }
    public String getName() {
        return name;
    }
    public void setName(String name) {
        this.name = name;
    }
}
```

程序 4-3 BehaveModel.java //爱好持久类代码

```
package com.city.oa.model;
import java.io.Serializable;
//爱好持久类
public class BehaveModel implements Serializable {
    //爱好编号
```

```
    private int no=0;
    //爱好名称
    private String name=null;
    //set 和 get 属性方法
    public int getNo() {
        return no;
    }
    public void setNo(int no) {
        this.no = no;
    }
    public String getName() {
        return name;
    }
    public void setName(String name) {
        this.name = name;
    }
}
```

程序 4-4　EmployeeModel.java //员工持久类代码

```
package com.city.oa.model;
import java.io.Serializable;
import java.sql.Blob;
//员工持久类
import java.util.Date;
public class EmployeeModel implements Serializable {
    //员工账号
    private String id=null;
    //员工密码
    private String password=null;
    //姓名
    private String name=null;
    //性别
    private String sex=null;
    //年龄
    private int age=0;
    //工资
    private double salary=0;
    //出生日期
    private Date birthday=null;
    //入职日期
    private Date joinDate=null;
    //照片
    private Blob photo=null;
    //照片文件名
    private String photoFileName=null;
```

```
//照片文件类型(MIME 类型)
private String photoContentType=null;
//员工简历
private Clob resume=null;
//属性的 get 和 set 方法
public String getId() {
    return id;
}
public void setId(String id) {
    this.id = id;
}
public String getPassword() {
    return password;
}
public void setPassword(String password) {
    this.password = password;
}
public String getName() {
    return name;
}
public void setName(String name) {
    this.name = name;
}
public String getSex() {
    return sex;
}
public void setSex(String sex) {
    this.sex = sex;
}
public int getAge() {
    return age;
}
public void setAge(int age) {
    this.age = age;
}
public double getSalary() {
    return salary;
}
public void setSalary(double salary) {
    this.salary = salary;
}
public Date getBirthday() {
    return birthday;
}
public void setBirthday(Date birthday) {
```

```
        this.birthday = birthday;
    }
    public Date getJoinDate() {
        return joinDate;
    }
    public void setJoinDate(Date joinDate) {
        this.joinDate = joinDate;
    }
    public Blob getPhoto() {
        return photo;
    }
    public void setPhoto(Blob photo) {
        this.photo = photo;
    }
    public String getPhotoFileName() {
        return photoFileName;
    }
    public void setPhotoFileName(String photoFileName) {
        this.photoFileName = photoFileName;
    }
    public String getPhotoContentType() {
        return photoContentType;
    }
    public void setPhotoContentType(String photoContentType) {
        this.photoContentType = photoContentType;
    }
    public Clob getResume() {
        return resume;
    }
    public void setResume(Clob resume) {
        this.resume = resume;
    }
}
```

由于员工表字段较多，其对应的持久类属性变量需要对应的 set/get 方法较多，导致持久类代码较长。从持久类的属性变量类型定义，可以看到与数据库表字段数据类型对应的 Java 的类型的定义，如整数使用 int，浮点数使用 double，特别需要指出的是日期类型要使用 java.util.Date，不要使用 java.sql.Date。数据表二进制大对象 Blob 字段对应的 Java 属性的类型是 java.sql.Blob，如果有文本大对象类型，如 Oracle 数据库的 CLOB 或 MySQL 数据库的 LongText，则要定义 Java 的类型是 java.sql.Clob。

程序 4-5　EmployeeAddressModel.java //员工地址持久类代码

```
package com.city.oa.model.xml;
import java.io.Serializable;
//员工地址持久类
```

```
public class EmployeeAddressModel implements Serializable {
    //员工账号，主标示属性，与主键字段对应
    private String id=null;
    //员工通讯地址
    private String address=null;
    //所在城市
    private String city=null;
    //所在省份
    private String province=null;
    //邮政编码
    private String postcode=null;
    //get 和 set 属性方法
    public String getId() {
        return id;
    }
    public void setId(String id) {
        this.id = id;
    }
    public String getAddress() {
        return address;
    }
    public void setAddress(String address) {
        this.address = address;
    }
    public String getCity() {
        return city;
    }
    public void setCity(String city) {
        this.city = city;
    }
    public String getProvince() {
        return province;
    }
    public void setProvince(String province) {
        this.province = province;
    }
    public String getPostcode() {
        return postcode;
    }
    public void setPostcode(String postcode) {
        this.postcode = postcode;
    }
}
```

定义好 Hibernate 要操作的持久类后，就需要定义映射信息，根据映射信息，Hibernate

框架会生成操作针对每个对象的创建、修改、删除和查询对应的 SQL 语句并发送到数据库去执行它们。

4.4 Hibernate 映射的实现方式

Hibernate 支持两种方式的映射配置，其中一个是基于 XML 文件的映射配置，另一个是基于 Java 注释语法的映射配置。在 Java 5.0 之前，由于没有注释编程语法，只能使用 XML 文件格式的映射方式，但随着 Java JDK5 开始支持注释编程，现在通过使用注释完成映射信息逐渐成为主流，大有取代 XML 配置文件方式的趋势。

具体在项目开发中选择哪种方式完成映射信息配置，不同的公司有不同的选择，使用这两种方式的都有。目前在开发新的项目时，还是选择注释方式的比较多，因为注释方式需要创建的文件较少，映射信息直接写在持久类定义内，不需要创建单独的映射文件。

但是 XML 文件映射方式也有自己独到的优点，当只改变映射配置时，直接修改 XML 文件即可，不需要再重新编译整个项目；而使用注释方式，修改映射信息就意味着修改了 Java 源代码，只能重新编译整个或部分系统代码，需要重新部署项目，不如 XML 文件方式直接部署修改后的 XML 映射文件即可，不需要重新编译 Java 代码。

XML 方式也有其无法克服的缺点，下面是广大开发者总结的 XML 文件的缺点。

（1）描述符多，不容易记忆、掌握，要深入了解还要看 DTD 文件。

（2）无法做自动校验，需要人工查找。

（3）读取和解析 xml 配置要消耗一定时间，导致应用启动慢，不便于测试和维护。

（4）当系统很大时，大量的 xml 文件难以管理。

（5）运行中保存 xml 配置需要消耗额外的内存。

（6）在 O/R Mapping 的时候需要在 Java 文件和 xml 配置文件之间交替，增大了工作量。

同时注释方式也有其特有的优点，开发人员还总结了注释方式的优点，如下所示。

（1）描述符减少，以前在 xml 配置中往往需要描述 java 属性的类型、关系等。而元数据本身就是 Java 语言，从而省略了大量的描述符。

（2）编译期校验，错误的批注在编译期间就会报错。

（3）配置数据注释直接在 Java 代码中，避免了额外的文件维护工作。

（4）注释配置信息数据被编译成 Java 字节码（bytecode），消耗的内存少，读取也很快，利于测试和维护。

建议在可能的情况下尽量使用注释编程方式，这是新的 Java 编程技术，它的出现必有其出现的理由和用途。下面分别详细讲述了这两种映射配置方式的编程和使用。

4.5 Hibernate XML 文件格式的映射

XML 方式映射将持久类与数据库表的映射信息存储在指定的 XML 文件中，通过专门的 Hibernate 映射标记（如<package>、<class>、<id>、<property>）和其他第 5 章将要介绍的关联标记等联合完成。

Hibernate 支持在一个 XML 文件中完成所有持久类的映射配置，但这种模式导致映射文件内容过多，配置代码太长，文件太大，不利于更新和维护，尤其是不能很好地支持团队合作开发，因此现在都使用每个持久类对应一个自己的映射 XML 文件的方式。

在这种模式下，每个持久类都有自己对应的映射配置文件，且使用了公认的文件命名规则，即：持久类名.hbm.xml，如在本书的 OA 案例中，前面设计的 4 个持久类，分别有如下 4 个 XML 映射配置文件。

（1）DepartmentModel.hbm.xml 部门持久类映射配置文件。

（2）BehaveModel.hbm.xml 爱好持久类映射配置文件。

（3）EmployeeModel.hbm.xml 员工持久类映射配置文件。

（4）EmployeeAddressModel.hbm.xml 员工地址持久类映射配置文件。

按照惯例，映射配置文件也要保存到与持久类相同的包下，但记住这不是 Hibernate 要求。映射配置文件可以保存到项目的任何目录，只要在 Hibernate 配置文件中指定这些映射文件即可。将映射配置文件保存到与持久类相同的包的目录中是广大开发人员的习惯约定，已被所有开发者认可。

XML 文件方式映射配置使用 XML 的规定语法，包含 XML 文件的版本、XML 的 DTD 头和 DTD 允许的所有标记，程序 4-6 给出了部门持久类的映射配置代码，其保存在文件 DepartmentModel.hbm.xml 中。

程序 4-6 DepartmentModel.hbm.xml //部门持久类映射配置代码

```
<?xml version="1.0"?>
<!DOCTYPE hibernate-mapping PUBLIC
      "-//Hibernate/Hibernate Mapping DTD 3.0//EN"
      "http://www.hibernate.org/dtd/hibernate-mapping-3.0.dtd">
<hibernate-mapping package="com.city.oa.model.xml">
   <class name="DepartmentModel" table="OA_Department">
      <id name="no" column="DEPTNO">
         <generator class="identity"/>
      </id>
      <property name="code" type="string" column="DEPTCODE"/>
      <property name="name" column="DEPTNAME"/>
   </class>
</hibernate-mapping>
```

从程序 4-6 可见，其配置文件的根标记是<hibernate-mapping >，在根标记下可以包含一个或多个<class>标记，每个<class>标记配置一个持久类映射，基本结构如下代码示意。

```
<hibernate-mapping>
   <class >
     持久类 1 映射配置代码
   </class>
   <class >
     持久类 2 映射配置代码
```

```
    </class>
    <class >
        持久类 3 映射配置代码
    </class>
</hibernate-mapping>
```

前面已经讲过，在实际项目开发时，不是将所有持久类的映射信息都放在一个文件中，而是分别保存在自己持久类的配置文件中，每个持久类对应一个自己的映射文件，可以在如图 4-1 所示的项目文件结构中看到这个编程风格，在本章的项目案例里，为了分别演示 XML 和注释方式的映射，创建了两个持久化包，其中 com.city.oa.model.xml 包中包含了 XML 方式的持久类和映射文件，而 com.city.oa.model.annotation 包专门保存注释方式的持久类，实际应用开发时不需要这样，只要有一个持久类包即可，如 com.city.oa.model。

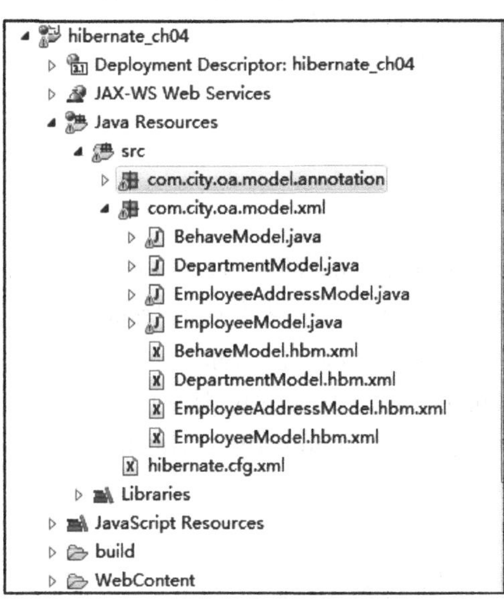

图 4-1　OA 项目的持久类和映射文件包结构

图 4-1 中 XML 映射文件的扩展名都是.hbm.xml，应注意的是这也不是 Hibernate 强求的，可以是任何的文件扩展名，但此扩展名已被所有开发者公认，有利于实现软件开发的标准性和规范性。以后当使用 Spring 管理 SessionFactory，配置搜索映射文件目录时，Spring 框架会自动在配置的目录中搜索所有的扩展名为.hbm.xml 的映射文件，如果换为其他扩展名，则需要单独设置，所以请把映射文件的扩展名设定为.hbm.xml。

掌握 Hibernate 映射配置文件中的各种配置标记是学好映射的重点，只有全面而详细地了解并熟知每个标记及其属性的含义和作用才能真正配置好映射信息，这是完成 Hibernate 编程最关键的一步，下面分别讲述每种配置标记的含义和语法。

当前 Hibernate XML 映射配置文件的 DTD 版本都使用的是 3.0 版的标记头文件，其头代码可参见程序 4-6，其文件名为 http://www.hibernate.org/dtd/hibernate-mapping -3.0.dtd，看似仿佛需要从网上定位与访问，但该文件已经保存在下载的 Hibernate 的核心 JAR 文件中，即使没有互联网，也可使得该头文件启用，实现对映射文件编程的验证。

4.5.1 XML 映射配置标记

Hibernate 映射文件的根标记是<hibernate-mapping>，用于指定映射信息的开始，其中包含的一个或多个<class>子元素用于映射每个持久化类，通常每个 XML 文件只包含一个<class>子元素，即只配置一个持久类的映射，<hibernate-mapping>的配置语法如下。

```
<hibernate-mapping
    schema="schemaName" (1)
    catalog="catalogName" (2)
    default-cascade="cascade_style" (3)
    default-access="field|property|ClassName" (4)
    default-lazy="true|false" (5)
    auto-import="true|false" (6)
    package="package.name" (7)  >
    …
</hibernate-mapping>
```

其中每个属性的含义和使用如下所述。

（1）schema（可选）：数据库 schema 的名称。如 Oracle、MySQL 数据库的用户名即是表的方案名，使用此属性时，Hibernate 会在表名前加“schema.”前缀，如“root.Department”。

（2）catalog （可选）：数据库 catalog 的名称。

（3）default-cascade（可选，默认为 none）：默认的级联风格。

（4）default-access（可选，默认为 property）：Hibernate 用来访问所有属性的策略。可以通过实现 PropertyAccessor 接口自定义。

（5）default-lazy（可选，默认为 true）：指定了未明确注明 lazy 属性的 Java 属性和集合类，Hibernate 会采取什么样的默认加载风格

（6）auto-import（可选，默认为 true）：指定我们是否可以在查询语言中使用非全限定的类名（仅限于本映射文件中的类）。

（7）package（可选）：指定一个包前缀，如果在映射文档中没有指定全限定的类名，就使用这个作为包名。

在实际映射配置中，通常需要设定的属性是 package，该属性设定默认的持久类的包，这样在进行类配置时，就不需要再写类的全名，直接写类名就可以了。下面两种示意代码分别演示了配置和不配置该属性的映射代码。首先是配置了 package 属性的代码如下。

```
<hibernate-mapping package="com.city.oa.model.xml">
    <class name="EmployeeModel" table="OA_EMPLOYEE">
        <id name="id" column="DEPTNO">
            <generator class="assigned"/>
        </id>
        …
    </class>
</hibernate-mapping>
```

其次是没有配置 package 属性时，持久类映射配置的编写代码如下所示。

```
<hibernate-mapping">
    <class name="city.oa.model.xml.EmployeeModel" table="OA_EMPLOYEE">
        <id name="id" column="DEPTNO">
            <generator class="assigned"/>
        </id>
        …
    </class>
</hibernate-mapping>
```

当没有配置 package 时，持久类 class 的 name 属性就需要指定类的全名，如果映射代码中再有其他关联的持久类时，也需要写全名，导致代码编写重复，推荐设置 package 属性，以简化代码的编写。

4.5.2　类的映射配置

Hibernate 映射的核心是对持久类的映射配置，通过<class>标记将持久化类与数据库的表进行对应，并使用 Hibernate 提供的各种属性对类映射进行特性配置，如对应的表、延迟检索策略等，<class>标记的语法定义如下。

```
<class
name="ClassName" (1)
table="tableName" (2)
discriminator-value="discriminator_value" (3)
mutable="true|false" (4)
schema="owner" (5)
catalog="catalog" (6)
proxy="ProxyInterface" (7)
dynamic-update="true|false" (8)
dynamic-insert="true|false" (9)
select-before-update="true|false" (10)
polymorphism="implicit|explicit" (11)
where="arbitrary sql where condition" (12)
persister="PersisterClass" (13)
batch-size="N" (14)
optimistic-lock="none|version|dirty|all" (15)
lazy="true|false" (16)
entity-name="EntityName" (17)
check="arbitrary sql check condition" (18)
rowid="rowid" (19)
subselect="SQL expression" (20)
abstract="true|false" (21)
node="element-name"
>
  <!-- 其他子标记配置-->
```

```
</class>
```

其中<class>标记的各个属性的名称的取值和含义说明如下。

（1）name（可选）：持久化类（或者接口）的 Java 全限定名。如果这个属性不存在，Hibernate 将假定这是一个非 POJO 的实体映射。

（2）table（可选，默认是类的非全限定名）：对应的数据库表名。

（3）discriminator-value（可选，默认和类名一样）：一个用于区分不同的子类的值，在多态行为时使用。它可以接受的值包括 null 和 not null。

（4）mutable（可选，默认值为 true）：表明该类的实例是可变的或者不可变的。

（5）schema（可选）：覆盖在根<hibernate-mapping>元素中指定的 schema 名字。

（6）catalog（可选）：覆盖在根<hibernate-mapping>元素中指定的 catalog 名字。

（7）proxy（可选）：指定一个接口，在延迟装载时作为代理使用。你可以在这里使用该类自己的名字。

（8）dynamic-update（可选，默认为 false）：指定用于 UPDATE 的 SQL 将会在运行时动态生成，并且只更新那些改变过的字段。

（9）dynamic-insert（可选，默认为 false）：指定用于 INSERT 的 SQL 将会在运行时动态生成，并且只包含那些非空值字段。

（10）select-before-update（可选，默认为 false）：指定 Hibernate 除非确定对象真正被修改了（如果该值为 true），否则不会执行 SQL UPDATE 操作。在特定场合（实际上，它只在一个瞬时对象（transient object）关联到一个新的 session 中时执行的 update()中生效），这说明 Hibernate 会在 UPDATE 之前执行一次额外的 SQL SELECT 操作，来决定是否应该执行 UPDATE。

（11）polymorphism（多态）（可选，默认值为 implicit（隐式））：界定是隐式还是显式的使用多态查询（这只在 Hibernate 的具体表继承策略中用到）。

（12）where（可选）指定一个附加的 SQLWHERE 条件，在抓取这个类的对象时会一直增加这个条件。

（13）persister（可选）：指定一个定制的 ClassPersister。

（14）batch-size（可选,默认是 1）：指定一个用于根据标识符（identifier）抓取实例时使用的 batch size（批次抓取数量）。

（15）optimistic-lock（乐观锁定）：（可选，默认是 version）：决定乐观锁定的策略。

（16）lazy（可选）：通过设置 lazy="false"，所有的延迟加载（Lazyfetching）功能将被全部禁用（disabled）。

（17）entity-name（可选，默认为类名）：Hibernate3 允许一个类进行多次映射（前提是映射到不同的表），并且允许使用 Maps 或 XML 代替 Java 层次的实体映射（也就是实现动态领域模型，不用写持久化类）。

（18）check（可选）：这是一个 SQL 表达式，用于为自动生成的 schema 添加多行（multi-row）约束检查。

（19）rowid（可选）：Hibernate 可以使用数据库支持的所谓的 ROWIDs，例如，Oracle 数据库，如果你设置这个可选的 rowid， Hibernate 可以使用额外的字段 rowid 实现快速更新。rowid 是这个功能实现的重点，它代表了一个存储元组（tuple）的物理位置。

（20）subselect（可选）：它将一个不可变（immutable）并且只读的实体映射到一个数据库的子查询中。当你想用视图代替一张基本表的时候，这是有用的，但最好不要这样做。更多的介绍请看下面内容。

（21）abstract（可选）：用于在<union-subclass>的继承结构（hierarchies）中标识抽象超类。

通常情况下，大部分的属性值是不需要设定的，Hibernate 自动会取默认的值，程序开发者只需设定几个常用的属性，程序 4-7 给出了 OA 项目中字段最多的员工类的 XML 格式的映射代码。

程序 4-7　EmployeeModel.hbm.xml

```
<?xml version="1.0"?>
<!DOCTYPE hibernate-mapping PUBLIC
      "-//Hibernate/Hibernate Mapping DTD 3.0//EN"
      "http://www.hibernate.org/dtd/hibernate-mapping-3.0.dtd">
<hibernate-mapping package="com.city.oa.model.xml">
   <class name="EmployeeModel" table="OA_EMPLOYEE">
      <id name="id" column="DEPTNO">
         <generator class="assigned"/>
      </id>
      <property name="password" type="string" column="EMPPASSWORD"/>
      <property name="name" column="EMPNAME"/>
      <property name="sex"></property>
      <property name="age"></property>
      <property name="salary"></property>
      <property name="birthday"></property>
      <property name="joinDate"></property>
      <property name="photo"></property>
      <property name="photoFileName"></property>
      <property name="photoContentType"></property>
      <property name="resume" type="ntext"></property>
   </class>
</hibernate-mapping>
```

此映射案例代码中只设定了<class>标记的 name 和 table 属性，用于指定持久类和与其对应的数据库表，其他属性全部采用 Hibernate 给定的默认值。如果表名与持久类名相同，table 属性也可以省略，但本案例中员工的表名是 OA_EMPLOYEE，持久类名是 EmployeeModel，二者不同，因此 table 属性不能省略。任何时候 name 都是不能省略的。

4.5.3　主键属性映射

在 Hibernate 映射时<class>标记包含的子元素可用于配置与主键字段对应的主属性与主键字段对应，映射持久类的普通属性与字段的对应，关联属性与外键字段对应实现其他持久类的关联关系，还有计算属性的计算表达式定义。

映射配置时，<class>内部包含的<id>标记用于确定与表主键对应的属性的映射，并且<id>是必需的，否则会无法通过 DTD 的 XML 验证。主属性映射标记<id>的语法如下所示。

```
<id
name="持久类属性名"
type="映射数据类型"
column="字段名"
unsaved-value="null|any|none|undefined|id_value"
access="field|property|ClassName"
length="取值的长度"
<generator class="主键值生成器类型名"/>
</id>
```

主属性映射标记<id>的各个属性的名称的含义和取值说明如下。

（1）name：标识属性的名字。

（2）type （可选）：标识 Hibernate 类型的名字。如果没配置，hibernate 将根据持久类属性变量的 Java 类型转换为相应的数据库类型，参见后面要介绍的映射数据类型对应关系。

（3）column （可选）：主键字段的名字。如果省略，则属性变量名为数据库字段名。

（4）unsaved-value （可选）：一个特定的标识属性值，用来标志该实例是刚刚创建的，尚未保存。这可以把这种实例和从以前的 session 中装载过（可能也做过修改）但未再次持久化的实例区分开来。默认为一个切合实际（sensible）的值。

（5）access （可选）：Hibernate 用来访问属性值的策略，默认为 property，即 Hibernate 通过持久类的 set 和 get 属性方法访问持久类的属性。

（6）length="n"：指定长度，属性取值的长度限制，对字符串属性有意义。

该标记的使用案例如下：

```
<id name="id" column="DEPTNO" type="int">
        <generator class="assigned"/>
</id>
```

通常只需设定 name 和 column 属性即可，其他属性一般不需要设定，除非特定情况下的项目需要设定。

<id>标记中包含的<generator>标记用于设定主键字段值的生成方式，第 5 章将会专门介绍 Hibernate 支持的各种主键值生成方式和对应的生成器类型。

4.5.4 普通属性映射

在 Hibernate 映射中，持久类中与数据库表中非主键非外键字段对应的属性称为普通属性，并使用标记<property>进行映射配置。<property>标记包含的属性及其取值和功能如下：

```
<property
 name="持久类属性名" (1)
```

```
column="column_name" (2)
type="typename" (3)
update="true|false" (4)
insert="true|false" (5)
formula="arbitrary SQL expression"(6)
access="field|property|ClassName"(7)
lazy="true|false" (8)
unique="true|false" (9)
not-null="true|false" (10)
optimistic-lock="true|false" (11)
generated="never|insert|always" (12)
index="index_name"  (13)
unique_key="unique_key_id"   (13)
length="长度取值"  (15)
precision="P"  (16)
scale="S"  (17)
/>
```

其中各个属性名的作用和取值的含义说明如下。

（1）name：属性的名字，以小写字母开头。

（2）column（可选）：对应的数据库字段名，也可以通过嵌套的<column>元素指定，如果省略属性变量名即是表的字段名。

（3）type（可选）：Hibernate 映射数据类型的名字，本章后面将专门对其进行详细的讲解和说明。

（4）update="true|false"：可选，指定该字段是否进行 update 语句的生成。

（5）insert（可选，默认为 true）：表明用于 UPDATE 和/或 INSERT 的 SQL 语句中是否包含这个被映射了的字段。这二者如果都设置为 false，则表明这是一个“外源性（derived）”的属性，它的值来源于映射到同一个（或多个）字段的某些其他属性，或者通过一个 trigger（触发器）或其他程序生成。

（6）formula（可选）：SQL 表达式，定义了这个计算（computed）属性的值。计算属性没有和它对应的数据库字段，计算属性的详细说明参见 4.5.5 节。

（7）access（可选，默认值为 property）：Hibernate 用来访问属性值的策略。

（8）lazy (可选，默认为 false)：指定实例变量第一次被访问时，这个属性是否延迟抓取（fetched lazily）（需要运行时字节码增强）。

（9）unique（可选）：使用 DDL 为该字段添加唯一的约束，允许它作为 property-ref 引用的目标。

（10）not-null（可选）：使用 DDL 为该字段添加可否为空（nullability）的约束。

（11）optimistic-lock（可选，默认为 true）：指定这个属性在做更新时是否需要获得乐观锁定（optimistic lock），它决定这个属性发生脏数据时版本（version）的值是否增长。

（12）generated（可选，默认为 never）：表明此属性值是否实际上是由数据库生成的。

（13）index="字段名"：指示有索引的字段名。

（14）length="数值"：指定该字段最长的字符限制。

（15）precision="数值"：指定数值类型字段的有效位数。

（16）scale="数值"：指定字段的小数位数。

下面的代码演示了普通属性的映射配置。

```
<property name="password" type="string" column="EMPPASSWORD"/>
<property name="name" column="EMPNAME"/>
<property name="sex"></property>
```

可见在配置普通属性时，最常见的属性是 name 和 column，type 通常不需要指定，但是当持久类属性的类型是 Date 时，由于数据库中有多种数据类型对应此类型，如 Date、Time、DateTime、Timestamp，此时推荐使用 type 属性来指定对应的数据库的数据类型。如下代码指定了日期属性 createTime 对应的类型是精确的时间戳。

```
<property name="createTime" column="PTime" type="timestamp"/>
```

如果只指定到日期，则可以使用 type="date"，Hibernate 会只取年月日的信息，不会取更加精确的时间值。

4.5.5 运算属性映射

在持久类编写时，可以定义与表字段没有对应关系的属性。此类属性的取值是根据指定的表达式计算取得的。Hibernate 映射普通属性的标记<property>中提供了 formula 属性来指定可执行的 SQL 表达式为指定的属性赋值。在执行对持久对象的检索操作时，Hibernate 将执行此 SQL 表达式，为此属性赋值。

formula 属性指定的 SQL 表达式可以是简单的字段运算，也可以是复杂的 Select 语句，包含分类汇总或子查询等。

如下代码展示了简单的 SQL 表达式的计算属性。

```
<property name="salary" column="SALARY"/>
<property name="bonus" column="bonus"/>
<property name="total" formula="salary+bonus"></property>
```

上述配置中，工资总和 total 是计算属性，其 formula 的取值是简单的 SQL 表达式：salary+bonus，将工资和奖金相加得到工资总额。

下面展示的代码演示了部门持久类中，增加了一个部门汇总工资的属性 total，该属性通过该部门所属员工的工资的汇总值，指定的 SQL 表达式是一个包含汇总函数的 Select 语句。

```
<class name="DepartmentModel" table="OA_Department">
   <id name="no" column="DEPTNO">
      <generator class="identity"/>
   </id>
   <property name="code" type="string" column="DEPTCODE"/>
   <property name="name" column="DEPTNAME"/>
   <property name="total" formula="select sum(salary) from OA_Employee emp
```

```
  where emp.deptno=deptno"></property>
</class>
```

当取得指定的部门对象时，Hibernate 会执行 formula 指定的 select 语句为 total 属性赋值。

需要注意的是，当配置计算属性的 Select 语句时，如果存在 where 子句对查询结果进行筛选时，一定要为 from 子句的表、视图或子查询指定别名，并在 where 中使用别名引用指定的字段，否则无法计算出需要的结果。如下案例是错误的计算属性配置代码。

```
<property name="total" formula="select sum(salary) from OA_Employee where
deptno=deptno"></property>
```

此时 where deptno=deptno 将永远成立，计算的结果不是需要的指定部门的汇总工资。

还需要注意的是，formula 公式里的字段都是数据库里的字段名，查询条件参数使用的字段名要和配置文件里的字段匹配。

以上简单无关联的 XML 映射语法都已经完整介绍，关于 XML 方式的主键生成器配置和关联映射的配置将在后面的各章中进行详细讲述。

下面将讲述简单映射的注释方式配置，新版的 Hibernate 都在不断加强通过注释方式实现 ORM 映射，并且注释方式被越来越多的公司所采用，所以希望读者不但要掌握 XML 方式，更要熟悉以注释方式实现 ORM 映射。

4.6 注释方式的映射

从 JDK5 开始，Java 开始支持注释编程语法，注释类使用@类名进行定义。现在各种框架都在支持注释语法上下足了功夫，如 Hibernate 和 Spring 框架都以注释编程为核心，提供了各种各样的注释类。

注释类可用于类定义、属性定义、方法定义和参数定义 4 个位置，用于对 Java 类、属性和方法定义进行精细控制和约束。

Hibernate 框架主要使用 JavaEE 的 JPA 的注释完成核心的持久类映射，但由于 JPA 注释缺少 Hibernate 的更多特性的配置和约束，Hibernate 框架也提供了自身专有的注释类，当无法使用 JPA 注释完成要实现的功能时，需要使用 Hibernate 专用的注释类。在开发 Hibernate 应用时，应该优先使用 JPA 的注释，JPA 没有指定的注释时，才使用 Hibernate 的注释类。

这里先给读者一个使用注释完成的简单持久类的映射配置案例，可以对注释配置有一个总体的了解，程序 4-8 是部门持久类的注释配置代码。

程序 4-8 DepartmentModel.java //注释完成的部门持久类

```
package com.city.oa.model.annotation;
import java.io.Serializable;
import javax.persistence.Basic;
import javax.persistence.Column;
```

```
import javax.persistence.Entity;
import javax.persistence.GeneratedValue;
import javax.persistence.GenerationType;
import javax.persistence.Id;
import javax.persistence.Table;
//Java 注释方式的部门类
@Entity
@Table(name="OA_Department")
public class DepartmentModel implements Serializable {
    //主属性
    @Id
    @GeneratedValue(strategy = GenerationType.IDENTITY)
    @Column(name="DEPTNO")
    private int no=0;
    //普通属性
    @Basic
    @Column(name="DEPTCODE")
    private String code=null;
    //普通属性
    @Basic
    @Column(name="DEPTNAME")
    private String name=null;
    //每个属性的 get 和 set 方法
    public int getNo() {
        return no;
    }
    public void setNo(int no) {
        this.no = no;
    }
    public String getCode() {
        return code;
    }
    public void setCode(String code) {
        this.code = code;
    }
    public String getName() {
        return name;
    }
    public void setName(String name) {
        this.name = name;
    }
}
```

通过上面代码可以看到 Hibernate 的各种注释类在实现映射中的使用，如@Entity 用于声明持久类，@Tableb 配置对应的表名，@Id 声明主键属性，@Colmn 注释指定属性对应的表的字段等。下面将对这些注释类进行详细的说明，包括其使用的语法、包含的属性和取值的含义等。

4.6.1　实体类注释@Entity 和@Table

JPA 提供了@Entity 注释类，其类定义是 javax.persistence.Entity，用于对 Hibernat 持久类进行类定义上的注释，指明此类是 Hibernate 要操作的持久类，其使用的语法如下。

```
@Entity
public class DepartmentModel {}
```

使用@Entity 声明的持久类必须满足如下条件。

（1）必须是非 final 类。

（2）必须有 public 或 protect 的默认的构造方法。

（3）实体类必须是顶层类，不能是内部类（inner class）。

（4）实体类的属性和属性的 set/get 方法不能是 final 的。

（5）如果实体类的游离对象未来用于远程访问，则其必须实现实例化接口 Serializable。

当与实体类对应的表的名称不是实体类的名称时，需要使用注释类@Table 指明对应的表，其使用的语法如下所示。

```
@Entity
@Table(name="OA_DEPARTMENT")
public class DepartmentModel {
}
```

@Table 注释类也要放在在 class 定义前面，其属性包括：

（1）name="表名"：指定对应的表名

（2）catalog="分类名"

（3）schema="方案名或用户名"

（4）Indexes={"索引字段","索引字段"}

在 SQL 环境下 Catalog 和 Schema 都属于抽象概念，可以把它们理解为一个容器或者数据库对象命名空间中的一个层次，主要用来解决命名冲突问题。从概念上说，一个数据库系统包含多个 Catalog，每个 Catalog 又包含多个 Schema，而每个 Schema 又包含多个数据库对象（表、视图、字段等），反过来讲一个数据库对象必然属于一个 Schema，而该 Schema 又必然属于一个 Catalog。如果数据库同时支持 Catalog 和 Schema，则一个表的名称是：catalog.schema.tablename。假如 catelog 是"city"，schema 是"oa"，表是"OA_Department"，则@Table 注释类的使用代码如下所示。

```
@Entity
@Table(name="OA_DEPARTMENT",catalog="city", schema="oa")
public class DepartmentModel {
}
```

Oralce 数据库采用每个用户就是一个 schema，用户名就是 schema 名，而 SQL Server

支持 Catelog。一般情况下，不需要指定 catelog 和 schema 属性，只有 name 就可以了。

通过@Entity 和@Table 指定持久类的映射之后，就可以使用针对属性的注释完成持久类中各种属性的设定和约束，完成 Hibernate 持久类的映射。

4.6.2 主属性注释@Id

Hibernate 要求每个持久类必须有一个主属性，用于标示每个持久类的对象，虽然创建数据库表时主键约束不是必需的，但 Hibernate 的主属性要求是必有的，否则无法完成 Hibernate 的持久类映射，在创建与持久类对应的表时一定要创建主键约束。

Hibernate 使用 JPA 的@Id（javax.persistence.Id）对主属性进行声明，该注释既可以定义在主属性类变量上，也可以在其 get 方法上。如果定义在类变量定义上，Hibernate 自动设定为 field 访问策略，否则在 get 方法上定义此注释，将使用 property 访问策略。下面分别演示了在类属性上使用和 get 方法上使用此注释的案例编程，首先演示在属性变量上加@Id 注释的情况，其使用代码如下所示。

```
//在类属性变量上的@Id 注释
@Entity
@Table(name="OA_DEPARTMENT")
public class DepartmentModel {
    @Id
    private int no=0; //部门编码，主属性
    public int getNo() {
        return no;
    }
    public void setNo(int no) {
        this.no = no;
    }
}
```

接下来演示属性变量 get 方法上@Id 的使用，其配置代码如下所示。

```
@Entity
@Table(name="OA_DEPARTMENT")
public class DepartmentModel {
    private int no=0; //部门编码，主属性
    @Id
    public int getNo() {
        return no;
    }
    public void setNo(int no) {
        this.no = no;
    }
}
```

在定义持久类属性时，如果没有使用@Column 注释指定表的字段，则 Hibernate 默认

的字段名与属性名一致。如果不一致，就需要使用@Column 进行设置。

@Column 注释（javax.persistence.Column）用于指定持久类属性对应表的字段名，与@Id 一样，可用在属性变量或 get 方法前面。其语法是：@Column(属性名="值",属性名="值",...)，其主要的属性如下。

（1）name="字段名"：name 是最常用的属性，用于指定字段的名。

（2）length=数值：指定字段的字符长度。

（3）nullable=true|flase：字段是否允许为空。

（4）scale=数值：如果字段为浮点数，指定其有效位数，如 10 表示 10 位有效位。

（5）precision=数值：如果字段为浮点数，指定其精度，即小数点位数。

（6）unique=true|false：字段值是否是唯一值。

（7）insertable=true|false：指定 null 值是否写入 insert 语句。

（8）updatable=true|false：指定当字段值没有变化时是否写入 update 语句。

@Column 注释可修饰主属性和普通属性，如下代码演示了其使用案例。

```
@Entity
@Table(name="OA_Department")
public class DepartmentModel implements Serializable {
    @Id
    @Column(name="DEPTNO")
    private int no=0;
    @Column(name="DEPTCODE")
    private String code=null;
    private String name=null;
    public int getNo() {
        return no;
    }
    public void setNo(int no) {
        this.no = no;
    }
    public String getCode() {
        return code;
    }
    public void setCode(String code) {
        this.code = code;
    }
    @Column(name="DEPTNAME")
    public String getName() {
        return name;
    }
    public void setName(String name) {
        this.name = name;
    }
}
```

在上面部门持久类中的@Column 分别使用在类的属性 no 和 code 上，也应用在 name 的 get 方法上对属性对应的字段进行映射。下面演示了其他属性的使用代码。

```
//非空，有效位数为 12 位，小数点为 2 位
@Column(name="ESAL",nullable=false,sacle=12,precision=2,)
private double salary=0;
//字符串长度为 2 位，非空，字段放入 insert SQ 但不放入 update 语句
@Column(name="SEX",length="2",nullable=false,insertable=true,updatable=
false)
private String sex=null;
```

@Column 最主要的属性是 name，其他属性不常使用。

4.6.3 普通属性注释@Basic

Hibernate 持久类中的普通属性是指非主键也不是外键字段对应的属性，如员工表的姓名、性别、年龄和工资。员工账号是主属性和部门编号是外键，它们对应的属性都不是普通属性。JPA 提供了@Basic 用于为普通属性进行注释，实际编程时可以省略此属性，因为如果属性没有属性类型的注释，则默认是@Basic。如下代码定义的部门编码和名称都是普通属性。

```
@Basic
@Column(name="DEPTCODE")
private String code=null;
private String name=null;
```

虽然 name 上没有@Basic 注释，但也没有其他注释如@Id、@ManyToOne 等，则 Hibernate 认定其是省略使用了@Basic 注释类，即为普通属性。

4.6.4 运算属性注释@Formula

在定义持久化类时，经常定义某些属性没有表字段与之对应，其值是由某种运算取得，与 XML 映射方式的<property>的 formula 属性一样，Hibernate 提供了对应的计算属性注释@Formula（org.hibernate.annotations.Formula）实现计算属性的声明。需要注意的是，它不是 JPA 提供的而是 Hibernate 框架提供的，因为 JPA 没有提供此注释。

@Formula 注释的表达式既可以是简单的字段值运算，也可以是复杂的 Select 语句，如下分别演示不同表达的定义编程。

1. 简单运算表达式

@Formula 可以对表字段进行简单的运算，如算术运算、函数运算等，如下定义了合计工资是工资和奖金的和。

```
@Column(name="SALARY") //员工工资
private double salary=0;
@Column(name="BONUS") //员工奖金
```

```
private double bonus=0;
@Formula("SALARY+BONUS") //员工合计工资
private duble totalSalary=0;
```

2. 复杂查询语句

@Formula 中可以执行任何合法的 Select 语句，当 Hibernate 检索此对象时，会执行@Formula 中的 select 语句，将执行的结果赋值给该属性变量。需要注意的是，该 select 语句必须保证返回一个单一的值，不能返回多行或多列的结果，否则抛出异常。如下代码演示了部门持久类中定义了两个计算属性，分别是部门汇总工资和部门员工平均年龄。

```
//本部门员工汇总工资
@Formula("select sum(salary) from OA_Employee emp where emp.deptno=deptno")
private double totalSalary=0;
//部门员工平均年龄
@Formula("select avg(age) from OA_Employee emp where emp.deptno=deptno")
private int avgAge=0;
```

3. 调用数据库函数

计算属性标记@Formula 中也可以调用数据库的函数，函数的返回结果赋值给该属性变量，如下代码展示了调用 MySQL 数据库的 substring 和 upper 函数计算员工姓名并将首字母转换为大写。

```
@Formula( "upper( substring( EMPNAME, 1 ) )" )
String getNameInitial() { ... }
```

4.7 Hibernate 的映射类型

在配置 Hibernate 简单类型的映射时，<property>标记的属性 type 用于指定映射数据类型，默认情况下，Hibernate 会根据持久模型类的属性变量的定义类型，会自动确定 Hibernate 映射数据类型。

但是有时候当根据 Java 的数据类型无法精确确定对应的映射类型时，就需要指定 type 属性来进行精确的设定。如当 Java 的属性类型是 Date 时，此时无法确定数据库的类型是 Date 还是 DateTime，因为 Java 的 java.util.Date 类型既能表示日期：年-月-日，也可表示日期和时间：年-月-日 时:分:秒，而在数据库中对应的字段类型可以是 Date、DateTime 和 TempStamp 三种数据类型，此时就需要指定 type 属性。

由于 Java8 提供了新的数据类型，Hibernate5 为了支持 Java8 的这些新的数据库类型的映射，同时提供了支持 Java8 之前和之后两类数据类型的映射类型。

4.7.1 Hibernate 支持的 Java8 以前版本的数据类型映射

Hibernate 提供了专门的映射数据类型完成 Java 类型与数据库字段类型之间的映射关系，<property>标记的 type 属性的取值可以设定为 Hibernate 专门的映射类型，也可以使用

Java 的类型，表 4-7 展示了 Hibernate 映射类型，数据库类型与 Java 类型之间的对应关系。

表 4-7 Hibernate 映射类型

数据库类型	Java 类型	Hibernate 映射类型	说 明
VARCHAR	java.lang.String	string, java.lang.String	可别字符串
CLOB	java.lang.String	materialized_clob	大字符对象
LONGVARCHAR	java.lang.String	text	长字符串
CHAR	char, java.lang.Character	char, java.lang.Character	单个字符
BIT	boolean, java.lang.Boolean	boolean, java.lang.Boolean	布尔 0 或 1
TINYINT	byte, java.lang.Byte	byte, java.lang.Byte	微整数
SMALLINT	short, java.lang.Short	short, java.lang.Short	短整数
INTEGER	int, java.lang.Integer	int, java.lang.Integer	整数
BIGINT	long, java.lang.Long	long, java.lang.Long	长整数
FLOAT	float, java.lang.Floa	float, java.lang.Float	单浮点数
DOUBLE	double, java.lang.Double	double, java.lang.Double	双浮点数
NUMERIC	int, java.math.BigInteger	big_integer, java.math.BigInteger	长整数
NUMERIC	double, java.math.BigDecima	big_decimal, java.math.bigDecimal	小数数值
TIMESTAMP	java.util.Calendar	timestamp, java.sql.Timestamp	高精度时间
TIME	java.sql.Time	time, java.sql.Time	时间
DATE	java.util.Date	date, java.sql.Date	日期
TIMESTAMP	java.sql.Timestamp	calendar, java.util.Calendar	高精度时间
DATE	java.util.Calendar	calendar_date	日期
BLOB	java.sql.Blob	blog, java.sql.Blob	二级制大对象
CLOB	java.sql.Clob	clob, java.sql.Clob	文本大对象
BLOB	byte[]	materized_blob	二级制大对象
NVARCHAR	java.lang.String	nstring	UTF8 字符串
LONGNVARCHAR	java.lang.String	ntext	UTF8 大字符串
NCLOB	java.sql.NClob	nclob, java.sql.NClob	UTF8 大字符对象
NCLOB	java.lang.String	materialized_nclob	UTF8 文本大对象

4.7.2 Hibernate 支持的 Java8 新的数据类型的映射

从 JDK8 开始，Java 语言提供了一系列新的数据类型，这些数据类型主要是支持国际化（I18N-Internationalization）的日期类型。这些新的数据类型基本都包含在 java.time 包中，主要有 Duration、Instant、LocalDateTime、LocalDate、LocalTime 等。表 4-8 列出了数据库类型和 Java8 新类型和 Hibernate5 新映射类型的对应关系。

表 4-8 Hibernate 支持 Java8 新的数据类型的映射类型

数据库类型	Java 类型	Hibernate 映射类型	说明
BIGINT	java.time.Duration	Duration, java.time.Duration	表示日期间隔
TIMESTAMP	java.time.Instant	Instant, java.time.Instan	日期的毫秒数
TIMESTAMP	java.time.LocalDateTime	LocalDateTime, java.time.LocalDateTime	精准时间
DATE	java.time.LocalDate	LocalDate, java.time.LocalDate	当地日期
TIME	java.time.LocalTime	LocalTime, java.time.LocalTime	当地时间

其中当地日期和时间会根据系统的本地化信息，自动确定日期和时间的格式，如中国的日期格式是“年-月-日”，而美国的日期格式是“月/日/年”，欧洲的日期格式是“日/月/年”，Java8 的这些支持国际化和本地化的日期类型能自动调整日期和时间的显示格式，不再需要使用 DataFormat 的实现类进行手动转换编程。

4.8 Hibernate 持久类的引入配置

无论使用 XML 还是注释方式配置持久类的映射，都必须将配置的所有持久类引入到 Hibernate 配置文件中，通知 Hibernate 框架其所管理的持久类。

Hibernate 框架在创建 SessionFactory 时，会解析所有持久类的映射信息，检查其语法是否合法。只有所有的映射信息完全通过 Hibernate 的验证合法后，才能创建 SessionFactory 对象，否则会抛出异常，指出是哪些映射信息不合法。

配置引入持久类时，针对不同映射方式的持久类其引入的方法也各不相同，下面分别讲述了 XML 配置和编程配置方式引入持久类的方法。

4.8.1 XML 配置方式引入持久类

在 Hibernate 默认的 XML 配置文件 hibernate.cfg.xml 中，通过<mapping>标记可引入完成映射信息配置的持久类。

对使用 XML 方式实现映射配置的方式，<mapping>标记的 resource 属性用于指定映射配置文件，其使用参见如下代码。

```
<session-factory>
   <!--数据库连接设置 -->
   <property name="connection.driver_class">com.mysql.jdbc.Driver</property>
   <property name="connection.url">jdbc:mysql://localhost:3306/cityoa</property>
   <property name="connection.username">root</property>
   <property name="connection.password">city62782116</property>
   <!-- XML 映射文件引入-->
   <mapping resource="com/city/oa/model/xml/DepartmentModel.hbm.xml"/>
   <mapping resource="com/city/oa/model/xml/BehaveModel.hbm.xml"/>
   <mapping resource="com/city/oa/model/xml/EmployeeModel.hbm.xml"/>
</session-factory>
```

其中 resouce 中的包要使用文件夹模式，即 com.city.oa.model.xml 要改成 com/city/oa/mode/xml 方式，再连接映射配置文件名，如 DepartmentMode.hbm.xml。

如果项目中的持久类较多如达到上千时，要把所有的持久类映射文件都一一引入，显然不是一件轻松的工作，实际项目中要使用 Spring 管理 Hibernate，Spring 支持简单的路径扫描方式，可以指定映射文件所在的包即可，不再需要单独文件引入。

如果项目采用注释方式的持久类，此时不再有 XML 映射文件，映射配置信息直接在持久类代码中，此时要引入映射信息，使用<mapping>标记的 class 属性指定持久类完成引入，如下代码演示了引入注释类方式的 hibernate.cfg.xml 文件的编写。

```
<session-factory>
   <!--数据库连接设置 -->
   <property name="connection.driver_class">com.mysql.jdbc.Driver</property>
   <property name="connection.url">jdbc:mysql://localhost:3306/cityoa</property>
   <property name="connection.username">root</property>
   <property name="connection.password">city62782116</property>
   <!-- XML 映射文件引入-->
   <mapping class="com.city.oa.model.annotation.BehaveModel"/>
   <mapping class="com.city.oa.model.annotation.DepartmentModel"/>
   <mapping class="com.city.oa.model.annotation.EmployeeModel"/>
</session-factory>
```

此时使用 class 属性引入持久类时使用的原始的包的定义方式，不需要转换为文件夹模式，class 直接等于持久类的全名即可。本章的案例分别定义了 XML 的持久类和注释方式的持久类，如 com.city.oa.model.xml.DepartmentModel 是 XML 方式下的部门持久类，而注释方式的部门持久类为 com.city.oa.model.annotation.DepartmentModel。

实际编程时是不需要写两套持久类的，只需编写一种方式的映射配置代码即可，目前注释方式的普及率已经超过 XML 映射配置方式。

无论哪种方式引入持久类，使用 Hibernate API 编程持久化应用是不变的。

4.8.2 编程方式引入持久类

对于使用编程方式实现 Hibernate 配置时，可利用 Configuration 对象的 addResource 方法引入 XML 映射文件，实现代码参见程序 4-9，在代码中调用 3 次 addRecource 方法引入项目中的 3 个映射文件。代码展示的是一个使用单例模式编写的 SessionFactory 的工厂辅助类，可取得单一的 SessionFactory 对象，这也是开发 Hibernate 应用推荐的模式。

程序 4-9 Hibernate SessionFactory 辅助工厂类，引入 XML 配置文件

```
//Hibernate SessioFactory 工厂类
public class HibernateSessionFactoryUtil {
   private static SessionFactory sessionFactory=null;
   static{
      Configuration cfg=new Configuration().configure();
      cfg.addResource("com/city/oa/model/xml/DepartmentModel.hbm.xml");
      cfg.addResource("com/city/oa/model/xml/BehaveModel.hbm.xml");
      cfg.addResource("com/city/oa/model/xml/EmployeeModel.hbm.xml");
      sessionFactory=cfg.buildSessionFactory();
   }
   public static SessionFactory getSessionFactory(){
      return sessionFactory;
   }
```

```
}
```

如果采用注释方式完成持久类映射，Configuration 对象提供了两种引入注释方式持久类的方法 addClass 和 addAnnotatedClass，其中 addClass 是 Hibernate3 版本之前都有的方法，而 addAnnotatedClass 是 Hibernate4 之后才有的新方法。如果使用 Hibernate4 版，推荐使用后一种方法，可以优化 Hibernate 解析阶段的执行速度。程序 4-10 演示了引入注释持久类时的配置代码编程。

程序 4-10 引入注释持久类时的配置编程方式实现的 SessionFactory 工厂辅助类

```
public class HibernateSessionFactoryUtil {
    private static SessionFactory sessionFactory=null;
    static{
        Configuration cfg=new Configuration().configure();
        cfg.addAnnotatedClass(com.city.oa.model.annotation.
        DepartmentModel.class);
        cfg.addAnnotatedClass(com.city.oa.model.annotation.
        BehaveModel.class);
        cfg.addAnnotatedClass(com.city.oa.model.annotation.
        EmployeeModel.class);
        sessionFactory=cfg.buildSessionFactory();
    }
    public static SessionFactory getSessionFactory(){
        return sessionFactory;
    }
}
```

需要注意的是，addAnnotatedClass 方法引入的是持久类的类定义，而不是其对象，因此在引入时使用的是 com.city.oa.model.annotation.DepartmentModel.class，省略后缀名.class 是非法的。

本章小结

本章中主要讲述了 Hibernate 中简单持久类的映射的基本原理，以及使用 XML 和注释方式实现 ORM 映射的基本语法。详细介绍了 JPA 中各种映射注释类，重点是@Entity、@Table、@Id、@Column、@Basic 在配置映射信息时的使用语法，另外还介绍了 JPA 中没有的由 Hibernate 提供的注释类，如@Formula 等。

本章讲解的映射是没有考虑表中没有外键关联的情况下的映射，这在实际项目开发中是不存在的，因为现实业务中各种对象是相互关联的，如何处理这些关联关系才是 Hibernate 框架的重中之重。

另外本章中没有讲解持久对象主键值是如何取得的，Hibernate 为主键的对应属性提供了许多生成器，可以使用这些生成器自动为持久类的主键属性赋值，而不需要编程实现，这也是 Hibernate 一个非常重要的特性。

第 5 章将重点讲述 Hibernate 提供的各种主键生成器类型和使用，后续章节将详细讲述持久类对象各种关联关系的定义和映射配置，以及管理关联对象的编程。

第5章 主键映射及自动生成器

本章要点

- Hibernate 主键映射的原理。
- Hibernate 主键映射的语法。
- Hibernate 支持的主键生成器的类型。
- JPA 支持的主键生成器的类型。
- 主键映射的 XML 方式。
- 主键映射的 Java 注释方式。
- 主键映射的实际应用编程。

Hibernate 持久类中与表主键字段对应的属性称为主属性，主属性用于唯一标示该持久对象。Hibernate 框架的关键特性之一是能保证通过相同的主属性值检索取得同一个持久对象，不会取得两个地址不相同的持久对象。

Hibernate 要求每个持久类必须有主属性，并为主属性的映射提供了专门的语法，同时为主属性取值的自动生成提供了不同类型的生成器类。

本章将详细讲述主属性的设计和映射，以及不同类型主键值生成器的配置和使用。

5.1 Hibernate 持久类主键属性字段的设计原则

与持久类对主属性对应的表的字段必须有如下特性。

(1) 唯一性：取值不能重复。

(2) 非空性：字段的取值不能为空。

(3) 不变性：字段的值一旦增加后就不能被修改。

根据以上特性，持久类主属性可以对应到表的主键字段或任何非空的唯一性约束字段，推荐映射到表的主键字段。

表的主键字段如果是表达业务对象的属性，而实际业务需要对其进行修改时，则此主键字段不能满足不变性这个特性。

为满足主属性不变性的特征，在实际应用开发时，原则上表的主键字段应该是不表示任何实际业务数据的代理主键，并且设计为能自己增量的整数类型。代理主键也就是系统自定义一个字段作为索引字段，使得索引字段不受业务逻辑等相关变化而承担变化的风险。

代理主键的概念比较简单，就是在表设计好后另外加上的一个数字序列键，和开发项目的业务没关系。例如客户一般以账号作为主键，但在设计客户表时，应该另外加一个序列键作为主键，这是为了防止客户的相关信息改变后要修改客户表的结构。如果没有代理键，就需要在增加新的客户时，要检查客户的主键值是否已经存在，增加代理键就防止了这样的问题，不需要再进行检查，能保证主键永远不重复。

还有 Hibernate 是不能修改主键值的，当不使用代理主键时，如果根据业务需求，则需要对主键值进行修改，使用 Hibernate 是无法实现的。

综上所述，在设计数据库表时，一定要使用代理主键，不要使用业务主键，而且代理主键的值要使用某种机制自动生成，不再需要用户手动输入。无论数据库还是 Hibernate 都提供了各种自动生成主键值的机制。

所有数据库都提供了自动生成主键值的机制，如 MySQL 的 auto_increment、SQL Server 数据库的标示字段，Oracle 数据库虽然没有提供自增量字段，但是可以使用其提供的序列对象实现主键值的生成。

Hibernate 框架提供了自己的生成主键值的生成器类，可以生成各种满足一定要求的主键值，本章将会对这些生成器进行详细讲述。

5.2 Hibernate 持久类主属性的设计

在定义 Hibernate 持久类的主属性时，原则上可以是任何 Java 类型。但在使用 JPA 的注释类实现持久类映射时，其主属性注释类@Id 对类型是有限制的，如下是 JPA 主键注释要求的主键属性的类型限制。

（1）Java 简单类型，如 int、long、double 等。

（2）简单类型的包装类，如 Integer、Long、Double 等。

（3）字符串类型 java.lang.String。

（4）日期类型 java.util.Date 或 java.sql.Date。

（5）Math 包中的数值类型，如 java.math.BigDecimal、java.math.BigInteger。

如果使用 XML 映射方式对持久类进行映射，则没有以上限制。但是由于采用复杂的对象类型作为主属性类型，在 Hibernate 执行持久化时编程较为烦琐，因此定义主键属性类型时尽可能使用 Java 的简单类型，如简单数据类类型、简单类型的包装类、String、日期等类型，不要使用自定义的有多个属性的 POJO 作为主属性类型。

5.3 Hibernate 主属性的映射配置

第 4 章已经简要讲述了主键属性映射的语法，在此再次讲述一下，以保证本章的完整性。与简单映射相同，主键属性映射也有 XML 和注释两种方式。

XML 方式的主属性映射是使用<class>中包含的<id>元素实现，其语法如下所示。

```
<id name="主属性名称"column="字段名"type="映射类型">
```

```
        <generator class="主键生成器类名">
            <param name="参数名">参数值</param>
            <param name="参数名">参数值</param>
        </generator>
    </id>
```

其中<id>标记的属性在第 4 章中已经有详细的介绍，此处不再赘述，本章重点是主键生成器的配置语法和生成器的类型。

<id>标记内包含的<generator>标记用于设定主属性取值的生成器类，Hibernate 为每个生成器类都给定一个简短的别名，在配置时需要此别名确定选择的生成器类，如 Hibernate 使用数据库内置自增量字段策略对应的生成器类是 org.hibernate.id.IdentityGenerator，为此生成器设定的别名为 identity，配置时使用此别名即可，如下代码所示为生成器配置案例。

```
<id name="no" column="DEPTNO">
    <generator class="identity"/>
</id>
```

此代码表示部门的主属性 no 与字段 DEPTNO 对应，取值来自数据库内置的自增量机制，不需要 Hibernate 负责此值的生成，此时使用<generator class="identity"/>确定生成器的类型，因为自增量字段不需要额外的参数，所以不需要使用子元素<param>，而有的生成器类型是需要参数的，如下面要介绍的使用数据库序列的生成器，就需要配置序列的名称参数。

除 XML 方式映射主属性外，Hibernate 也支持注释方式的主属性映射，使用@Id 映射主键的同时，结合使用@GeneratedValue 和@GenericGenerator 确定主键生成器类型。如下代码演示了使用注释方式完成主键和主键生成器映射的配置。

```
@Id
@GeneratedValue(generator="system-uuid")
@GenericGenerator(name="system-uuid", strategy = "uuid")
public String getId() {}
```

上述代码演示的是在 get 方法上加入注释类实现映射配置，Hibernate 也支持在主属性变量上标注注释类的语法，如下代码所示。

```
@Id
@GeneratedValue(generator="system-uuid")
@GenericGenerator(name="system-uuid", strategy = "uuid")
private String id=null;
```

现在程序员普遍喜欢在属性变量上增加注释的语法完成映射配置，读者可根据自己的喜好自行确定。在本章后面的小节将分别详细讲述 XML 语法和注释语法的主键生成器的配置和使用案例。

5.4 Hibernate 支持的主键生成器类型

为支持使用不同方式取得主属性的值，Hibernate 框架提供了各种生成器类型，有的生成器是使用底层数据库支持的自动取值的机制实现主属性的值的获取，也有 Hibernate 内部使用某种算法完成主键值的生成，而不需要数据库的支持，最后也支持提供用户手动输入主键值的类型。

根据实现机制的不同，Hibernate 的生成器可分为 3 类。

1．直接使用数据库支持的机制完成主键值的生成的生成器

此类生成器 Hibernate 本身不参与主键值的生成，而是直接引用数据库内部的机制完成主键值的生成，如使用数据库的自增量字段、数据库的序列、数据库生成 UUID 字符串等。

在选择 Hibernate 主键生成器时，应该首选此类生成器，因为其主键值由数据库内置机制完成，因此处理性能最佳。Hibernate 此类生成器的名称参见表 5-1。

表 5-1　Hibernates 数据库负责取值的生成器

生成器别名	要求的主属性类型	说　明
indentity	int，short，long	使用数据库的自增量字段机制
native	Int，short，long	使用数据内置的机制，自动选择 Identity、sequence 或 hilo
sequence	Int，short，long	使用数据库的序列来生成主键值，用于 DB2、PostgreSQL、Oracle、SAP DB 等
select	无限制	使用数据库内置的触发器生成主键值
guid	String	使用数据库内置的 GUID 机制生成主键值，用于 SQL Server 和 MySQL 数据库

2．Hibernate 内部使用某种算法计算取得主键值的生成器

对于某些特殊主键值的生成，由于数据库内置的机制无法生成，Hibernate 提供了如表 5-2 所示的通过特定算法完成主键值生成的生成器类型。实际项目开发中应该优先选择数据库内置支持的生成器类型，在数据库的类型无法满足业务需求的情况下，才应该考虑使用 Hibernate 自身提供的这些生成器。

表 5-2　Hibernate 自身负责取值的生成器

生成器别名	主属性要求类型	说　明
increment	long, short，int	通过计算现有主键值的 max()+1 设定新的记录的主键
hilo	Int，short，long	通过 hi/lo 算法计算出整数类型的主键值。只能在特定数据库中生成唯一的整数，无法保证在多个数据库中保持唯一
seqhilo	int，short，long	改进的 hi/li 算法，可高效快速计算出主键值
uuid	String	生成 128 位的全球唯一字符串
uuid2	String	生成兼容 IETF RFC 4122 的 128 位 UUID 字符串
foreign	无限制	用于一对一关联的主键映射中，确定主键值取自关联的对象的主键

3．应用程序确定主键值的生成器

由应用程序自身确定的主键生成器只有 assigned 一种类型，并且是 Hibernate 默认的生成器类型，如果在配置 Hibernate 类映射时，没有指定主键的生成器类型，此类型是默认的。

使用此类型生成器，主键值通常通过表单元素接收用户的输入值，在程序中编程设置持久对象的主属性值，因此称为程序设定型生成器，其特性参见表 5-3。

表 5-3　由用户输入确定主键值的生成器

生成器别名	主属性的数据类型	说　明
assigned	没有约束	通过手动设定持久类主键值方式设定，通常来自用户的表单输入

5.5 XML 方式下主属性值生成器类型及配置

5.2 节已经介绍了主键生成器的 XML 配置语法，下面详细介绍各种不同类型生成器的配置语法和使用注意要求。

5.5.1 assigned 生成器

主键由外部程序负责生成，在 save() 之前必须指定主属性的值。Hibernate 和数据库都不负责维护主键生成。此生成器与 Hibernate 和底层数据库都无关，可以跨数据库。在存储对象前，必须要使用主键的 setter 方法给主键赋值，至于这个值怎么生成，完全由自己决定，这种方法实际项目设计中应该尽量避免。

assinged 生成器的 XML 配置语法如下所示，演示了员工账号使用用户确定的情况。

```
<id name="id" column="EMPID">
   <generator class="assigned" />
</id>
```

由于此生成器是默认的类型，可以省略，因此上述配置代码可以简化为如下：

```
<id name="id" column="EMPID" />
```

5.5.2 identity 生成器

identity 由底层数据库生成主属性值。identity 内部是由数据库自增量字段机制实现的，这个主键必须设置为自增长，其前提条件是底层数据库支持自动增长字段类型，如 DB2、SQL Server、MySQL、Sybase 和 HypersonicSQL 等，但 Oracle 由于不支持自增字段则无法使用该生成器。identity 的 XML 配置语法如下代码所示，其展示了 OA 案例中部门编号由 MySQL 的自增量字段自动生成。

```
<id name="no" column="DEPTNO">
   <generator class="identity" />
</id>
```

不同数据库支持自增量字段的机制不同，如 MySQL 是 auto_increment，而 SQL Server 是 identity。

5.5.3 sequence 生成器

对于不支持自增量字段的数据库，可以采用数据库提供的 sequence 机制生成主键。数据库 Oracle、DB、SAP DB、PostgerSQL、McKoi 等都支持 sequence。其 XML 配置语法如下所示。

```
<id name="no" column="DEPTNO">
   <generator class="sequence">
      <param name="sequence">Department_NEXTNO</param>
   </generator>
</id>
```

如果使用 Oracle 数据库作为 OA 系统的持久化存储机制，则部门的主键编号的取值需要改造为提高序列完成，代码中使用<generator>的子元素<param>标记指定序列生成器使用的序列的名称，此时为 Department_NEXTNO。如何创建和使用序列，请参阅 Oracle 的用户手册或参考书。

5.5.4　hilo 生成器

通过 hi/lo 算法（Hilo 使用高低位算法生成主键，高低位算法使用一个高位值和一个低位值，然后把算法得到的两个值拼接起来）实现的主键生成机制，需要额外的数据库表保存主键生成历史状态。hilo（高低位方式 high low）是 Hibernate 中比较常用的一种生成方式，在数据库中要创建一个表保存 hi 的历史记录。并且保存 hi 值的表至少有一条记录（只与第一条记录有关）。

本书 OA 项目案例的爱好持久类的主属性使用 hilo 生成器为其主键取值，假如保存 hi 值的表名为 BehaveHilo，保存 hi 值的字段名为 next_hi，则 hilo 生成器的 XML 配置代码如下。

```
<id name="no" column="BNO">
<generator class="hilo">
<param name="table">BEHAVEHILO</param>
<param name="column">next_hi</param>
<param name="max_lo">100</param>
</generator>
</id>
```

hilo 生成器需要配置如下参数。

（1）table：保存 hi 值的表。

（2）column：保存 hi 值的字段。

（3）max_lo：hilo 生成器低位区间的最大值。

hilo 生成器生成主键的过程说明如下。

（1）获得 hi 值：读取并记录数据库的 BehaveHilo 表中 next_hi 字段的值，数据库中此字段值加 1 保存。

（2）获得 lo 值：从 0 到 max_lo 循环取值，差值为 1，当值为 max_lo 值时，重新获取 hi 值，然后 lo 值继续从 0 到 max_lo 循环。

（3）根据公式 hi * (max_lo + 1) + lo 计算生成主键值。

注意：当 hi 值是 0 的时候，那么第一个值不是 0*(max_lo+1)+0=0，而是 lo 跳过 0 从 1 开始，直接是 1、2、3……

最新版的 Hibernate 已经不再支持 hilo 主键生成器，因此在新项目中不要使用此生成器。

5.5.5 increment 生成器

Hibernate 调用 org.hibernate.id.IncrementGenerator 类里面的 generate()方法，使用 select max(idColumnName) from tableName 语句获取主键最大值。该方法被声明成了 synchronized，所以在一个独立的 Java 虚拟机内部是没有问题的，然而，在多个 JVM 同时并发访问数据库 select max 时就可能取出相同的值，再执行 insert 就会发生 Dumplicate entry 的错误。所以只能有一个 Hibernate 应用进程访问数据库，否则就可能产生主键冲突，所以不适合多进程并发更新数据库，适合单一进程访问数据库，不能用于群集环境。

该生成器由 Hibernate 执行，由 Hibernate 从数据库中取出主键的最大值（每个 session 只取 1 次），以该值为基础，每次增量为 1，在内存中生成主键，不依赖于底层的数据库实现。其配置的代码如下。

```
<id name="no" column="DEPTNO">
<generator class="increment" />
</id>
```

案例中部门的主键选用 increment 生成器，选择此生成器时，需要修改部门表 OA_Department 将其主键 DEPTNO 的 auto_increment 去除，不使用数据库的自增量字段，而是由 Hibernate 执行 increment 生成器来设定主键值。

实际项目中不推荐使用此生成器类型，在多线程环境，如 Web 应用中，不能保证主键值的唯一性。

5.5.6 seqhilo 生成器

seqhilo 是改进型的 hilo 算法生成器。与 hilo 类似，通过 hi/lo 算法实现的主键生成机制，只是将 hilo 中的数据表换成了序列 sequence，需要数据库中先创建 sequence，适用于支持 sequence 的数据库，如 Oracle，该生成器使用配置代码如下所示。

```
<id name="no" column="BNO">
<generator class="seqhilo">
<param name="sequence">Behave_SQ</param>
<param name="max_lo">100</param>
</generator>
</id>
```

配置中使用 sequence 参数名指定使用的序列，其他参数与 hilo 相同，由于序列的操作性能要高于对表的 select 操作，此生成器性能要好于 hilo，但 seqhilo 生成器无法使用与不支持序列的数据库，如 MySQL、SQL Server 等。

5.5.7　native 生成器

native 生成器是由 Hibernate 根据使用的数据库自行判断采用 identity、hilo、sequence 任何一种作为主键生成方式，灵活性很强。如果数据库支持 identity 则使用 identity，如支持 sequence 则使用 sequence，例如 MySQL 使用 identity，Oracle 使用 sequence。其配置代码如下。

```
<id name="no" column="DEPTNO">
<generator class="native" />
</id>
```

如果 Hibernate 自动选择 sequence 或者 hilo，则所有的表的主键都会从 Hibernate 默认的 sequence 或 hilo 表中取，此时应该在数据库中创建生成器需要的表、字段或序列，以便生成器能找到这些默认对象，如 hilo 的默认表是 hibernate_unique_key，默认的字段是 next_hi，而序列生成器的默认序列名是 hibernate_sequence。

使用 sequence 或 hilo 时，可以加入参数，指定 sequence 名称或 hi 值表名称等，如

```
<param name="sequence">Behave_SQ</param>
```

实际应用开发时，不推荐使用 native 生成器，而是使用针对固定策略的生成器，以取得最佳的性能。

5.5.8　uuid 生成器

uuid 即 Universally Unique Identifier，是指在一台机器上生成的数字，它保证对在同一时空中的所有机器都是唯一的。按照开放软件基金会（OSF）制定的标准计算，用到了以太网卡地址、纳秒级时间、芯片 ID 码和许多可能的数字，标准的 uuid 格式为：

xxxxxxxx-xxxx-xxxx-xxxxxx-xxxxxxxxxx (8-4-4-4-12)
其中每个 x 是 0～9 或 a～f 范围内的一个十六进制的数字。

```
<id name="id" column="EMPD">
<generator class="uuid" />
</id>
```

代码中将自动生成员工的账号，但是如果要员工记住是非常困难的，因此在实际应用开发，应再设计一个员工的登录账号字段，保存员工登录的账号，由其自行输入。

Hibernate 在保存对象时，生成一个 uuid 字符串作为主键，保证了唯一性，但其并无任何业务逻辑意义，只能作为主键，唯一缺点长度较大，32 位（Hibernate 将 uuid 中间的“-”删除了）的字符串占用存储空间大，但是有两个很重要的优点，Hibernate 在维护主键时，不用去数据库查询，从而提高效率，而且它是跨数据库的，以后切换数据库极其方便。

该生成器的特点是 uuid 长度长，占用空间大，跨数据库，不用访问数据库就生成主键

值，所以效率高且能保证唯一性，移植非常方便。如果主键是字符串类型，则可以考虑使用此生成器。

5.5.9 uuid2 生成器

该生成器生成符合 IETF RFC 4122 规范兼容的 128-bit uuid 字符串，

```
<id name="id" column="EMPD">
<generator class="uuid2" >
   <param name="uuid_gen_strategy_class">org.hibernate.id.uuid.
   StandardRandomStrategy</param>
<param name="uuid_gen_strategy"></param>
</generator>
</id>
```

uuid2 生成器需要配置两个参数：uuid_gen_strategy_class 用于指定生成器的实现类，而 uuid_gen_strategy 用于确定使用哪种生成策略。

Hibernate 支持如下两种生成器实现类。

（1）org.hibernate.id.uuid.StandardRandomStrategy。

（2）org.hibernate.id.uuid.CustomVersionOneStrategy。

其中第 1 个是默认的实现类，如果使用它，不需要配置参数 uuid_gen_strategy_class。

5.5.10 guid 生成器

guid 即 Globally Unique Identifier 全球唯一标识符，是一个 128 位长的数字，用十六进制表示。算法的核心思想是结合机器的网卡、当地时间、一个随机数来生成 guid。从理论上讲，如果一台机器每秒产生 10 000 000 个 guid，则可以保证（概率意义上）3240 年不重复，其配置代码如下。

```
<id name="id" column="EMPID">
<generator class="guid" />
</id>
```

该生成器在生成主键值时，先查询数据库，获得一个 uuid 字符串，为主键字段赋值。

在 MySQL 数据库中使用 select uuid()语句获得的为 36 位（包含标准格式的“-”），而在 Oracle 中，使用 select rawtohex(sys_guid()) from dual 语句获得的为 32 位（不包含“-”）。

该生成器的缺点是长度较长，支持数据库有限，优点同 uuid，跨数据库，但是仍然需要访问数据库，并需要数据库支持查询 uuid 函数，运行时需要进行查询操作，执行效率没有 uuid 高，实际应用推荐使用 uuid 生成器。

5.5.11 foreign 生成器

foreign 生成器只使用在有一对一且使用主键作为外键执行关联表的主键情况下才使

用的主键生成器。该生成器的配置代码如下。

```
<id name="id" column="EMPID">
<generator class="foreign">
<param name="property">employee</param>
</generator>
</id>
<one-to-one name="employee" class="EmployeeModel" constrained="true" />
```

该代码用于配置案例中员工地址信息持久类的主键属性员工账号的生成，该类与员工类构成一对一对应关系，员工地址信息表的主键与员工表的主键同步。

5.5.12 select 生成器

使用触发器生成主键，主要用于早期的数据库主键生成机制，能用到的地方非常少。

5.6 注释方式下的主属性值生成器类型和配置

在最新版的 Hibernate 中除继续支持 XML 方式的主键生成器配置外，特别加强了注释方式主键生成器的配置。

在使用注释方式配置主键生成器时，Hibernate 支持 JPA 提供的 4 种生成器注释类型，除此之外还提供了 JPA 没有的其他类型生成器的注释语法。

本节中首先介绍 JPA 提供的 4 种主键生成器的注释配置，再介绍 Hibernate 专门提供的主键生成器类型的注释配置，开发人员可以根据需要选择适合的生成器类型。实际应用开发中推荐优先选择 JPA 的内置生成器类，如此可保证应用的可移植性，保证项目在使用 Hibernate 或使用 JPA 情况下都可以正常运行，不需要修改。

Hibernate 注释方式配置主键生成器的主要注释类如下。

（1）@GeneratedValue：由 JPA 规范提供的主键生成器注释类，其类型是 javax.persistence.GeneratedValue。

（2）@SequenceGenerator：JPA 规范提供的序列生成器注释类，其类型是 javax.persistence.SequenceGenerator。

（3）@TableGenerator：JPA 规范提供的基于表的生成器注释类，其类型是 javax.persistence.TableGenerator。

（4）@GenericGenerator：Hibernate 提供的专门的主键生成器定义注释类，其类型是 org.hibernate.annotations.GenericGenerator，可见不属于 JPA 框架。

下面各个小节将详细讲解以上注释类在不同主键生成器配置中的使用。

5.6.1 JPA 的 identity 生成器

与 XML 方式的 identity 生成器一样，JPA 提供了 identity 的注释配置使用数据库提供的自增量字段实现主键值的生成。其配置的语法如下。

```
@Entity
@Table(name="OA_Department")
public class DepartmentModel {
    @Id
    @GeneratedValue(strategy=GenerationType.IDENTITY)
    private int no=0;
    int getNo() { ... };
}
```

配置时使用@GeneratedValue 注释类对主属性进行配置，可放置在属性变量前，或在 get 方法前都可以。提供@GeneratedValue 注释类的属性 strategy 确定生成器类型，JPA 在类 GenerationType 中定义各种 JPA 支持的生成器的常量，identity 为 Hibernate 的 identity 生成器。

5.6.2 JPA 的 sequence 生成器

需要注意 JPA 提供的 sequence 生成器，并不是 Hibernate 中的序列生成器，而是对应 Hibernate 中的 seqhilo 生成器，其中指定的序列名，是为 hilo 算法指定 hi 的值，该生成器的配置语法如下。

```
@Id
@GeneratedValue(strategy=GenerationType.SEQUENCE,generator="DEPTSEQ")
@javax.persistence.SequenceGenerator(name="DEPTSEQ",sequenceName="DEPTNO",
allocationSize=20 )
private int no=0;
public Integer getNo() { ... }
```

配置代码中首先使用 SequenceGenerator 注释类定义使用序列的主键生成器，并使用属性 sequenceName 指定数据库的序列名，属性 allocationSize 指定使用该生成器是自动生成唯一数的个数，可以一次性生成多个值，供连续增加持久对象使用，可极大地提高处理性能，而不是每次增加持久对象时执行一次。该配置注释类还提供 initialValue 属性指定主键取值的初始值，name 属性确定了该生成器的名，可用于@GeneratedValue 引用。

配置代码中当使用@SequenceGenerator 配置生成器后，使用@GeneratedValue 的确定生成器类型为 GenerationType.SEQUENCE，并使用 generator 属性引用配置的生成器。

5.6.3 JPA 的 table 主键值生成器

JPA 提供的 table 生成器是 Hibernate hilo 生成器的对应版本，通过指定 table 和字段属性为 hilo 算法提供 hi 的取值，其配置代码如下。

```
@Id
@GeneratedValue(strategy = GenerationType.TABLE,generator="EMP_GEN")
```

```
@javax.persistence.TableGenerator(name="EMP_GEN",
  table="GENERATOR_EMP",
  pkColumnName = "key",
  valueColumnName ="hi",
  pkColumnValue="EMP",
  allocationSize=20
)
@Column(name="BNO")
private int no=0;
```

配置中使用注释类 avax.persistence.TableGenerator 配置 table 类型生成器，其支持的属性如下。

（1）name：指定配置的生成器的名，为@GeneratedValue 提供引用名。

（2）table：指定 hilo 的保存 hi 值的表名。

（3）pkColumnName：hi 表保存主键字段名的字段，其保存主键字段的名称。

（4）valueColumnName：hi 表中保存生成主键值的字段。

（5）pkColumnValue：指定在持久化表中，该策略所对应的主键。

（6）allocationSize：指定生成的主键值个数，实现批处理方式生成主键值。

每次需要主键值时，查询名为 GENERATOR_EMP 的表，查找主键列 key 值为 key 记录，得到这条记录的 EMP 值，根据这个值和 allocationSize 的值生成主键值。

根据以上配置，表 GENERATOR_EMP 的表和记录的结构和值参见表 5-4。

表 5-4　表 GENERATOR_EMP 的表字段和记录

key	hi
EMP	10

其中 key 和 hi 是字段名，EMP 是 key 的一个记录的值，10 是 hi 的值，此生成器的配置取出值 10，再计算 hilo 的值。

5.6.4　JPA 的 auto 生成器

JPA 提供了 auto 类型的生成器，与 Hibernate 的 native 有些类似，JPA 会根据数据库的支持情况，自动选择 identity、sequence 或 table 这三种生成器。其配置代码如下所示。

```
@Entity
@Table(name="OA_BEHAVE")
public class BehaveModel {
    @Id
    @GeneratedValue(strategy=GenerationType.AUTO)
    private int no=0;

    Integer getNo() { ... };
}
```

而且 auto 是 JPA 默认的主键生成器，在配置时可以省略 strategy 属性，如下配置代码与上面的代码有相同的含义。

```
@Entity
@Table(name="OA_BEHAVE")
public class BehaveModel {
    @Id
    @GeneratedValue
    private int no=0;
    Integer getNo() { ... };
}
```

但在实现项目开发时，推荐选定指定的主键生成器，不推荐选择 AUTO 类型。

以上介绍是的 JPA 提供的 4 种主键生成器，下面的各个小节将介绍 Hibernate 专门提供的各种生成器的注释语法，要使用 JPA 之外的 Hibernate 的专门的主键生成器，需要使用注释类@GenericGenerator 先定义该生成器，再使用@GeneratedValue 注释类引用它即可。

5.6.5 Hibernate 的 uuid 主键生成器

使用 Hibernate 提供的 uuid 生成器为 String 类型的主键属性生成值，其注释配置代码如下。

```
@Id
@GeneratedValue(generator="employee-uuid")
@GenericGenerator(name="employee-uuid", strategy = "uuid")
private String id=null;
public String getId() {}
```

配置代码中，使用@GenericGenerator 注释类的属性 strategy 指定使用 Hibernate 的生成器的名称（此处为缩写名），此配置使用 uuid 生成器，再使用 name 属性定义该生成器名称，此处为 employee-uuid。然后使用 JPA 的注释类@GeneratedValue 的属性 generator 引用配置的生成器，为主键属性赋值。

而 uuid 生成器介绍参见 XML 部分的介绍，此处不再赘述。

5.6.6 Hibernate 的 increment 主键生成器

使用 Hibernate 提供的 increment 生成器为 int、short 或 long 类型的主键属性生成值，其注释配置代码如下。

```
@Id
@GeneratedValue(generator="behave-no")
@GenericGenerator(name="behave-no", strategy = "increment")
private String id=null;
public String getId() {}
```

Hibernate 的 increment 生成器的介绍参见前面小节的介绍。

5.6.7　Hibernate 的 select 生成器

Hibernate 的 select 生成器使用数据库的触发器为主键字段取得唯一值。其配置代码如下。

```
@Id
@GeneratedValue(generator="trigger-generated")
@GenericGenerator(name="trigger-generated",strategy = "select",
parameters = @Parameter(name="key", value = "socialSecurityNumber")
)
private String id=null;
public String getId() {}
```

代码中@GenericGenerator 注释类，除了使用 name 和 strategy 属性外，还需要指定 parameters 参数指定使用的触发器名。parameters 的配置语法如下。

```
parameters={@Parameter(name="key",value="01"),@Parameter(name="table",
value="EMP")}
```

如果只有一个参数，可以省略{}，直接使用如下代码即可。

```
parameters=@Parameter(name="key",value="01")
```

其中@Parameter 为 Hibernate 提供的参数注释类。

5.6.8　Hibernate 的 assigend 生成器

要使用 Hibernate 提供的 assigned 生成器，使用如下配置代码即可。

```
@Id
@GeneratedValue(generator="EMPID")
@GenericGenerator(name="EMIP",strategy = "assigend)
private String id=null;
public String getId() {}
```

由于 assigned 生成器是默认的，所以可以省略，如下代码与上面配置代码是相同的。

```
@Id
private String id=null;
public String getId() {}
```

因为没有指定主键生成器，因此是应用程序负责主键值的 assigned 生成器类型。

由于使用 Hibernate 注释配置主键生成器的语法基本相同，读者可参照以上介绍的配置代码，对自己选择的生成器进行注释配置。

5.7 复合主键的 XML 方式映射

如果数据库中使用多个字段而不仅仅是一个字段作为主键，也就是联合主键，此时就需要使用 Hibernate 提供的联合主键生成策略。

组合主键通常使用一个类作为一个实体类的标识符，该组件类必须满足以下要求。

（1）必须实现 java.io.Serializable 接口。

（2）必须重新实现 equals() 和 hashCode() 方法，始终和组合关键字在数据库中的概念保持一致。

首先设计表达联合主键的主键类，该类包含联合做主键的两个属性或多个属性，其实现示意代码如下所示，表达 OA 案例中员工培训课程类的联合主键。

```
package com.city.oa.model;
public class EmployeeCourseID implements java.io.Serializable {
    private String id;
    private int courseNo;
    public String getId() {
        return id;
    }
    public void setId(String id) {
        this.id = id;
    }
    public int getCourseNo() {
        return courseNo;
    }
    public void setCourseNo(int courseNo) {
        this.courseNo = courseNo;
    }
    @Override
    public boolean equals(Object obj) {
        if(obj instanceof EmployeeCourseID){
            EmployeeCourseID pk=(EmployeeCourseID)obj;
            if(this.id.equals(pk.id)&&this.courseNo==pk.courseNo){
                return true;
            }
        }
        return false;
    }
    @Override
    public int hashCode() {
        return super.hashCode();
    }
}
```

当联合主键类编写后，就可以编写员工培训课程成绩的持久类，其实现代码如下所示。

```
package com.city.oa.model.annotation;
```

```
import java.io.Serializable;
import javax.persistence.Column;
import javax.persistence.Entity;
import javax.persistence.Id;
import javax.persistence.Table;
//员工培训课程成绩持久类
public class EmployeeCourseScoreModel implements Serializable {
   private EmployeeCourseScorePK pk=null;
   private double score=0;
   public EmployeeCourseScorePK getPk() {
      return pk;
   }
   public void setPk(EmployeeCourseScorePK pk) {
      this.pk = pk;
   }
   public double getScore() {
      return score;
   }
   public void setScore(double score) {
      this.score = score;
   }
}
```

为配置联合主键，Hibernatee 提供了<composite-id>标记用于其配置，该标记包含多个<key-property>子标记来定义每个主键属性的映射，使用符合主键的员工课程成绩的 Model 类的 Hibernate 映射文件配置代码如下所示。

```
<?xml version="1.0"?>
<!DOCTYPE hibernate-mapping PUBLIC
      "-//Hibernate/Hibernate Mapping DTD 3.0//EN"
      "http://www.hibernate.org/dtd/hibernate-mapping-3.0.dtd">
<hibernate-mapping package="com.city.oa.model">
  <class name="EmployeeCourseScoreModel" table="EmployeeCourseScore">
      <composite-id name="ok" class="EmployeeCourseScorePK">
         <key-property name="id" />
         <key-property name="courseNo" />
      </composite-id>
      <property name="score" />
  </class>
</hibernate-mapping>
```

5.8 复合主键的注释方式映射

使用注释方式的映射复合主键比较简单，主键类的定义与上面 XML 方式定义的相同，只需在主键类上加注释@Id 即可，Hibernate 会自动识别主键类，将上面员工培训课程成绩的 Model 类改造为注释模式后的实现代码如程序 5-1 所示。

程序 5-1 EmployeeCourseScoreModel.java //员工培训课程持久类

```
package com.city.oa.model.annotation;
import java.io.Serializable;
import javax.persistence.Column;
import javax.persistence.Entity;
import javax.persistence.Id;
import javax.persistence.Table;
//员工培训课程成绩持久类
@Entity
@Table(name="oa_employeecoursescore")
public class EmployeeCourseScoreModel implements Serializable {
    @Id
    private EmployeeCourseScorePK pk=null;
    @Column(name="score")
    private double score=0;
    public EmployeeCourseScorePK getPk() {
        return pk;
    }
    public void setPk(EmployeeCourseScorePK pk) {
        this.pk = pk;
    }
    public double getScore() {
        return score;
    }
    public void setScore(double score) {
        this.score = score;
    }
}
```

本章小结

本章详细介绍了 Hibernate 框架的主键属性值自动生成器类型，以及使用 XML 和注释方式配置的语法。在介绍注释方式时，分别讲解了 JPA 提供的内置生成器类型和 Hibernate 专有的生成器类型与配置语法。

经过本章的学习，读者可以为自己的项目选择合适的主键类型以及合适的主键生成器，下面几种将详细讲述 Hibernate 的重点关联映射的语法与编程应用。

多对一和一对多关联映射

本章要点

- Hibernate 多对一关联映射的基本原理。
- Hibernate 一对多关联映射的基本原理。
- 多对一关联映射的 XML 方式配置。
- 多对一关联映射的注释方式配置。
- 一对多关联映射的 XML 方式配置。
- 一对多关联映射的注释方式配置。
- 多对一和一对多关联映射的实际应用编程。

现实生活中孤立存在且没有与其他对象关联的对象是不存在的，在开发一个实际应用项目时，通过面向对象分析（Object Oriented Analysis，OOA）取得实际项目中的业务对象基本都是相互关联的。

关系数据库系统（RDBMS）就是为表达对象间的关联关系而存在的，它是以表中的外键（Foreign Key）字段指定另一表的主键（Primary Key）字段，实现关系世界实体间的相互关联。

同样在面向对象编程（OOP）世界，在一个对象的类中定义了一个另一对象的属性，构成两个对象之间的关联关系。

由于面向对象编程和关系数据库之间表示对象关联关系的不同特性，Hibernate 必须能具有对象间关系的映射机制实现对关联对象的持久化操作转换为对关联表记录的操作。

本章中将首先阐述 Java 对象间关系的表示和代码实现，以及数据库表示对象关系的关系模型表示和代码实现，接下来详细讲述 Hibernate 支持对象关系映射的方式，最后重点讲解实际应用中最常见的多对一和一对多关联关系的 XML 映射语法和注释方式应用语法，并着重讲述了关联关系的实际应用。

6.1 Java 对象关系的类型和特性

在 Java 编程中类表示对象的属性和行为，并通过类间的关系表示实际业务处理过程中对象间的关系，通常在一个类的编程中会使用到其他类的对象，完成实际应用要求的业务处理。根据所使用类的对象的位置和特性，Java 使用多种方式表示对象之间的关系，下面

逐一详细讲述这些关系和表达的实际含义。

6.1.1 依赖关系

依赖关系是 Java 编程中最常见的关系，它表达一个类的对象在运行时，它的方法中调用了另一个对象的方法，表达的实际含义是“使用”关系，即一个对象使用另一个对象。假如有类 A 和类 B，如下 3 种情况构成依赖关系。

1. A 的方法中使用了 B 的对象

A 依赖 B 的情形之一是在类 A 对象的 a 方法中使用 B 类型对象 b 的方法 b()，其示意代码如下所示。

```
class B {
    public void b(){}
}
class A {
    public void a(){
       B b=new B();
       b.b(); //调用 b 对象的方法
    }
}
```

2. A 的方法参数中使用了 B 的对象

依赖关联的情形之二是 A 类对象的 a 方法中，使用了 B 类的对象，其示意代码如下所示。

```
class A {
        //A 的方法参数使用了 B 的对象 b
        public void a(B b){
           b.b(); //调用 b 对象的方法
        }
}
```

3. A 的方法返回 B 类型的对象

依赖关系的最后一种情形是 A 的方法返回类型是 B，即返回 B 的一个对象，演示代码如下所示。

```
class A {
        //A 的方法参数使用了 B 的对象 b
         public void a(B b){
          b.b(); //调用 b 对象的方法
        }
}
```

Hibernate 的 ORM 映射机制中没有提供对依赖进行映射的机制。

6.1.2　继承关系

面向对象编程的重要特征是继承，通过继承可以将多个类的相同方法集中到父类中，然后子类继承父类后，所有子类都自动拥有这些公共代码。

继承表示的实际含义是“是”关系，即子类的对象是父类的对象，反正则不成立。如教师和学生的父类是人，所有教师的对象都是人的对象。继承关系的示意代码如下所示。

```
class Person
{
  public void work(){}
}
class Teacher extends Person
{}
class Student extends Person
{}
```

这样 Teacher 和 Student 类都有 work 方法，实现了代码的重用。Hibernate 提供了对继承关系的 ORM 映射机制。

6.1.3　实现关系

实现关系是类与接口之间的契约约定关系，表示一种“遵守”的关系，接口定义了一个类需要实现的方法，类似于现实中的合同，所有员工都必须遵守合同的约定，执行其所规定的方法。实现关系的简要示意代码如下。

```
interface Working{
    public void work();
}
public class Person implements Working
{
    public void work(){
        System.out.println("人工作");
    }
}
```

Hibernate 没有提供对实现关系的映射机制。

6.1.4　关联关系

Hibernate 最关注的对象之间关系是关联关系，在面向对象编程中，关联关系表达一个对象“拥有和属于”另一个对象的关系。

在本书的 OA 系统案例中，一个部门拥有多个员工对象，每个对象属于一个部门对象；

一个爱好对象中有多个有此爱好的员工对象，而每个员工对象拥有多个爱好对象。

在 Java 编程中，关联关系的代码实现为一个对象是另一个对象的单个属性或集合属性，表示是拥有一个对象还是多个对象。关联关系的简要示意代码如下所示，表示了部门、员工和爱好的关联关系。

```
//部门对象类
class Department{
    private int no=0;
    private String name=null;
    Private Set<Employee> employees=null; //部门拥有多个员工对象
}
//爱好对象类
class Behave
{
    private int no=0;                       //爱好编号
    private String name=null;               //爱好名称
    private Set<Employee> employees=null; //有此爱好的员工集合
}
//员工对象类
class Employee{
    private String id=null;                 //员工账号
    private String name=null;               //员工姓名
    private Department department=null;     //员工所在的部门对象
    Private Set<Behave> behaves=null;       //员工所喜欢的爱好集合
}
```

从上述类的定义代码可以看到部门对象包含多个员工对象，爱好对象包含多于员工对象，员工对象属于一个部门对象，员工对象拥有多个爱好对象，部门与员工之间的关系是一对多关系，员工与部门的关系是多对一关系，爱好与员工对象之间是多对多关系，俗称为双向多对多关联关系。

Hibernate 映射重点是对象之间的关联关系，在本书中分多章分别讲解各种关联关系的映射与对象间操作。

6.1.5 聚合关系

聚合关系表示一个对象是由多个其他对象的“组成”关系，如一台电脑由主板、机箱、显示器、硬盘、光驱、键盘组成；主板由 CPU、内存、IO 卡组成。

但聚合关系表示一个松散的组成关系，即主对象的生命周期不能决定组成对象的生命周期，例如电脑报废了，其组成部件可以安装到其他电脑对象中。

聚合关系是关联关系的特殊形式，表示一种紧密的关联关系，与日常生活中的拥有关系更进一步。聚合关系的 Java 代码与表示关联关系的代码一样，都是以属性变量方式定义组成对象。如下代码展示了电脑类的聚合关系。

```
//电脑类
class Computer
{
    private MainBoard board=null;
    private Box box=null;
    private Screen screen=null;
    private HardDisk hd=null;
    private Keyboard keyboard=null;
}
//主板类
    class MainBoard{
    private CPU cpu=null;
    private Ram ram=null;
    private IOCard card=null;
}
```

从代码上无法看出是聚合关系和关联关系，只能根据业务需求去确定关系的类型。

6.1.6　组合关系

组合关系是比聚合更紧密的关联关系，也表示对象间的“组成”关系，但组合关系中主对象的生命周期决定其所组成的子对象的生命周期，即如果主对象销毁或不存在了，其所属的子对象的生命周期也结束了。如常见的树、叶子和树枝的关系，树对象由树枝对象和叶子对象组成，如果树死了，其组成部件叶子和树枝也无法单独生存。与聚合不同，组合的对象不能再组装到其他主对象中，如一个树的叶子不能组成到另一个树对象里。

聚合的 Java 代码也是与关联关系一样，都是子对象是主对象的属性变量，如下代码演示了树的类与其组成元素树枝和叶子的定义代码，省略了 Branch 和 Leaf 类的定义，读者只需理解组合的 Java 语言表示语法即可。

```
class Tree{
    Set<Branch> branchs=null; //多个树枝
    Set<Leaf> leafes=null; //多个叶子
}
```

6.2　对象间关联关系特性和 Java 表达

在以上所有的对象关系中 Hibernate 关注的是对象间的关联关系，关联关系表示的是对象之间的拥有（has）关系，在面向对象编程中通过定义属性方式完成关联关系。

6.2.1　关联关系的特性

实际应用中关联关系的表示需要确定其关键的两个特性。

1. 数量性

在表示关联关系时，需要确定一个对象关联几个其他对象。现实生活也是这样，财务部门有 3 个员工，员工刘明有 4 个爱好等。而且关联的数量是固定不变的还是未来可变化的，这些因素都会影响关联关系的定义和编程。

如果一个对象关联一个其他对象，这种关联称为对一关联，如每个员工对应一个部门，像上面介绍的代码所展示的那样，通过定义一个关联的部门。

```
class Employee{
    private Department department=null;
}
```

如果一个对象关联多个其他对象，则为一对多关联，根据关联的多个对象是固定的还是可变的，则需要使用不同的容器类型表示，如使用数组还是使用可变容器。

当一个对象包含固定个数的多个关联对象，则可以使用数组表达这种对多的关联关系，其演示代码如下所示，一个部门只能包含 3 个员工。

```
class Department{
  private Employee[] employees=new Employee[3];
}
```

当关联的对象个数是可变的情况下，而且这个情况是最普遍的，如部门中的员工会经常发生改变，如员工的入职、离职或部门调转等业务发生时，部门包含的员工个数总是会改变的。表示这种可变的对多关联关系，就需要使用 Java 的可变容器对象，如 List 或 Set。

在具体选择 List 还是 Set 时，要针对具体的业务而定，最常使用的是 Set 容器，因为通常情况下，一个容器包含的多个其他对象是不允许重复的。使用 Set 表达这种对多关联关系的 Java 代码如下所示。

```
class Department{
  private Set<Employee> employees=new ArrayList<Employee>();
}
```

通过定义有泛型<Employee>约束的 Set 集合属性 employees 表示一个部门可以包含数量可变的多个员工对象。如果使用 List 定义与 Set 基本相同，此处不再赘述。

2. 方向性

关联关系除了有数量特性，还有方向特性。如果一个对象 A 有关联关系到另一个对象 B，而 B 没有关联关系到 A 对象，则这种关系称为单向关联关系；若 B 也关联对象 A，则称为双向的关联关系。

6.2.2 关联关系的类型

将关联关系的数量性与方向性进行组合，可得到如下类型的关联关系。

（1）单向的一对一关联。

（2）单向的多对一关联。

（3）单向的一对多关联。

（4）单向的多对多关联。

（5）双向的一对一关联。

（6）双向的多对一和一对多关联。

（7）双向的多对多关联。

Hibernate 针对每种关联关系都支持 XML 方式和注释方式的映射语法，并通过对象的关联关系操作直接生成操作数据库的 SQL 语句，实现与数据表中数据的同步。本章只介绍多对一和一对多关联的映射和编程，其他关联关系在后续章中继续介绍。

6.3 数据库关联关系的表达

Hibernate 通过 ORM 映射实现 Java 对象与数据库表记录的关联操作，在 Java 中表达对象之间关联关系的同时，数据库也支持实体间的关系。但与 Java 对象世界不同的是，数据库中关联关系与对象世界的表示是有区别的，其主要差别体现在以下几个方面。

（1）关系数据库中关系是由外键字段实现的，对象世界是使用对象的引用实现的。数据表的记录中不能完全存储另一个关联的记录。

（2）数据库中关联不区分单向还是双向，在进行表的关联时，可以互相实现关联语法，没有先后区分，既可以实现表 A 到表 B 的关联，也可以实现表 B 到表 A 的关联，是没有区别的，如下的关联的 SQL 语句是等价的。

```
Select a.xx, b.xx from A a inner join B b on a.fk=b.pk
Select a.xx, b.xx from B b inner join A a on b.pk=a.fk
```

以上语句假设 A 表有外键字段 fk 指向 B 表的主键字段 pk。

（3）关系数据库只能表示多对一和一对多的关系，特殊情况下是一对一的关联关系。外键 FK 所在的实体方是多方（many），主键 PK 所在的实体是一方（one），如果 FK 字段同时是 PK 字段，则表示了一对一的关系。在本书的 OA 案例中，部门和员工的关系是一对多和多对一关系，员工和员工地址信息是一对一关联关系，其 E-R 图如图 6-1 所示。

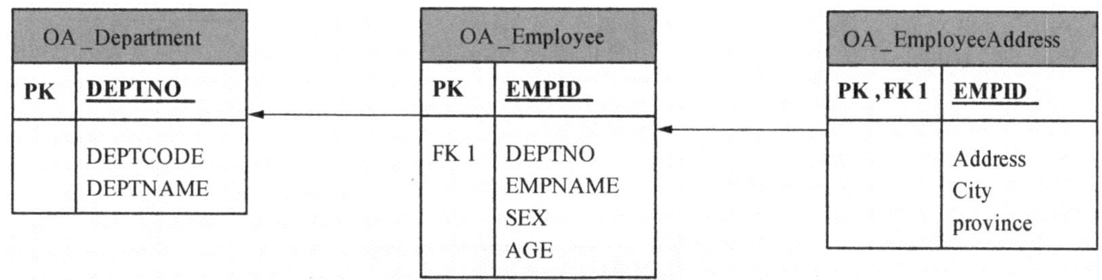

图 6-1　部门员工和地址的关联关系图

图中箭头永远是从外键指向主键，可见在部门与员工的关系中部门是一方，员工是多方；在员工和地址的关系中，双方都是一方，构成一对一关系。

（4）数据库不能直接要表达多对多关联关系，只能通过间接方式，使用一个中间的关联表将多对多拆分为两个多对一和一对多。本书 OA 系统案例中员工和爱好的多对多关联，就使用一个关联表，其 E-R 图如图 6-2 所示。

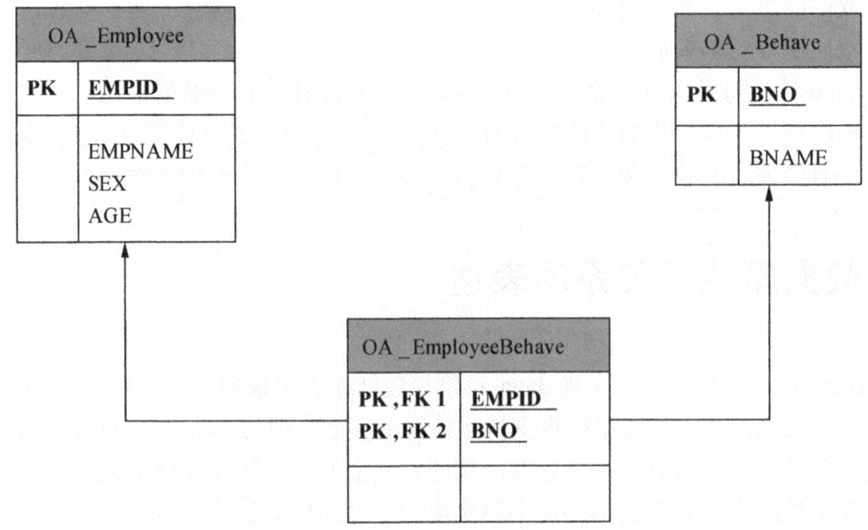

图 6-2 员工和爱好多对多关联的数据库表达

关联表中包含两个外键字段，分别来自需要关联的表的主键，并且两个外键联合做主键，保证二者取值的组合保持唯一性。关联表没有任何实际含义，只是实现多对多关联关系。

但是如果关联表除两个外键联合做主键外，还包含其他字段，则此表不是一个关联表，而是表示实体含义的实体表。图 6-3 表示员工、培训课程和成绩的关联关系 E-R 图。

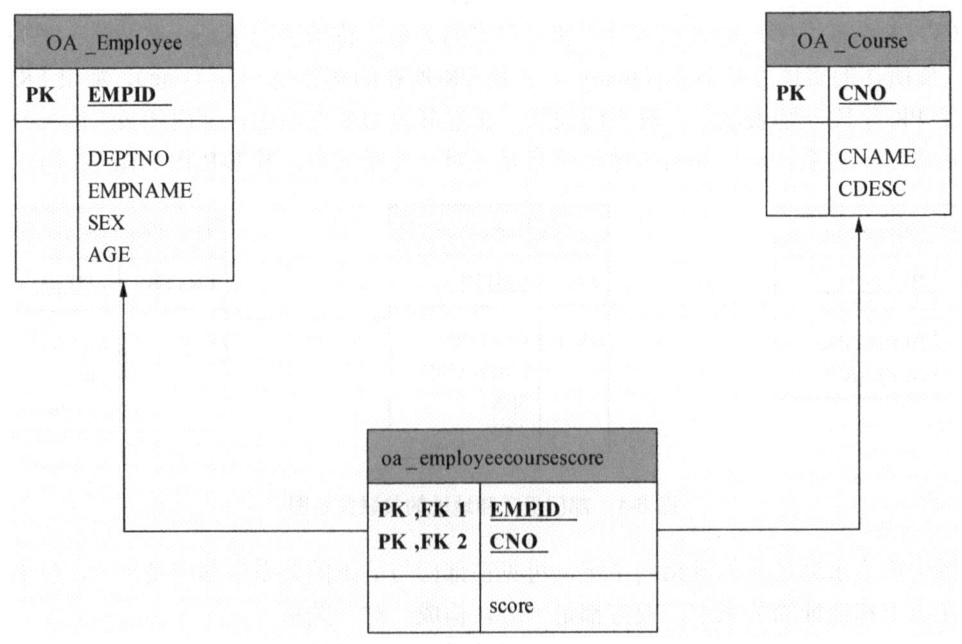

图 6-3 员工、课程、成绩之间的关联关系图

与上面的员工和爱好关联关系不同，表面上与关联表类似，但比关联表多一个字段，此时此关联表不再是单纯意义上的只表达多对多的关联表，而是一个有实际含义的实体表，表示课程的分数表，在设计 Hibernate 持久类时，此表要对应一个分数的持久类，此类与员工类和课程类是多对一和一对多关系。

6.4 多对一和一对多关联关系的 Java 表达

前面类的关联关系小节中已简要介绍了各种关联关系的 Java 表示，这里再专门详细介绍多对一和多多对一的持久类 Java 代码，包括单向和双向两种情况。

6.4.1 单向多对一关联关系表示

单向多对一关联关系是 Hibernate 编程中最常使用的关系，实际业务项目开发中也是这种情况。虽然多对一与一对多是同一个关联关系的不同方向的表示，但实际开发中为简化对象间复杂的关联关系，可以只定义单向的多对一关系，不定义其反向的一对多关联关系，可极大地简化 Hibernate 的处理编程和性能改进，尤其是现在普遍采用 REST API 编程模式，通过调用 API URL，取得所需对象的 JSON 数据表达，只定义单向多对一可方便地取得关联的对象信息，如果定义双向的关联关系，有时不得不使用专门的语法去屏蔽一对多数据的生成。

下面的案例中只定义了员工到部门的多对一关联，没有定义部门到员工的一对多关联，形成了单向的多对一关系，其示意代码如下所示。

```
//部门 Model 对象类
class DepartmentModel {
    private int no=0;
    private String name=null;
}
//员工 Model 对象类
class EmployeeModel {
    private String id=null; //员工账号
    private String name=null; //员工姓名
    private Department department=null; //员工所在的部门对象
}
```

在员工的持久 Model 类中定义了一个单个部门 Model 对象，构成多对一关系。

6.4.2 单向一对多关联关系表示

项目开发中单向的一对多关系很少使用，可以完全使用多对一关系取代，这里只是展示了一个 Java 的表示，在应用开发中应尽量避免单向一对多关系。如下代码展示了部门和员工的单向一对多关联关系的 Java 表示。

```
//部门 Model 对象类
class DepartmentModel {
    private int no=0;
    private String name=null;
    private Set<Employee> employees=null; //部门拥有多个员工对象
}
//员工 Model 对象类
class EmployeeModel {
    private String id=null; //员工账号
    private String name=null; //员工姓名
}
```

这里只在部门的持久类中定义了包含员工持久类对象的集合，而在员工类中没有定义指向部门类的属性，这样就构成了单向的一对多关联关系，此时无法通过指定的员工取得其所在的部门信息，只能取得指定部门中包含的员工集合信息。

6.4.3 双向多对一和一对多的关联关系表达

在 Hibernate 编程中通过使用 Hibernate 提供的查询机制和 HQL 语言，可通过单向的多对一关联取得反向的一对多信息。例如只定义了单向的员工到部门的多对一映射，依然可以通过查询取得指定部门的员工列表，所以 Hibernate 中一对多关联映射完全可以不使用，只定义单向多对一即可，除非有特殊需求，才定义双向的多对一和一对多关联关系。如下代码展示了部门和员工的双向多对一和一对多的关联关系 Java 实现。

```
//部门 Model 对象类
class DepartmentModel {
    private int no=0;
    private String name=null;
    private Set<Employee> employees=null; //部门拥有多个员工对象
}
//员工 Model 对象类
class EmployeeModel {
    private String id=null; //员工账号
    private String name=null; //员工姓名
    private Department department=null; //员工所在的部门对象
}
```

在部门类和员工类代码定义中都定义了指向对方的关联属性，部门定义了指向员工的集合 Set 类型属性，表示一个部门对象包含多个员工对象；而员工类中定义了指定部门的单个属性，表示每个员工只有一个部门的情况最符合业务实际需求。

 6.5 XML 方式配置多对一和一对多关联关系映射

Hibernate 分别提供了多对一和一对多关联关系的 XML 映射配置标记集合，用于在 XML 方式映射文件中实现多对一和一对多的映射，无论多对一还是一对多配置的核心都是以围绕外键字段实现的。

6.5.1 XML 方式映射多对一关联关系

Hibernate 使用<many-to-one>标记实现多对一的关联关系映射，此标记直接在映射文件的<class>标记内，其语法如下。

```
<many-to-one
name="关联对象属性名"
column="关联外键字段名"
class="关联对象的类名"
lazy="proxy|no-proxy|false"
not-found="ignore|exception"
cscase="级联操作属性"
insert="是否包含在 insert 语句"
update="是否包含在生成的 Update 语句"
access="field|property"
></many-to-one>
```

（1）name="关联对象属性名"：指定关联的属性的名称。

（2）column="关联外键字段名"：指定多方表的外键字段，如果省略，name 名是字段名。

（3）class="关联对象类名"：指定关联的类的类型，如果省略 class，使用反射机制自动获取。

（4）lazy="延迟检索策略"：默认是 proxy 指定延迟检索，若为 false 则立即检索。

（5）cascade="级联操作属性"：与 class 的此属性含义相同。

（6）insert="true|false"：是否包含在 insert 语句中。

（7）update="true|false"：是否包含在 update 语句中。

（8）access="field|property"：指定 Hibernate 访问属性策略，属性变量方式或属性 get/set 方式。

为配合多对一关联关系的说明，将本书 OA 系统中的员工定义代码再次展示一下，参见程序 6-1，为节省篇幅，省略 get 和 set 方法，不会影响读者的理解。

程序 6-1　EmployeeModel.java //员工持久 Model 类定义

```
public class EmployeeModel implements Serializable {
    //员工账号
```

```
    private String id=null;
    //员工密码
    private String password=null;
    //姓名
    private String name=null;
    //性别
    private String sex=null;
    //年龄
    private int age=0;
    //工资
    private double salary=0;
    //出生日期
    private Date birthday=null;
    //入职日期
    private Date joinDate=null;
    //照片
    private Blob photo=null;
    //员工简历
    private Clob resume=null;
    //照片文件名
    private String photoFileName=null;
    //照片文件类型(MIME 类型)
    private String photoContentType=null;
    //员工属于一个部门，构成多对一关联关系
    private DepartmentModel department=null;
    public DepartmentModel getDepartment() {
        return department;
    }
    public void setDepartment(DepartmentModel department) {
        this.department = department;
    }
    //其他属性的 get 和 set 方法省略
}
```

员工类定义中通过“private DepartmentModel department=null;”实现与部门类DepartmentModel的多对一关系。程序6-2演示了有员工到部门多对一关联的员工类的XML映射配置代码，通过<many-to-one>表示实现关联属性department的映射。

程序 6-2 EmployeeModel.hbm.xml //员工持久类的 XML 映射

```
<?xml version="1.0"?>
<!DOCTYPE hibernate-mapping PUBLIC
        "-//Hibernate/Hibernate Mapping DTD 3.0//EN"
        "http://www.hibernate.org/dtd/hibernate-mapping-3.0.dtd">
<hibernate-mapping package="com.city.oa.model.xml">
    <class name="EmployeeModel" table="OA_EMPLOYEE">
        <id name="id" column="EMPID">
```

```
            <generator class="assigned"/>
        </id>
        <property name="password" type="string" column="EMPPASSWORD"/>
        <property name="name" column="EMPNAME"/>
        <property name="sex" column="EMPSEX"></property>
        <property name="age"></property>
        <property name="salary"></property>
        <property name="birthday"></property>
        <property name="joinDate"></property>
        <property name="photo"></property>
        <property name="photoFileName"></property>
        <property name="photoContentType"></property>
        <property name="resume" type="ntext"></property>
        <!-- 多对一关联映射 -->
        <many-to-one name="department" class="DepartmentModel" column=
        "DEPTNO" lazy="false" cascade="none"></many-to-one>
    </class>
</hibernate-mapping>
```

在<many-to-one>标记内 name 的值为 department 为关联部门对象的属性名，class 的值为部门的类名，由于在<hibernate-mapping>中指定的 package，且员工类与部门类均在此包中，所以 class 属性中没有写出包名，column 为外键的字段名 DEPTNO。由于多对一关联时外键字段在多方的表中，Hibernate 并自动默认为<class>的属性 table 指定的表，因此<many-to-one>标记不需要指定 table 属性。

需要注意的是，Hibernate 的初学者经常犯的一个错误是在定义持久类时将外键字段对应的属性定义为一个简单的属性，如下代码定义是错误的。

```
public class EmployeeModel implements Serializable {
    //员工账号
    private String id=null;
    //员工密码
    private String password=null;
    //姓名
    private String name=null;
    //性别
    private String sex=null;
    //外键 DEPT 字段对应的部门属性
    private int departmentNo=0;
}
```

Hibernate 编程中只有主键和普通属性（非主键非外键）才能定义为简单类型的属性变量，而员工表中 DEPTNO 字段是外键，不能定义为简单的 int 类型属性，而应该定义为关联其他持久类的对象属性，如“private DepartmentModel department=null;”才可以。记住：外键字段对应的属性是对象类型，不是简单类型。

6.5.2 XML 方式映射一对多关联关系

与多对一关联映射相对应的一对多的关联映射，前面已经讲解，通常情况下，可以不用配置一对多映射，如果开发项目的业务有此需求，可以配置一对多映射。

由于一对多关联关系通常使用 Set 集合类型定义，Hibernate 在使用 XML 方式配置一对多关系时就使用<set>标记实现，并在<set>标记内部组合使用<key>和<one-to-many>子标记实现一对多的映射配置，其实现的语法如下。

```
<set 属性="值"属性="值">
    <key column="外键字段"/>
    <one-to-many class="关联对象的类名"/>
</set>
```

其中<set>的语法如下。

```
<set name="setName"
table="SET_TABLE"
inverse="true|false"
lazy="true|false"
order-by="aTableColumn"
cascade="none|all|delete|persist|merge|
save-update|evict|replicate|lock|refresh"
sort="unsorted|natural|ComparatorClass">
  <包含的子标记/>
</set>
```

标记<set>的每个属性的名称和含义解释如下。

（1）name="属性名"：指定类型为 Set 的属性变量名。

（2）table="表名"：指定保存关联多个实体对象的表。

（3）inverse="true|false"：是否为被动方，true 为被动方，false 为主动方。

（4）lazy="true|false"：指定是否延迟检索关联对象。

（5）cascade="none|all|delete|persist|merge"：指定当对主实体对象进行 save、update、delete 操作时，对 Set 集合中的关联对象的级联操作。

标记<set>包含的子元素有<key>和<one-to-many>，其中<key>标记用于指定关联表的外键字段，由其指向当前类对应的表的主键；<one-to-many>告知 Hibernate 集合属性中包含的对象与映射类的对象的关联关系是一对多，其只有 class 属性指定集合中包含的对象的类型。本书 OA 系统案例中的部门持久类的 XML 映射代码如程序 6-3 所示。

程序 6-3 DepartmentModel.hbm.xml //部门持久类 XML 映射文件代码

```
<?xml version="1.0"?>
<!DOCTYPE hibernate-mapping PUBLIC
        "-//Hibernate/Hibernate Mapping DTD 3.0//EN"
        "http://www.hibernate.org/dtd/hibernate-mapping-3.0.dtd">
```

```
<hibernate-mapping package="com.city.oa.model.xml">
    <class name="DepartmentModel" table="OA_Department">
        <id name="no" column="DEPTNO">
            <generator class="identity"/>
        </id>
        <property name="code" type="string" column="DEPTCODE"/>
        <property name="name" column="DEPTNAME"/>
        <!-- 一对多关联映射 部门对象中包含多个员工对象 -->
        <set name="employees" table="OA_Employee" lazy="true" cascade=
        "save-update,delete">
            <key column="DEPTNO"></key>
            <one-to-many class="EmployeeModel"/>
        </set>
    </class>
</hibernate-mapping>
```

一对多配置的<set>中通常不需要指定 table，Hibernate 会根据<one-to-many>标记中 class 指定的类去寻找对应的表，如果没有 table 属性指定的表名，则确定关联表是<one-to-many>属性 class 的值 EmployeeModel 持久类对应的表 OA_Employee。

通常情况下，<set>标记的 lazy 属性用于配置当取值映射的持久类的对象时，是否立即检索该 Set 集合中所有的关联对象。在 OA 案例中，当取得一个部门对象时，是否同时取得该部门对象所拥有的员工对象集合。Lazy 属性的默认取值是 true，即当取得一个持久对象时，不立即检索其关联的对象的集合，如果取值为 false，则立即检索该持久对象一对多关联的所有对象。实际应用中如果使用 Hibernate 取得持久对象的集合，而此对象又有一对多的关联的对象集合，甚至关联的对象又有其自身关联的一对多对象集合，如果都设置 lazy="false"则检索的对象集合是非常巨大的，会导致服务器内存不足而崩溃，因此一定要设置<set>标记的 lazy 属性为 true，防止取得的集合对象过多。

<set>标记另一个属性 cascade 是使用的难点，其用于设定当操作配置的持久对象时，即增加、修改、删除这些操作时，如何操作其关联的 Set 集合中的关联对象。如增加、修改或删除一个新的部门时，如何操作其对象属性 Set 集合中包含的员工对象，其取值如下。

（1）save-update。

当增加或修改主持久对象时，会自动增加或修改其 Set 集合中关联的持久对象，如增加一个部门时，同时自动增加其关联的员工对象。当映射一对多关联关系时，通常不要选择此选项。

（2）delete。

当删除主持久对象时，自动删除其 Set 集合中的关联对象，如删除一个部门对象时，自动删除此部门的所有的员工对象，此操作类似于对象间的组合关系。根据实际业务需求，取值 delete 是最多的时候，如在一般的进销存管理系统中，当删除一个订单对象时，自动删除其关联的所有的订单明细对象，这也是符合业务逻辑的选择。

（3）all。

当 cascade="all"时，就是 save-update 和 delete 的组合，当执行增加、修改和删除主持久对象时，同时对关联的集合对象执行相同的操作。实际编程时，<set>标记的 cascade 最好不要取值 all。

（4）delete-orphan。

此选择值包含 all 操作，同时检查映射关联中所有失去关联的数据表记录，如果持久类对象的关联集合中没有指定的关联对象，而数据表中却有此对象记录，则 Hibernate 自动删除没有关系的记录。

<set>标记的属性 inverse 是确定当对关联的 Set 集合进行操作，如向集合增加对象、删除对象时，是否生成对应的 SQL 语句。如果取值为 true，则指定对 Set 集合进行操作时，不执行任何 SQL 语句，表明是被动方（inverse 在英语里是被动的意思）。其默认取值为 false，表示不是被动方，当对象 Set 集合操作时，会生成对应的 SQL 语句，如 Set 集合中增加一个关联对象，会生成一个 insert SQL 语句，将此关联对象增加到数据库表中，当从 Set 集合中删除一个对象时，会生成 delete from 语句，执行删除此关联对象的数据库操作。在一对多关联映射中推荐将此值设置为 true，在删除一个持久对象时，不是使用在其关联主对象的集合中删除此对象的方式来实现，而是推荐直接使用 Session API 的 delete 方法来完成。

6.6 注释方式配置多对一和一对多关联关系映射

目前注释方式映射配置是 Hibernate 发展的主流，在开发一个全新的项目时，推荐使用注释方式完成 ORM 映射配置，当然也可以根据开发者的爱好或项目组的整体要求使用上面介绍的 XML 方式。

Hibernate 提供了以@ManyToOne 为主的注释类和辅助注释类实现多对一的关联映射，@OneToMany 注释类用于实现多对一的关联映射。

6.6.1 多对一关联映射的注释配置

为配置多对一关联映射，Hibernate 提供了@ManyToOne 和@JoinColumn 注释类来实现其配置，这两个注释类可用在多对一关联属性的变量或 get 方法上，其使用语法如下所示。

（1）在关联对象属性变量上使用。

```
@ManyToOne
@JoinColumn(name="DEPTNO")
private DepartmentModel deparmtnet=null;
```

（2）在关联对象的 get 属性方法上使用。

```
@ManyToOne
@JoinColumn(name="DEPTNO")
public DepartmentModel getDepartment(){
    return department;
}
```

注释类@ManyToOne 的语法如下所示。

```
@ManyToOne(属性="",属性="值",...)
```

其主要的属性和取值含义说明如下。

（1）cascade="级联操作选项"。

其取值为 CascadeType[]，是一个 CascadeType 注释类的数组，配置的语法如下。

```
cascade={CascadeType.类型,CascadeType.类型,... }
```

CascadeType 是 JPA 提供的级联操作类，并通过定义类常量方式设定级联操作值。其定义的常量如下。

① ALL：级联所有操作，包括增加、修改、删除。

② DETACH：只级联删除操作，用于@ManyToOne 多对一标记，用于级联关联的多对一对象的操作。

③ MERGE：只级联合并操作。

④ PERSIST：只级联持久化操作，与 XML 的 save-update 相当。

⑤ REFRESH：只级联刷新操作。

⑥ REMOVE：只级联移除操作，一般用于@OneToMany 一对多关联集合中删除集合中对象的操作。

（2）fetch="检索策略"。

设定对关联的多对一对象的检索策略，取值是 JPA 提供的 FetchType 类的常量，该类定义的检索策略常量如下。

① FetchType.EAGER：立即检索。

② FetchType.LAZY：延迟检索。

如果没有指定该属性，则默认是延迟检索。该属性取值语法如下。

```
@ManyToOne(fetch=FetchType.EAGER)
private DepartmentModel department=null;
```

表示立即检索关联的部门对象。

（3）optional="true|false"。

表达关联的属性是否允许为 null。取值 true 表示关联的对象允许为 null，反之 false 表示关联的对象不能为 null，即员工关联的部门对象不能为 null，每个员工必须有对应的部门对象。

多对一注释映射的另一个注释类是@JoinColumn，用于指定多对一关联的表的外键字段，其使用的语法如下。

```
@JoinColumn(属性="值",属性="值",...)
```

其中@JoinColumn 的主要属性如下。

① name="字段名"：指定多对一关联对应的表的外键字段名，如果省略则使用关联的属性变量名作为外键字段名。

② nullable="true|false"：指定外键字段是否允许为 null，取值为 true 表示可以取值为

空；取值 false 表示外键字段不允许为空。

③ table="表名"：指定关联的表的名称，通常不需要指定该属性，因为多对一关联中，关联的表就是多方持久类对应的表。

④ unique="true|false"：指定外键字段取值是否为唯一，默认为 false。如果为 true，则外键字段必须是唯一的，不可取重复的值。

⑤ insertable="true|false"：指定该外键字段是否出现在 insert into 语句，默认为 true，出现在 insert 语句。

⑥ updatable="true|false"：指定外键字段是否在 update 语句里，默认为 true；如果取值 false，在 Hibernate 执行 update 语句时，则不包含在 update 语句中。

@JoinColumn 注释类的使用语法案例如下。

```
//多对一关联属性
@ManyToOne(cascade={CascadeType.ALL, CascadeType.PERSIST}, fetch=FetchType.
EAGER, optional=false)
@JoinColumn(name="DEPTNO",table="OA_Employee",nullable=false,unique=
false,insertable=true,updatable=true)
private DepartmentModel department=null;
```

第 5 章案例的员工持久类定义，在增加了与部门持久类对象的多对一的关联后的定义代码和注释配置，参见程序 6-4。

程序 6-4 EmployeeMode.java //注释方式的员工持久类代码

```
package com.city.oa.model.annotation;
import java.io.Serializable;
import java.sql.Blob;
import java.sql.Clob;
import java.util.Date;
import javax.persistence.CascadeType;
import javax.persistence.Column;
import javax.persistence.Entity;
import javax.persistence.FetchType;
import javax.persistence.GeneratedValue;
import javax.persistence.GenerationType;
import javax.persistence.Id;
import javax.persistence.JoinColumn;
import javax.persistence.ManyToOne;
import javax.persistence.Table;
//员工持久类
@Entity
@Table(name="OA_EMPLOYEE")
public class EmployeeModel implements Serializable {
   //员工账号
   @Id
   @Column(name="EMPID")
   private String id=null;
```

```
//员工密码
@Column(name="EMPPASSWORD")
private String password=null;
//姓名
@Column(name="EMPNAME")
private String name=null;
//性别
@Column(name="EMPSEX")
private String sex=null;
//年龄
private int age=0;
//工资
private double salary=0;
//出生日期
private Date birthday=null;
//入职日期
private Date joinDate=null;
//照片
private Blob photo=null;
//员工简历
private Clob resume=null;
//照片文件名
private String photoFileName=null;
//照片文件类型(MIME 类型)
private String photoContentType=null;
//多对一关联属性
@ManyToOne(cascade={CascadeType.ALL, CascadeType.PERSIST},fetch=FetchType.
EAGER, optional=false)
@JoinColumn(name="DEPTNO", table="OA_Employee", nullable=false, unique=
false, insertable=true, updatable=true)
private DepartmentModel department=null;
//各个属性的 get 和 set 方法
public String getId() {
   return id;
}
public void setId(String id) {
   this.id = id;
}
public String getPassword() {
   return password;
}
public void setPassword(String password) {
   this.password = password;
}
public String getName() {
```

```
        return name;
    }
    public void setName(String name) {
        this.name = name;
    }
    public String getSex() {
        return sex;
    }
    public void setSex(String sex) {
        this.sex = sex;
    }
    public int getAge() {
        return age;
    }
    public void setAge(int age) {
        this.age = age;
    }
    public double getSalary() {
        return salary;
    }
    public void setSalary(double salary) {
        this.salary = salary;
    }
    public Date getBirthday() {
        return birthday;
    }
    public void setBirthday(Date birthday) {
        this.birthday = birthday;
    }
    public Date getJoinDate() {
        return joinDate;
    }
    public void setJoinDate(Date joinDate) {
        this.joinDate = joinDate;
    }
    public Blob getPhoto() {
        return photo;
    }
    public void setPhoto(Blob photo) {
        this.photo = photo;
    }
    public Clob getResume() {
        return resume;
    }
    public void setResume(Clob resume) {
```

```
        this.resume = resume;
    }
    public String getPhotoFileName() {
        return photoFileName;
    }
    public void setPhotoFileName(String photoFileName) {
        this.photoFileName = photoFileName;
    }
    public String getPhotoContentType() {
        return photoContentType;
    }
    public void setPhotoContentType(String photoContentType) {
        this.photoContentType = photoContentType;
    }
    public DepartmentModel getDepartment() {
        return department;
    }
    public void setDepartment(DepartmentModel department) {
        this.department = department;
    }
}
```

员工的定义代码中重点要关注的是多对一关联的注释配置代码，其语法上面已经详细介绍过，请在自己的实际项目中根据业务需求进行关联注释类属性取值的设定。

6.6.2　一对多关联映射的注释配置

与多对一相对应的关联关系是一对多关联，在本书的 OA 案例中部门对象包含多个员工对象，构成典型的一对多关联关系。在 XML 配置中已经详细介绍了一对多关联关系的配置，本节重点介绍使用 JPA 框架提供的一对多关联的注释类。

Hibernate 主要使用 JPA 的注释类@OneToMany 实现一对多关联关系的配置，根据以下两种不同情况，可以使用不同的配置属性和语法来配置一对多关联。

（1）双向多对一和一对多关联映射。

这种情况是最常见的应用，绝大多数情况下，应该先配置多对一映射，然后再根据实际需要决定是否配置反向的一对多映射。

当多对一关联映射已经配置完成的情况下，可使用简化的一对多映射实现，其实现配置的代码如下。

```
@OneToMany(cascade = ALL,mappedBy = "department")
private Set<EmployeeModel> employees;
```

这里通过 mappedBy = "department"指定多对一的属性映射来实现对应的一对多映射，此时 department 是员工持久类关联到部门的对象属性。此种方式是配置一对多关联关系最便捷的语法，但是如果事先没有配置多对一关联关系，则无法使用这种方式。

（2）单向一对多映射。

当没有配置多对一映射关系时，只能通过配置单向一对多关联关系的语法，此时需要组合使用@OneToMany 和@JoinTable 注释类完成一对多的映射，其配置的语法如下。

```
@OneToMany(cascade = ALL)
@JoinTable(
name="OA_Employee",
joinColumns = { @JoinColumn( name = "DEPTNO") },
inverseJoinColumns = @JoinColumn( name = "EMPID")
)
private Set<EmployeeModel> employees;
```

此时完成单向一对多映射的配置重点是@JoinTable 注释类。

下面分别讲解注释类@OneToMany 和@JoinTable 的语法和主要属性。

@OneToMany 注释类的主要属性如下。

（1）mappedBy="多对一关联属性名"：取值为多方 Model 类中指向一方的属性名。

（2）cascade="级联操作属性组合"：指定当操作主持久类对象时，如果级联操作 Set 集合中的关联的子对象，具体取值和设置语法参见 6.6.1 节。

（3）fetch="检索策略类型"：指定当检索映射主对象时，如何检索 Set 集合中包含的关联的多方对象。其取值前面已经介绍过。

（4）orphanRemoval="true|false"：设置是否删除没有关联的对象的数据表记录，默认是 false。

（5）targetEntity="关联的持久类的类全名"：指定 Set 集合中关联的持久对象的类名。如果定义一对多关联集合 Set 时，使用了泛型定义，就不需要指定此属性，Hibernate 会根据泛型的定义确定关联对象的类型，定义“Set<EmployeeModel> employees=null;”时，无须指定该属性值。但是如果 Set 集合没有使用泛型语法，像定义"Set employees=null;"时，就需要指定 tartgetEmtity 属性，确定 Set 中包含的持久对象的类型。

注释类@OneToMany 的常见使用案例如下。

（1）通过多对一映射配置一对多映射。

```
@OneToMany(cascade = ALL,mappedBy = "department")
```

（2）指定持久对象类型。

```
@OneToMany(cascade =CasccadeType. ALL,
        targetEntity =com.city.oa.model.EmployeeModel.class,
        orphanRemoval=true)
```

注释类@JoinTable 的属性语法如下。

（1）name="关联外键所在的表名"：指定使用一对多关联关系的关联表的名，即外键所在的表。

（2）catalog="关联表的 catalog 名"：指定关联表所属的类别，一般用于支持 Catalog 的数据库，如 SQL Server 等。

（3）schema="关联表的用户名"：指定关联表的方案名，用于支持 schema 机制的数据库，如 Oracle 等。在 Oracle 数据库中，scheme 名就是用户名，Oracle 中所有的表对象都属于指定的用户。

（4）joinColumns="关联表的外键指向映射的主持久类"：关联表中指向映射类主键字段的外键字段名，如映射员工类时，此属性值为关联员工对象的关联表员工表中指向部门主键的外键 DEPTNO。

（5）inverseJoinColumns="关联表的外键指向关联的对象的持久类"：如果一对多关联关系不是直接关联的，而是通过第三方关联表关联的，那么此属性用于指向 Set 集合中关联对象的关联表的外键。如果没有使用关联表，则不能指定此属性。

（6）foreignKey="生成外键值的生成器类型"：若关联表的外键是由某种生成器策略生成的，则此属性指定外键的生成策略，此属性用户一对一映射，一对多映射不要使用此属性。

（7）indexes="关联表的索引名集合"：指定关联表的索引的名称，可加速检索操作的执行。取值是索引的集合。通常情况下，不需要指定该属性，一般数据库在执行 select 语句时，会自动检测表定义的索引并能使用索引加快检索的执行。

（8）uniqueConstraints="关联表中唯一性约束的字段列表"：指定关联表中有唯一性约束的字段的列表。

@JoinTable 使用的案例代码如下。

```
@JoinTable(
    name="OA_EMPLOYEE",
    joinColumns="DEPTNO",
    indexes={@Index(columnList="EMPNAME ASC,SEX DESc"),@Index(columnList=
    "age")},
    uniqueConstraints=@UniqueConstraint(columnNames={"EMPID", "CARDCODE"})
)
```

上面代码中使用表 OA_Employee 作为一对多关联的关联表，表中 DEPTNO 作为外键指向部门表的主键，关联表中有两个索引项目：一个是在 EMPNAME 和 Sex 字段上的索引，另一个索引是 AGE 字段上的索引。关联表中 EMPID 和 CardCODE 组合满足唯一性约束。

6.6.3　一对多集合映射的其他注释类

在映射一对多集合对象时，有时需要对检索的集合对象按某个或某几个属性进行排序，Hibernate 框架可以使用 JPA 规范提供的@OrderBy 注释类，对集合中包含的关联持久对象进行排序。

@OrderBy 注释类使用的案例如下。

```
@OneToMany(cascade = ALL, mappedBy = "department"
@OrderBy("name ASC")
private Set<EmployeeModel> employees;
```

这是部门持久类中使用注释类配置其与员工持久类一对多关联关系的代码，案例中使用@OrderBy("name ASC")取得员工集合，按照员工姓名 name 属性进行从小到大进行排序，如果要求从大到小倒排顺序，使用 DESC 取代 ASC 即可。

6.7 多对一和一对多关联关系的对象操作的 Hibernate 编程

当完成多对一和一对多关联关系映射配置以后，可以使用 Hibernate API 完成具有此关联关系的对象的操作，包括增加一个对象时，根据多对一关系设置它所关联的对象属性，据此完成对外键字段的值的设定；根据一对多关联关系，取得指定对象所关联的多方的对象的列表等，下面分别讲述如何通过多对一和一对多关联关系实现对象及其关联对象的持久化操作和数据检索。

6.7.1 多对一（many-to-one）关联关系操作关联对象编程

通过多对一关联关系，使用 Hibernate API 在增加多方对象时，可设定已经事先存在的一方的对象，在执行 SQL 语句时，Hibernate 自动根据多对一关联设置外键字段的值。同样的原理，在修改多方对象时，可设定关联的一方对象实现关联对象的修改，生成新的外键字段的值。

下面以 OA 案例中员工和部门的多对一关联关系以及实现员工业务处理方法为例，分别演示使用粗粒度和细粒度方式完成增加和修改员工的处理方法编程，程序 6-5 展示了员工业务服务接口，程序 6-6 是使用 Hibernate API 完成的业务服务实现类的代码。

程序 6-5 IEmployeeService.java //员工业务服务接口

```
package com.city.oa.service;
    import com.city.oa.model.annotation.EmployeeModel;
    //员工业务服务接口
    public interface IEmployeeService {
    //增加新员工，粗粒度方式，传入员工持久类对象
    public void add(EmployeeModel em) throws Exception;
    //增加新员工，细粒度方式，传入员工对象的各个属性参数
    public void add(String id,String password,int departmentNo,String name,
    String sex,int    age,double salary) throws Exception;
    //修改原有员工，粗粒度方式，传入员工持久类对象
    public void modify(EmployeeModel em) throws Exception;
    //修改原有员工，细粒度方式，传入员工对象的各个属性参数
    public void modify(String id,String password,int departmentNo,String
    name, String sex,int    age,double salary) throws Exception;
    //取得指定员工的部门信息，返回部门对象
    public DepartmentModel getDepartmentByEmployee(String id) throws Exception;
}
```

程序 6-6 EmployeeServiceImpl.java //员工业务服务实现类

```
package com.city.oa.service.impl;
```

```
import org.hibernate.Session;
import org.hibernate.SessionFactory;
import org.hibernate.Transaction;
import com.city.oa.factory.HibernateSessionFactoryUtil;
import com.city.oa.model.annotation.DepartmentModel;
import com.city.oa.model.annotation.EmployeeModel;
import com.city.oa.service.IEmployeeService;
//员工业务服务实现类
public class EmployeeServiceImpl implements IEmployeeService {
    //增加新员工，粗粒度模式
    @Override
    public void add(EmployeeModel em) throws Exception {
        SessionFactory sessionFactory=HibernateSessionFactoryUtil.
        getSessionFactory();
        Session session=sessionFactory.openSession();
        Transaction tx=session.beginTransaction();
        session.save(em);
        tx.commit();
        session.close();
    }
    //增加新员工，细粒度模式
    @Override
        public void add(String id, String password, int departmentNo, String
        name, String sex, int age, double salary)    throws Exception {
        SessionFactory sessionFactory=HibernateSessionFactoryUtil.
        getSessionFactory();
        Session session=sessionFactory.openSession();
        Transaction tx=session.beginTransaction();
        DepartmentModel dm=session.get(DepartmentModel.class, departmentNo);
        EmployeeModel em=new EmployeeModel();
        em.setId(id);
        em.setPassword(password);
        em.setName(name);
        em.setAge(age);
        em.setSalary(salary);
        //设置多对一关系对象：部门对象
        em.setDepartment(dm);
        session.save(em);
        tx.commit();
        session.close();
    }
    //修改员工，粗粒度模式
    @Override
    public void modify(EmployeeModel em) throws Exception {
        SessionFactory sessionFactory=HibernateSessionFactoryUtil.
```

```
        getSessionFactory();
        Session session=sessionFactory.openSession();
        Transaction tx=session.beginTransaction();
        session.update(em);
        tx.commit();
        session.close();
    }
    //修改员工，细粒度模式
    @Override
    public void modify(String id, String password, int departmentNo, String
    name, String sex, int age, double salary)   throws Exception {
        SessionFactory sessionFactory=HibernateSessionFactoryUtil.
        getSessionFactory();
        Session session=sessionFactory.openSession();
        Transaction tx=session.beginTransaction();
        DepartmentModel dm=session.get(DepartmentModel.class, departmentNo);
        EmployeeModel em=new EmployeeModel();
        em.setId(id);
        em.setPassword(password);
        em.setName(name);
        em.setAge(age);
        em.setSalary(salary);
        //设置多对一关系对象：部门对象
        em.setDepartment(dm);
        session.update(em);
        tx.commit();
        session.close();
    }
    //取得指定员工的部门信息
    @Override
    public DepartmentModel getDepartmentByEmployee(String id) throws Exception {
        SessionFactory sessionFactory=HibernateSessionFactoryUtil.
        getSessionFactory();
        Session session=sessionFactory.openSession();
        Transaction tx=session.beginTransaction();
        EmployeeModel em=session.get(EmployeeModel.class,id);
        DepartmentModel dm=em.getDepartment();
        tx.commit();
        session.close();
        return dm;
    }
}
```

在使用粗粒度的模式中，传入的员工持久类对象已经和部门持久类对象实现了多对一关联，此工作需要在调用粗粒度模式方法前完成。而在细粒度模式中，需要业务实现类的方法中通过编程实现员工和部门持久类对象的多对一关联，即由“em.setDepartment(dm);”这一语句完成。

在员工和部门对象已经完成多对一关联后，当使用 Session 对象的方法 save 或 update 方法对员工对象进行增加和修改时，Hibernat 框架会自动生成 SQL 语句完成对外键字段的赋值，开发者只需关注对象的关联关系，所有数据库操作语句的生成由 Hibernate 完成，极大地节省了开发者的编程工作量，提高了项目的开发效率，加快了项目的开发进度。

通过员工和部门的多对一关联关系，在取得指定的员工对象后，就可以取得其对应的部门对象，如上面代码所示。

6.7.2　一对多（one-to-many）关联关系操作关联对象编程

与多对一关联相反，使用一对多关联关系，可以在取得主对象的情况下，取得此对象关联的多个对象集合。例如根据部门和员工的一对多关系，可以取得指定部门的员工列表。

一对多关联关系的使用案例参见程序 6-7 中的部门业务服务接口和程序 6-8 中的部门业务实现类代码。为简化演示一对多关联关系，代码中略去了上面多对一关联相关的业务方法，只保留了一对多关联的方法。

程序 6-7　IEmployeeService.java //员工业务服务接口

```
package com.city.oa.service;
import java.util.List;
import com.city.oa.model.annotation.DepartmentModel;
import com.city.oa.model.annotation.EmployeeModel;
//员工业务服务接口
public interface IEmployeeService {
   //取得指定部门的员工列表,演示一对多关联关系，通过一方对象取得多方对象的集合
   public List<EmployeeModel> getListByDepartment() throws Exception;
}
```

程序 6-8　EmployeeServiceImpl.java //员工业务实现类

```
package com.city.oa.service.impl;
import java.util.ArrayList;
import java.util.List;
import java.util.Set;
import org.hibernate.Session;
import org.hibernate.SessionFactory;
import org.hibernate.Transaction;
import com.city.oa.factory.HibernateSessionFactoryUtil;
import com.city.oa.model.annotation.DepartmentModel;
import com.city.oa.model.annotation.EmployeeModel;
import com.city.oa.service.IEmployeeService;
//员工业务服务实现类
public class EmployeeServiceImpl implements IEmployeeService {
   @Override
```

```
    //演示使用一对多关联关系
    //通过一方对象，取得其关联的多方对象的集合
    public List<EmployeeModel> getListByDepartment(int departmentNo)
    throws Exception {
        List<EmployeeModel> employeeList=new ArrayList<EmployeeModel>();
        SessionFactory sessionFactory=HibernateSessionFactoryUtil.
        getSessionFactory();
        Session session=sessionFactory.openSession();
        Transaction tx=session.beginTransaction();
        //先取得指定的部门对象
        DepartmentModel dm=session.get(DepartmentModel.class, departmentNo);
        //通过一对多关联关系，取得此部门的员工集合
        Set<EmployeeModel> employeeSet=dm.getEmployees();
        //将 Set 容器的所有员工对象加入到 List 容器中
        employeeList.addAll(employeeSet);
        tx.commit();
        session.close();
        return employeeList;
    }
}
```

上面的代码首先使用 session.get 方法取得指定的部门对象，再使用部门与员工的一对多关联关系，取得此部门关联的多方员工的集合 Set 对象，由于业务方法返回 List 集合对象，所以调用容器的 addAll 方法，将员工集合 Set 中的对象加入到 List 容器中，并返回 List 类型的员工集合对象，实现取得指定部门的员工列表方法。

在第 11 章中，读者将会看到使用 Hibernate 的查询接口 Query 的对象和 HQL 语言实现这一功能将更为简单，这里只是演示了一对多关联关系的使用，要比使用 SQL 查询复杂得多。在实际应用开发中，可以使用多种方式实现相同的功能，所以要考虑代码的执行效率来决定使用哪种编程方式。

本章小结

本章详细讲解了 Java 对象的关系类型以及各种关系表达的含义和 Java 编程的实现代码。本章也详细讲解了关系数据库中实体关系的类型和表达方式与实现。本章重点讲述了与 Hibernate 持久化操作关系最密切的对象的关联关系类型、特性，以及各种关联关系的 Java 表达与数据库实体关系表达。

接下来本章重点讲解了多对一和一对多关联关系的 XML 映射语法和注释映射语法，讲解了 XML 语法中各种多对一和一对多关联映射的标记及其属性的类型和取值含义，介绍了使用 JPA 注释类实现多对一和一对多关联的配置代码，注释类的属性名称和取值的含义。

本章最后通过实际项目案例讲解了多对一和一对多关联关系在业务方法中的使用编程，据此理解和掌握如何在软件应用项目中使用它们。

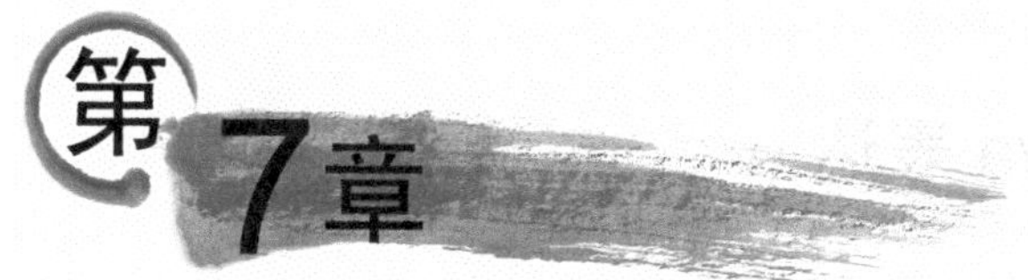

第7章 多对多关联映射及编程

本章要点

- Hibernate 多对多关联映射的基本原理。
- 多对多关联映射的 XML 方式配置。
- 多对多关联映射的注释方式配置。
- 多对多关联映射的实际应用编程。

对象关联关系使用最多的是多对一和一对多关系，也是实际应用开发中使用场合最普遍的，除此之外，另一个经常使用的就是多对多关系。本章将讲述多对多关联关系的使用场合，Hibernate 框架 XML 格式和注释格式方式配置多对多关系的编程，并通过案例展示了多对多关联的实际运用和编程实现。

7.1 多对多关联的应用场景

在各种实际应用项目的开发中，除多对一和一对多关联关系外，对象之间的多对多关联关系也是经常使用的关系，如在本书 OA 案例项目中，员工和爱好之间的关联关系按照业务需求就是多对多关系，即每个员工可有多个爱好，每个爱好中可有多个有此爱好的员工。其他实际应用如进销存系统中的员工与销售区域之间，每个员工可负责多个区域，而每个区域中有多个员工负责。基本上各类应用系统中都有员工和权限的授予，每个员工被授予多个权限，而每个权限可授予多个员工。以上使用情形都是典型的多对多关联关系。

在多对多关联关系下，需要完成的操作主要有以下。

（1）如何完成多对多关联关系的建立，如为员工增加多个爱好，或为多个爱好增加员工。

（2）取得指定对象所关联的多方对象的集合，如取得指定员工的爱好列表，取得指定爱好的员工列表等。

（3）判断指定对象与另一个对象是否有多对多关联关系，如判断指定员工是否有指定的爱好，检查指定员工是否有指定的权限，以决定是否可进入指定的功能模块，这种编程是很多项目经常使用的场合。

7.2 多对多关联的 Java 表达

第6章中已经讲述了各种关联关系的 Java 表达，为了本章的完整性，在此把多对多关联关系的 Java 表达再详细说明一下，并以员工和爱好的多对多关联关系为展示案例。

从 Java 编程角度看，多对多关联关系的表达与一对多没有任何区别，最常见的实现方式就是使用 Set 集合保存一个对象所关联的多方关联对象，并根据是否双方同时存在多对多关系，分为单向多对多和双向多对多关联关系。

7.2.1 单向多对多关联关系的表达

在单向多对多关联关系中，一方拥有另一方集合属性，反之则没有，如员工持久类定义了爱好的集合属性，而爱好持久类则没有定义包含员工的集合属性；或者爱好定义员工的集合属性，而员工没有定义爱好的集合属性，这两种情况都构成了单向多对多关系。

以员工包含爱好集合，而爱好没有包含员工的集合的单向多对多关系为例，其实现的 Java 代码如程序 7-1 和程序 7-2 所示。

程序 7-1 BehaveModel.java //爱好持久类定义

```
package com.city.oa.model.xml;
import java.io.Serializable;
//爱好持久类
public class BehaveModel implements Serializable {
    //爱好编号
    private int no=0;
    //爱好名称
    private String name=null;
    //set 和 get 属性方法
    public int getNo() {
        return no;
    }
    public void setNo(int no) {
        this.no = no;
    }
    public String getName() {
        return name;
    }
    public void setName(String name) {
        this.name = name;
    }
}
```

此代码中爱好持久类中没有定义与员工关联的集合类属性，因此爱好与员工没有构成多对多关联关系。

程序 7-2 EmployeeModel.java //员工持久类定义

```
package com.city.oa.model.xml;
import java.io.Serializable;
import java.sql.Blob;
import java.sql.Clob;
import java.util.Date;
import java.util.Set;
//员工持久类
public class EmployeeModel implements Serializable {
    //员工账号
    private String id=null;
    //员工密码
    private String password=null;
    //姓名
    private String name=null;
    //性别
    private String sex=null;
    //年龄
    private int age=0;
    //工资
    private double salary=0;
    //出生日期
    private Date birthday=null;
    //入职日期
    private Date joinDate=null;
    //照片
    private Blob photo=null;
    //员工简历
    private Clob resume=null;
    //照片文件名
    private String photoFileName=null;
    //照片文件类型(MIME 类型)
    private String photoContentType=null;
    //员工属于一个部门，构成多对一关联关系
    private DepartmentModel department=null;
    //员工拥有多个爱好，构成多对多关联关系
    private Set<BehaveModel> behaves=null;
    //所有属性的 Set 和 Get 方法
    public String getId() {
        return id;
    }
    public void setId(String id) {
        this.id = id;
```

```
    }
    public String getPassword() {
        return password;
    }
    public void setPassword(String password) {
        this.password = password;
    }
    public String getName() {
        return name;
    }
    public void setName(String name) {
        this.name = name;
    }
    public String getSex() {
        return sex;
    }
    public void setSex(String sex) {
        this.sex = sex;
    }
    public int getAge() {
        return age;
    }
    public void setAge(int age) {
        this.age = age;
    }
    public double getSalary() {
        return salary;
    }
    public void setSalary(double salary) {
        this.salary = salary;
    }
    public Date getBirthday() {
        return birthday;
    }
    public void setBirthday(Date birthday) {
        this.birthday = birthday;
    }
    public Date getJoinDate() {
        return joinDate;
    }
    public void setJoinDate(Date joinDate) {
        this.joinDate = joinDate;
    }
    public Blob getPhoto() {
        return photo;
    }
    public void setPhoto(Blob photo) {
        this.photo = photo;
```

```
    }
    public String getPhotoFileName() {
        return photoFileName;
    }
    public void setPhotoFileName(String photoFileName) {
        this.photoFileName = photoFileName;
    }
    public String getPhotoContentType() {
        return photoContentType;
    }
    public void setPhotoContentType(String photoContentType) {
        this.photoContentType = photoContentType;
    }
    public Clob getResume() {
        return resume;
    }
    public void setResume(Clob resume) {
        this.resume = resume;
    }
    public DepartmentModel getDepartment() {
        return department;
    }
    public void setDepartment(DepartmentModel department) {
        this.department = department;
    }
    public Set<BehaveModel> getBehaves() {
        return behaves;
    }
    public void setBehaves(Set<BehaveModel> behaves) {
        this.behaves = behaves;
    }
}
```

在员工持久类的编程代码中，定义了与爱好持久类关联的集合属性，形成了员工与爱好之间的多对多关系，但上面定义的爱好类没有定义包含员工的集合属性，此时员工和爱好的关系就是单向的多对多关系。

需要注意的是，从 Java 代码上无法看出员工和爱好之间是多对多关联关系的，从定义上与单向一对多是相同的，只能从 Hibernate 的配置中看到它们之间是多对多关系，因为多对多和一对多的映射配置是不同的，下面将详细介绍多对多配置。

7.2.2　双向多对多关联关系的表达

如果两个持久类编程代码中都定义了关联对象的集合属性，则双方构成多对多关联关系，此时从持久类代码中就可以看到双向的多对多关系，与单向多对多不同，单向多对多只有在配置代码中才能看到。

将程序 7-1 中的爱好持久类的代码增加到员工类的集合属性，而程序 7-2 所示的员工的定义代码保持不变，就构成了员工和爱好的双向多对多的关联关系，程序 7-3 展示了修改后的爱好编程代码。

程序 7-3 BehaveModel.java //增加员工集合属性后的爱好持久类定义

```
package com.city.oa.model.xml;
import java.io.Serializable;
import java.util.Set;
//爱好持久类
public class BehaveModel implements Serializable {
    //爱好编号
    private int no=0;
    //爱好名称
    private String name=null;
    //爱好包含的员工集合，表示拥有此爱好的员工集合
    private Set<EmployeeModel> employees=null;
    //set 和 get 属性方法
    public int getNo() {
        return no;
    }
    public void setNo(int no) {
        this.no = no;
    }
    public String getName() {
        return name;
    }
    public void setName(String name) {
        this.name = name;
    }
    public Set<EmployeeModel> getEmployees() {
        return employees;
    }
    public void setEmployees(Set<EmployeeModel> employees) {
        this.employees = employees;
    }
}
```

此时由于爱好和员工持久类中都定义了包含对方的集合属性，双方就构成了双向多对多关联关系。

实际应用开发中可根据实际需求，决定是采用单向的还是双向的多对多关联关系，通常情况下应该定义双向的多对多关联关系，这也符合对象的关系模型，但 Hibernate 检索时，会影响内存的使用，由于双向关联，集合中包含的对象较多，占用的内存较大，会影响系统的性能，好在 Hibernate 支持延迟检索机制，应该在取得单个对象的情况下再根据需要取得其关联的多方对象的集合，如取得指定的员工后，再取得其所有的爱好列表，千万不要

在取得员工集合的操作中，再取得每个员工的爱好集合，一定要避免此类应用编程。

7.3　多对多关联的数据库表达

上面讲述了面向对象编程的多对多关联关系表达，在第 6 章也讲过了数据库表达多对多关系的实现。

由于数据库无法直接实现两个实体表的多对多关联关系，只能通过一个关联的表实现，此关联表只有两个字段，分别来自多对多关联表的主键，这两个字段都作为外键，同时联合作为主键，应保证它们组合的值是不重复的。如下代码展示了创建员工和爱好关联表的 SQL DDL 语句。

```
-- 员工爱好关联表
create table oa_employeebehave
(
    EMPID varchar(20) references OA_Employee(EMPID),
    BNO int(10) references oa_Behave(BNO),
    primary key (EMPID,BNO)
);
```

其中员工账号字段 EMPID 关联员工表的主键 EMPID，爱好编号 BNO 关联爱好表的主键 BNO。

需要注意的是，构成多对多关联时，关联表只能包含两个外键字段，不能包含任何其他字段。如果包含其他字段需要 Hibernate 映射时，就不是 Hibernate 要求的多对多关联关系，而此刻关联表就需要定义一个持久类，它与其他两个持久类构成了两个多对一关系。如常规教学管理系统中的学生和课程之间的选课业务，由于每个选课中需要定义如平时成绩、期末成绩及各种考核信息时，就需要定义单独的选课持久类，定义各种考核信息属性，此时不能简单定义为学生和课程之间的多对多关系。

在 Java 中定义好持久类的多对多的关联属性，在创建好对应的数据表后，就可以按照 Hibernate 的映射语法实现多对多的关联映射，以后就可以使用 Hibernate API 完成各种针对多对多关联关系的业务编程。

与前面几章介绍 Hibernate 映射语法一样，本章也分别介绍了 XML 方式和注释方式的配置语法。

7.4　XML 方式配置多对多关联映射

Hibernate XML 方式映射组合使用<set>、<key>和<many-to-many>这三个标记实现多对多关联关系的映射。

其中<set>标记映射多对多关系的 Set 集合属性，其属性与第 6 章介绍的一对多关联映射的属性完全一样。其语法如下所示。

```
<set name="集合属性名" table="关联表名" inverse="true|false" cascade="级联操作选项" lazy="true|false">
包含<key>和<many-to-many>子标记
</set>
```

在映射多对多关系时，由于使用了关联表实现多对多关系，此时必须指定 table 为关联表的名称，而在映射一对多关联关系时，可以省略 table 属性。

<set>标记的 inverse 属性指定当操作集合的元素时，是否生成并执行其对应的 SQL 语句，如增加集合中的持久对象时，会执行 insert into 到持久类对应的表和关联表；当删除集合中的关联对象时，会执行 delete from 语句到持久类表和关联表。Inverse 属性取值为 true，即意思为被动的一方，不会执行 SQL 语句；而取值为 false，即为主动方，会执行对应的 SQL 语句。在映射单向多对多关联关系时，inverse 一定要取值为 false，不能为 true，因为只能从一方操作关联的对象。在映射双向多对多关联映射时，要设定一方的 inverse 为 false，另一方的取值为 true，不能都是 true，最好不能都是 false。

<set>标记的子标记<key>用于指定关联表中哪个外键指向当前映射类的主键，如果在编写员工类的映射代码，则 key 的 column 值为关联表中指向员工账号主键的外键字段。

<set>标记的子元素<many-to-many>标记，用于指定 Set 中包含的对象集合与配置的持久类是多对多的关系，该标记的属性如下。

（1）class="集合中包含的持久对象的类型"：指定集合属性中包含的多对多持久对象的类型。

（2）column="外键字段名"：指定关联表中指定多方对象的外键的字段名。

（3）fetch="检索方式名"：取值 join 或 select，取值为 join 时会使用关联语法取得关联的表的记录；取值为 select 时，会单独执行 select 语句查询关联的多方关联对象。默认是 select，可修改为 join，以提高检索的速度。

（4）lazy="检索策略名"：Hibernate 版本 3 之前的取值有 true、false、proxy 共三个，Hibernate 版本 4 之后，取值只有 proxy 和 false 两个，请读者注意。取值为 true 时，完全实施延迟检索策略，当 Hibernate 取得指定持久类的对象时，不会立即执行查询操作，而是取出其所关联的集合中的多对多对象。取值为 false 则执行立即检索，取得持久对象后，立即查询取出关联的集合中的所有对象，在实际项目开发中这是不推荐的。最后取值为 proxy 时，Hibernate 使用临时的代理类对象实现多对多关联，代理类对象是特殊的特久类对象，它只包含对象的主属性值，其他属性值则没有取得，Hibernate 在许多操作时先使用代理类对象表达持久对象，实现只需主属性时的持久化操作，因为代理类对象包含属性少，节省内存占用，在以后确实需要其他属性值时，Hibernate 再执行检索 SQL 语句，将其他属性值从数据库表取出，将代理类对象转换为实际的持久类对象。

（5）not-found="exception|ignore"：指定当外键关联的值不存在时，Hibernate 如何处理此种情况，当取值为 exception 时，则抛出异常；取值为 ingore 时，则不抛出异常，而是将 null 赋予关联的对象。实际编程时一定确保外键有关联。不要让这种情况发生。

多对多关联关系的 XML 映射案例代码参见程序 7-4 的员工持久类的映射配置代码和程序 7-5 中的爱好持久类的配置代码，本案例中员工和爱好构成双向多对多关联关系。

程序 7-4 EmployeeModel.hbm.xml //员工持久类映射代码

```
<?xml version="1.0"?>
<!DOCTYPE hibernate-mapping PUBLIC
      "-//Hibernate/Hibernate Mapping DTD 3.0//EN"
      "http://www.hibernate.org/dtd/hibernate-mapping-3.0.dtd">
<hibernate-mapping package="com.city.oa.model.xml">
   <class name="EmployeeModel" table="OA_EMPLOYEE">
      <id name="id" column="EMPID">
         <generator class="assigned"/>
      </id>
      <property name="password" type="string" column="EMPPASSWORD"/>
      <property name="name" column="EMPNAME"/>
      <property name="sex" column="EMPSEX"></property>
      <property name="age"></property>
      <property name="salary"></property>
      <property name="birthday"></property>
      <property name="joinDate"></property>
      <property name="photo"></property>
      <property name="photoFileName"></property>
      <property name="photoContentType"></property>
      <property name="resume" type="ntext"></property>
      <!--员工与部门的 多对一关联映射 -->
      <many-to-one name="department" class="DepartmentModel" column=
      "DEPTNO" lazy="false" cascade="none"></many-to-one>
      <!-- 配置员工与爱好类的多对多关联关系 -->
      <set name="behaves" table="OA_EmployeeBehave" inverse="false" cascade=
      "all">
          <key column="EMPID"></key>
          <many-to-many class="BehaveModel" column="BNO"></many-to-many>
      </set>
   </class>
</hibernate-mapping>
```

程序 7-5　BehaveModel.hbm.xml //爱好持久类 XML 映射配置代码

```
<?xml version="1.0"?>
<!DOCTYPE hibernate-mapping PUBLIC
      "-//Hibernate/Hibernate Mapping DTD 3.0//EN"
      "http://www.hibernate.org/dtd/hibernate-mapping-3.0.dtd">
<hibernate-mapping package="com.city.oa.model.xml">
   <!-- 爱好持久类映射 -->
   <class name="BehaveModel" table="OA_Behave">
      <id name="no" column="BNO">
         <generator class="identity" />
      </id>
      <property name="name" column="BNAME"/>
      <!-- 配置爱好与员工类的多对多关联关系 -->
```

```
        <set name="employees" table="OA_EmployeeBehave" inverse="true">
            <key column="BNO"></key>
            <many-to-many class="EmployeeModel" column="EMPID" lazy=
            "proxy" not-found="exception"></many-to-many>
        </set>
    </class>
</hibernate-mapping>
```

在 set 中，多对多配置多了一个 table 的属性，因为多对多是要靠外表关联起来的。同时<key>配置是指第三张表对应的要关联的主键，在<many-to-many>中的 column 也是指关联表的外键。在这里关联表是指 OA_EmployeeBheave 表。

最后要注意的是，多对多一定要有一方配置 inverse 为 true，让关联的持久类对象对方去维护，才不会抛出异常。如果配置时 inverse 取值都为 false，意思是两方都维护多对多关联关系，会重复向关联表插入相同的数据，所以应该让一方设置 inverse 为 true。同时还要注意 cascade 一般设置为 none 或者 save-update。如果设置为 all，在删除的时候会把另外一张表的数据也删除掉，会影响到其他关联到同一数据的表。

7.5 注释方式配置的多对多关联映射

Hibernate 在支持 XML 方式实现映射配置的基础上，逐步强化注释方式的映射配置。在支持多对多关联关系的注释配置方式时，Hibernate 提供了如下两个主要的注释类实现多对多的配置。

（1）@ManyToMany。

该注释类用于集合属性变量上或属性 get 方法上，标注其关联的集合对象是多对多关系。

（2）@JoinTable。

该注释类用于指定实现多对多关联关系时，确定使用的关联表以及使用的外键字段名称。

@ManyToMany 注释类的属性如下：

（1）targetEntity="持久类名.class"：指定集合中包含的持久类对象的类型。

（2）mappedBy="属性名"：指定实现双向多对多映射中，此多对多关联关系是由对方的关联的反向映射。

（3）cascade="级联操作方式列表"：指定当执行对主持久类对象时，如何操作关联的对多集合中关联的持久类对象。

（4）Fetch="检索方式类"：指定取得关联的多方对象时，是否立即检索出多方的表的记录。取值为 FetchType.LAZY 和 FetchType.EAGER，表示是延迟检索还是立即检索，默认是 LAZY，表示延迟检索。

@ManyToMany 注释类的使用案例如下。

```
@ManyToMany(targetEntity=com.ciyt.oa.model.BehaveModel.class)
```

```
Private Set<BehaveModel> behaves=null;
```

第两个用于多对多注释映射的注释类是@JoinTable，其语法如下：

```
@JoinTable(属性名=属性值属性名=属性值...,)
```

其可以使用的属性和取值有如下几种。

（1）name="tableName"：指定关联表的表名。

（2）joinColumns={@JoinColumn,@JoinColumn}：指定关联表中指向当前映射类的外键字段，可以包含多个字段。

（3）inverseJoinColumns={@JoinColumn,@JoinColumn}：指定关联表中指定关联表中指向关联对方的外键字段。

（4）schema="方案名"：指定支持 schema 的数据库的方案名，如 Oracle 数据库方案名是登录 Oracle 的用户账号，因为 Oracle 中所有的表单对象都属于用户。指定 schema 名后，Hibernate 使用的表名为：schema.tablename。

（5）catalog="类名名"：当数据库支持 catelog 时，指定关联表所属的 catelog 名，如 SQL Server 数据库支持 Catelog，指定该属性后，关联表的名是 catelog.tablename，如果同时也指定了 schema，则关联表的名称是 catelog.schema.tablename。

（6）foreignKey=ForeignKey：指定指向主映射持久类的外键的生成器策略，如果指定了 joinColumns 属性，则该属性自动失效。

（7）Indexes=Index[]：指定关联表的索引名。

（8）inverseForeignKey=ForeignKey：指定指向多方对象持久类的外键的生成器类型，如果指定了 inverseJoinColumns 属性，则该属性自动失效。所以该属性不能和 inverseJoinColumns 属性同时使用，实际开发中很少使用。

注释类@JoinTable 的使用案例如下所示。

```
@JoinTable(
      name="OA_EmployeeBehave",
      joinColumns=@JoinColumn(name="EMPID", referencedColumnName="EMPID"),
      inverseJoinColumns=@JoinColumn(name="BNO", referencedColumnName="BNO")
)
```

下面分别讲述单向多对多和双向多对多关联的注释方式映射的配置编程。

7.5.1　单向多对多关联关系的注释映射

如果只定义了单向的多对多关联关系，就需要使用上面讲述的注释类@ManyToMany 和@JoinTable 组合来实现此关系的映射。在本书的 OA 项目案例中，员工和爱好是多对多关联关系，如果只定义了员工到爱好的单向多对多关联关系，使用@ManyToMany 和@JoinTable 实现的多对多关系映射的代码参见程序 7-6 中的员工持久类编程代码。

程序 7-6　EmployeeModel.java //注释方式配置的员工持久类代码

```
package com.city.oa.model.annotation;
import java.io.Serializable;
```

```
import java.sql.Blob;
import java.sql.Clob;
import java.util.Date;
import java.util.Set;
import javax.persistence.CascadeType;
import javax.persistence.Column;
import javax.persistence.Entity;
import javax.persistence.FetchType;
import javax.persistence.Id;
import javax.persistence.JoinColumn;
import javax.persistence.JoinTable;
import javax.persistence.ManyToMany;
import javax.persistence.ManyToOne;
import javax.persistence.Table;
//员工持久类
@Entity
@Table(name="OA_EMPLOYEE")
public class EmployeeModel implements Serializable {
    //员工账号
    @Id
    @Column(name="EMPID")
    private String id=null;
    //员工密码
    @Column(name="EMPPASSWORD")
    private String password=null;
    //姓名
    @Column(name="EMPNAME")
    private String name=null;
    //性别
    @Column(name="EMPSEX")
    private String sex=null;
    //年龄
    private int age=0;
    //工资
    private double salary=0;
    //出生日期
    private Date birthday=null;
    //入职日期
    private Date joinDate=null;
    //照片
    private Blob photo=null;
    //员工简历
    private Clob resume=null;
    //照片文件名
    private String photoFileName=null;
```

```
        //照片文件类型(MIME 类型)
        private String photoContentType=null;
        //多对一关联属性
        @ManyToOne(cascade={CascadeType.ALL,
CascadeType.PERSIST},fetch=FetchType.EAGER,optional=false)
        @JoinColumn(name="DEPTNO",table="OA_Employee",nullable=false,unique=
false,insertable=true,updatable=true)
        private DepartmentModel department=null;
        //多对多关联映射
        @ManyToMany(cascade={CascadeType.PERSIST,CascadeType.DETACH},fetch=
FetchType.LAZY,targetEntity=com.city.oa.model.annotation.BehaveModel.class)
        @JoinTable(name="OA_EmployeeBehave",
             joinColumns=@JoinColumn(name="EMPID",referencedColumnName= "EMPID"),
             inverseJoinColumns=@JoinColumn(name="BNO",referencedColumnName="BNO")
        )
        private Set<BehaveModel> behaves=null;
        //属性的 set/get 方法
        public String getId() {
            return id;
        }
        public void setId(String id) {
            this.id = id;
        }
        public String getPassword() {
            return password;
        }
        public void setPassword(String password) {
            this.password = password;
        }
        public String getName() {
            return name;
        }
        public void setName(String name) {
            this.name = name;
        }
        public String getSex() {
            return sex;
        }
        public void setSex(String sex) {
            this.sex = sex;
        }
        public int getAge() {
            return age;
        }
        public void setAge(int age) {
```

```
        this.age = age;
    }
    public double getSalary() {
        return salary;
    }
    public void setSalary(double salary) {
        this.salary = salary;
    }
    public Date getBirthday() {
        return birthday;
    }
    public void setBirthday(Date birthday) {
        this.birthday = birthday;
    }
    public Date getJoinDate() {
        return joinDate;
    }
    public void setJoinDate(Date joinDate) {
        this.joinDate = joinDate;
    }
    public Blob getPhoto() {
        return photo;
    }
    public void setPhoto(Blob photo) {
        this.photo = photo;
    }
    public Clob getResume() {
        return resume;
    }
    public void setResume(Clob resume) {
        this.resume = resume;
    }
    public String getPhotoFileName() {
        return photoFileName;
    }
    public void setPhotoFileName(String photoFileName) {
        this.photoFileName = photoFileName;
    }
    public String getPhotoContentType() {
        return photoContentType;
    }
    public void setPhotoContentType(String photoContentType) {
        this.photoContentType = photoContentType;
```

```
    }
    public DepartmentModel getDepartment() {
        return department;
    }
    public void setDepartment(DepartmentModel department) {
        this.department = department;
    }
    public Set<BehaveModel> getBehaves() {
        return behaves;
    }
    public void setBehaves(Set<BehaveModel> behaves) {
        this.behaves = behaves;
    }
}
```

在多对多配置中，如果 Set 集合使用了泛型形式如 Set<BehaveModel>就不需要在@ManyToMany 注释类中指定属性 targetEntity 的值，本代码中虽然使用泛型语法，但依然定义了 targetEntity 的属性值，这里只是为展示的目的，实际编程中是不需要的。@ManyToMany 注释类使用 etch=FetchType.LAZY 确定检索机制为延迟检索，这是默认的值，也是可以省略的。级联属性 cascade 默认是 none，即没有级联操作，所以案例中使用 cascade={ CascadeType.PERSIST, CascadeType.DETACH}确定级联操作为当增加或删除员工时，能级联增加或删除其关联的爱好对象。

7.5.2　双向多对多关联关系的注释配置

如果编程中定义了双向的多对多关联关系，那么在使用注释方式配置映射时，主动方的多对多映射与程序 7-1 相同，即组合使用@ManyToMany 和@JoinTable 即可，如案例的员工持久类的定义与程序 7-1 相同，此处不再定义。

被动方的多对多注释映射应该使用简化的多对多关联注释类语法，其实现的代码如下所示，其中关键的属性是 mappedBy，通过直接引用双向多对多对方的映射属性，来取得自己的映射关联。

```
@ManyToMany(targetEntity=com.city.oa.model.annotation.BehaveModel.class,
mappedBy="behaves")
public Set employees=null;
```

指定了 mappedBy 属性的一方是多对多关联关系的被动方，使用此被动方式多对多映射模式的实现代码参见程序 7-7 中的爱好持久类定义代码。

程序 7-7　BehaveModel.java //爱好持久类的注释方式定义代码

```
package com.city.oa.model.annotation;
import java.io.Serializable;
import java.util.Set;
import javax.persistence.Basic;
```

```
import javax.persistence.Column;
import javax.persistence.Entity;
import javax.persistence.GeneratedValue;
import javax.persistence.GenerationType;
import javax.persistence.Id;
import javax.persistence.ManyToMany;
import javax.persistence.Table;
//爱好持久类
@Entity
@Table(name="OA_Behave")
public class BehaveModel implements Serializable
{
    @Id
    @GeneratedValue(strategy = GenerationType.IDENTITY)
    @Column(name="BNO")
    private int no=0;
    @Basic
    @Column(name="BNAME")
    private String name=null;
    //定义与员工的双向多对多关联关系，爱好方是被动方，员工方是主动方
    @ManyToMany(targetEntity=com.city.oa.model.annotation.EmployeeModel.
    class, mappedBy="behaves")
    private Set<EmployeeModel> employees=null;
    //属性的 get 和 set 方法
    public int getNo() {
        return no;
    }
    public void setNo(int no) {
        this.no = no;
    }
    public String getName() {
        return name;
    }
    public void setName(String name) {
        this.name = name;
    }
    public Set<EmployeeModel> getEmployees() {
        return employees;
    }
    public void setEmployees(Set<EmployeeModel> employees) {
        this.employees = employees;
    }
}
```

在爱好持久类的定义代码中，通过@ManyToMany 注释类的属性 mappedBy="behaves",

指定爱好与员工的多对多关联关系是参照员工类中定义的集合属性 behaves 的多对多关系来实现的，如此就省略了@JoinTable 注释类的定义，因为关联表和关联外键字段的配置信息，在员工的持久类中集合属性 behaves 中已经定义了，通过 mappedBy 属性极大地简化了双向多对多关联关系的配置。

7.6 多对多关联的 Hibernate 实际应用编程

在定义持久类之间的多对多关联关系后，利用此关联关系，就可以通过使用 Hibernate API 完成与多对多对应的持久对象操作，这些操作主要有如下几种。

（1）增加持久对象的多对多关系。如为员工增加爱好，或在爱好中增加有此爱好的员工。

（2）取得指定持久对象的关联的多方集合列表。如取得指定员工的爱好列表，或取得指定爱好的员工列表。

（3）检查指定持久对象是否与另一个持久对象有关联。如判断指定的员工是否有指定的爱好，或者指定的爱好中是否有指定的员工。

下面通过 OA 系统案例的员工业务方法来演示如何使用多对多关联关系编程实现上述常见的业务处理。

首先定义如程序 7-8 所示的员工业务接口和员工的业务方法，为简化起见，只保留了与多对多关联有关系的业务处理方法，其他方法都省略了。

程序 7-8　IEmployeeService.java //员工业务接口（只保留与多对多关联有关的业务方法）

```
package com.city.oa.service;
import java.util.List;
import com.city.oa.model.annotation.BehaveModel;
import com.city.oa.model.annotation.DepartmentModel;
import com.city.oa.model.annotation.EmployeeModel;
//员工业务服务接口
public interface IEmployeeService {
    //为员工增加指定爱好,传递员工账号和爱好编号
    public void addBehave(String id,int behaveNo) throws Exception;
    //为员工删除指定爱好，传递员工账号和爱好编号
    public void removeBehave(String id,int behaveNo) throws Exception;
    //删除指定员工的所有爱好
    public void removeAllBehave(String id) throws Exception;
    //取得指定员工的爱好列表
    public List<BehaveModel> getBehaveByEmployee(String id) throws Exception;
    //检查指定员工是否有指定的爱好
    public boolean checkHaveBehave(String id,int behaveNo) throws Exception;
}
```

员工接口中定义的与爱好相关的业务方法，都针对爱好之间的多对多关联关系，基本上属于上面介绍的 3 种类型操作方法。

程序 7-9 演示了使用 Hibernate API 完成的员工接口定义的方法的实现类，并利用员工和爱好的多对多双向关联关系，通过对集合的操作实现员工接口中定义的方法。

程序 7-9 EmployeeServiceImpl.java //员工业务服务实现类（只保留与多对多关联有关的方法）

```
package com.city.oa.service.impl;
import java.util.ArrayList;
import java.util.List;
import java.util.Set;
import org.hibernate.Session;
import org.hibernate.SessionFactory;
import org.hibernate.Transaction;
import com.city.oa.factory.HibernateSessionFactoryUtil;
import com.city.oa.model.annotation.BehaveModel;
import com.city.oa.model.annotation.DepartmentModel;
import com.city.oa.model.annotation.EmployeeModel;
import com.city.oa.service.IEmployeeService;
//员工业务服务实现类
public class EmployeeServiceImpl implements IEmployeeService {
    //为员工增加指定爱好,传递员工账号和爱好编号
    @Override
    public void addBehave(String id, int behaveNo) throws Exception {
        SessionFactory sessionFactory=HibernateSessionFactoryUtil.getSession
        Factory();
        Session session=sessionFactory.openSession();
        Transaction tx=session.beginTransaction();
        //先取得指定的员工对象
        EmployeeModel em=session.get(EmployeeModel.class, id);
        //再取得指定的爱好对象
        BehaveModel bm=session.get(BehaveModel.class, behaveNo);
        if(em!=null&&bm!=null){
            //向员工的爱好集合中增加指定的爱好
            em.getBehaves().add(bm);
            //在爱好的员工集合中增加员工
            bm.getEmployees().add(em);
        }
        tx.commit();
        session.close();
    }
    //为员工删除指定爱好，传递员工账号和爱好编号
    @Override
    public void removeBehave(String id, int behaveNo) throws Exception {
        SessionFactory sessionFactory=HibernateSessionFactoryUtil.getSession
        Factory();
        Session session=sessionFactory.openSession();
        Transaction tx=session.beginTransaction();
        //先取得指定的员工对象
        EmployeeModel em=session.get(EmployeeModel.class, id);
        //再取得指定的爱好对象
```

```
    BehaveModel bm=session.get(BehaveModel.class, behaveNo);
    if(em!=null&&bm!=null){
        //向员工的爱好集合中删除指定的爱好
        em.getBehaves().remove(bm);
        //在爱好的员工集合中删除指定的员工
        bm.getEmployees().remove(em);
    }
    tx.commit();
    session.close();
}
//删除指定员工的所有爱好
@Override
public void removeAllBehave(String id) throws Exception {
    SessionFactory sessionFactory=HibernateSessionFactoryUtil. getSession
    Factory();
    Session session=sessionFactory.openSession();
    Transaction tx=session.beginTransaction();
    //先取得指定的员工对象
    EmployeeModel em=session.get(EmployeeModel.class, id);
    if(em!=null){
        //删除指定员工的爱好集合中所有爱好，使用清空容器方式
        em.getBehaves().clear();
    }
    tx.commit();
    session.close();
}
//取得指定员工的爱好列表
@Override
public List<BehaveModel> getBehaveByEmployee(String id) throws
Exception {
    List<BehaveModel> behaveList=new ArrayList<BehaveModel>();
    SessionFactory sessionFactory=HibernateSessionFactoryUtil.
    getSessionFactory();
    Session session=sessionFactory.openSession();
    Transaction tx=session.beginTransaction();
    //先取得指定的员工对象
    EmployeeModel em=session.get(EmployeeModel.class, id);
    if(em!=null){
        //取得此员工的所有爱好列表，返回 Set 集合
        Set<BehaveModel> behaveSet=em.getBehaves();
        //将 Set 爱好集合中的对象都增加到爱好 List 集合中
        behaveList.addAll(behaveSet);
    }
    tx.commit();
    session.close();
    //返回 List 集合类型的爱好列表
    return behaveList;
}
//检查指定员工是否有指定的爱好
@Override
public boolean checkHaveBehave(String id, int behaveNo) throws Exception {
```

```
            boolean result=false;
            SessionFactory sessionFactory=HibernateSessionFactoryUtil.getSession
            Factory();
            Session session=sessionFactory.openSession();
            Transaction tx=session.beginTransaction();
            //先取得指定的员工对象
            EmployeeModel em=session.get(EmployeeModel.class, id);
            //再取得指定的爱好对象
            BehaveModel bm=session.get(BehaveModel.class, behaveNo);
            if(em!=null&&bm!=null){
                //向员工的爱好集合中增加指定的爱好
                if(em.getBehaves().contains(bm)){
                    result=true;
                }
            }
            tx.commit();
            session.close();
            return result;
        }
    }
```

从员工的实现类的编程代码上可以看到，有关多对多的操作最终都是通过对 Java 集合的操作实现的。向关联集合中增加对象，就实现了对象的多对多关联；从集合中删除对象，就将关联关系删除；取得关联的集合就取得了对象的列表；判断对象是否在集合中，可检查对象间是否存在多对多关联关系。

本章小结

本章在第 6 章一对多和多对一关联的基础上，详细介绍了多对多关联关系的 Java 表达以及数据库实体关系模式表达；然后分别讲述了 Hibernate XML 和注释方式实现单向多对多和双向多对多关联关系的映射配置语法；最后通过员工和爱好的实际案例，演示了如何使用多对多关联关系实现业务处理的编程。

Hibernate 框架的重中之重是处理对象的关联关系，只有熟练掌握 Hibernate 的各种关联关系的映射和操作，才能掌握 Hibernate 的真髓。

第 8 章将介绍最后一种关联关系，即一对一关联，实际应用项目开发中一对一关系没有多对一，一对多和多对多使用普遍，但有些特殊情况下还是有其存在的价值，希望读者也能熟练掌握它。

第8章 一对一映射配置及编程

本章要点

- Hibernate 一对一关联映射的实现。
- 一对一关联映射的 XML 方式配置。
- 一对一关联映射的注释方式配置。
- 一对一映射的持久化编程。

所有关联关系中，一对一是使用最少的，通常情况下，使用一对一关联关系的两个持久类可以使用一个持久类表示。但特殊情况下，不得不使用一对一关联关系实现两个持久类的关联。

所有数据库管理系统对表的字段的个数是有限制的，如 Oracle 数据库的表的字段个数限制为 1000 个，mysql myisam 引擎最大字段上限为 2410，SQL Server 的表的字段个数限制为 2014 个，通常情况下，在表达实际业务对象时是足够了，但在有些特殊的情况下，一旦对象的属性个数超过了表的字段个数限制，由于 Hibernate 无法将一个持久类映射到两个表上，此时就需要创建两个表来保存此持久类对象的信息，还需要两个持久类表示此业务对象。在这种特殊情况下，就不得不使用一对一关联关系。

还有就是在开发实际应用时，一个业务对象的一部分属性是变化很少的，而另一部分属性的值则变化非常频繁，如开发人力资源管理系统的员工工资模块时，工资中的基本工资、岗位工资变化很少，有时一年或几年内没有变化，而加班费等跟考勤有关的部分工资则每个月都会变化，这时在设计时，可以考虑将这两部分工资分别设计为固定工资类和可变工资类两个持久类，并将它们的关联关系设计为一对一关联，这是开发中比较常见的场景，而上面所说的字段限制则非常少见。

本章将详细讲述一对一关联关系的 Java 表达、数据库模型表达以及 Hibernate 支持下的 XML 映射配置、注释映射配置的语法和编程，最后通过实际案例的编程演示如何在项目中使用一对一关联关系。

8.1 一对一关联的应用场景

现实应用中经常会看到各种两个对象是一对一关系的关系，如居民对象与身份证对象、妻子和丈夫、每个地区与邮政编码、学生与学生证的关系等等。

使用对象的一对一关系，可以根据一个对象找到其关联的另一个对象，反之亦然。

如果两个一对一关联的对象无论从哪个对象都可以找到另一个对象，则称为双向一对一关联，如通过丈夫找到妻子，或通过妻子找到丈夫。而如果只能从一个对象找到另一个对象，反过来却无法找到的情况，则称为单向一对一关联，如能根据身份证找到对应的居民，而从居民对象，却无法立即获取其身份证。

8.2 一对一关联关系的 Java 表达

一对一关联关系的 Java 表达与多对一关系是一样的，只需定义指向对方的单个持久类对象属性即可。如果只在一个持久类中有另一个持久类对象的属性，则构成单向的一对一关联；如果关联的双方都有对方的对象属性，则构成双向一对一关联关系，在实际编程中推荐实现双向的一对一关联关系，从任何一方都可以定位另一个对象。

1. 单向一对一关联关系的 Java 表达

在 OA 项目案例中，员工和地址持久类构成一对一关联关系，假如设计时，员工类中有地址对象的属性，而地址对象没有员工的属性，则只能在取得员工对象后，取得其地址对象，而不能在取得地址对象后，定位其员工对象。实现这种情况的单向一对一关系的演示代码如下，为简化起见，省略了其他属性的定义和所有的 get/set 方法。

```
//员工持久类定义
public class EmployeeModel implements Serializable {
    //员工账号
    private String id=null;
    //员工的地址对象，构成一对一关联关系
    private EmployeeAddressModel address=null;
    //所有属性的 Set 和 Get 方法
}
//员工地址持久类
public class EmployeeAddressModel implements Serializable {
    //员工账号，主属性，与主键字段对应
    private String id=null;
    //员工通讯地址
    private String address=null;
    //所在城市
    private String city=null;
    //所在省份
    private String province=null;
    //邮政编码
    private String postcode=null;
}
```

只在 EmployeeModel 中定义了指向 EmployeeAddressModel 的属性 address，而地址类中没有定义指向员工类 EmployeeModel 的属性，此时双方的关系是单向的一对一关系。

2. 双向一对一关联关系的 Java 表达

如果在员工地址类中也定义了执行员工持久类的属性，则构成了双向一对一关系关联，将上面的地址类改造为如下所示的代码，即实现双向的关系。

```
//员工地址持久类
public class EmployeeAddressModel implements Serializable {
    //员工账号，主属性，与主键字段对应
    private String id=null;
    //员工通讯地址
    private String address=null;
    //所在城市
    private String city=null;
    //所在省份
    private String province=null;
    //邮政编码
    private String postcode=null;
    //地址的员工对象
    private EmployeeModel employee=null;
}
```

由于增加了属性"private EmployeeModel employee=null;"的定义，现在就可以通过地址对象定位到其员工对象。

8.3 一对一关联的数据库关系模型表达

关系数据库系统中实体间关系的表达只能使用外键对主键的方式实现，根据外键字段自身的特性，数据库中一般使用如下两种方式实现一对一的实体关系。

1. 外键同时是主键的共享主键的实现方式

一对一的关系在数据库中表示为主键和外键关系。本书 OA 案例中员工和地址表示为一对一关系，如果按此种实现方式设计，员工表和地址表要使用相同的主键，通过主键作为外键使用，其实现此种类型的一对一关系的 E-R 图参见图 8-1。

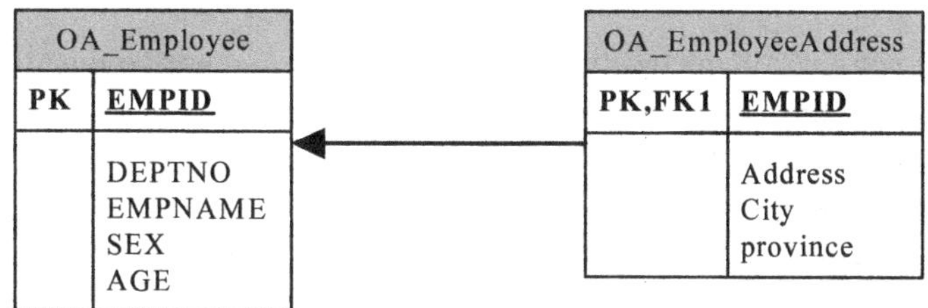

图 8-1　共享主键的一对一关联的 E-R 图

2. 外键不是主键但外键有唯一性约束的实现方式

以外键关联的要点是两个实体各自有不同的主键，但其中一个实体有一个外键引用另一个实体的主键，同时外键字段上有唯一性约束。依然以上面的员工和地址信息为例，如地址表有自己的主键 AddressNO，同时有专门的指向员工表主键的外键字段 EMPID，并要求外键字段 EMPID 满足唯一性约束，如果不能满足唯一性约束，就变成了多对一关系，而不是一对一关系。使用此种方式实现一对一关系的 E-R 图如图 8-2 所示。

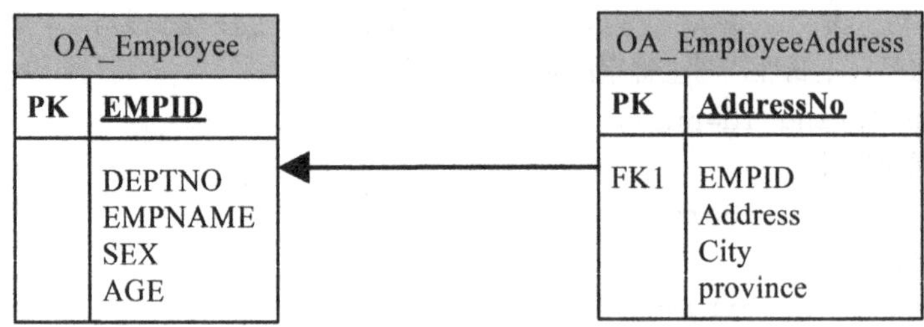

图 8-2 单独外键模式的一对一关系的 E-R 图

通过此图可见，其实现的方式与多对一基本相同。

8.4 一对一关联关系的 XML 方式映射配置

根据上面介绍的数据库实现一对一关联关系的不同方式，Hibernate 提供了不同的 XML 配置标记来实现一对一关联的映射配置。

8.4.1 共享主键实现方式的一对一关系配置

对于使用共享主键的实现方式，即外键同时是主键的情况下，Hibernate 的 XML 映射方式提供了专门的标记<one-to-one>来实现一对一关联映射配置，并提供一种专门用于一对一中主键值生成的策略 foreign。

OA 案例的员工地址表的创建代码如下。

```
--员工地址表
create table oa_employeeaddress
(
   EMPID varchar(20) primary key references oa_employee(EMPID),
   Address varchar(200),
   CITY varchar(30),
   Province varchar(50),
   Postcode varchar(6)
);
```

此建表的 SQL 语句中 EMPID 字段既是主键，也是外键，指向员工表的主键 EMPID。实际应用中地址的主键的取值与员工表的主键相同，通常是先增加员工，等员工增加后，再增加地址记录，其主键与员工的主键字段相同。

Hibernate 针对共享主键方式实现一对一关联关系的 XML 方式配置时，无论单向还是双向都使用<one-to-one>标记实现，该标记的主要属性如下。

（1）name="属性名"：关联的属性名。

（2）class="关联的类全名"：关联对象的持久类名称，如果<hibernate-mapping>有 package 属性指定的包名，class 属性中可以省略包名，直接写类名。

（3）cascade="级联名"：级联操作选项，参见前几章介绍的级联选项。

（4）constrained="true|false"：当前映射类对应的表与关联对象的类对应的表是否存在外键关联关系，取值 true 表示有外键关联，取值 false 表示没有外键关联关系，省略此属性默认的值是 false。实际配置时，有外键对应的表的持久类映射配置中此属性值应该为 true。

（5）fetch="select|join"：Hibernate 在检索关联的一对一对象时，设定检索操作使用的方法，取值 select，Hibernate 生成单独的 Select 语句取得关联的一对一对象；取值 join 时，使用关联查询取得关联的一对一对象。省略时默认的值是 select，通常情况下，使用关联查询 join，检索关联对象的效率会高一些。

（6）property-ref="关联类的属性名"：此属性用于指定关联类执行本类的属性名，例如员工类 EmployeeModel 关联地址类 EmployeeAddressModel 时，使用属性名 address，当映射地址类 EmployeeAddressModel 类的一对一关联类 EmployeeModel 的属性时，指定此值为 address，通知 Hibernate 此一对一关联属性与对方的一对一属性对象。

（7）access="property|field"：持久类属性访问策略，取值为属性方法或属性变量。

（8）Lazy="proxy|false|true"：关联的一对一关联对象的检索策略，取值 proxy 表示检索时使用代理对象进行关联；取值 false 表示立即检索关联的一对一对象；取值 true 采用延迟检索。

（9）entity-name="实体名"：指定实体对象的别名，一般很少使用此属性。

在本书 OA 管理系统案例中，表达员工的持久类 EmployeeModel 与表达员工地址的持久类 EmployeeAddressModel 是一对一关联关系，在员工地址表 OA_EmployeeAddress 中主键 EMPID 同时作为外键执行员工表 OA_Employee 的主键 EMPID，二者通过共享主键方式实现一对一关联，这里分别讲述共享主键方式下，单向一对一和双向一对一关联关系的 XML 映射属性语法。

单向一对一情况下，由于外键在员工地址表中，所以必须定义地址持久类到员工的单向一对一关联关系，可以不定义员工到地址的一对一关系。如果只有员工到地址类的一对一而没有地址到员工的一对一关联，则无法获取地址类的主键和外键取值。

在单向一对一情况下，员工类和地址类的 Java 代码如程序 8-1 和程序 8-2 所示。

程序 8-1　EmployeeModel.java //员工持久类定义，无指向地址类的属性定义

```
package com.city.oa.model.xml;
import java.io.Serializable;
import java.sql.Blob;
import java.sql.Clob;
import java.util.Date;
import java.util.Set;
//员工持久类
public class EmployeeModel implements Serializable {
```

```
//员工账号
private String id=null;
//员工密码
private String password=null;
//姓名
private String name=null;
//性别
private String sex=null;
//年龄
private int age=0;
//工资
private double salary=0;
//出生日期
private Date birthday=null;
//入职日期
private Date joinDate=null;
//照片
private Blob photo=null;
//员工简历
private Clob resume=null;
//照片文件名
private String photoFileName=null;
//照片文件类型(MIME 类型)
private String photoContentType=null;
//员工属于一个部门，构成多对一关联关系
private DepartmentModel department=null;
//员工拥有多个爱好，构成多对多关联关系
private Set<BehaveModel> behaves=null;
//所有属性的 Set 和 Get 方法
public String getId() {
    return id;
}
public void setId(String id) {
    this.id = id;
}
public String getPassword() {
    return password;
}
public void setPassword(String password) {
    this.password = password;
}
public String getName() {
    return name;
}
public void setName(String name) {
```

```
        this.name = name;
    }
    public String getSex() {
        return sex;
    }
    public void setSex(String sex) {
        this.sex = sex;
    }
    public int getAge() {
        return age;
    }
    public void setAge(int age) {
        this.age = age;
    }
    public double getSalary() {
        return salary;
    }
    public void setSalary(double salary) {
        this.salary = salary;
    }
    public Date getBirthday() {
        return birthday;
    }
    public void setBirthday(Date birthday) {
        this.birthday = birthday;
    }
    public Date getJoinDate() {
        return joinDate;
    }
    public void setJoinDate(Date joinDate) {
        this.joinDate = joinDate;
    }
    public Blob getPhoto() {
        return photo;
    }
    public void setPhoto(Blob photo) {
        this.photo = photo;
    }
    public String getPhotoFileName() {
        return photoFileName;
    }
    public void setPhotoFileName(String photoFileName) {
        this.photoFileName = photoFileName;
    }
    public String getPhotoContentType() {
```

```
        return photoContentType;
    }
    public void setPhotoContentType(String photoContentType) {
        this.photoContentType = photoContentType;
    }
    public Clob getResume() {
        return resume;
    }
    public void setResume(Clob resume) {
        this.resume = resume;
    }
    public DepartmentModel getDepartment() {
        return department;
    }
    public void setDepartment(DepartmentModel department) {
        this.department = department;
    }
    public Set<BehaveModel> getBehaves() {
        return behaves;
    }
    public void setBehaves(Set<BehaveModel> behaves) {
        this.behaves = behaves;
    }
}
```

程序 8-2 EmployeeAddressModel.java //员工地址类代码，定义到员工一对一关联属性

```
package com.city.oa.model.xml;
import java.io.Serializable;
//员工地址持久类
public class EmployeeAddressModel implements Serializable {
    //员工账号，主标示属性，与主键字段对应,该属性取值来自员工表的主键值
    private String id=null;
    //员工通讯地址
    private String address=null;
    //所在城市
    private String city=null;
    //所在省份
    private String province=null;
    //邮政编码
    private String postcode=null;
    //与员工对象一对一关联属性
    private EmployeeModel employee=null;
    //get 和 set 属性方法
    public String getId() {
        return id;
```

```
    }
    public void setId(String id) {
        this.id = id;
    }
    public String getAddress() {
        return address;
    }
    public void setAddress(String address) {
        this.address = address;
    }
    public String getCity() {
        return city;
    }
    public void setCity(String city) {
        this.city = city;
    }
    public String getProvince() {
        return province;
    }
    public void setProvince(String province) {
        this.province = province;
    }
    public String getPostcode() {
        return postcode;
    }
    public void setPostcode(String postcode) {
        this.postcode = postcode;
    }
    public EmployeeModel getEmployee() {
        return employee;
    }
    public void setEmployee(EmployeeModel employee) {
        this.employee = employee;
    }
}
```

由程序 8-1 和程序 8-2 可见，只在地址类中定义了指向员工的属性，而员工类没有定义指向地址类的属性，如此构成单向一对一关联关系。

在 Hibernate 支持的 XML 方式的一对一映射配置中，使用了如下两种机制实现上面的单向一对一关联关系。

（1）<one-to-one>标记用于映射一对一关联的对象的属性。

（2）有关联一方的类的主键使用生成策略 foreign，用于确定其主键的取值来自外键的值。

在 OA 案例中只有程序 8-2 所示的地址类有指向员工的单向一对一关联关系，员工类没有关联地址的属性，员工映射配置文件无改变，员工地址类的映射 XML 配置代码参见程序 8-3。

程序 8-3 EmployeeAddressModel.hbm.xml //员工地址类 XML 映射代码

```
<?xml version="1.0"?>
<!DOCTYPE hibernate-mapping PUBLIC
       "-//Hibernate/Hibernate Mapping DTD 3.0//EN"
       "http://www.hibernate.org/dtd/hibernate-mapping-3.0.dtd">
<hibernate-mapping package="com.city.oa.model.xml">
  <!-- 员工地址持久类映射 -->
  <class name="EmployeeAddressModel" table="oa_employeeaddress">
    <id name="id" column="EMPID">
       <!-- 主键的值通过关联的一对一员工对象的主键设定，不自己设置 -->
       <generator class="foreign">
             <param name="property">employee</param>
       </generator>
    </id>
    <property name="address"/>
    <property name="city" />
    <property name="province" />
    <property name="postcode" />
    <one-to-one name="employee" class="EmployeeModel" constrained="true" />
  </class>
</hibernate-mapping>
```

在地址类的映射配置文件中，<one-to-one>标记映射到员工类的一对一关系，并使用属性 constrained="true"指定使用共享主键方式，即指定员工地址表的主键作为外键与员工表的主键员工账号关联。

实际应用中一对一关联关系基本上都使用双向模式，一般较少使用单向模式。在程序 8-1 的员工类中增加一个到员工地址类的单个属性，即构成了双向的一对一关联关系，即定义如下属性和对应的 get 和 set 方法，为节省篇幅，不再展示全部的员工类代码，请读者在上面员工类中自行增加此属性和属性方法。

```
private EmployeeAddressModel address=null;
```

在双向的一对一关系配置中，原来的地址类的映射代码不变，员工类的 XML 映射代码中增加了到地址类的<one-to-one>配置标记，员工类的 XML 映射代码参见程序 8-4。

程序 8-4 EmployeeModel.hbm.xml //员工持久类 XML 配置代码

```
<?xml version="1.0"?>
<!DOCTYPE hibernate-mapping PUBLIC
       "-//Hibernate/Hibernate Mapping DTD 3.0//EN"
       "http://www.hibernate.org/dtd/hibernate-mapping-3.0.dtd">
<hibernate-mapping package="com.city.oa.model.xml">
   <class name="EmployeeModel" table="OA_EMPLOYEE">
       <id name="id" column="EMPID">
```

```
        <generator class="assigned"/>
    </id>
    <property name="password" type="string" column="EMPPASSWORD"/>
    <property name="name" column="EMPNAME"/>
    <property name="sex" column="EMPSEX"></property>
    <property name="age"></property>
    <property name="salary"></property>
    <property name="birthday"></property>
    <property name="joinDate"></property>
    <property name="photo"></property>
    <property name="photoFileName"></property>
    <property name="photoContentType"></property>
    <property name="resume" type="ntext"></property>
    <!--员工与部门的 多对一关联映射 -->
    <many-to-one name="department" class="DepartmentModel" column=
    "DEPTNO" lazy="false" cascade="none"></many-to-one>
    <!-- 配置员工与爱好类的多对多关联关系 -->
    <set name="behaves" table="OA_EmployeeBehave" inverse="false" cascade=
    "all">
        <key column="EMPID"></key>
        <many-to-many class="BehaveModel" column="BNO"></many-to-many>
    </set>
    <!-- 员工与地址类的一对一关联关系 -->
    <one-to-one name="address" class="EmployeeAddressModel"> </one-to-
    one>
  </class>
</hibernate-mapping>
```

员工的映射配置代码在第 6 章配置多对一关系和第 7 章配置多对多关系基础上，增加一对一的关联配置。由于是地址表的外键指向员工表的主键，员工表没有外键，因此在配置员工类的<one-to-one>标记时，只要有 name 属性即可，因为 class 的值 Hibernate 会通过持久类的定义类型，通过反射机制自动获取，如果想加快 Hibernate 映射文件的解析速度，可以增加 class 属性直接指定关联的类名，如案例代码中的 class 属性取值。

8.4.2　单独外键加唯一性约束的一对一关系配置

一对一关联关系推荐使用上面所述的共享主键方式实现，即主键兼任外键的模式，但 Hibernate 还支持主键和外键分离情况下的一对一关联关系实现。

在此种实现方式下，关联的对象的表有自己的主键，并且主键的取值可任意确定，同时有一个外键指向其对应对象的表的主键，此模式下的表的字段和关联关系参见图 8-2。地址表中有单独的主键 AddressNo，另外有一个外键 EMPID 指向员工表的主键，如果外键没有任何约束，就转变为第 6 章所讲的多对一关系，但如果为此外键增加唯一性约束，就将多对一转变为一对一关系，因为没有两个记录有相同的外键。

使用单独外键加唯一性约束方式实现一对一关系时，持久类的代码没有任何变化，改变的是 XML 的映射配置代码。

在配置地址持久类的一对一关联是，不能使用原来的共享主键模式的<one-to-one>标记，而要使用配置多对一情况下的<many-to-one>标记，除指定 name、class、column 等属性外，一定要指定 unique="true"属性，表明该外键属性是唯一的，不能重复，进而构成一对一关联关系。

此种模式下，因为主键是独立的，没有作为外键使用，其取值是自主的，可以使用任何主键生成器策略，程序 8-5 演示了使用独立外键模式下的一对一关联的地址类映射配置代码。

程序 8-5 EmployeeAddressModel.hbm.xml //使用单独外键时员工地址类 XML 映射代码

```
<?xml version="1.0"?>
<!DOCTYPE hibernate-mapping PUBLIC
       "-//Hibernate/Hibernate Mapping DTD 3.0//EN"
       "http://www.hibernate.org/dtd/hibernate-mapping-3.0.dtd">
<hibernate-mapping package="com.city.oa.model.xml">
  <!-- 员工地址持久类映射 -->
 <class name="EmployeeAddressModel" table="oa_employeeaddress">
  <id name="no" column="ADDRESSNO">
     <!-- 主键的值单独设定 -->
     <generator class="identity" />
  </id>
  <property name="address"/>
  <property name="city" />
  <property name="province" />
  <property name="postcode" />
  <many-to-one name="employee" class="EmployeeModel" column="EMPID" unique=
  "true" />
  </class>
</hibernate-mapping>
```

请注意与共享主键模式下的主键值生成器的变化，以及使用<many-to-one>取代原来的<one-to-one>映射标记。

同时此模式下，员工类的一对一映射也需要进行修改，程序 8-6 演示了使用独立外键模式下的员工类的映射配置代码。

程序 8-6 EmployeeModel.hbm.xml //单独外键模式一对一关联的员工类映射代码

```
<?xml version="1.0"?>
<!DOCTYPE hibernate-mapping PUBLIC
       "-//Hibernate/Hibernate Mapping DTD 3.0//EN"
       "http://www.hibernate.org/dtd/hibernate-mapping-3.0.dtd">
<hibernate-mapping package="com.city.oa.model.xml">
   <class name="EmployeeModel" table="OA_EMPLOYEE">
      <id name="id" column="EMPID">
```

```
            <generator class="assigned"/>
        </id>
        <property name="password" type="string" column="EMPPASSWORD"/>
        <property name="name" column="EMPNAME"/>
        <property name="sex" column="EMPSEX"></property>
        <property name="age"></property>
        <property name="salary"></property>
        <property name="birthday"></property>
        <property name="joinDate"></property>
        <property name="photo"></property>
        <property name="photoFileName"></property>
        <property name="photoContentType"></property>
        <property name="resume" type="ntext"></property>
        <!--员工与部门的 多对一关联映射 -->
        <many-to-one name="department" class="DepartmentModel" column= "DEPTNO"
         lazy="false" cascade="none"></many-to-one>
        <!-- 配置员工与爱好类的多对多关联关系 -->
        <set name="behaves" table="OA_EmployeeBehave" inverse="false" cascade=
         "all">
            <key column="EMPID"></key>
            <many-to-many class="BehaveModel" column="BNO"></many-to-many>
        </set>
        <!-- 员工与地址类的一对一关联关系 -->
        <one-to-one name="address" property-ref="employee"></one-to-one>
    </class>
</hibernate-mapping>
```

由代码可见，员工类依然使用<one-to-one>标记进行一对一配置，所不同是需要指定属性 property-ref，其值为对方执行自己的属性，这里 employee 是地址类指向员工的一对一属性名。

按照前面讲的，一对一关联关系优先选择共享主键模式，尽量不要使用单独外键加唯一性约束的模式。

8.5　一对一关联关系的注释方式映射配置

Hibernate 在使用注释方式支持一对一关联关系映射时，提供了@OneToOne，@JoinColumn 和@PrimaryKeyJoinColumn 等注释类。根据不同实现模式下，需要使用不同的注释类实现对一对一关联关系映射。

8.5.1　主键共享模式下注释映射配置

在共享主键模式下，主键兼任外键的一方在映射持久类时，在主键值的生成时要选择

Hibernate 的 foreign 生成器策略。

在配置一对一关联映射时要同时使用@OneToOne 和@PrimaryKeyJoinColumn 对关联属性进行修饰。在注释方式下，地址持久类的实现代码如程序 8-7 所示。

程序 8-7 EmployeeAddressModel.java //

```
package com.city.oa.model.annotation;
import java.io.Serializable;
import javax.persistence.CascadeType;
import javax.persistence.Entity;
import javax.persistence.GeneratedValue;
import javax.persistence.Id;
import javax.persistence.OneToOne;
import javax.persistence.PrimaryKeyJoinColumn;
import javax.persistence.Table;
import org.hibernate.annotations.GenericGenerator;
import org.hibernate.annotations.Parameter;
//员工地址持久类
@Entity
@Table(name="oa_employeeaddress")
public class EmployeeAddressModel implements Serializable {

    //员工账号，与主键字段对应，该属性取值来自员工表的主键值
    @Id
    //定义外键生成器策略
    @GenericGenerator(name="foreignKey",strategy="foreign",parameters=
    @Parameter(name="property",value="employee"))
    //使用上述定义的 id 生成器
    @GeneratedValue(generator = "foreignKey")
    private String id=null;
    //员工通讯地址
    private String address=null;
    //所在城市
    private String city=null;
    //所在省份
    private String province=null;
    //邮政编码
    private String postcode=null;
    //与员工对象一对一关联属性
    @OneToOne(cascade = CascadeType.ALL)
    //使用主键共享机制，主键兼任外键
    @PrimaryKeyJoinColumn
    private EmployeeModel employee=null;
    //get 和 set 属性方法
    public String getId() {
        return id;
```

```
    }
    public void setId(String id) {
        this.id = id;
    }
    public String getAddress() {
        return address;
    }
    public void setAddress(String address) {
        this.address = address;
    }
    public String getCity() {
        return city;
    }
    public void setCity(String city) {
        this.city = city;
    }
    public String getProvince() {
        return province;
    }
    public void setProvince(String province) {
        this.province = province;
    }
    public String getPostcode() {
        return postcode;
    }
    public void setPostcode(String postcode) {
        this.postcode = postcode;
    }
    public EmployeeModel getEmployee() {
        return employee;
    }
    public void setEmployee(EmployeeModel employee) {
        this.employee = employee;
    }
}
```

在生成对象的主属性值时，首先使用 Hibernate 的注释类@GenericGenerator 定义一个生成器类型，并使用 strategy="foreign"属性确定使用外键生成策略，该生成策略需要一个参数，参数名为 property，值是一对一关联对象的属性名，地址类中此值是 employee。

在定义了生成器后，使用 JPA 提供的注释类@GeneratedValue(generator = "foreignKey")，引用定义过的生成器名，即可使用对地址类对象主键属性进行赋值，而外键生成器策略是使用一对一关联的属性对象员工的主键值给地址主键值进行赋值，因此要创建地址对象，首先要设定其关联的员工对象，才能取得员工的主键值去给地址的主键进行赋值。

一对一关联属性使用@OneToOne 注释类进行配置，其主要的属性如下。

（1）cascade=CascadeType[]：级联操作选项，取值为 CascaseType 数组，语法为

cascade={CascadeType.类名,CascadeType.类名}

常见的级联操作类型有 ALL、DETACH、MERGE、PERSIST、REFRESH、REMOVE。

级联操作的取值案例如下。

cascase={CascadeType.PERSIST,CascadeType.DETACH,CascadeType.REMOVE}

在程序 8-6 所示的地址类定义代码中，使用了属性 cascade 并取值为 CascadeType.ALL，表示支持所有的持久化级联操作。

（2）fetch=FetchType：关联对象的检索策略，取值为 FetchType.LAZY 表示延迟检索此关联对象，取值为 FetchType.EAGER 时表示为立即检索。

（3）mappedBy="对方关联属性名"：指定双向一对一关联关系映射时，此关联关系由对方的关联关系指定，此属性用于主键且主键不是外键所在方的类的映射。

（4）targetEntity=类名.class：指定关联的类名，一般不需要设定此属性，Hibernate 会使用反射机制，确定关联的对象的类型。

（5）optional=true|false：指定关联的对象是否是可选的，如果为 true，表示此关联对象可以为 null；如果为 false，则关联对象是必需的；不能为 null，默认是 true。

（6）orphanRemoval=true|false：是否删除没有关联的记录，当取值 true 时，Hibernate 自动删除没有关联的对象对应的记录，即当外键为空的情况，此种情况一般针对使用单独外键方式实现一对一关联映射，且允许为空的情况下。主键共享模式下，由于主键不允许为空，所有此项属性没有意义。

除使用@OneToOne 注释类外，对共享主键模式的一对一关系，还需要使用 JPA 框架提供的注释类@PrimaryKeyJoinColumn 对关联属性进行注释，该类表达直接使用主键作为外键去关联对应的表，Hibernate 会根据关联的类 EmployeeModel 定义其表为 OA_Employee，并使用地址表的主键 EMPID 去关联员工表的主键 EMPID 字段。

@PrimaryKeyJoinColumn 注释类的主要属性如下。

（1）name="主键字段名"：表的主键兼任外键的字段名，如果省略，Hibernate 自动使用@Id 注释类注释的属性的字段名，所以一般不需要指定 name 属性。

（2）foreignKey=ForeignKey：指定操作一对一关联对象时，定义外键的约束操作，如数据库的 on delete set null 或 on delete cascade 语句，通常情况下，我们一般在定义表的外键字段时指定这些约束的操作，很少在 Hibernate 一对一映射中去指定，所以基本不使用此属性。

（3）referencedColumnName="关联的表的字段名"：用于指定关联表的主键字段，此案例中应该是员工的主键字段，取值为 referencedColumnName="EMPID"。Hibernate 根据注释类@PrimaryKeyJoinColumn 会自动确定关联表主键，所以也不需要指定，但是当使用关联表映射一对一关系时，就需要指定该属性，但使用关联表映射一对一的情况非常少。

（4）columnDefinition="SQL 定义语句"：用于定义生成 DDL 创建表的语句时字段的语法，当使用共享主键的一对一关联时，不能设置该属性，通常用于使用关联表进行映射一对一关联的情况下，由于使用关联表映射一对一使用非常少，本书没有进行讲解，请参阅 Hibernate 的官方文档。

要映射双向一对一关联关系，在主键所在方的类中的一对一关联属性上直接使用@OneToOne，不能设定属性 mappedBy，其取值为对方关联自己的属性名。如定义员工类关联的地址类对象属性时，此时 mappedBy 的取值应该是 employee。程序 8-8 演示了双向一对一关联关系共享主键模式下的员工类的定义代码。

程序 8-8　EmployeeModel.java //员工类注释类实现代码，重点看一对一关联关系

```
package com.city.oa.model.annotation;
import java.io.Serializable;
import java.sql.Blob;
import java.sql.Clob;
import java.util.Date;
import java.util.Set;
import javax.persistence.CascadeType;
import javax.persistence.Column;
import javax.persistence.Entity;
import javax.persistence.FetchType;
import javax.persistence.Id;
import javax.persistence.JoinColumn;
import javax.persistence.JoinTable;
import javax.persistence.ManyToMany;
import javax.persistence.ManyToOne;
import javax.persistence.OneToOne;
import javax.persistence.Table;
//员工持久类
@Entity
@Table(name="OA_EMPLOYEE")
public class EmployeeModel implements Serializable {

    //员工账号
    @Id
    @Column(name="EMPID")
    private String id=null;
    //员工密码
    @Column(name="EMPPASSWORD")
    private String password=null;
    //姓名
    @Column(name="EMPNAME")
    private String name=null;
    //性别
    @Column(name="EMPSEX")
    private String sex=null;
    //年龄
    private int age=0;
    //工资
    private double salary=0;
```

```
//出生日期
private Date birthday=null;
//入职日期
private Date joinDate=null;
//照片
private Blob photo=null;
//员工简历
private Clob resume=null;
//照片文件名
private String photoFileName=null;
//照片文件类型(MIME 类型)
private String photoContentType=null;
//多对一关联属性
@ManyToOne(cascade={CascadeType.ALL, CascadeType.PERSIST},fetch=FetchType.
EAGER,optional=false)
@JoinColumn(name="DEPTNO",table="OA_Employee",nullable=false,unique=
false,insertable=true,updatable=true)
private DepartmentModel department=null;
//多对多关联映射
@ManyToMany(cascade={CascadeType.PERSIST,CascadeType.DETACH},fetch=
FetchType.LAZY,targetEntity=com.city.oa.model.annotation.BehaveModel.
class)
@JoinTable(name="OA_EmployeeBehave",
 joinColumns=@JoinColumn(name="EMPID", referencedColumnName="EMPID"),
 inverseJoinColumns=@JoinColumn(name="BNO", referencedColumnName="BNO")
)
private Set<BehaveModel> behaves=null;
//一对一关联关系下的地址类属性
@OneToOne(mappedBy="employee",cascade=CascadeType.ALL,fetch=FetchType.
LAZY,targetEntity=EmployeeAddressModel.class)
private EmployeeAddressModel address=null;
//属性的 get/set 方法
public String getId() {
   return id;
}
public void setId(String id) {
   this.id = id;
}
public String getPassword() {
   return password;
}
public void setPassword(String password) {
   this.password = password;
}
public String getName() {
```

```
        return name;
    }
    public void setName(String name) {
        this.name = name;
    }
    public String getSex() {
        return sex;
    }
    public void setSex(String sex) {
        this.sex = sex;
    }
    public int getAge() {
        return age;
    }
    public void setAge(int age) {
        this.age = age;
    }
    public double getSalary() {
        return salary;
    }
    public void setSalary(double salary) {
        this.salary = salary;
    }
    public Date getBirthday() {
        return birthday;
    }
    public void setBirthday(Date birthday) {
        this.birthday = birthday;
    }
    public Date getJoinDate() {
        return joinDate;
    }
    public void setJoinDate(Date joinDate) {
        this.joinDate = joinDate;
    }
    public Blob getPhoto() {
        return photo;
    }
    public void setPhoto(Blob photo) {
        this.photo = photo;
    }
    public Clob getResume() {
        return resume;
    }
    public void setResume(Clob resume) {
```

```
        this.resume = resume;
    }
    public String getPhotoFileName() {
        return photoFileName;
    }
    public void setPhotoFileName(String photoFileName) {
        this.photoFileName = photoFileName;
    }
    public String getPhotoContentType() {
        return photoContentType;
    }
    public void setPhotoContentType(String photoContentType) {
        this.photoContentType = photoContentType;
    }
    public DepartmentModel getDepartment() {
        return department;
    }
    public void setDepartment(DepartmentModel department) {
        this.department = department;
    }
    public Set<BehaveModel> getBehaves() {
        return behaves;
    }
    public void setBehaves(Set<BehaveModel> behaves) {
        this.behaves = behaves;
    }
}
```

员工类只需使用@OneToOne 注释类即可，重点是要设置 mappedBy 属性，该属性通知 Hibernate 此一对一关联是对方关联关系的反向实现，其他属性可以设定级联属性和检索策略属性等。

8.5.2 单独外键模式下注释映射配置

除了最常使用的共享主键模式的一对一关联实现，还有就是使用单独的唯一性约束的外键方式实现一对一关联关系，Hibernate 也支持使用注释类实现此模式下一对一的关联映射。

在此实现模式下，地址表有自己单独的主键，假如为 Address，并使用自增量字段类型，并且有一个指向员工表的外键 EMPID，该外键字段增加唯一性约束，保证其取值不能重复，如此构成了地址和员工之间的一对一关联关系。

在单独外键模式下，Hibernate 实现一对一映射的注释方式与共享主键模式下的映射语法是不一样的。

在单独外键模式下，地址表有自己的单独的主键，其取值可以是任何的生成模式，如编程设定或使用自动生成器设定，因此不需要像共享主键模式，只能使用 foreign 生成器，而可以使用任何类型生成器。

在共享主键模式下，在一对一关联属性上除了使用@OneToOne 注释类之外，还要使用注释类@PrimaryKeyJoinColumn 设定主键兼任外键；而在单独外键模式下，就不能再使用注释类@PrimaryKeyJoinColumn 了，而要使用@JoinColumn 注释类指定外键字段。

使用单独外键模式下，地址类的注释方式配置映射信息的编程参见程序 8-9。

程序 8-9　EmployeeAddreddModel.java

```
package com.city.oa.model.annotation;
import java.io.Serializable;
import javax.persistence.CascadeType;
import javax.persistence.Entity;
import javax.persistence.GeneratedValue;
import javax.persistence.Id;
import javax.persistence.OneToOne;
import javax.persistence.PrimaryKeyJoinColumn;
import javax.persistence.Table;
import org.hibernate.annotations.GenericGenerator;
import org.hibernate.annotations.Parameter;
//员工地址持久类，使用单独外键模式实现与员工的一对一关联
@Entity
@Table(name="oa_employeeaddress")
public class EmployeeAddressModel implements Serializable {

   //地址编号，与主键字段对应
   @Id
   @GeneratedValue(strategy=GenerationType.IDENTITY)
   private int no=0;
   //员工通讯地址
   private String address=null;
   //所在城市
   private String city=null;
   //所在省份
   private String province=null;
   //邮政编码
   private String postcode=null;
   //与员工对象一对一关联属性
   @OneToOne(cascade = CascadeType.ALL,fetch=FetchType.LAZY)
   //使用单独外键机制
   @JoinColumn(name="EMPID")
   private EmployeeModel employee=null;
   //get 和 set 属性方法
   public String getId() {
      return id;
```

```
    }
    public void setId(String id) {
        this.id = id;
    }
    public String getAddress() {
        return address;
    }
    public void setAddress(String address) {
        this.address = address;
    }
    public String getCity() {
        return city;
    }
    public void setCity(String city) {
        this.city = city;
    }
    public String getProvince() {
        return province;
    }
    public void setProvince(String province) {
        this.province = province;
    }
    public String getPostcode() {
        return postcode;
    }
    public void setPostcode(String postcode) {
        this.postcode = postcode;
    }
    public EmployeeModel getEmployee() {
        return employee;
    }
    public void setEmployee(EmployeeModel employee) {
        this.employee = employee;
    }
}
```

从上面的代码可以看到，使用单独外键方式下，地址类的主键生成策略和一对一关联关系的映射都与共享主键方式有很大的区别。

无论哪种实现方式，作为主键方的员工类的映射基本上是不变的，依然使用@OneToOne 注释类，并设定 mappedBy 属性即可，代码参见程序 8-7。

8.6 一对一关联关系的 Hibernate 持久化实际应用编程

在完成一对一关联关系映射配置以后，就可以使用 Hibernate API 完成针对一对一关联对象的各种持久化操作，包括增加一个持久类对象时，同步增加其关联的一对一对象；修改一个对象时，同步修改关联的对象；删除对象时同步删除关联的对象；根据指定的对象取得关联的一对一对象等。

在本 OA 案例中，通过使用一对一关联关系的级联操作，在操作员工对象时，同步操作其关联的地址对象。程序 8-10 演示了员工业务接口方法中与地址信息相关的业务方法。

程序 8-10　IEmployeeService.java //员工业务接口(只列出与员工和地址关联有关的方法)

```
package com.city.oa.service;
import java.util.List;
import com.city.oa.model.annotation.BehaveModel;
import com.city.oa.model.annotation.DepartmentModel;
import com.city.oa.model.annotation.EmployeeAddressModel;
import com.city.oa.model.annotation.EmployeeModel;
/*
 * 程序 8-9 员工业务服务接口 */
//员工业务服务接口
public interface IEmployeeService {
    //增加新员工，粗粒度方式，传入员工持久类对象
    public void add(EmployeeModel em) throws Exception;
    //增加员工时同时增加关联的地址信息
    public void add(String id,String password,int departmentNo,String name,
    String sex,int age,double salary,String address,String city,String province,
    String postcode) throws Exception;
    //修改原有员工，粗粒度方式，传入员工持久类对象
    public void modify(EmployeeModel em) throws Exception;
    //修改原有员工，传入员工对象的各个属性参数,以及关联的地址对象的参数
    public void modify(String id,String password,int departmentNo,String name,
    String sex,int age,double salary,String address,String city,String
    province,String postcode) throws Exception;
    //取得指定员工的地址信息
    public EmployeeAddressModel getAddress(String id) throws Exception;
}
```

在定义了员工的业务接口方法后，程序 8-11 演示了使用 Hibernate API 完成员工和地址对象相关持久化操作的实现类的编程。

程序 8-11　EmployeeServiceImpl.java //员工业务实现类（只实现了与地址一对一关联的方法）

```
package com.city.oa.service.impl;
import java.util.ArrayList;
import java.util.List;
import java.util.Set;
import org.hibernate.Session;
import org.hibernate.SessionFactory;
import org.hibernate.Transaction;
```

```
import com.city.oa.factory.HibernateSessionFactoryUtil;
import com.city.oa.model.annotation.BehaveModel;
import com.city.oa.model.annotation.DepartmentModel;
import com.city.oa.model.annotation.EmployeeAddressModel;
import com.city.oa.model.annotation.EmployeeModel;
import com.city.oa.service.IEmployeeService;
//员工业务服务实现类
public class EmployeeServiceImpl implements IEmployeeService {
    //增加新员工，粗粒度模式
    @Override
    public void add(EmployeeModel em) throws Exception {
        SessionFactory sessionFactory=HibernateSessionFactoryUtil. getSession
        Factory();
        Session session=sessionFactory.openSession();
        Transaction tx=session.beginTransaction();
        session.save(em);
        tx.commit();
        session.close();
    }
    //增加员工时同时增加关联的地址信息
    @Override
    public void add(String id, String password, int departmentNo, String name,
    String sex, int age, double salary,
            String address, String city, String province, String postcode)
            throws Exception {
        SessionFactory sessionFactory=HibernateSessionFactoryUtil.getSession
        Factory();
        Session session=sessionFactory.openSession();
        Transaction tx=session.beginTransaction();
        //取得部门对象
        DepartmentModel dm=session.get(DepartmentModel.class, departmentNo);
        //创建员工持久类对象
        EmployeeModel em=new EmployeeModel();
        em.setId(id);
        em.setPassword(password);
        em.setName(name);
        em.setAge(age);
        em.setSalary(salary);
        //设置多对一关系对象：部门对象
        em.setDepartment(dm);
        //创建员工地址类对象
        EmployeeAddressModel addressModel=new EmployeeAddressModel();
        //设置地址关联对象员工对象
        addressModel.setEmployee(em);
        addressModel.setAddress(address);
```

```
    addressModel.setCity(city);
    addressModel.setProvince(province);
    addressModel.setPostcode(postcode);
    //设置员工与地址对象关联
    em.setAddress(addressModel);
    //增加员工对象，同时级联增加地址对象
    session.save(em);
    tx.commit();
    session.close();

}
//修改原有员工，细粒度方式，传入员工对象的各个属性参数，以及关联的地址对象的参数
@Override
public void modify(String id, String password, int departmentNo, String
name, String sex, int age, double salary,String address, String city,
String province, String postcode) throws Exception {
    SessionFactory sessionFactory=HibernateSessionFactoryUtil.getSession
    Factory();
    Session session=sessionFactory.openSession();
    Transaction tx=session.beginTransaction();
    //取得部门对象
    DepartmentModel dm=session.get(DepartmentModel.class, departmentNo);
    //取得员工持久类对象
    EmployeeModel em=session.get(EmployeeModel.class, id);
    em.setId(id);
    em.setPassword(password);
    em.setName(name);
    em.setAge(age);
    em.setSalary(salary);
    //设置多对一关系对象：部门对象
    em.setDepartment(dm);
    //创建员工地址类对象
    EmployeeAddressModel addressModel=em.getAddress();
    //设置地址关联对象员工对象
    addressModel.setEmployee(em);
    addressModel.setAddress(address);
    addressModel.setCity(city);
    addressModel.setProvince(province);
    addressModel.setPostcode(postcode);
    //设置员工与地址对象关联
    em.setAddress(addressModel);
    //增加员工对象，同时级联增加地址对象
    session.update(em);
    tx.commit();
    session.close();
```

```
    }
    //取得指定员工的地址信息
    @Override
    public EmployeeAddressModel getAddress(String id) throws Exception {
        SessionFactory sessionFactory=HibernateSessionFactoryUtil.getSession
        Factory();
        Session session=sessionFactory.openSession();
        Transaction tx=session.beginTransaction();
        //取得员工持久类对象
        EmployeeModel em=session.get(EmployeeModel.class, id);
        //创建员工地址类对象
        EmployeeAddressModel addressModel=em.getAddress();
        tx.commit();
        session.close();
        return addressModel;
    }
}
```

在员工业务类与地址相关的业务方法中，通过员工和地址类双向的一对一关联关系，可以相互 set 对方对象的属性，实现二者的关联，再利用一对一关联时配置的级联操作选项，只要操作员工对象，Hibernate 自动会操作关联的地址对象。增加员工就自动增加地址，修改员工就自动修改地址，删除员工自动删除地址表对应的记录。

在前面配置 Hibernate 时使用了 C3P0 连接池框架，所以可以使用独立模式的测试类，对业务类的方法进行测试，程序 8-12 演示了有 main 方法的测试类对员工业务方法中与地址有关的业务方法测试。

程序 8-12 Test.java //独立测试类

```
package com.city.oa.test;
import com.city.oa.model.annotation.DepartmentModel;
import com.city.oa.model.annotation.EmployeeAddressModel;
import com.city.oa.model.annotation.EmployeeCourseScoreModel;
import com.city.oa.model.annotation.EmployeeCourseScorePK;
import com.city.oa.model.annotation.EmployeeModel;
import com.city.oa.model.xml.BehaveModel;
import com.city.oa.service.IBehaveService;
import com.city.oa.service.IEmployeeCourseScoreService;
import com.city.oa.service.IEmployeeService;
import com.city.oa.service.impl.BehaveServiceImpl;
import com.city.oa.service.impl.EmployeeCourseScoreServiceImpl;
import com.city.oa.service.impl.EmployeeServiceImpl;
//测试类
public class Testing {
  public static void main(String[] args) {
    //测试增加员工和相关的地址信息
    IEmployeeService es=new EmployeeServiceImpl();
```

```
try{
//================测试粗粒度增加员工================================
    DepartmentModel dm=new DepartmentModel();
    dm.setNo(1); //注部门编号为 1 的部门已经存在
    //创建员工持久类对象
    EmployeeModel em=new EmployeeModel();
    em.setId("1001");
    em.setPassword("1001");
    em.setName("刘明");
    em.setAge(22);
    em.setSalary(5000);
    //设置多对一关系对象：部门对象
    em.setDepartment(dm);
    //创建员工地址类对象
    EmployeeAddressModel addressModel=new EmployeeAddressModel();
    //设置地址关联对象员工对象
    addressModel.setEmployee(em);
    addressModel.setAddress("中山路 100 号");
    addressModel.setCity("大连");
    addressModel.setProvince("辽宁");
    addressModel.setPostcode("116021");
    //设置员工与地址对象关联
    em.setAddress(addressModel);
    //增加此员工
    es.add(em);
    //==============细粒度增加员工==================================
    es.add("1002","1002", 1, "张建设", "男", 24, 6000, "解放路 127 号",
    "大连", "辽宁", "116022");
    //============细粒度修改员工,修改员工的现有地址==================
    es.modify("1002","1002", 1, "张建设", "男", 24, 6000, "解放路 128 号",
     "大连", "辽宁", "116022");
    //取得 1002 员工的地址信息
    EmployeeAddressModel address=es.getAddress("1002");
    //输出此员工的地址信息
    System.out.println(address.getAddress());
    }
    catch(Exception e){
       e.printStackTrace();
    }
  }
}
```

通过业务方法实现代码和测试类编程代码可以看到，编写与一对一关联关系对应的持久化方法时，关键的编程是设置双方的一对一关联，设置好关联关系后，就可以按照正常的 Hibernate 编程执行 save、update、delete 等持久化方法，Hibernate 会根据映射配置时的级联操作选项，自动对关联对象执行相同的操作，如此极大地简化了对关联对象的编程，提高了项目的开发效率，缩短了项目的开发周期。

本章小结

本章详细讲述了对象间的一对一关联关系，包括数据库关系模型的表达和实现，Java面向对象语言中的表达和编程。本章详述了 Hibernate 支持下的 XML 方式和注释方式实现一对一关联映射的配置语法，使用的标记、注释类，包括每个标记的语法、每个注释类的语法和属性等详细信息。最后通过使用 OA 项目案例中的员工和地址存在的一对一关联关系，展示了使用 Hibernate API 实现对一对一关联对象的持久化编程，包括增加、修改、删除和取得关联的一对一对象。

第9章 Hibernate 持久化编程

本章要点

- Hibernate Session API 的持久化方法。
- Hibernate 持久对象的状态及其转换。
- 持久对象处于各种状态时的特性。
- 各种持久化方法的特性。

在完成 Hibernate 的持久类的映射配置之后，就可以使用 Hibernate 提供的各种 API 完成对持久对象的持久化操作，即增加、修改、删除和查询，简称为 CRUD。

Hibernate 的 Session API 主要完成持久对象的增加、修改、删除和根据主键值取得单个持久对象的功能。Session 对象不但能完成对单个持久对象的持久化操作，还能对其关联的持久对象进行各种级联操作，并通过映射配置对级联操作进行控制。

Hibernate 的查询多个持久对象的功能需要通过第 10 章介绍的 Query API 完成，本章的重点是讲述 Session 接口的各种方法、持久对象的状态及转换、持久对象的级联操作和配置等。

9.1 Hibernate 持久对象的特征

Hibernate 应用开发中持久对象是其操作的核心，但 Hibernate 对持久类没有特殊的要求，既不要求实现 Hibernate 任何接口，也不需要继承任何与 Hibernate 相关的类，普通的 POJO 类就可以作为 Hibernate 的持久类。

普通的 POJO 类在完成映射配置后，在 Hibernate 的 API 对象控制下成为持久类。每个持久类基本上与数据库的一个表进行对应，每个持久对象与表的一个记录对应，其属性与表的字段对应，Hibernate 通过操作持久对象完成对数据表记录的处理，实现应用项目的持久化层功能。

Hibernate 的持久类的编程需要遵循如下规范：

（1）符合 JavaBean 规定。

（2）每个属性变量有对应的 get 和 set 方法。

（3）必须有主属性，用于标示该持久类中的一个对象。

9.2 持久对象的状态及转换

Hibernate 在对持久化类的实例对象的操作中，将该对象的生命周期按如下三种方式进行划分，并实施不同的操作策略，其状态及其转换参见图 9-1。

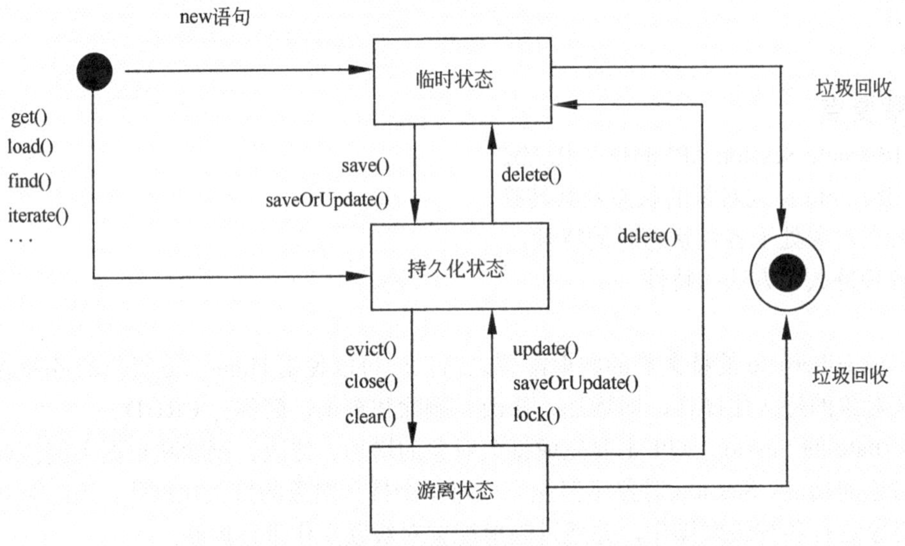

图 9-1　Hibernate 持久对象的转换和转换 UML 状态图

1. 临时状态（Transient Objects）

处于临时状态的对象属于瞬时对象(Transient)。对持久对象执行如下操作时会进入临时状态。

（1）当通过 new 语句刚创建了一个持久对象，它处于临时状态，此时不和数据库中的任何记录对应。

（2）Session 的 delete()方法能使一个持久化对象或游离对象转变为临时对象。对于游离对象，delete()方法从数据库中删除与它对应的记录；对于持久化对象，delete()方法从数据库中删除与它对应的记录，并且把它从 Session 的缓存中删除。

2. 持久化状态（Persist Objects）

持久态(Persistent)是持久对象处于 Session 的事务管理之下，并且 session 没有关闭，事务没有结束前的状态。当事务提交时，通过执行 SQL 的 INSERT、UPDATE 和 DELETE 语句把内存中的状态同步到数据库中。持久化对象在 Hibernate Session 对象的如下方法执行后会进入持久化状态。

（1）Session 的 save()方法把临时对象转变为持久化对象。

（2）Session 的 load()或 get()方法返回的对象总是处于持久化状态。

（3）Session 的 find()方法返回的 List 集合中存放的都是持久化对象。

（4）Session 的 update()、saveOrUpdate()和 lock()方法使游离对象转变为持久化对象。

（5）当一个持久化对象关联一个临时对象时，在允许级联保存的情况下，Session 在清理缓存时会把这个临时对象也转变为持久化对象。

3. 游离状态（Detached Objects）

游离态对象也叫脱管(detached)状态。当 Session 关闭之后，持久化对象就变为离线对象，当 Hibernate 对持久对象进行如下操作时，持久对象进入游离状态。

（1）当调用 Session 的 close()方法时，Session 的缓存被清空。如果在应用程序中没有引用变量引用这些游离对象，它们就会被回收，结束生命周期。

（2）当调用 Session 的 evict()方法时，evict()方法能够从缓存中删除一个持久化对象，使它变为游离状态，降低内存消耗。但是多数情况下不推荐使用 evict()方法，而应该通过 HQL 查询语言，或者显式的导航来控制持久对象及其关联对象的读取。

9.3 Hibernate Session API 概述

Hibernate 是持久层框架，其核心功能是增改查删（Create，Update，Retrive，Delete，CUDR），其中查询又包括查询一个持久对象和查询多个持久对象的操作。查询一个持久对象通常是根据对象的主属性值取得此对象，而查询多个对象通常是返回包括多个对象的容器对象，主要是 List 类型。

在 Hibernate 中增加、修改、删除、查询一个对象的操作都使用 Hibernate 的 Session API 完成，并借助 Transaction API 的帮助完成事务处理，而查询多个持久对象的操作则使用 Query API 并结合 Hibernate 提供的 HQL 查询语法完成。本章的重点是 Session API 的主要方法，第 10 章和第 11 章详细讲述 Query 和 HQL 查询的编程和应用。

Session 的生命周期绑定在一个物理的事务（tansaction）上面，Session 的主要功能是提供对映射的实体类实例的创建、读取和删除操作。

Hibernate 的 Session 对象具有以下特性。

（1）单线程的、短寿命的对象，代表了一次会话的过程。

Session 接口的对象实际上表达一个 JDBC Connection 连接，它可以包含一些持久化对象的缓存可被看作介于数据连接与事物管理一种中间接口。Hibernate 框架将 Session 看作介于数据连接与事物管理的一种中间接口或者想象成一个持久对象的缓冲区，Hibernate 能检测到 Session 对象管理的所有持久对象的属性值改变，并及时刷新数据库。

（2）每一个 Session 实例和一个数据库事务绑定。

每一个 Session 实例都与一个数据处理库事务绑定，每执行一个数据库事务（操作），都会先创建一个新的 Session 实例，如果事务没有异常就要提交此事务，将持久化操作结果保存到数据库中，否则如果事务执行中出现异常就回滚撤销事务。不论事务执行成功与否，最后都应该调用 Session 的 close()方法，从而释放 Session 实例占用的资源。

在 Hibernate 中 Session 接口的对象是轻量级的对象，都是通过重量级的 SessionFactory 对象获得 Session 接口的对象。SessionFactory 提供了如下方法用于获得 Session 对象。

（1）openSession()：打开一个新的连接，取得 Session 对象。

此方式用于单独的 Hibernate 应用编程，没有与其他事务管理框架进行关联，此时由 Hibernate 自身管理持久化操作中的事务处理。

（2）getCurrentSession()：使用一个事务管理现有的 Session 对象。

此方法用于在结合事务管理框架时，通常使用 Spring 管理 Hibernate 的事务，事务管理框架打开一个连接，取得 Session 后，Hibernate 直接使用此框架获取的 Session 对象。在此模式下，Hibernate 自身不需要管理事务，事务由其他框架管理，实际项目开发中基本上使用此模式，在第 17 章中有详细的介绍。

在取得 Session 接口的对象后，表示 Hibernate 已经成功实现了与数据库的连接，可以进行相关的持久化操作，通过启动事务，实现映射对象的持久化操作，提交或回滚事务，最后关闭 Session 对象完成一次持久化操作。Session API 提供的方法和详细介绍参见表 9-1。

表 9-1 Hibernate Session 接口定义的方法

返 回 类 型	方法名，参数和方法说明
Transaction	beginTransaction() 开始一个工作单元并且返回相关联的事务（Transaction）对象
void	cancelQuery() 终止执行当前查询
void	clear() 完整地清除 Session
Connection	close() 停止 Session，通过中断 JDBC 连接并且清空（cleaning up）
Connection	connection() 获取这个 Session 的 JDBC 连接。如果这个 Session 使用了积极的 Collection 释放策略（如 CMT-容器控制事务的环境下），关闭这个调用的连接的职责应该由当前应用程序承担
boolean	contains(Object object) 检查这个对象实例是否与当前的 Session 关联（即是否为 Persistent 状态）
Criteria	createCriteria(Class persistentClass) 为给定的实体类或它的超类创建一个新的 Criteria 实例
Criteria	createCriteria(Class persistentClass, String alias) 根据给定的实体类或者它的超类创建一个新的 Criteria 实例，并赋予它（实体类）一个别名
Criteria	createCriteria(String entityName) 根据给定的实体的名称（name），创建一个新的 Criteria 实例
Criteria	createCriteria(String entityName, String alias) 根据给定的实体的名称（name），创建一个新的 Criteria 实例，并赋予它（实体类）一个别名
Query	createFilter(Object collection, String queryString) 根据给定的 collection 和过滤字符串（查询条件）创建一个新的 Query 实例
Query	createQuery(String queryString) 根据给定的 HQL 查询条件创建一个新的 Query 实例
SQLQuery	createSQLQuery(String queryString) 根据给定的 SQL 查询条件创建一个新的 SQLQuery 实例

续表

返回类型	方法名，参数和方法说明
void	delete(Object object) 从数据库中移除持久化（persistent）对象的实例
void	delete(String entityName, Object object) 从数据库中移除持久化（persistent）对象的实例，并引用配置的 entityName
void	disableFilter(String filterName) 禁用当前 Session 的名称过滤器
Connection	disconnect() 断开 Session 与当前的 JDBC 连接
Filter	enableFilter(String filterName) 打开当前 Session 的名称过滤器
void	evict(Object object) 将当前对象实例从 Session 缓存中清除
void	flush() 强制提交刷新（flush）Session
Object	get(Class clazz, Serializable id) 根据给定标识和实体类返回持久化对象的实例，如果没有符合条件的持久化对象实例则返回 null
Object	get(Class clazz, Serializable id, LockMode lockMode) 根据给定标识和实体类返回持久化对象的实例，如果没有符合条件的持久化对象实例则返回 null
Object	get(String entityName, Serializable id) 返回与给定的实体命名和标识匹配的持久化实例，如果没有对应的持久化实例则返回 null
Object	get(String entityName, Serializable id, LockMode lockMode) 返回与给定的实体类和标识所匹配的持久化实例，如果没有对应的持久化实例则返回 null
CacheMode	getCacheMode() 得到当前的缓存模式
LockMode	getCurrentLockMode(Object object) 检测给定对象当前的锁定级别
Filter	getEnabledFilter(String filterName) 根据名称获取一个当前允许的过滤器（filter）
EntityMode	getEntityMode() 获取这个 session 有效的实体模式
String	getEntityName(Object object) 返回一个持久化对象的实体名称
FlushMode	getFlushMode() 获得当前的刷新提交（flush）模式
Serializable	getIdentifier(Object object) 获取给定的实体对象实例在 Session 的缓存中的标识，如果该实例是自由状态（Transient）的或者与其他 Session 关联则抛出一个异常
Query	getNamedQuery(String queryName) 从映射文件中根据给定的查询的名称字符串获取一个 Query（查询）实例
Session	getSession(EntityMode entityMode) 根据给定的实体模式（Entity Mode）开始一个新的有效的 Session

续表

返 回 类 型	方法名，参数和方法说明
SessionFactory	getSessionFactory() 获取创建这个 Session 的 SessionFactory 实例
SessionStatistics	getStatistics() 获取这个 Session 的统计信息
Transaction	getTransaction() 获取与这个 Session 关联的 Transaction（事务）实例
boolean	isConnected() 检查当前 Session 是否处于连接状态
boolean	isDirty() 检查当前 Session 是否包含需要与数据库同步的（数据状态）变化，如果刷新提交（flush）这个 Session 是否会有 SQL 执行
boolean	isOpen() 检查当前 Session 是否仍然打开
Object	load(Class theClass, Serializable id) 在符合条件的实例存在的情况下，根据给定的实体类和标识返回持久化状态的实例
Object	load(Class theClass, Serializable id, LockMode lockMode) 在符合条件的实例存在的情况下，根据给定的实体类、标识及指定的锁定等级返回持久化状态的实例
void	load(Object object, Serializable id) 将与给定的标示对应的持久化状态（值）复制到给定的自由状态（trasient）实例上
Object	load(String entityName, Serializable id) 在符合条件的实例存在的情况下，根据给定的实体类和标识返回持久化状态的实例
Object	load(String entityName, Serializable id, LockMode lockMode) 在符合条件的实例存在的情况下，根据给定的实体类、标识及指定的锁定等级返回持久化状态的实例
void	lock(Object object, LockMode lockMode) 从给定的对象上获取指定的锁定级别
void	lock(String entityName, Object object, LockMode lockMode) 从给定的对象上获取指定的锁定级别，并引用配置的 entityName
Object	merge(Object object) 将给定的对象的状态复制到具有相同标识的持久化对象上
Object	merge(String entityName, Object object) 将给定的对象的状态复制到具有相同标识的持久化对象上并引用配置的实体名参数
void	persist(Object object) 将一个自由状态（transient）的实例持久化
void	persist(String entityName, Object object) 将一个自由状态（transient）的实例持久化，并引用配置的实体名参数
void	reconnect() 不推荐的。 手工的重新连接只应用于应用程序提供连接的情况，在这种情况下或许应该使用 reconnect(java.sql.Connection)

续表

返 回 类 型	方法名，参数和方法说明
void	reconnect(Connection connection) 重新连接到给定的 JDBC 连接
void	refresh(Object object) 从数据库中重新读取给定实例的状态
void	refresh(Object object, LockMode lockMode) 根据指定的锁定模式（LockMode），从数据库中重新读取给定实例的状态
void	replicate(Object object, ReplicationMode replicationMode) 使用当前的标识值持久化给定的游离状态（Transient）的实体增加引用配置的实体各参数
void	replicate(String entityName, Object object, ReplicationMode replicationMode) 使用当前的标识值持久化给定的游离状态（Transient）的实体。
Serializable	save(Object object) 首先为给定的自由状态（Transient）的对象（根据配置）生成一个标识并赋值，然后将其持久化
Serializable	save(String entityName, Object object) 首先为给定的自由状态（Transient）的对象（根据配置）生成一个标识并赋值，然后将其持久化。增加引用配置的实体各参数
void	saveOrUpdate(Object object) 根据给定的实例的标识属性的值（注：可以指定为 unsaved-value。一般默认 null）来决定执行 save() 或 update()操作
void	saveOrUpdate(String entityName, Object object) 根据给定的实例的标识属性的值（注：可以指定为 unsaved-value。一般默认为 null）来决定执行 save() 或 update()操作。增加引用配置的实体各参数
void	setCacheMode(CacheMode cacheMode) 设置缓存模式
void	setFlushMode(FlushMode flushMode) 设置刷新提交模式
void	setReadOnly(Object entity, boolean readOnly) 将一个未经更改的持久化对象设置为只读模式，或者将一个只读对象标记为可以修改的模式
void	update(Object object) 根据给定的 detached（游离状态）对象实例的标识更新对应的持久化实例
void	update(String entityName, Object object) 根据给定的 detached（游离状态）对象实例的标识更新对应的持久化实例增加引用配置的实体各参数

Session API 提供的这些方法中按照操作基本划分为以下类别。

（1）对持久对象的增加操作。

（2）对持久对象的修改操作。

（3）对持久对象的删除操作。

（4）根据给定的主属性查询一个持久对象操作。

（5）取得查询接口 Query 的对象的方法。

（6）设置事务处理参数的方法。

下面各个小节详细讲述以上类别方法的编程和使用。

9.4 Session API 中持久对象的增加方法

Session 接口提供了多种方法实现持久类对象的持久化，即执行 insert into 语句将持久对象的属性增加到数据库映射表的记录中，包括如下所述的方法。

1. Serializable save（Object object）

该方法首先为给定的自由状态（Transient）的对象（根据配置）生成一个标识并赋值，然后将其持久化。方法参数是处于临时态的持久对象，如果是持久态或游离态对象，则执行此方法时会抛出异常，因为不能生成相同的主键的记录。该方法返回完成持久化后对象的主键值，特别是当主键值采用某种生成器自动生成时，如果需要得到此对象的主键值进行下下一步的编程，此方法特别有用。如下代码将生成新的员工记录。

```
EmployeeModel em=new EmployeeModel();
em.setId("1001");
em.setName("吴明");
... //set 其他属性
session.save(em);
session.close();
```

Session 接口对象执行持久化方法时，必须处于事务控制下。

2. Serializable save（String entityName,Object object）

该方法首先为给定的自由状态（Transient）的对象（根据配置）生成一个标识并赋值，然后将其持久化。从功能上可见与（1）中的 save 方法一样，其第一个参数 entityName 是在映射持久类时<class>元素使用 entity-name 属性指定的名称，如果没有此名称，则无法使用此方法。如下是使用 XML 方式时，配置 entity-name 的代码。

```
<class name="EmployeeModel" table="OA_Employee" entity-name="emp">
</class>
```

有此持久类的配置代码后，可以通过如下代码实现增加新员工。

```
session.save("emp",em);
```

3. void saveOrUpdate（Object object）

此方法是一个有双重功能的持久化方法，它既能执行 insert 也能执行 update 操作，如果传入的持久对象在数据库中没有，则执行 save 操作，完成增加持久对象，否则如果此对象已经在数据库表中，则执行 update 操作，生成 update 语句，其使用与 save 方法一样。

```
session.saveOrUpdate(em);
```

4. void saveOrUpdate（String entityName,Object object）

此方法在上一个方法的基础上，增加了传入 entity-name 参数，使用语法如下。

```
session.saveOrUpdate("emp",em);
```

5. void persist（Object object）

persist 方法与 save 一样，都执行增加功能，Hibernate 之所以提供与 save()功能几乎完全类似的 persist()方法，一方面是为了照顾 JPA 的用法习惯。另一方面，save()和 persist()方法还有一个区别就是使用 save() 方法保存持久化对象时，该方法返回该持久化对象的标识属性值(即对应记录的主键值)；但使用 persist() 方法来保存持久化对象时，该方法没有任何返回值。因为 save() 方法需要立即返回持久化对象的标识属性，所以程序执行 save() 会立即将持久化对象对应的数据插入数据库；而 persist() 则保证当它在一个事物外部被调用时，并不立即转换成 insert 语句， 这个功能是很有用的，尤其当我们封装一个长会话流程的时候，persist() 方法就显得尤为重要了。Persist 方法把一个瞬态的实例持久化，但是并“不保证”标识符(identifier 主键对应的属性)被立刻填入到持久化实例中，标识符值的填充可能被推迟到 flush 的时候才生成，而 save 方法把一个瞬态的实例持久化时，立即生成标识符值，并返回此标识符值，它会立即执行 SQL insert 语句完成持久化操作。如下语句完成增加新员工。

```
session.persist(em);
```

6. void persist（String entityName,Object object）

此方法增加了 entity-name 参数，完成持久化操作，其示意使用代码如下。

```
session.persist("emp",em);
```

7. Object merge（Object object）

merge 的功能是新创建（new）一个对象，如果该对象设置了主键值，且主键值在数据表中存在，则执行 update 操作；如果主键值没有，则自动执行 insert 操作，完成对象的增加。

假如当 ID 在数据库中不能找到时，用 update 的话肯定会报异常，然而用 merge，就会 insert。当 ID 在数据库中能找到的时候，update 与 merge 的执行效果都是更新数据，发出 update 语句，如果没有设置 ID，则这个对象就当作瞬态处理；用 update，由于没有 ID，所以会报异常，merge 此时则会保存数据，根据 ID 生产策略生成一条数据。

执行 merge 功能，会将两个主键属性相同的持久对象进行合并，对值修改的属性执行 update 操作，其示意使用代码如下。

```
EmployeeModel em=session.get(EmployeeModel.class,"1001");
em.setName("赵名");
... //set 其他属性
session.merge(em);
```

8. Object merge（String entityName,Object object）

在单参数的 merge 方法基础上，增加了 entity-name 参数，使用案例代码如下。

```
session.merge("emp",em);
```

在以上所有能执行增加持久对象的方法中，实际应用编程使用最多是 save 方法，尤其当在编程中能确定要执行的是增加，而不是修改时，就更应该使用 save 方法。

9.5 Session API 中持久对象的修改方法

与多个能完成增加方法一样，Hibernate 同样提供了多个能完成对持久对象进行修改的方法，具体方法的定义和解释如下。

1．void update（Object object）

Session 的 update 方法使一个游离对象转变为持久化对象，并执行 update 语句完成持久对象对应记录的更新。只要通过 update()方法使游离对象被一个 Session 关联，即使没有修改 Customer 对象的任何属性，Session 在清理缓存时也会执行 update 语句。该方法使用的案例示意代码如下。

```
session.update(em);
```

2．void update（String entityName,Object object）

该方法增加了 entity-name 参数，执行相同的 update 操作，其使用示意代码如下。

```
session.update("emp",em);
```

3．Object merge（Object object）

该方法是多重功能的方法，参见 9.4 节的介绍。

4．Object merge（String entityName,Object object）

增加了 entity-name 参数的方法，参见 9.4 节的介绍。

5．void saveOrUpdate（Object object）

与 9.4 节介绍的一致，此处不再赘述。

6．void saveOrUpdate（String entityName,Object object）

与 9.4 节介绍的一致，此处不再赘述。

在使用 Hibernate API 编程时，利用 Hibernate 持久对象的持久态特征，即使不使用 update 方法，同样能完成修改的功能。

当一个持久对象处于持久态时，Hibernate 能保证对象的属性与数据库表的字段进行同步，当事务提交或执行 session 的 flush 方法时，会自动检查同步情况，如果发现对象属性与表字段不一致，Hibernate 会自动执行 update 语句。如下代码演示了不使用 update 语句执行对员工的更新操作。

```
EmployeeModel em=session.get(EmployeeMode.class,"1001");
em.setName("刘明明");
session.flush();
tx.close();
session.clsoe();
```

代码中略去了取得 Session 对象和开启事务的语句，读者在测试时需要补全这些代码。

9.6 Session API 中持久对象的删除方法

与提供多种增加和修改的方法不同，Hibernate 只提供了 delete 方法执行删除持久对象对应数据表记录的功能，delete 方法的重载语法如下。

1．void delete（Object object）

方法传入待删除的持久化对象，当事务提交后，Hibernate 将生成并运行 delete 语句，将持久对象对应的记录删除，此时持久对象处于 remove 状态，其使用示意代码如下。

```
session.delete(em);
```

如果在配置员工类时，有级联选项 delete 的配置，会自动删除与其关联的对象。

2．void delete（String entityName,Object object）

在上一个方法的基础上增加了 entity-name 参数，功能与上面方法一样，其使用代码如下。

```
session.delete("emp",em);
```

参数 emp 的配置参见前面的介绍。

9.7 Session API 中对持久对象的查询方法

1．get 和 load 的各种重载语法

Session 接口除了提供持久化增加、修改、删除方法外，还提供了通过主键属性值取得单个持久对象的查询方法 get 和 load，这两个方法的各种重载语法定义如下。

1）<T> T get(Class<T> entityType,Serializable id)

Hibernate 从 5.0 版本开始提供了直接取得持久对象的方法，之前版本的 get 和 load 方法都返回 Object 类型，这样取得调用 get 和 load 方法时，需要使用强制转换才能得到实际的持久化类型的对象，现在使用泛型的 get 和 load 方法就不需要强制转换了。

该方法传递一个持久类参数和一个主键值参数，返回主键值对应的持久对象，如果没有存在指定的对象，则返回 null。其示意编程代码如下。

```
EmployeeModel em=session.get(EmployeeModel.class,"1001");
System.out.println(em.getName);
```

上述代码取得员工账号为 1001 的员工对象，并输出其姓名。

2）<T> T get(Class<T> entityType,Serializable id,LockMode lockMode)

此 get 方法在上一个方法的基础上增加了 LockModel 选项，如果指定的主键值存在，则返回以指定锁模式的持久类对象。

Java 企业级应用通常都是多用户的并发访问，大型电子商务 Web 应用甚至会出现亿万人同时在线请求的场面，通常使用多线程处理模式即多个线程同时使用 Hibernate API 查询

或增加、修改、删除同一个持久对象。为防止多用户同时操作同一个对象，Hibernate 采用事务锁机制完成对数据的保护，即当一个用户线程在处理一个持久对象时，会使用某种锁机制对操作对象的表进行加锁，防止其他用户线程对此持久对象对应的表进行 CUDR 操作。

Hibernate 使用悲观锁模式实现对表进行控制，悲观锁在应用程序中显式地为数据资源加锁，悲观锁假定当前事务操纵数据资源时，肯定还会有其他事务同时访问该数据资源。为了避免当前事务的操作受到干扰，先锁定资源。尽管悲观锁能防止丢失更新和不可重复读这类并发问题，但会影响系统的并发处理性能。

与悲观锁对应的模式是乐观锁，乐观锁假定当前事务操纵数据资源时，不会有其他事务同时访问该数据资源，因此完全依靠数据库的隔离级别来自动管理锁的工作。应用程序采用版本控制手段来避免可能出现的并发问题，可见实际应用中乐观锁是基本不存在的。

Hibernate 在枚举类型的 LockMode 中定义了各种常量来表达不同的锁的模式。

（1）LockMode.NONE：如果缓存中存在对象,直接返回该对象的引用，否则通过 Select 语句到数据库中加载该对象。默认的锁模式。

（2）LockMode.READ：读模式锁，不管缓存中是否存在持久对象，总是通过 Select 语句到数据库中加载该对象，如果映射文件中设置了版本元素，就执行版本检查，比较缓存中的对象是否和数据库中对象版本一致。

（3）LockMode.UPGRADE：升级锁，不管缓存中是否存在对象，总是通过 Select 语句到数据库中加载该对象，如果映射文件中设置了版本元素，就执行版本检查，比较缓存中的对象是否和数据库中对象的版本一致。如果数据库系统支持悲观锁（如 Oracle/MySQL），就执行 select…for update 语句，如果不支持（如 Sybase），就执行普通 Select 语句进行数据检索。

（4）LockMode.UPGRADE_NOWAIT：升级非等待锁，和 LockMode.UPGRADE 具有同样功能，对于 Oracle 等支持 update nowait 的数据库，执行 select…for update nowait 语句，nowait 表明如果执行该 select 语句的事务不能立即获得悲观锁，就不会等待其他事务释放锁，而是立刻抛出锁定异常。

（5）LockMode.WRITE：写模式锁，保存对象时会自动使用这种锁定模式，Hibernate 内部使用该锁模式，通常开发实际项目时不应该选择此锁模式。

（6）LockMode.FORCE：强制锁模式，强制更新数据库中对象的版本属性，从而表明当前事务已经更新了这个对象。

如下代码演示了使用只读锁模式取得员工持久对象的编程。

```
EmployeeModel em=session.get(EmployeeModel.class,"1001",LockMode.READ);
```

3）<T> T get(Class<T> entityType,Serializable id,LockOptions lockOptions)

在 Hibernate 最新的版本中，已经使用 LockOptions 类取代了枚举类型 LockModel，实际上 LockOptions 本身就是 LockModel 的封装类，并定义了与 LockModel 基本相同的类常量来表达不同的锁模式，包括 LockOptions.NO_WAIT、LockOptions.NONE、LockOptions.READ、LockOptions.SKIP_LOCKED、LockOptions.UPGRADE、LockOptions.WAIT_FOREVER。使用 LockOptions 类指定锁模式的取得持久对象的代码如下所示。

```
EmployeeModel em=session.get(EmployeeModel.class,"1001",LockOptions.READ);
```

通过代码可见与使用 LoclMode 基本没有变化，对于 Hibernate5 版本，推荐使用此方法。

4）Object get(String entityName,Serializable id)

如果映射持久类时配置了 entity-name 属性，可以使用此方法取得持久对象，此方法取得持久对象的示意代码如下。

```
EmployeeModel em=(EmployeeModel)session.get("emp","1001");
```

其中 emp 是配置的 entity-name 值。

5）Object get(String entityName,Serializable id,LockMode lockMode)

此方法在方法 4）的基础上增加了 LockModel 参数，其使用案例代码如下。

```
EmployeeModel em=(EmployeeModel)session.get("emp","1001",LockMode.READ);
```

6）Object get(String entityName,Serializable id,LockOptions lockOptions)

此方法是在方法 4）基础上使用了 LockOptions 类型的参数用于指定锁模式，使用新版的 Hibernate 时，如果要指定非默认的锁模式，推荐选择此方式，其使用代码如下。

```
EmployeeModel em=(EmployeeModel)session.get("emp","1001",LockOptions.READ);
```

7）<T> T load(Class<T> theClass,Serializable id)

Hibernate 提供了另外一种根据主键值取得指定持久对象的方法 load，该方法与 get 功能相同，但会根据类映射时配置的延迟检索策略，可以决定是否取得实际的持久对象，还是取得其代理对象。代理对象是特殊的持久对象，其只有主键值属性被赋值，其他属性均为 null，只有在 Session 未关闭时，再取其他属性的值，Hibernate 才会真正执行 Select 查询取得其他属性值，并将返回实际持久对象以替换代理对象。该方法的使用编程代码如下。

```
EmployeeModel em=session.load(EmployeeModel.class,"1001");
```

该代码取得账号为 1001 的员工的对象，根据检索策略，可以返回代理对象，也可能返回实际的员工持久对象。

如果映射员工持久类时，设置类的检索策略为 lazy，则如下代码返回代理对象。

```
Session session=sessionFactory.openSession();
Transaction tx=session.beginTransaction();
EmployeeModel em=session.load(EmployeeModel.class,"1001");
tx.commit();
session.close();
```

实际执行上面的代码时，Hibernate 不会执行对数据库的 Select 语句，只是返回代理对象，并将主键值 1001 赋给代理对象主键属性，此时如果要取得其他属性，Hibernate 会抛出异常，说明取得的只是一个代理对象，并且 Session 已经关闭，无法取得其他属性。如果将上面的代码修改为如下形式，则返回实际代理对象。

```
Session session=sessionFactory.openSession();
Transaction tx=session.beginTransaction();
```

```
EmployeeModel em=session.load(EmployeeModel.class,"1001");
em.getName();
tx.commit();
session.close();
```

由上面的代码看到，在使用 load 方法取得员工的代理对象后，又执行了取得员工姓名的方法 em.getName()，由此 Hibernate 确定要取得除主键属性外其他属性的值，Hibernate 就会执行针对数据库的 Select 语句，实现立即检索，取得实际的持久对象，而不是代理对象了。

如果映射配置时，设置类的检索策略为记录检索，即 lazy=false，则 load 方法与 get 方法一样执行立即检索，返回实际持久类对象，而不是代理对象。

8）<T> T load(Class<T> theClass,Serializable id,LockMode lockMode)

与 get 方法一样，load 方法也支持锁模式参数，其使用代码如下。

```
EmployeeModel em=session.load(EmployeeModel.class,"1001",LockMode.READ);
```

代码中指定只读锁模式执行 load 方法。

9）<T> T load(Class<T> theClass,Serializable id,LockOptions lockOptions)

新版的 Hibernate 应该选择 LockOptions 类的参数指定锁模式，而不用使用 LockModel 参数，其使用代码如下。

```
EmployeeModel em=session.load(EmployeeModel.class,"1001",Lockoptions.READ);
```

使用 LockOptions 类的常量参数，取代 LockModel 的枚举类型，实现相同效果的只读锁模式的 laod 方法。

10）Object load(String entityName,Serializable id)

旧版本没有泛型支持的 load 方法，使用映射配置时 entity-name 属性值确定持久对象类型，返回 Object 类型，实际编程时需要使用强制转换以取得持久对象或代理对象，该方法的实际使用代码如下。

```
EmployeeModel em=(EmployeeModel)session.load("emp","1001");
```

11）Object load(String entityName,Serializable id,LockMode lockMode)

在方法 10）中增加 LockModel 参数指定检索时使用的锁类型。

```
EmployeeModel em=(EmployeeModel)session.load("emp","1001",LockModel.READ);
```

12）Object load(String entityName,Serializable id,LockOptions lockOptions)

将方法 11）的锁模式参数类型改为新版的 LockOptions 参数类型。

```
EmployeeModel em=(EmployeeModel)session.load("emp","1001",LockOptions.READ);
```

13）void load(Object object,Serializable id)

该方法使用无泛型的持久类对象作为参数，执行此方法后，会将检索的值对对象的属性进行赋值，一般传递一个属性没有赋值的对象即可。其使用示意代码如下。

```
EmployeeModel em=new EmployeeModel();
session.load(em,"1001");
```

```
System.out.println(em.getName());
```

代码中首先创建一个空白的员工持久对象，其属性都没有赋值，调用 load 方法后，其对象的属性会自动根据查询的结果进行赋值（需要根据类的检索策略决定），返回一个只赋值主键属性的代理对象或所有属性都已经赋值的实际持久对象。

2．get 和 load 的查询性能的区别

在使用 get 和 load 方法取得持久对象时，需要注意它们的区别，以便根据业务需求选择应该使用哪个方法。这两种方法在获得一个实体对象时是有区别的，在查询性能上两者是不同的，二者的区别体现在以下几个方面。

1）加载机制不同

当使用 session.get()方法来得到一个对象时，不管我们使不使用这个对象，此时都会发出 SQL 语句去从数据库中查询出来，并且 get 方法不会理会映射类配置时是否使用 lazy 检索机制，都会执行立即检索。

当使用 load 方法来得到一个对象时，会检查类的检索机制配置参数，如果使用 lazy 检索策略，Hibernate 会使用延迟加载的机制来加载这个对象。即，当使用 session.load()方法来加载一个对象时，此时并不会发出 SQL 语句，当前得到的这个对象其实是一个代理对象，这个代理对象只保存了实体对象的 id 值，只有当我们要使用这个对象，得到其他属性时，这个时候才会发出 SQL 语句，从数据库中去查询我们的对象。如果映射时类的检索机制为立即检索（XML 方式是 lazy="false"或注释方式的 fetch=FetchType.EAGER），load 才会立即执行检索。

2）当取得的持久对象不存在时处理机制不同

如果使用 load 方式来加载对象，当 Hibernate 试图得到一个 id 不存在的对象时，会抛出 ObjectNotFoundException 类型的异常。

通过 get 方式我们会去数据库中查询出该对象，如果指定的主键属性值不存在，get 方法返回 null，但不会抛出 ObjectNotFoundException 的异常。

3）从缓存中检索过程不同

如果使用 get 方法，hibernate 会确认一下该 id 对应的数据是否存在，首先在 Session 缓存中查找，然后在二级缓存中查找，没有才执行 SQL 语句对数据库进行查询，数据库中没有就返回 null。而 load 方法会先查一下 Session 缓存看看该 id 对应的对象是否存在，不存在则创建代理，load 方法不会查找二级缓存。

9.8　Session API 的其他方法

Session 接口除了提供持久化操作的增加、修改、删除和查询持久对象外，还提供了许多其他方法，这些方法将在以下各个小节分别讲述。

9.8.1　取得查询对象 Query 的方法

Session API 提供了多个创建查询 Query 对象的方法，用以执行 Hibernate 自身提供的查询语言 HQL，第 10 章将详述 Query 对象的取得及其主要的方法和编程使用。

9.8.2 取得 SessionFactory 的方法

Session 提供了取得 SessionFactory 的方法，可以在事务处理线程内取得 SessionFactory 的配置信息，当 SessionFactory 是使用其他框架（如 Spring 注入）时，可以使用此方法取得与 Session 关联的 SessionFactory 对象，实际编程中很少使用此方法，读者了解一下即可，如下代码演示了取得 SessionFactory 对象。

```
SessionFactory sessionFactory=session.getSessionFactory();
```

9.8.3 与事务处理相关的方法

所有 Hibernate 持久化操作都必须在事务控制下，目前我们使用的都是手动编程 Hibernate 事务管理，通过 Session API 提供的与事务相关的方法取得事务管理 Transaction 的对象执行对事务的控制。

Hibernate Session API 中与事务相关的方法如下。

1. Transaction beginTransaction()

开启事务，并返回当前事务对象，以便未来使用此事务对象实现对事务进行控制，包括提交和回滚。此方法使用的示意编程如下。

```
Transaction tx=session.beginTransaction();
```

默认情况下，Hibernate 将使用连接数据库的事务管理机制，也可以配置使用 JavaEE 企业级事务管理服务，如 JTS 等。

2. Transaction getTransaction()

取得当前会话的事务对象。经常使用如下方式的编程代码完成事务的提交或回滚。

```
session.getTransaction().commit();
session.getTransaction().rollback();
```

3. void lock（Object object,LockMode lockMode）

编程设定持久对象的锁模式，此方法较少使用，通常都是在配置时设定锁的模式。如下代码设定员工持久对象的为只读锁模式。

```
session.lock(em,LockModel.READ);
```

9.8.4 取得 LOB 辅助类的方法

在应用项目编程时，经常会遇到将图片或文件保存在数据库的大二进制字段的编程。此时数据库的字段类型是 BLOB，绝大部分数据库都支持二进制大对象数据类型，如 Oracle 的 BLOB、MySQL 的 Longblob、SQL Server 的 Image 等。

在定义 Hibernate 持久类时，与二进制大对象对应的 Java 数据类型是 java.sql.Blob，如下是 OA 案例中员工图片字段对应的持久类属性定义。

```
private Blob photo=null;
```

在实际应用开发中，基本上所有的框架在处理文件上传时，都没有直接将接收的上传文件转换为 Blob 类型，普遍都是以字节流的方式接收，得到的文件的类型是 InputStream，这时在执行 set 持久对象的图片属性时，需要将字节流类型转换为 Blob 类型。针对这种转换，Hibernate 在 Session 对象中提供了取得 LobHelper 对象的方法 LobHelper getLobHelper()。

取得 LobHelper 对象后，可使用此对象的转换方法，将 InputStream 转换为 Blob。LobHelper 类提供了各种取得大对象 Lob 的方法，包括二进制大对象和文本大对象，其定义的方法如下。

（1）Blob createBlob(byte[] bytes)：从字节数组创建 Blob。

（2）Blob createBlob(InputStream stream, long length)：从二进制输入流创建 Blob。

（3）Clob createClob(Reader reader, long length)：从文本输入流创建文本大对象。

（4）Clob createClob(String string)：从字符串创建文本大对象。

（5）NClob createNClob(Reader reader, long length)：从文本输入流创建 UTF-8 编码集的文本大对象。

（6）NClob createNClob(String string)：从字符串创建 UTF-8 的文本大对象。

如下代码演示了增加员工方法中有图片上传时的业务方法编程。

```
public void add(EmployeeValue ev, File photo, String fileName,String
contentType) throws Exception
{
    Session session=sf.getCurrentSession();
    LobHelper helper=session.getLobHelper();
    InputStream in=new FileInputStream(photo);
    Blob photoBlob=helper.createBlob(in, in.available());
    ev.setPhoto(photoBlob);
    ev.setFileName(fileName);
    ev.setContentType(contentType);
    session.save(ev);
}
```

此时图片传入的是 java.io.File 类型，这是 Struts2 在处理文件上传时得到的文件类型，如果使用 Spring MVC 则是 MultiPartFile 类型，推荐统一使用 InputStream 类型，因为无论哪种 Web 框架，在处理文件上传时都能得到字节输入流的类型。这样上面的代码可以改造为如下所示。

```
public void add(EmployeeValue ev, InputStram photo, String fileName,String
contentType) throws Exception
{
    Session session=sf.getCurrentSession();
    LobHelper helper=session.getLobHelper();
    Blob photoBlob=helper.createBlob(photo, photo.available());
    ev.setPhoto(photoBlob);
```

```
        ev.setFileName(fileName);
        ev.setContentType(contentType);
        session.save(ev);
    }
```

直接传入图片的字节输入流，可以调用 LobHelper 的 createBlob 方法，无须前期的转换编程。

9.8.5 使用 JDBC 执行原始 SQL 语句的方法

Hibernate 提供了通过 JDBC 执行原始 SQL 语句的方法如下方法，用来执行特殊的 SQL 语句，如 Hibernate 无法完成的操作等。

1. void doWork(Work work) throws HibernateException

该方法通过传入一个实现了 Work 接口的对象，在 Work（org.hibernate.jdbc.Work）接口的对象里实现了该接口定义的方法 void execute(Connection connection) throws SQLException 并自动注入数据库连接对象 Connection，使用 Connection 即可获得执行 SQL 语句的 PreparedStatement 对象等所有 JDBC API 中的对象，如下代码演示了使用该方法执行 SQL 语句的编程。

```
public void runSQL(){
  Session session = sessionFactory.openSession();
  final String sql="select * from OA_DEPARTMENT";
  try{
    session.beginTransaction();
    session.doWork(
         //定义一个匿名类，实现了 Work 接口
         new Work() {
            public void execute(Connection connection) throws SQLException {
                //经由过程 JDBC API 执行 SQL 语句
                PreparedStatement ps = connection.prepareStatement( sql );
                ResultSet rs = ps.executeQuery();
                //对结果集处理方法此处省略
            }
          } );
    session.getTransaction().commit();
    /session.close();
  }catch(Exception ex){
   log.error(ex,ex);
  }
  finally{
      this.doClose(session, null, null);
  }
}
//释放数据资源方法
```

```
protected void doClose(Session session, Statement stmt, ResultSet rs){
     if(rs != null){
         try {
            rs.close();
             rs=null;
       } catch (Exception ex) {
            rs=null;
            log.error(ex,ex);
            ex.printStackTrace();
         }
     }
    // Statement 对象关闭时,会自动释放其管理的一个 ResultSet 对象
    if(stmt != null){
        try {
            stmt.close();
            stmt=null;
        } catch (Exception ex) {
            stmt=null;
            log.error(ex,ex);
            ex.printStackTrace();
        }
  }
   当 Hibernate 的事务由 Spring 接管时,session 的关闭由 Spring 管理，不用手动关闭
   if(session != null){
       session.close();
  }
}
```

通过代码可见，Hibernate 直接运行 SQL 语句编程还是很烦琐的，实际编程应尽量避免此类编程。

2. <T> T doReturningWork（ReturningWork<T> work）throws HibernateException

这是新版 Hibernate 提供的能执行 SQL 语句并返回持久对象的方法。

9.8.6 Hibernate 执行数据库存储过程或函数的方法

Hibernate 不但可以通过 JDBC 执行原始的 SQL 语句,还可以通过 JDBC 执行数据库中定义的存储过程或函数，其提供执行此功能的方法如下。

（1）ProcedureCall createStoredProcedureCall(String procedureName)。

该方法参数是存储过程名，返回 ProcedureCall 对象。该对象支持设定输入参数和输出参数。假如在 MySQL 数据库中定义了存储过程 getTotalSalaryBDepartment，输入参数为 departmentNo，为该部门的编号，整数类型；而输出参数为 total，为该部门的汇总工资，类型为 decimal，则使用此方法执行该存储过程的示意代码如下。

```
Session session = sessionFavtory.openSession();
ProcedureCall procedureCall = session.createStoredProcedureCall ("get
TotalSalaryByDepartment");
procedureCall.registerParameter("departmentNo", Integer.class, Parameter
Mode.IN).bindValue(1) ;
procedureCall.registerParameter("total", Integer.class, ParameterMode.OUT);
Double total = (Double)procedureCall.getOutputs().getOutputParameter Value
("total");
```

通过存储过程的 out 参数，将返回值取出。

（2）ProcedureCall createStoredProcedureCall(String procedureName,Class... resultClasses)。

（3）ProcedureCall createStoredProcedureCall(String procedureName,String... resultSetMappings)。

（4）ProcedureCall getNamedProcedureCall(String name)。

如果在 Hibernate 的映射文件中配置了命名的存储过程，可以使用此方法取得命名的存储过程名，进而通过此命名创建 ProcedureCall 对象。

Hibernate 支持使用注释类@NamedNativeQueries 和@NamedNativeQuery 在持久类定义代码中定义命名的存储过程，其简要示意代码如下。

```
@NamedNativeQueries({
    @NamedNativeQuery(
    name = "getTotalSalaryByDepartment",
    query = "CALL GETTotalSalaryByDepartmet(:DEPTNO)",
    resultClass = Double.class
    )
})
@Entity
@Table(name = "OA_EMPLOYEE")
public class EmployeeModel implements Serializable {
}
```

9.8.7 监测和管理 Session 自身状态的方法

Session API 除针对持久类对象的增加、修改、删除、查询一个对象的核心方法外，还有大量的检查和管理自身状态的方法，包括检查 Session 对象是否打开、是否连接和管理 Session 对象状态的方法，如关闭、清除等。这类方法如下所示。

（1）boolean isConnected()。

判断 Session 已经与数据库连接，返回 true，表示已经连接；false 表示连接断开。

（2）boolean isOpen()。

判断 Session 是否已经处于打开状态。

（3）void close()。

关闭 Session，断开与数据库连接。

（4）String getTenantIdentifier()。

（5）Integer getJdbcBatchSize()。

取得检索时的批处理个数，JDBC Batch Size 表示允许 Hibernate 使用 JDBC2 的批量更新。取值建议取 5～30 之间的值。设定一次最多可以提交多少 SQL 语句的上限，提高 SQL 语句的执行效率。

（6）void setJdbcBatchSize(Integer jdbcBatchSize)。

直接设置检索时的批处理个数。如下为设定 batch 大小为 40 个 SQL 语句。

```
session.setJdbcBatchSize(50);
```

（7）void clear()。

清空 Session 的缓存，释放缓存所占的资源。

（8）Connection disconnect()。

断开与数据库的连接，但是 session 还处于打开状态，随时可以再次与数据库连接。

（9）void reconnect(Connection connection)。

（10）LockMode getCurrentLockMode(Object object)。

取得指定持久对象的当前的锁模式，返回锁模式枚举类型 LockModel，使用代码如下。

```
LockModel lm=session.getCurrentLockMode(em); //em 是之前取得的员工持久对象
System.out.println(lm): //输出员工对象的锁模式
```

9.9 持久对象的级联操作

Hibernate 中，在持久化实体的映射配置文件中可以配置 cascade 属性，即级联操作选项，在操作当前实体时，针对当前实体对象的操作会影响到对应的关联实体对象。比如针对当前实体进行保存操作时，会同时保存与其关联的实体，当然这种额外操作的产生取决于是否在当前实体的配置文件中对关联实体的元素配置了 cascade 属性。

casade 用来说明当对主对象进行某种操作时是否对其关联的从对象也执行类似的操作，常用的级联操作选项有 none、all、save-update、delete、lock、refresh、evict、replicate、persist、merge、delete-orphan。其中最常用的选项和含义说明如下。

（1）none：在保存，删除或修改当前对象时，不对其附属对象（关联对象）进行级联操作。它是默认值。

（2）save-update：在保存、更新当前对象时，级联保存，更新附属对象（临时对象、游离对象）。

（3）delete：在删除当前对象时，级联删除附属对象。

（4）all：所有情况下均进行级联操作，即包含 save-update 和 delete 操作。

（5）delete-orphan：删除和当前对象解除关系的附属对象。

其中 delete-orphan 只用于 one-to-many 关联关系。通常不要对 many-to-one、many-to-many 设置级联，而对<one-to-one>和<one-to-many>关联关系一般要设置级联。

如 OA 案例中员工与地址的一对一关系，要在员工对地址的<one-to-one>配置中设置 cascade="all"，表示对员工对象的 save、update 和 delete 都会级联操作地址对象，如删除指定的员工时，会级联删除关联的地址表记录。

9.10 持久对象的延迟检索策略和应用

Hibernate 在使用 Session 加载持久对象时，可以将与这个对象相关联的其他持久对象都加载到缓存中，以便程序及时调用。但有些情况下，当应用系统不需要加载太多无用的持久对象到缓存中，如果载入太多的关联对象会导致内存无法容纳以致泄露，同时也增加了访问数据库的次数。因此为了合理地使用缓存，Hibernate 提供了几种检索策略来供用户选择。

Hibernate 主要提供了三种检索策略。

1. 立即检索策略

采用立即检索策略，会将被检索的对象，以及和这个对象关联的一对多对象都加载到缓存中。Session 的 get 方法就使用立即检索策略。其优点是频繁使用的关联对象能够被加载到缓存中，而缺点是占用内存多，执行 Select 语句过多。

2. 延迟检索策略

采用延迟检索策略，就不会加载关联对象的内容。直到第一次调用关联对象时，才去加载关联对象。在不涉及关联类操作时，延迟检索策略只适用于 Session 的 load 方法。涉及关联类操作时，延迟检索策略也能够适用于 get、list 等操作。

在类级别操作时， 延迟检索策略，只加载类的主属性值不加载类的其他属性，只有当第一次访问其他属性时，才回访问数据库去加载内容，Hibernate 会生成生成持久类的代理类对象。

在关联级别操作时，延迟检索策略，只加载类本身，不加载关联类，直到第一次调用关联对象时，才去加载关联对象。

Hibernate 默认配置下都采用延迟加载策略，如果需要指定使用延迟加载策略，在配置文件中设置<class>的 lazy=true、<set>的 lazy=true 或 extra（增强延迟）<many-to-one>的 lazy=proxy 和 no-proxy。

延迟检索的优点是由程序决定加载哪些类和内容，避免了大量无用的 SQL 语句和内存消耗，而其缺点是在 Session 关闭后，就不能访问关联类对象了，因此确实需要取得关联对象的信息，一定要在 Session.close 方法前调用关联对象，再关闭 session 对象，否则会抛出异常。

3. 左外连接检索策略

采用左外连接检索，能够使用 SQL 的外连接查询，将需要加载的关联对象加载到缓存中。<set>fetch 设置为 join，<many-to-one>的 fetch 设置为 join。其优点如下。

（1）对应用程序完全透明，不管对象处于持久化状态，还是游离状态，应用程序都可以方便地从一个对象导航到与它关联的对象。

（2）使用了外连接，select 语句数目少。

但此策略也有一定的缺点。

（1）可能会加载应用程序不需要访问的对象，白白浪费许多内存空间。

（2）复杂的数据库表连接也会影响检索性能。

无论是立即检索还是延迟检索，都可以指定关联查询的数量，这就需要使用 batch-size 属性来指定，指定关联查询数量，以减少批量检索的数据数目。

Hibernate 持久类映射的延迟检索设置，一般要根据项目的实际需要进行配置，配置的最佳原则如下。

（1）多对一设置立即检索，以方便取得关联的一方对象的信息。

（2）一对一通常设置为立即检索，首先一对一使用情况不多，关联的对象较少，取得持久对象时，基本要取得其一对一对象的信息。

（3）一对多和多对多不要设置立即检索，而要使用延迟检索，以减轻内存的负担。取得持久对象关联的一对多或多对多对象，基本上都使用第 10 章要介绍的 Query 对象和 HQL 语言。

本章小结

本章详细介绍了 Hibernate Session API 完成持久化操作的基本方法，包括持久对象的增加、修改、删除和查询一个对象的操作方法，以及每个方法的参数详细说明。

要熟练掌握 Hibernate 持久对象的操作，必须理解持久对象的三个状态，即临时态、持久态和游离态，以及这些状态之间的转换方法，理解持久对象在每个状态时的特性。

最后介绍了持久化操作时常见的级联操作和延迟检索策略，介绍了级联配置的各个选项以及对持久化操作的作用，介绍了 Hibernate 支持的各种检索策略，每种策略的设置对 Hibernate 操作持久对象的影响，以及如何设置检索策略的推荐指南。

第10章 Hibernate 简单查询

本章要点

- Query API 基本方法。
- HQL 语言的基本语法。
- 各种 HQL 子句的功能、语法和使用。
- 分页查询的实现。

第 9 章详细讲述了 Hibernate 使用 Session API 完成持久对象的持久化操作，包括增加、修改、删除和根据指定主键值查询一个持久对象的编程。在应用开发中，Hibernate 编程最多的是进行数据查询操作，取得所有的持久对象，或根据指定的检索条件取得满足条件的持久对象列表，这些查询基本上都返回多个持久对象，并以存储多个持久对象的容器对象类型返回。对这种查询编程就无法使用 Session API 来完成，需要使用本章介绍的 Query API 和 Hibernate 框架提供的专门针对持久对象查询的语言 HQL 组合才能完成。

10.1 Hibernate 检索方式

为实现与数据库 SQL 语言对应的数据查询功能，Hibernate 支持如下几种方式进行针对持久对象的查询。

1. 导航对象图检索方式

此种检索方式根据已经加载的对象，利用其所关联的对象，导航到其他对象。可使用的关联关系包括多对一、一对多、多对多、一对一。

例如查询指定部门的员工列表，就可以根据指定的部门编号取得指定的部门持久对象，再根据部门与员工的一对多关联关系取得该部门的员工列表。如下代码简要示意了此需求编程。

```
DepartmentModel dm=session.get(DepartmentModel.class,1);//取得部门 1 的持久对象
Set<EmployeeModel> employeeList=dm.getEmployees(); //取得部门所有的员工列表
```

但是使用对象导航图方式无法实现复杂的检索，这就需要 HQL、QBC 或原始 SQ L 方式。

2. OID 检索方式

OID（Object IDetified）是使用 Session API 的 get 和 load 方法，根据给定的主键值取得单个的持久对象的方法。该方法只能返回一个持久对象，无法返回对象的列表，更不能执行复杂的查询功能。

3. HQL 检索方式

这是 Hibernate 最常用的方式，它使用 Query API 和 HQL 语言组合实现复杂的查询功能。HQL（Hibernate Query Language）是面向对象的查询语言，它和 SQL 查询语言有些相似。在 Hibernate 提供的各种检索方式中，HQL 是使用最广的一种检索方式。它具有以下功能：

（1）在查询语句中设定各种查询条件。

（2）支持投影查询，即仅检索出对象的部分属性。

（3）支持分页查询。

（4）支持分组查询，允许使用 group by 和 having 关键字。

（5）提供内置聚集函数，如 sum()、min()和 max()。

（6）能够调用用户定义的 SQL 函数。

（7）支持子查询，即嵌套查询。

（8）支持动态绑定参数。

HQL 将在下面小节详细介绍。这里先演示一下如何使用此方式检索年龄在 18～20 之间的员工的编程。

```
String hql="from EmployeeModel em where em.age between :low and :high";
Query query=session.createQuery(hql);
query.setInteger("low",18);
query.setInteger("high",20);
List list=query.list(); //取得 List 容器方式返回的员工列表
```

使用 Query 和 HQL 可以非常简便地实现各种复杂的对象查询。

4. QBC（Qurey By Criteria）检索方式

QBC API 提供了检索对象的另一种方式，它主要由 Criteria 接口、Criterion 接口和 Expression 类组成，它支持在运行时动态生成查询语句。

目前软件开发人员由于熟悉 SQL 语言的关系，普遍都特别熟悉 HQL 方式，对 QBC 模式使用普遍不熟练。

如果使用 HQL 方式，当一个系统的某些业务逻辑发生改变的时候，往往要重写 HQL，这就降低了系统的可维护性，而使用 QBC 大大地增加了代码的可读性以及可维护性。本书没有详细介绍 QBC 方式，主要以 HQL 方式为主，要了解和学习 QBC，请参阅附录的文档。

完成上面检索年龄在 18～20 之间的员工列表的 QBC 实现代码如下。

```
Criteria criteria =session.createCriteria(EmployeeModel.class);
Criterion criterion1 = Expression.ge("age",new Integer(18));//下限
Criterion criterion2 = Expression.le("age",new Integer(20));//上限
Criterion criterion3 =Expression.and(criterion1,criterion2);
```

```
List list=criteria.add(criterion3).list();
```

5. 本地 SQL 检索方式

该方式是使用本地数据库的 SQL 查询语句进行数据查询，返回持久对象列表或者属性数组的列表。

采用 HQL 或 QBC 检索方式时，Hibernate 生成标准的 SQL 查询语句，可以用于所有的数据库平台，两种检索方式都是支持跨平台的。但是在开发实际应用时，有些查询确实无法使用标准的 HQL 编写，此时可能需要根据底层数据库的 SQL 方言，来生成一些特殊的查询语句，在这种情况下，就可以利用 Hibernate 提供的 SQL 检索方式。

例如使用原始 SQL 查询完成查询年龄在 18～20 之间的员工列的实现代码如下所示。

```
Query query = session.createSQLQuery("select {emp.*} from OA_Employee as
emp where emp.AGE between :low and :high");
query.setInteger("low",18);
query.setInteger("high", 20);
List result = query.list();
```

10.2 Hibernate 查询接口 Query

Hibernate 执行 HQL 查询时使用的是 Query 接口的对象，该接口定义了各种与执行 HQL 查询相关的方法，包括设定 HQL 中的参数，设定返回结果的限制，以及执行查询返回对象列表容器 List 的方法。

使用 Query 执行 HQL 的编程过程步骤如下。

（1）定义 HQL 语句。

（2）根据 HQL 语句取得 Query 接口对象。

（3）设置 HQL 中的参数。

（4）设置查询的返回结果限制，如个数、检索的开始位置等。

（5）执行查询方法 list()，返回 List 结果，或执行 uniqueResult()方法，返回单个对象结果。

如下代码展示了使用 HQL 与 Query 接口实现员工业务接口中取得指定部门的员工列表的方法，读者可初步了解 HQL 和 Query 接口的使用和基本编程步骤。

```
//取得指定部门的员工列表 通过 HQL 和 Query 接口编程
public List<EmployeeModel> getListByDepartment(int departmentNo) throws
Exception {
    SessionFactory sessionFactory=HibernateSessionFactoryUtil.getSession
    Factory();
    Session session=sessionFactory.openSession();
    Transaction tx=session.beginTransaction();
    String hql="from EmployeeModel em where em.department.no=:departmentNo";
    Query query=session.createQuery(hql);
    query.setInteger("departmentNo", departmentNo);
```

```
        List<EmployeeModel> employeeList=query.getResultList();
        tx.commit();
        session.close();
        return employeeList;
    }
```

10.2.1　取得 Query 接口对象

在 Hibernate5.2 版本之前，Query 接口定义在包 org.hibernate 下面，从 5.2 版本开始，使用了新的包 org.hibernate.query。Hibernate 计划从 6.0 开始删除 org.hibernate.Query 接口，全面采用 org.hibernate.query.Query 接口，请读者在开发新项目时要注意此变化。

Hibernate 在 Session 接口中定义了多种创建 Query 接口对象的方法，在使用 SessionFactory 取得 Session 接口的对象后，就可以使用如下方法创建执行 HQL 语言的 Query 接口的对象。

（1）Query createQuery(String hql)

根据指定的 HQL 创建 Query 接口对象，注意 5.2 版的 Hibernate 返回的 Query 都是在新包下的 org.hibernate.query.Query，该接口是老版本 org.hibernate.Query 的子接口，原来老版本定义的接口依然可以使用。

（2）<T> Query<T> createQuery(String hql,Class<T> resultType)

创建有结果泛型的 Query 接口对象，传递一个 HQL 语句 String 类型参数和查询结果泛型类。当能确定结果集合的对象的类型时，可以使用此方法创建 Query 对象，其示意代码如下。

```
String hql="from EmployeeModel em where em.department.no=:departmentNo";
Query query=session.createQuery(hql, EmployeeModel.class);
```

第 2 个参数指定查询结果的对象类型是 EmployeeModel，如此可加快检索速度。

（3）<T> Query<T> createNamedQuery(String name,Class<T> resultType)

取得 Hibernate 在映射配置中定义的命名 HQL，使用此种方式可提高项目的可维护性，当业务逻辑发生改变 HQL 需要修改时，不需要修改业务方法代码，只需修改映射配置中的命名 HQL 代码即可。

Hibernate 支持 XML 映射方式和注释方式的命名 HQL 配置。XML 方式下使用<class>的子元素标记<query>定义命名 HQL，并使用 name 属性指定名称，在元素之间即可写 HQL 语句。可以配置在任何一个持久类的配置文件中，推荐将与指定持久类相关的命名 HQL 配置在此持久类映射文件中，如下代码演示了在员工持久类映射文件 EmployeeModel.hbm.xml 中配置命名的 HQL，配置名为 getEmployeesWithDepartment，在编写 HQL 语句时，为防止 Hibernate 解析器对 HQL 解析，使用<![CDATA[HQL]]格式包含编写的 HQL 语句。

```
<hibernate-mapping package="com.city.oa.model.xml">
   <class name="EmployeeModel" table="OA_EMPLOYEE">
      <!-- 定义命名的 HQL-->
```

```
        <query name="getEmployeesWithDepartment">
         <![CDATA[
          from EmployeeModel em where em.pdepartment.no=:departmentNo
         ]]>
        </query>
    </class>
</hibernate-mapping>
```

上面代码中为节省篇幅，将其他属性映射定义省略了，读者可参考前面章节中的代码定义。

在注释方式配置持久类语法中，可以使用 JPA 提供的注释类@NamedQuery 实现命名 HQL 查询的定义，注意该注释类要放置在 class 外面，与注释类@Entity 和@Table 处于相同的级别和位置。如下代码演示了注释方式定义上面 XML 方式演示的相同的命名查询 HQL。

```
//员工持久类
@Entity
@Table(name="OA_EMPLOYEE")
//通过注解的方式使用命名查询
@NamedQuery(name = "getEmployeesWithDepartment",
  query="from EmployeeModel em where em.pdepartment.no=:departmentNo")
public class EmployeeModel implements Serializable {
}
```

这里同样省略了其他属性的定义代码。

当在映射文件中配置了命名的查询 HQL 后，就可以使用语法（3）的方法取得命名的查询的 Query 对象，如取得上面定义的命名查询的对象的代码如下。

```
Query<EmployeeModel> query=session.createNamedQuery("getEmployeesWithDepartment",
EmployeeModel.class);
```

取得 Query 对象后，就可以按照查询的编程步骤完成对持久对象的查询操作，在进行 Query 编程之前需要了解 Query 接口定义的方法及其功能。

10.2.2 Query 接口的主要方法

本节主要讲述 Hibernate 5.2 版的 org.hibernate.query.Query 接口的方法，另外也兼顾以前版本的 org.hibernate.Query 接口的方法，在讲述时对那些将来要在 6.0 版中删除的方法进行了说明，在实际开发中尽量不要使用过时的方法，避免未来在迁移到 Hibernate6.0 时出现无法使用的情况。

org.hibernate.query.Query 接口是在 org.hibernate.Query 接口上定义的子接口，因此旧版 Query 所有的方法新版 Query 都有。由于 Query 接口定义的方法较多，要按照其实现的功能进行分类，可以更好地理解和熟练使用这些方法，Query 接口定义的方法主要有以下类别。

1. 设置 HQL 语句中的参数类方法

这类方法的名称都是 setXxx，其中 Xxx 是数据类型，并且都支持两种重载模式，即参数 1 为 int 类型的按参数位置设定方式，以及参数 1 为 String 类型的按名称设置参数的值的方式，二者的定义语法分别如下。

（1）default Query<R> setXxx(int position,xxx value);

（2）default Query<R> setXxx(String name,xxx value);

如 setInteger()、setDouble()、setDate()等，请参阅 Hibernate JavaDoc 在线帮助文档（http://docs.jboss.org/hibernate/orm/5.2/javadocs/）。

Hibernate 甚至支持持久类对象参数的设定，将持久对象设定到 HQL 语句的参数中。设定持久对象参数的方法如下。

（1）Query<R> setEntity(int position,Object val)

（2）Query<R> setEntity(String name,Object val)

HQL 语言中的参数可以是位置参数，形式是“?”，与 JDBC PreparedStatement 的 SQL 的参数含义和表示相同，所不同的是 Hibernate 的位置参数从 0 开始，而 JDBC 从 1 开始，如下所示的查询员工年龄在指定区间的 HQL 代码使用了位置参数。

```
String hql="from EmployeeModel em where em.age between ? and ?";
```

代码中使用了两个?号位置参数，设置参数时要使用参数 1 是 int 的方法进行设定，如下代码演示了设定这两个位置参数的编程。

```
Query query=session.createQuery(hql);
query.setInteger(0,18);
query.setInteger(1,20);
```

Hibernate 也支持在 HQL 中使用命名参数，其形式是“:参数名”，将上面的查询年龄区间的员工列表的 HQL 使用命名参数的编程代码如下。

```
String hql="from EmployeeModel em where em.age between :low and :high";
```

代码中定义了两个命名参数，参数名分别是 low 和 high，需要注意的是，参数名是没有冒号（:）的，在设定参数值的时候，不要使用冒号（:），如下代码分别设定了 low 和 high 的值。

```
query.setInteger("low",18);
query.setInteger("high",20);
```

当使用 Hibernate 5.2 编程以上设置参数方法时，会在方法中间贯穿一个过时线，说明这些方法都已经过时了，按照 Hibernate 的官方文档，这些方法在 6.0 中要全部移除掉。

Hibernate 推荐使用全新的方法实现参数的设定，这些方法定义如下。

（1）Query<R> setParameter(int position,Object value)

（2）Query<R> setParameter(String name,Object value)

使用以上两个方法可以设定任何类型的位置参数和命名参数，因为参数 2 类型是 Object，这是 Hibernate 非常重要的改进，以简化参数的设定，不需要像旧版那样需要很多不同参数参数的 set 方法，现在只需一个 setParameter 方法就可以了，使用此方法设定上面员工年龄区间的实现代码如下。

```
query.setParameter(1,18);
query.setParameter(2,20);
query.setParameter("low",18);
query.setParameter("high",20);
```

对于简单类型，Hibernate 使用 Java 的自动装箱机制，将简单类型转换为对应的对象类型，如 int 参数转换为 Integer 类型的参数。

Query 的绝大多数方法返回的还是 Query 对象自身，因此可以使用 Java 的方法级联调用语法以简化代码的编写，如下所示的方法级联调用编程。

```
List<EmployeeModel>list=query.setInteger(1,20).setString("name","刘鑫").list();
```

当然 Query 的返回查询结果类别的方法就不会返回 Query 自身对象了，而是返回查询的对象集合 List 或单个对象结果 Object。

2. 设置对查询结果集进行限制的方法

Hibernate 的 Query 接口定义了对查询结果进行限制的方法，包括限制查询结果的个数、限制结果的查询起始位置等，这些对查询结果进行限制的方法如下。

（1）Query<R> setMaxResults(int maxResult)

设定 Query 查询结果的个数，设置此参数后，Query 的 list 方法将按照设定的个数返回查询的对象。如设定查询的结果个数为 10 个的代码如下。

```
query.setMaxResults(10);
```

如果没有指定对象的开始位置，则自动按查询结果的顺序，从起始位置 0 开始，返回 10 个查询对象。

（2）Query<R> setFirstResult(int startPosition)

设定查询结果的起始位置，默认是 0，Query 执行查询时会按照 HQL 的 order by 子句指定的查询顺序确定对象的位置，如果 HQL 语句没有 order by 子句，则自动按照表中记录的存储顺序确定对象的位置。如下代码指定从第 12 个对象开始检索。

```
query.setFirstResult(11);
```

因为位置从 0 开始，所以第 12 个对象的位置是 11。

组合使用 setMaxResults 和 setFirstResult 可实现实际项目最常用的分页查询，而且是跨数据库平台的，因为不同数据库的分页查询语句的实现方式不同，所以 Hibernate 会自动根据底层使用的不同的数据库，生成不同的分页查询语句。

项目的分页方法经常传入两个参数：一个是每页显示的对象个数，假如变量名为 rows；另一个参数是显示第几页，假如变量名为 page，则实现分页查询的代码如下所示。

```
query.setFirstResult(rows*(page-1));  //设定查询的起始对象的位置，为
rows*(page-1)
query.setMaxResults(rows); //设定查询结果的个数，即每页显示的对象个数
```

如此可简单实现之前烦琐的分页查询的机制的编程。

3. 设定是否启动二级缓存

可以在编程 Query 查询时，在语句级别设置是否启用或终止二级缓存，此类别的方法如下。

（1）Query<R> setCacheable(boolean cacheable)

参数值为 true，则启用二级缓存，如果在 Hibernate 配置文件 hibernate.cfg.xml 中没有配置二级缓存机制，则此方法自动失效，没有效果。

（2）Query<R> setCacheRegion(String cacheRegion)

设定 Query 结果使用的缓存区域。Hibernate 在使用二级缓存框架实现 Query 查询缓存时，都可以设定具体的缓存区域，以实现更精准的缓存控制，从而提高系统的查询性能。

假如在 Hibernate 配置文件中使用 ehcache 框架实现了二级缓存，可以在该框架的配置文件 ehcache.xml 中的一个缓存区域，并使用 name 进行命名，配置案例如下。

```
<cache   name="oaCacheRegion"   maxElementsInMemory="10"   eternal="false"
timeToIdleSeconds="3600" timeToLiveSeconds="7200" overflowToDisk="true" />
```

代码中配置的缓存区域名为 oaCacheRegion，在执行 Query 查询之前，可以设定使用此查询区域的实现代码如下。

```
query.setCacheRegion("oaCacheRegion");
```

设置缓存区域只有，Query 将查询结果保存到此区域内。

（3）Query<R> setLockMode(String alias,LockMode lockMode)

编程设置查询的锁模式，关于所模式请参阅第 9 章，如下代码设定查询时使用只读锁模式，参数 1 指定 HQL 语句中 from 子句指定的别名，参数 2 为锁模式的接口常量。

```
String hql="from EmployeeModel em where em.age betweern :low and :high";
query.setLocalModel("em",LocalModel.READ);
```

在 HQL 中定义了别名 em。

（4）Query<R> setLockOptions(LockOptions lockOptions)

新版 Hibernate 推荐使用 LockOptios 取代 LockMode 用于设置查询的锁模式，如下代码指定 Hibernate 执行查询操作时使用只读锁模式。

```
query.setLockOptions(LockOptions.READ);
```

由代码可见，此方法已经不再需要查询对象别名参数。

（5）Query<R> setHibernateFlushMode(FlushMode flushMode)

设置 Hibernate 的刷新模式，这是新版本定义的方法，旧版本使用 setFlushModel 方法，此方法只影响当前的 Query 执行的刷新模式。参数是枚举类型 FlushMode，该枚举类型定义了如下几个常量。

① ALWAYS：在执行查询之前，自动刷新 Session 之前执行的 SQL 语句。

② AUTO：在执行查询之前会自动决定是否刷新 Session。

③ COMMIT：在执行事务的提交后，刷新 Session。

④ MANUAL：设置手动刷新 Session，不会自动执行刷新操作。

如下代码设定了 Query 的刷新模式为 COMMIT。

```
query.setHibernateFlushMode(FlushMode.COMMIT);
```

（6）Query<R> setReadOnly(boolean readOnly)

设定查询结果集是否是只读模式，取值为 true，指定查询出的持久类对象或代理对象处于只读模式，不能被修改，而取值为 false，则指定为非只读模式，此时查询出的持久对象处于可修改状态，该方法的使用代码如下。

```
query.setReadOnly(true);
```

4．取得查询结果的方法

Query 接口对象的最终目标是执行 HQL 的查询，取得查询结果。Hibernate 的 Query 接口支持两种类型的查询结果：一种是以 List 容器返回的查询结果列表，另一种是以 Object 类型返回单个查询对象。Query 接口执行查询返回结果的方法如下。

（1）default List<R> getResultList()

此方法是 Hibernate 推荐的取得查询持久化对象列表的方法，返回有泛型支持的 List 对象，其使用的代码如下。

```
List<EmployeeModel> employeeList=query.getResultList();
```

（2）List<R> list()

该方法已经被 Hibernate 最新版确定为过时的取得查询结果列表方法，在编写新的应用开发中最好不要使用该方法，而应该使用 getResultList 方法，为与旧版 Hibernate 兼容，才提供了此方法，此方法的使用代码如下。

```
List<EmployeeModel> employeeList=query.list();
```

（3）R uniqueResult()

如果能确保 HQL 查询的结果一定返回单个的持久化对象，则推荐使用此方法直接取得此单个的对象，而不是使用 getResultList 方法，取得只包含一个对象的 List 容器，再从容器中取值此单个持久对象，如此可以简化代码的编程。

此方法必须返回单个对象，如果返回多个对象的列表则抛出异常，如下查询一定是返回单个对象的查询。

```
String hql="select sum(em.salary) from EmployeeModel em";
```

此查询使用汇总函数，且没有 group by 子句，则一定是返回单个对象的情形。

```
String hql="from EmployeeModel em where em.id=:employeeId";
```

此查询是根据员工的账号查询员工的列表，因为员工账号是主键，所以只能返回单个的员工对象。

还可以使用 setMaxResults 方法设定结果个数为 1，也能保证返回单个查询结果对象。

使用 uniqueResult()方法取得单个对象的编程代码如下。

```
String hql="select sum(em.salary) from EmployeeModel em";
Query<Double> query=session.createQuery(hql,Double.class);
```

```
Double totalSalary=query.uniqueResult();
```

需要注意的是，该方法已经是过时的方法，应该使用下面的 getSingleResult 方法取代此方法。

（4）default R getSingleResult()

这是推荐使用的取得单个查询结果的方法，将上面的 uniqueResult 方法改为该方法即可，返回类型都是一样的，参见如下的编程使用代码。

```
Double totalSalary=query.getUniqueResult();
```

（5）Iterator<R> iterate()

除了返回 List 容器形式的查询结果，还可以返回遍历器形式的查询结果，再使用返回的遍历器取得每个查询结果，其使用编程代码如下。

```
Iterator<EmployeeModel> employeeIterator=query.iterate();
```

该方法也是过时的方法，编程中尽可能不要使用。

（6）ScrollableResults scroll()

这是一个返回可滚动的结果集对象的方法，在实际项目编程中很少使用，通过返回的可滚动集对象 ScrollableResults，可以调用其方法取得指定位置的持久对象，并可以使用指针移动方法（如 previous()、last()和 next()等）对滚动集合进行移动。如下是该方法使用的简要示意代码。

```
String hql="from EmployeeModel";
Query query=session.createQuery(hql);
ScrollableResults results=query.scroll();
while(results.next()){
    Object[] os=(EmployeeModel)results.get();
    EmployeeModel em=(EmployeeModel)os[0];
}
```

上面代码通过循环遍历此滚动结果集，取得每个员工对象，代码中略去了 Session 对象的获得和有关事务处理的编程。

（7）ScrollableResults scroll(ScrollMode scrollMode)

该方法在方法（6）的基础上，增加了设置滚动模式的设置，传递一个 ScrollModel 的参数。ScrollModel 是一个枚举类型的对象，其定义了如下枚举常量 FORWARD_ONLY、SCROLL_INSENSITIVE 和 SCROLL_SENSITIVE，分别表示只读向前、数据不敏感可滚动以及数据敏感可滚动结果集，与 JDBC 中 ResultSet 的结果集类型相同，关于这些不同类型结果集的特性和区别，请参阅 JDBC API。该方法的使用编程如下。

```
ScrollableResults results=query.scroll(ScrollMode.FORWARD_ONLY);
```

该代码取得了只读向前的 ScrollableResults 对象，此时则只能调用向前的移动指针方法（如 next()、last()等），不能调用反向的移动指针方法（如 first()、previous()等）。

在掌握了 Query 接口的方法使用后，就需要熟练掌握 HQL 的语法，在编写 Hibernate 查询功能时，最关键的就是设计好实现指定功能的 HQL 语句。

10.3 Hibernate 查询语言 HQL 概述

为实现灵活的查询功能，Hibernate 专门提供了一种语法类似于 SQL 的语言，即 HQL 查询语言（Hibernate Query Language），并且 HQL 的语法完全与 SQL 一样，这就极大地降低了开发者的学习成本，只要熟悉 SQL 就会编写 HQL 语句。

虽然双方的语法一样，但操作的对象是完全不同的，HQL 是一种面向 Hibernate 持久类对象的查询语言，它工作在 Java 的面向对象世界，HQL 所操作的都是持久类对象或持久对象的属性，而 SQL 是工作在关系数据库世界，其所进行的都是对表和字段的操作。

和 SQL 一样，HQL 提供了丰富的查询功能，如投影查询、聚合函数、分组和约束。任何复杂的 SQL 都可以映射成 HQL 语句。HQL 既支持简单的查询（针对单对象），也可以建立更复杂的查询（针对多个持久对象关联），也支持各种子查询。

HQL 的语法完全是参照 SQL 语法而创建的，一个 HQL 语句的语法也是由如下子句组成的。

```
[select 子句]
from 子句
[where 子句]
[group by 子句]
[having 子句]
[order by 子句]
```

其中[]括起来的子句表示是可以省略的，只有 from 子句是不能省略的，这一点与 SQL 不同，SQL 中 select 和 from 子句是不能省略的。

下面分别介绍一下每个子句的功能、语法和使用。

10.3.1 HQL 的 from 子句

HQL 中唯一不能省略的是 from 子句，其功能是指定要检索的持久类的对象，在 SQL 中 from 子句是指定查询数据的来源，如表、视图或子查询，而 Hibernate 与表对应就是持久类。

From 子句可以包含如下形式。

1. 指定持久类

其语法形式是 from 持久类名，如查询所有的员工对象的 HQL 语句为如下。

```
String hql="from EmployeeModel";
```

可以指定别名，当其他子句要引用查询的对象时，就需要此别名，与 SQL 一样可以使用 as 或省略 as 以空格代替。使用别名的 HQL 语句如下。

```
String hql="from EmployeeModel as em";
String hql="from EmployeeModel em";
```

在 HQL 中持久类的别名也表示查询时的持久类对象，由此可以使用此对象的属性进行筛选或汇总等操作，如果没有别名则无法实现这些功能。

2. 指定持久类的关联

HQL 像 SQL 可以实现表间的关联查询一样，可以实现关联对象的查询，其案例代码如下所示。

```
String hql="from EmployeeModel em inner join em.behaves bm";
```

上面代码中使用内关联语句，将员工持久类与爱好持久类进行关联，如此可以查询每个员工和其关联的爱好对象。关于 HQL 的关联查询将在第 11 章详细讲述。

目前 Hibernate 的 HQL 还不能与 SQL 相媲美，SQL 可以在 from 中使用子查询，而 HQL 还不支持此功能。

使用 from 子句时，推荐尽量使用别名，以便在未来添加其他子句时可以引用。

10.3.2 HQL 的 select 子句

HQL 中读者经常搞错的就是 select 子句的使用，由于使用了 select 语句，在不同的情况下，取得的查询结果是不同的，当对查询结果进行遍历时尤其要注意。

HQL 的 Select 语句的语法与 SQL 的 select 语法基本相同，都是如下语法格式。

```
Select 项目 1,项目 2,项目 3,...
```

其中的项目可以是如下几种类型。

1. 持久类别名，也就是持久类的对象

可以使用 select 选择返回的持久类对象，这一点在 from 子句中有关联时特别有用，如果是简单查询，则可以省略此 select 语句。如下两个 HQL 查询语句是等价的。

```
String hql="from EmployeeModel";
String hql="select em from EmployeeModel em";
```

第 1 条 HQL 语句，只有 from 子句表达返回员工类 EmployeeModel 的所有对象，而两条 HQL 虽然使用了 select 语句，还是返回所有的员工对象。

当 from 包含对象的关联关系时，可以使用 select 其中的一个别名或多个别名指定返回的对象的列表。如下两条 HQL 语句分别返回不同的对象。

```
String hql="select em from EmployeeModel em inner join em.behaves bm";
```

此语句的含义是返回与爱好有关联的员工对象集合，即那些有爱好的员工的列表，而没有爱好的员工将不会查询出来。

```
String hql="select bm from EmployeeModel em inner join em.behaves bm";
```

此语句的含义是返回与员工有关联的爱好对象列表，而没有与任何员工关联的爱好将不会被查询出来。

当 select 只有一个项目时，Hibernate 返回的 List 容器中只包含该对象，如语句 select em from EmployeeModel em inner join em.behaves bm 查询时，则返回的 List 容器中只有员工持

久类 EmployeeModel 的对象。

而当 select 语句包含的项目多于一个时，返回结果与单个项目查询会是不一样的。当 select 语句包含多于一个项目的情况下，Query 的 getResultList 方法返回的就是包含 select 项目组成的 Object[]数组的容器，可以使用如下语句取得上面的员工与爱好关联的集合。

```
Query query=session.createQuery("select em, bm from EmployeeModel em inner
join em.behaves bm");
List<Object[]> list=query.getResultList();
```

其中 Object[0]包含员工对象，Object[1]包含与员工对象关联的爱好对象，由于双方是多对多关联关系，所以 List 包含的 Object[0]的员工对象是可以重复的，同样 Object[1]中的爱好对象也是有重复数据的。

如果 from 子句包含多个对象关联，而 select 包含所有关联的对象，则 select 语句是可以省略的。如下两条语句是等价的，都是检索员工与爱好有关联的员工和爱好的集合。

```
String hql="from EmployeeModel em inner join em.behaves bm";
String hql="select em, bm from EmployeeModel em inner join em.behaves bm";
```

此时 select em,bm 子句是可以省略的，因为 from 子句中所有的对象组合都已经包含在 select 中。

2. 对象的属性

select 语句也可以选择对象的属性，或对象和属性的组合。其使用案例如下所示。

```
select em.age from EmployeeModel em; //取得员工的年龄集合
select em.name, em.age from EmployeeModel em; //取得员工的姓名和年龄集合
select em.name, bm from EmployeeModel em inner join em.behaves bm //取得
员工的姓名及其所拥有的爱好对象的组合
```

需要注意的是，在取得对象的属性时，要在 from 中定义持久类的别名。

3. 单行函数

与数据库支持 SQL 单行函数一样，HQL 也支持很多与数据库 SQL 相同的函数，具体如下。

（1）SUBSTRIGN（要截取的字符属性字段，开始位置，截取长度）：字符截取函数。
（2）TRIM（字符串对象属性列）：去掉两端的空格函数。
（3）LOWER（字符串对象属性列）：转换为小写函数。
（4）UPPER（字符串对象属性列）：转换为大写函数。
（5）LENGTH（字段名）：取字符长度函数。
（6）CURRENT_DATE()：取得数据库当前日期函数。
（7）CURRENT_TIME()：取得数据库当前时间函数。
（8）SECOND（时间属性）：从日期中提取秒数的函数。
（9）MINUTE（时间属性）：从日期类型中提取分钟数的函数。
（10）HOUR（时间属性）：从日期中提取小时数函数。
（11）DAY（时间属性）：从日期中提取天数的函数。
（12）MONTH（时间属性）：从日期中提取月的函数。

（13）YEAR（时间属性）：从日期中提取年份的函数。

（14）ABS（数值属性）：取得绝对值的函数。

（15）SQRT（数值属性）：取平方根的函数。

（16）MOD（数值属性，数值属性）：取得两个数值的余数的函数。

如下代码展示了使用 HQL 单行函数的编程案例。

```
String hql="select YEAR(em.birthday), Month(em.birthday),Day(em.birthday)
from EmployeeModel em";
```

取得每个员工生日的年、月、日 3 个数据。

4．汇总函数

HQL 也支持与 SQL 相同的汇总函数，如 sum()、avg()、max()、min()和 count()，具体汇总函数的使用参见第 11 章。

10.3.3 HQL 的 where 子句

HQL 与 SQL 一样支持使用 where 子句对查询的持久对象进行筛选，其语法如下。

```
where 逻辑表达式
```

当 where 子句的逻辑表达式为 true 时，满足筛选条件，查询结果将进入 List 容器，否则不满足筛选条件，List 容器将不包含当前结果。

Where 中的逻辑表达式与 SQL 的 where 基本相同，主要包含以下运算符。

（1）比较运行符。

比较运算符有：>，>=，<，<=，!=，==，<>。

（2）逻辑运算符。

逻辑运算符有：and，or，not。

（3）区间运算符。

区间运算符有：

between 值 1 and 值 2

表示在指定的区间内。

not between 值 1 and 值 2

表示不在指定的区间内，区间运算的使用案例如下。

```
String hql="from EmployeeModel em where em.age between ? and ?"
```

这里查询员工年龄在指定区间内的员工列表，区间使用位置参数“?”确定。

（4）匹配运算符。

匹配运算用于执行模糊检索处理，与 SQL 的 like 运算一样，其语法有如下形式。

```
like "匹配运算符"
not like "匹配运算符"
```

其中匹配运算符依然使用“%”用于匹配任意长度的任意字符串，“_”用于匹配单个任意字符串。匹配运算符的使用案例代码如下所示。

```
String hql="from EmployeeModel em where em.name like '刘%'";
```

查询所有姓“刘”的员工员工列表。

```
String hql="from EmployeeModel em where em.name like '_建%'";
```

查询员工姓名中第 2 个字符是“建”的员工的列表。

如果在匹配运算符中使用 HQL 的参数，则“?”或命名参数不能包含在 like 的匹配字符串内，如下的 HQL 是非法的。

```
String hql="from EmployeeModel em where em.name like '?%'";
```

此时应该写成如下形式的 HQL 语句：

```
String hql="from EmployeeModel em where em.name like ?";
```

或者使用如下的命名参数形式：

```
String hql="from EmployeeModel em where em.name like :keyword";
```

在设置参数时，再使用包含匹配符的字符串来取代 HQL 语句中的位置参数或命名参数即可，如下是设置匹配参数的案例代码。

```
query.setParameter(0,"刘%");
query.setParameter("keyword","_建%");
```

（5）空判断运算符。

空运算符用于判断指定的对象或对象的属性是否为空，使用的运算符如下：

```
is null 或 is not null
```

如下是空运算符使用的案例，其功能是查询员工生日不为空的员工列表。

```
String hql="from EmployeeModel em where em.birthday is not null";
```

注意判断为空或不为空，不能使用 em.birthday==null 或 emp.birthday!=null 的形式。

（6）集合运算符。

集合运算用于判读指定的对象或对象的属性是否在一个集合中，其运算符语法为如下形式：

```
in (项目,项目,项目,...) 或 not in (项目,项目,项目,...)
```

如下案例演示了查询员工年龄为 18、20、30 中任何一个的员工的查询 HQL 语句。

```
String hql="from EmployeeModel em where em.age in (18,20,30)";
```

或者年龄不是 18、20、30 任何一个的员工的列表的 HQL 查询语句。

```
String hql="from EmployeeModel em where em.age not in (18,20,30)";
```

集合运算符最常用的用法是通过子查询来完成，其使用的案例代码如下所示，其功能是查询没有任何爱好的员工列表。

```
String hql="from EmployeeModel em where em not in (select em from
EmployeeModel em inner join em.behaves bm)";
```

案例中子查询语句查询的是所有有爱好的员工列表，主查询使用 not in 运算查询不在子查询集合的员工列表，即没有任何爱好的员工的列表。

（7）判断集合属性是否为空运算。

HQL 提供判断集合属性是否为空的运算符 IS [NOT] EMPTY，其与判断是否是 null 是不同的，如果一个集合属性不为 null，但没有包含任何元素，此时 is null 是否 false，而 is empty 则为 true，其使用的语法形式如下。

```
where 对象.属性 is (not) empty
```

如下代码的功能是查询有员工的部门列表。

```
String hql="from DepartmentModel dm where dm.employees is not empty";
```

如下代码则查询无员工的部门的列表。

```
String hql="from DepartmentModel dm where dm.employees is empty";
```

（8）判断是否是集合的元素运算。

Hibernate 在 HQL 提供了新的判断指定对象或变量是否是某集合元素的运算，其语法形式如下。

```
where 对象或变量 [NOT] MEMBER [OF] 集合属性或对象
```

如下代码查询包含员工账号为 1001 的部门的名称。

```
String hql="select dm.name from DepartmentModel dm where :em member of
dm.employees";
EmployeeModel em=session.get(EmployeeModel.class,"1001");
Query query=session.createQuery(hql);
query.setParameter("em",em);
String d_name=(String)query.getUniqueResult();
```

10.3.4 HQL 的 order by 子句

与 SQL 语句的一样，HQL 使用 order by 子句用于对返回的查询结果进行排序，可以按指定的对象或对象的属性进行排序。如果按对象大小进行排序，则对象的持久类必须实现比较大小的方法 compareTo()，否则对象无法进行大小的比较。一般情况下使用按对象的某个属性或某些属性进行排序。

Order by 子句的语法如下。

```
Order by 项目 [asc|desc],项目 [asc|desc],项目 [asc|desc],...
```

其中选项 asc 指定为按升序排序，即从小到大；而 desc 选项为降序排序，即从大到小的顺序；如果省略排序选项，默认为 asc。

如下 HQL 语句将按年龄升序，同时按工资降序查询指定部门的员工列表。

```
String hql="from EmployeeModel em where em.department.no=:no order by em.age,
em.salary desc";
```

指定了 order by 子句后，查询结果集合 List 中包含的对象将按照指定顺序进行存储。

10.4 Query 和 HQL 使用的编程案例

上面详细讲解了 Hibernate 简单查询的实现语法，下面通过编写部分员工业务方法的实现来展示如何使用 HQL 和 Query 接口进行各种简单查询的编程。程序 10-1 是员工业务接口中与简单查询有关的业务方法，其他与查询无关的方法进行了省略。

程序 10-1 IEmployeeService.java //员工业务方法（只与查询相关的方法）

```
package com.city.oa.service;
import java.util.List;
import com.city.oa.model.annotation.BehaveModel;
import com.city.oa.model.annotation.DepartmentModel;
import com.city.oa.model.annotation.EmployeeAddressModel;
import com.city.oa.model.annotation.EmployeeModel;
//员工业务服务接口
public interface IEmployeeService {

    //=================使用 HQL 简单查询实现的方法=======================
    //通过 Query 和 HQL 方式取得指定部门的员工列表
    public List<EmployeeModel> getListByDepartmentWithHQL(int departmentNo)
    throws Exception;
    //查询员工年龄在指定区间的员工列表
    public List<EmployeeModel> getListByAgeScopeWithHQL(int lowAge,int
    highAge) throws Exception;
    //按照指定的关键词查询员工姓名中包含此关键词的员工列表
    public List<EmployeeModel> getListBySearchNameWithHQL(String keyword)
    throws Exception;
    //取得所有员工列表，有分页,参数：rows：每页显示员工的个数，page:显示的页
    public List<EmployeeModel> getListByAllWithHQLPage(int rows,int page)
    throws Exception;
    //取得指定部门的员工列表，有分页,参数：rows：每页显示员工的个数，page:显示的页
    public List<EmployeeModel> getListByDepartmentWithHQLPage(int depart
    mentNo, int rows,int page) throws Exception;
}
```

接口中定义的这些方法都是可以使用简单查询完成的，程序 10-2 演示了使用 Query API 和 HQL 语言的简单查询方式实现的接口中定义的方法。

程序 10-2 EmployeeServiceImpl.java //员工业务实现类（只实现了与 HQL 查询有关的业务方法，其他方法略去

```
package com.city.oa.service.impl;
import java.util.ArrayList;
import java.util.List;
import java.util.Set;
import org.hibernate.Session;
import org.hibernate.SessionFactory;
import org.hibernate.Transaction;
import org.hibernate.query.Query;
import com.city.oa.factory.HibernateSessionFactoryUtil;
import com.city.oa.model.annotation.BehaveModel;
import com.city.oa.model.annotation.DepartmentModel;
import com.city.oa.model.annotation.EmployeeAddressModel;
import com.city.oa.model.annotation.EmployeeModel;
import com.city.oa.service.IEmployeeService;
//员工业务服务实现类
public class EmployeeServiceImpl implements IEmployeeService {
    //=====================使用 HQL 简单查询实现的方法=================
    //通过 Query 和 HQL 方式取得指定部门的员工列表
    @Override
    public List<EmployeeModel> getListByDepartmentWithHQL(int departmentNo)
    throws Exception {
        String hql="from EmployeeModel em where em.department.no=:
        departmentNo";
        SessionFactory sessionFactory=HibernateSessionFactoryUtil.getSession
        Factory();
        Session session=sessionFactory.openSession();
        Transaction tx=session.beginTransaction();
        Query<EmployeeModel>query=session.createQuery(hql,EmployeeModel.class);
        query.setParameter("departmentNo", departmentNo);
        List<EmployeeModel> list=query.getResultList();
        tx.commit();
        session.close();
        return list;
    }
    //查询员工年龄在指定区间的员工列表
    @Override
    public List<EmployeeModel> getListByAgeScopeWithHQL(int lowAge, int
    highAge) throws Exception {
        String hql="from EmployeeModel em where em.age between :low and :high
        order by em.age asc";
        SessionFactory sessionFactory=HibernateSessionFactoryUtil.getSession
        Factory();
        Session session=sessionFactory.openSession();
        Transaction tx=session.beginTransaction();
        Query<EmployeeModel> query=session.createQuery(hql,EmployeeModel.class);
```

```
        query.setParameter("low", lowAge);
        query.setParameter("high", highAge);
        List<EmployeeModel> list=query.getResultList();
        tx.commit();
        session.close();
        return list;
    }
    @Override
    //按照指定的关键词查询员工姓名中包含此关键词的员工列表
    public List<EmployeeModel> getListBySearchNameWithHQL(String keyword)
    throws Exception {
        String hql="from EmployeeModel em where em.name like :keyword order
        by em.name";
        SessionFactory sessionFactory=HibernateSessionFactoryUtil.getSession
        Factory();
        Session session=sessionFactory.openSession();
        Transaction tx=session.beginTransaction();
        Query<EmployeeModel> query=session.createQuery(hql,EmployeeModel.class);
        query.setParameter("keyword","%"+keyword+"%");
        List<EmployeeModel> list=query.getResultList();
        tx.commit();
        session.close();
        return list;
    }
    //以分页方式取得员工的列表，演示了如何实现分页查询的编程
    @Override
    public List<EmployeeModel> getListByAllWithHQLPage(int rows, int page)
    throws Exception {
String hql="from EmployeeModel em ";
        SessionFactory sessionFactory=HibernateSessionFactoryUtil.get
        Session Factory();
        Session session=sessionFactory.openSession();
        Transaction tx=session.beginTransaction();
       Query<EmployeeModel> query=session.createQuery(hql,EmployeeModel.
        class);
        query.setFirstResult(rows*(page-1)); //设定检索起始的对象
        query.setMaxResults(rows); //设定检索的对象个数
        List<EmployeeModel> list=query.getResultList();
        tx.commit();
        session.close();
            return list;
    }
    @Override
    //此方法重点演示了带参数的 HQl 和分页查询的实现
    public List<EmployeeModel> getListByDepartmentWithHQLPage(int departmentNo,
```

```
        int rows, int page) throws Exception {
                String hql="from EmployeeModel em where em.department.no=:
                departmentNo";
                SessionFactory sessionFactory=HibernateSessionFactoryUtil.getSession
                Factory();
                Session session=sessionFactory.openSession();
                Transaction tx=session.beginTransaction();
                Query<EmployeeModel>  query=session.createQuery(hql,Employee
                Model.class);
                query.setFirstResult(rows*(page-1)); //设定检索起始的对象
                query.setMaxResults(rows); //设定检索的对象个数
                query.setParameter("departmentNo", departmentNo);//设置部门参数
                //开始查询取得符合条件的员工对象列表
                List<EmployeeModel> list=query.getResultList();
                tx.commit();
                session.close();
                return list;
        }
    }
```

从代码中我们看到了 HQL 和 Query 接口的应用编程，包括区间运算、匹配运算等，在最后的方法中演示了分页查询的编程。

本章小结

本章概要介绍了 Hibernate 支持的查询对象的方式，包括 OID 方式、对象图检索、HQL 和 QBC 检索 4 种，重点介绍了 HQL 检索方式，详细讲解了 HQL 语言的基本语法，包括 HQL 各个子句的功能以及子句的编程语法，详细讲述了 Query API 的各种方法以及方法参数的使用编程，最后使用 OA 管理系统案例展示如果使用 HQL 和 Query API 实现各种查询功能的编程。

第11章 Hibernate 高级查询编程

本章要点

- Hibernate HQL 关联查询语法与应用。
- Hibernate HQL 批处理操作及应用。
- 分类汇总查询语句 group by 和 having 以及汇总函数的类型和使用。
- HQL 子查询的语法和编程应用。
- Hibernate HQL 批处理 insert、update 和 delete 语句的编程应用。

关系数据库系统的关键是数据的关联，SQL 查询中绝大多数都是涉及多表关联关系的查询，简单查询的情况一般很少，实际应用项目中只基于单表的简单查询是非常少见的。同样在面向对象的实际项目编程中，Hibernate 重点也是映射对象间的关联关系，通过查询有关联关系的对象实现相应的业务方法，是 Hibernate 编程中最常用的方式。

在基于数据的各种管理系统中，如典型的进销存、ERP 以及各种各样的企业信息，都需要根据业务记录技术进行某种形式的数据汇总，如求和、求平均、统计满足条件的对象个数等基本汇总工作，这些都需要使用各种汇总函数和分类汇总语句，Hibernate 的 HQL 提供了与 SQL 相同的分类汇总功能。

对于复杂的数据查询，SQL 提供了子查询机制，可以在 select、insert、update、delete 语句中使用嵌套的子查询 select 语句机制，同样 HQL 也提供了类似的机制，虽然其子查询机制还没有 SQL 那样强大，但是依然可以完成复杂的业务所需要的复杂 HQL 语句的编写。

本章将详细讲述 Hibernate HQL 中关于关联关系查询、分类汇总查询以及子查询的编程，并讲述了 Hibernate 提供的最新的批处理模式的 insert、update 和 delete HQL 语句，可以更快地执行针对多个对象的增加、修改和删除操作，要比使用原始的 Session API 一次只能操作一个持久对象的效率高得多，极大地提高了批处理操作多个对象的执行速度。

11.1 Hibernate 关联查询概述

在开发任何实际应用项目中都会编写非常多的持久类，一个中等规模的软件项目数据库表的个数在 500～1000 个，对应的持久类与表的个数基本相当。大部分表之间都是存在关联关系的，这样持久类之间也需要映射这些关联关系。

在编写项目的业务方法及实现代码时，都需要这些关联的持久类对象进行一定的关联查询编程，如同 SQL 实现各种关联查询一样。

SQL 语言支持内关联、外关联（包括左外关联、右外关联、全外关联）和交叉关联查询，Hibernate 的 HQL 也支持与 SQL 语法相同的关联查询，不同是的 SQL 的关联条件通过关联表的外键和主键实现，而 HQL 的关联查询是通过持久类的关联属性实现的。

HQL 关联查询的类型有如下形式。

1．内关联查询（inner join）

HQL 内关联也是使用与 SQL 相同的 inner join 语句连接两个持久类对象，返回持久类对象与关联的持久类对象相等的对象组合查询结果。内关联查询是实际项目中最常使用的查询，需要完全熟练掌握。

2．外关联查询（outer join）

HQL 外关联查询也是使用 outer join 语句连接两个持久类对象，并支持左外关联（left outer join）、右外关联（right outer join）和全外关联查询（full outer join），实际编程中全外关联查询很少使用，只有左右外联使用稍多一些。

3．交叉关联查询（Cross Join）

与 SQL 的交叉关联产生非法的笛卡儿积一样，HQL 的交叉关联也是将关联的持久类对象进行交叉关联，生成持久对象的交叉组合的数组，实际编程中一定要避免交叉关联的发生，因为此种查询结果是没有任何意义的对象组合。

11.2 内关联查询

内关联查询是使用最多的关联查询，它通过一个对象的属性与关联的对象相等实现两个对象的关联，没有相等的对象则不满足关联条件，不能出现在查询结果中。

HQL 内关联查询使用 inner join 关键词实现两个持久对象的关联，其语法形式如下。

```
from A a inner join a.b b
```

这里查询持久类 A 和 B，通过 A 类的 b 属性关联到 B，这里 A 的 b 属性可以是多对一、一对一的单个 B 对象，或一对多或多对多的包含 B 对象的集合属性。当多个对象有关联关系时，可以使用如下语法格式实现多个持久对象关联。

```
From A a inner join a.b b inner jon b.c c //A 有包含 B 的属性，B 有包含 C 的属性
From A a inner join a.b b inner join a.c c //此时 A 有关联到 B 和 C 的属性
```

使用关联查询，必须从包含其他对象属性的对象开始，而不能从不包含其他对象属性的对象开始查询。

如果持久类之间存在双向的关联关系，那么从哪个对象开始关联查询都是可以的。在本书的 OA 管理项目中的部门类、员工类、爱好类和地址类中，部门与员工是双向一对多和多对一关系，员工与爱好是双向多对多关系，员工与地址是双向一对一关联关系。从关联关系可看到，关联的核心类是员工类。员工与其他持久类都有关联关系，因此在编写关联查询时，从员工类开始是最佳的选择。如下是一些内关联查询的 HQL 案例代码。

（1）from EmployeeModel em inner join em.department dm

关联员工和他的部门对象。

（2）from DepartmentModel dm inner join dm.employees em

关联部门对象和它的员工对象。

（3）from EmployeeModel em join em.behaves bm inner join em.department dm

查询员工关联的爱好对象，以及关联的部门对象。

（4）from BehaveModel bm join be.employees em join em.department dm

查询爱好对象及关联的员工对象，以及员工关联的部门对象，实现两个对象的关联查询。

HQL 在内关联查询语法中，可以省略 inner，而直接写 join 替代 inner join，注意不能省略 join 关键词。

HQL 内关联查询时，如果省略 Select 子句，默认会返回关联的对象组成的 Object 数组的集合，如查询语句"from EmployeeModel em join em.behaves bm inner join em.department dm"，执行时会返回包含员工对象、爱好对象和部门对象的对象数组 Object[]的 List 容器对象。List 的每个元素都是一个对象数组，Object[0]包含关联的第 1 个对象员工，Object[1]包含爱好对象，Object[2]包含员工对象，如下代码演示了遍历查询结果的编程。

```
String hql="from EmployeeModel em join em.behaves bm inner join em.department dm";
    Query query=session.createQuery(hql);
    List<Object[]> list=query.getResultList();
    for(Object[] oarray:list){
    EmployeeModel dm=(EmployeeModel)oarray[0]; //取得员工对象
    BehaveModel bm=(BehaveModel)oarray[1]; //取得爱好对象
    DepartmentModel dm=(DepartmentModel)oarray[2]; 取得部门对象
}
```

因为内关联查询的缘故，遍历的每个对象都有重复的可能。

将多个对象通过内关联查询语句关联以后，可以使用 select 语句只检索其中指定的一个或多个对象或对象的属性，如下代码是使用 select 语句的内关联查询语句案例和实际功能。

```
Select em from EmployeeModel em inner join em.department dm
```

查询所有有所属部门的员工，如果员工没有部门关联则被排除在查询结果之外了。

Select dm from EmployeeModel em inner join em.department dm

查询所有部门中有员工的部门列表，没有员工的部门则被排除了。

select em from EmployeeModel em join em.behaves bm where bm.name='爬山'

查询爱好是“爬山”的员工列表。

```
select em.name,em.age from EmployeeModel em join em.behaves bm where
bm.name='爬山'
```

查询爱好是“爬山”的员工的姓名和年龄列表。

对于关联查询出现重复对象或属性的问题，如果要去除重复的对象或属性，可以使用与 SQL 一样的关键词 distinct，去除重复的对象或属性，其使用的语法如下。

```
select distinct 别名 from 关联查询语句。
select distinct 别名.属性名 from 关联查询语句
```

注意使用 distinct 关键词只能适合于 select 一个对象或一个属性的查询，如果 select 包含多个对象或属性，则 distinct 语句是失效的，如下使用 distinct 的查询是有效的查询。

```
Select distinct dm from EmployeeModel em inner join em.department dm
```

此查询将重复的部门合并为一个，返回没有重复的部门列表。而如下两个使用 distinct 的查询则是无效的，因为其 select 了多个对象。

```
select em, distinct dm from EmployeeModel em join em.behaves bm join
em.department dm
select distinct em, distinct dm from EmployeeModel em join em.behaves bm
join em.department dm
```

Hibernate 关联查询当多个持久对象内关联查询时，如果没有使用 select 语句，则查询结果将返回所有关联对象的组合而成的数组对象，而在内关联查询中追加 fetch 关键词，转变为 inner join fetch 时，则 Hibernate 将关联的对象抓取到前一个对象中，并返回一个对象，而不是对象组合后的数组对象。如下 HQL 语句将返回包含部门对象的集合，并且将部门对象的员工集合属性使用抓取的对象集合进行填充。

```
from DepartmentModel dm inner join fetch dm.employees em
```

此语句虽然没有使用 select 子句，但由于使用了 fetch 关键词，所以查询时将检索每个部门对象，自动检索其所属的员工集合，并自动填充部门的员工集合属性，这样在取得部门列表时，会同时检索出其所属的员工集合。因为在映射配置时，持久类的集合属性默认都使用的都是延迟检索策略，在检索部门对象时，不会自动检索其员工集合属性，但如果实际业务中确实有此需求，则可以使用 fetch 方式实现对集合属性的抓取检索。程序 11-1 演示了部门业务实现类中与 fetch 有关的查询的方法的编程，此处特别给出了无 fetch 和有 fetch 两种情况的业务的编程。

程序 11-1　DepartmentServiceImpl.java //部门业务实现类

```
package com.city.oa.service.impl;
import java.util.List;
import org.hibernate.Session;
import org.hibernate.SessionFactory;
import org.hibernate.Transaction;
import org.hibernate.query.Query;
import com.city.oa.factory.HibernateSessionFactoryUtil;
import com.city.oa.model.annotation.DepartmentModel;
import com.city.oa.service.IDepartmentService;
//部门业务实现类
```

```
public class DepartmentServiceImpl implements IDepartmentService {
    //取得所有的部门列表，不抓取关联的员工集合属性
    @Override
    public List<DepartmentModel> getListWithoutEmployees() throws Exception {
        String hql="from DepartmentModel dm ";
        SessionFactory sessionFactory=HibernateSessionFactoryUtil.getSession
        Factory();
        Session session=sessionFactory.openSession();
        Transaction tx=session.beginTransaction();
        Query<DepartmentModel>query=session.createQuery(hql,DepartmentModel.class);
        List<DepartmentModel>  list=query.getResultList();
        tx.commit();
        session.close();
        return list;
    }
    //取得所有的部门列表，抓取关联的员工集合属性
    @Override
    public List<DepartmentModel> getListWithEmployees() throws Exception {
        String hql="from DepartmentModel dm inner join fetch dm.employees ";
        SessionFactory sessionFactory=HibernateSessionFactoryUtil.getSession
        Factory();
        Session session=sessionFactory.openSession();
        Transaction tx=session.beginTransaction();
        Query<DepartmentModel>query=session.createQuery(hql,DepartmentModel.class);
        List<DepartmentModel>  list=query.getResultList();
        tx.commit();
        session.close();
        return list;
    }
}
```

前一个取得部门列表的方法没有使用 fetch，则只返回部门列表，此时要访问部门的员工集合属性 employees 会抛出异常，指明关联的属性是延迟检索，还没有进行抓取填充。而后一个取得部门列表的方法使用了 fetch 关键词，则对部门的员工集合属性进行立即检索，将取得的员工集合填充到对应的部门对象的属性，返回的部门集合对象，每个部门对象的员工集合属性是包含其所属的员工列表的。

11.3 外关联查询的实现

前面讲述的内关联查询，只能查询到持久对象与其关联成功的对象，如果某个对象的关联属性对象为空，使用内关联查询是无法得到关联的对象的。在这种情况下，如果既要

查询出有关联，也要查询没有关联的对象，就需要使用外关联查询。

HQL 与 SQL 一样，支持如下的外关联查询。

（1）左外关联（left outer join）查询。

（2）右外关联（right outer join）查询。

（3）全外关联（full outer join）查询。

11.3.1　左外关联查询

SQL 中左外连接包含 left join 左表所有行，如果左表中某行在右表没有匹配，则结果中对应行右表的部分全部为空(null)。而 Hibernate 的 HQL 的左外关联查询，则是查询出全部的左边对象：如果右边对象有关联，则查询出关联的对象，如果没有对应的关联对象，则以 null 返回。

HQL 左外关联的语句语法如下。

```
from 左持久类 别名1 left outer join 别名.关联对象属性 别名2
```

如下案例代码查询所有的部门对象和其关联的员工对象，如果没有关联员工对象，则返回 null。

```
String hql="from DepartmentModel dm left outer join dm.employees em ";
```

查询时左边的部门对象永远不会是空，而右边关联的员工对象可以为空，而如果是内关联查询，双方都不会是 null。此时返回的 List 容器中包含的 Object[]数组中 Object[0]为左边的部门对象，Object[1]是关联右边的员工对象，由于使用左外关联查询，其值有可能为空。

与抓取内关联一样，HQL 也提供了抓取外关联查询，也是在普通的外关联抓取语句的后面增加 fetch 关键词，其语法如下。

```
from 左持久类 别名1 left outer join fetch 别名.关联对象属性 别名2
```

使用了 fetch 的左外关联查询不再返回关联的对象组合的数组集合，而是返回左对象的集合，并将关联的右边对象立即检索并注入到左对象的关联属性，如果没有没有关联的对象，则将其关联属性设置为 null。如下查询 HQL 语句返回所有的部门对象集合，并将部门的员工集合立即检索填充，那些没有员工的部门，其关联的员工 Set 集合将是 null。

```
String hql="from DepartmentModel dm left outer join fetch  dm.employees em";
```

使用抓取 fetch 外关联查询的含义是一个 fetch 连接允许仅仅使用一个选择语句就可将相关联的对象或一组值的集合随着其关联的父对象的初始化而被初始化，这种方法在使用到集合的情况下尤其有用，对于关联和集合来说，它有效地代替了映射文件中的外联接与延迟声明（lazy declarations）。

一个 fetch 连接通常不需要被指定别名，因为相关联的对象不应当被用在 where 子句（或其他任何子句）中。同时相关联的对象并不在查询的结果中直接返回，但可以通过其父对象来访问这些关联的子对象。

11.3.2 右外关联查询

在 SQL 中右外连接包含 right join 右表所有行，如果左表中某行在右表没有匹配，则结果中对应左表的部分全部为空（null）。类似的 Hibernate 的 HQL 的右外关联查询是取得关联语句右边的所有持久类对象集合；如果关联语句左面的对象存在，则直接返回该关联对象；否则返回 null。实际上左外关联查询和右外关联查询是相对的，只要互换双方的位置，就会将左外联转换为右关联查询。

HQL 右外关联查询的语法如下。

```
from 右持久类 别名1 right outer join 别名.关联对象属性 别名2
```

如下案例代码演示了将查询右面所有员工对象和其关联的左边的部门对象，如果有员工没有部门，则左边的部门对象为 null。

```
String hql="from DepartmentModel dm right outer join dm.employees em";
```

上述 HQL 语句的查询结果与左外关联查询结果一样，不同的右边的员工对象不会为空，而左边的部门对象可能为空，当然要保证映射时，员工关联的部门的外键字段允许为空，如果外键不允许为空，那么外关联查询是没有意义的。

11.3.3 全外关联查询

SQL 中完全外连接包含 full join 左右两表中所有的行，如果右表中某行在左表中没有匹配，则结果中对应行右表的部分全部为空（null）；如果左表中某行在右表中没有匹配，则结果中对应行左表的部分全部为空（null）。

Hibernate 的 HQL 的全外联的语句也是 full outer join，其关联持久对象和其关联的属性对象，其语法形式如下。

```
from 左持久类 别名1 full outer join 别名.关联对象属性 别名2
```

对于使用全外联的 HQL，一定要注意底层数据库是否支持，如果底层数据库不支持全外联查询，则在生成 SQL 并执行时会抛出异常。

全外联查询在 HQL 中基本使用非常少，很少有实际项目有全外关联这种业务需求查询，使用最多的是左外联查询和左外关联抓取查询。

如下 HQL 代码演示了同时检索所有的部门和员工关联对象，并同时进行左和右外关联查询，如果部门没有员工，则其右边关联的员工集合为 null；反之如果员工没有所属的部门，则其左边关联的部门对象为 null。

```
String hql="from DepartmentModel dm full outer join dm.employees em ";
```

全外关联查询是没有 fetch 类型的，无法实现全外联立即抓取查询。

11.4 HQL 分类汇总查询的实现

分类汇总是任何应用系统必须有的功能，如常用的进销存系统的按月份、按季度、按年份统计产品销售数据、客户的销售数据、产品的库存统计数据等，在线电子商城也要统计各种销售信息，这些都需要使用分类汇总语句完成。

为实现分类汇总功能，Hibernate 的 HQL 提供了 group by 子句、Having 子句和分类汇总函数。其汇总函数与 SQL 的名称完全一致，有利于已经熟悉 SQL 的开发者掌握，其函数名及含义说明如下。

（1）avg(property name)：计算指定属性的评价值，只能操作持久对象的数值属性。

（2）sum(property name)：对多个持久对象的数值属性进行求和，会忽略值为 null 的属性。

（3）count(property name or *)：计算持久对象指定属性非空的个数，或持久对象个数，当使用*时，统计持久对象的个数。要统计持久对象的个数，推荐使用主属性作为该函数参数，因为主属性是默认有索引的，因此函数计算速度快。

（4）max(property name)：得到一组持久对象的属性的最大值，要求此属性必须能比较大小，如果是简单类型，Java 支持比较大小；如果是对象类型，则必须实现可比较接口 Comparable，这样对象才能比较大小，进而得以使用 max 函数进行大小的运算。

（5）min(property name)：取得一组持久对象或属性的最小值，同样属性或对象必须支持可比较大小。

以上汇总函数可以单独使用，实现对查询出来的持久对象或属性进行汇总运算，如下两个 HQL 语句都能统计所有员工的个数。

```
select count(*) from EmployeeModel
select count(em.id) from EmployeeModel em
```

但是第 2 个语句，由于使用员工的主键属性进行统计，要比第 1 个语句执行效率更高，实际编程中推荐使用第 2 个语句的形式。如下代码取得所有员工的汇总工资和平均年龄。

```
select sum(em.salary),avg(em.age) from EmployeeModel em
```

此语句因为没有使用 group by 子句，所以操作的是所有的员工对象。

在汇总函数内部，可以使用关键词 distinct 对属性进行重复项去除，只保留不同项，如下代码统计出不同姓名的员工的人数。

```
select count(distinct em.name) from EmployeeModel em
```

如果要对一个集合统计每个部门的员工的汇总工资和平均年龄，则需要使用 HQL 的 group by 子句，如下代码演示了实现此要求的 HQL 语句。

```
Select em.department.name, sum(em.salary),avg(em.age) from EmployeeModel
em group by em.department.name
```

此语句按部门名称进行分类汇总，此时如果使用 Query 对象的 getResultList 方法取得的结果集合中包含的是 Object[]的数组，Object[0]为部门的名称，Object[1]为汇总工资，Object[2]为部门的平均年龄。

11.5 HQL 子查询的实现编程

子查询是 SQL 语句中非常重要的功能特性，它可以在 SQL 语句中利用另外一条 SQL 语句的查询结果，在 Hibernate 中 HQL 查询同样对子查询功能提供了支持。

但是 HQL 的子查询的限制要比 SQL 中的子查询要多一些，SQL 语句中的 select 子句、from 子句都可以使用子查询，但 HQL 的 select 和 from 子句无法使用子查询，只能在作为条件筛选的语句 where 和 having 中使用子查询，由于此种限制，有时由于业务需求不得不使用复杂的子查询时，只能使用底层的 SQL 查询来实现，未来 HQL 会支持 SQL 的特性会逐步增多。

在 HQL 中子查询必须出现在 where 子句中，而且必须用一对小括号括起来，这一点与 SQL 基本相同，如下是 HQL 子查询的基本使用语法。

（1）where 中的子查询。

From 持久类 别名 where 对象或属性 操作符（HQL 子查询）

（2）Having 中的子查询。

From 持久类 别名 group by 子句 having 别名对象或属性 操作符（HQL 子查询）

其中操作符就是第 10 章讲解的 where 子句的常见的操作运算，包括比较运算、逻辑运算、区间运算、匹配运算和集合运算，尤其是集合运算在子查询中使用最多。

如下 HQL 子查询语句演示了查询没有爱好的员工列表的功能。

```
String hql="from EmployeeModel em where em not in (select em1 from EmployeeModel em1 inner join em1.behaves )";
```

上述代码中，HQL 子查询是查询与爱好有关联的员工集合，使用 where 条件的 not in 操作符筛选不在子查询得到的员工集合，就是没有任何爱好的员工列表。

根据子查询返回的结果类型，可以使用不同的操作符对子查询结果进行比较和判断。

（1）子查询结果为单个持久对象或单个属性值。

当子查询结果为单个对象或单个属性值时，可以使用常规的比较运算、区间运算等能操作单个数据的操作符。如下 HQL 语句查询工资大于全公司平均工资的员工列表。

```
String hql="from EmployeeModel em where em.salary > (select avg(em1.salary)
from EmployeeModel em1 )";
```

（2）子查询结果为对象或属性的集合。

当子查询返回集合结果时，就无法使用与单值运算的操作符对其进行操作，此时最适合的操作符就是集合运算，包括 in 和 not in 运算，上面的查询没有爱好的员工列表的查询就是子查询返回集合。

当子查询返回集合结果时，也可以使用如下 HQL 提供的关键词将集合运算转换为单值运算。

① all：表示子查询语句返回的所有记录。

② any：表示子查询语句返回的任意一条结果。

③ some：与“any”等价。

④ in：与“=any”等价。

⑤ exists：表示子查询语句至少返回一条记录。

下面列出了带有 ANY 或 ALL 的子查询的谓词的各种组合的含义。

① >ANY，大于子查询结果中的某个值。

② <ANY，小于子查询中的某个值。

③ >=ANY，大于等于子查询中的某个值。

④ <=ANY，小于等于子查询中的某个值。

⑤ =ANY，等于子查询中的某个值。

⑥ !=ANY 或者<>ANY，不等于子查询中的某个值。

⑦ >ALL，大于子查询中的所有值。

⑧ <ALL，小于子查询中的所有值。

⑨ >=ALL，大于等于子查询中的所有值。

⑩ <=ALL，小于等于子查询中的所有值。

⑪ =ALL，等于子查询中的所有值。

⑫ !=ALL 或者<>ALL，不等于子查询中的任何一个值。

如下代码演示了使用 any 关键词查询工资大于任何一个部门平均工资的员工列表。

```
String hql="from EmployeeModel em where em.salary >any (select
avg(em1.salary) from EmployeeModel em1 group by em.department)";
```

子查询返回每个部门的平均工资集合，使用>any 运算，只要员工的工资大于任何一个部门的平均工资即可。

为了在子查询中操作集合，HQL 提供了一组操纵集合的函数和属性，包括如下函数。

① size()函数和 size 属性：获得集合中元素的数量。

② minIndex()函数和 minIndex 属性：对于已经建立了索引的集合获得其最小索引值。

③ minElement()函数和 minElement 属性：对于包含基本类型的元素集合，获得集合中值最小的元素。

④ maxElement()函数和 maxElement 属性：对于包含基本类型元素的集合，获得集合中值最大的元素。

⑤ element()函数：获得集合中所有元素。

使用以上集合相关的函数，可以简化 HQL 语句的编写。例如查询订单数大于 0 的客户列表的 HQL 语句如下。

```
From Customer c where size(c.orders)>0;
```

或者

```
From Customer c where c.orders.size>0;
```

以上 HQL 语句会生成类似如下的 SQL 语句：

```
Select * from customer c where 0>(select count(o.id) from order where
o.customer_ID =c.id);
```

在编写包含子查询的 HQL 语句时，还要关注的情况是判断子查询是相关子查询，还是无关子查询。如果子查询中使用了主查询的持久对象或持久对象属性，则此子查询称为相关子查询，否则为无关子查询。

如下查询大于公司全部员工平均工资的员工列表 HQL 查询中的子查询是无关子查询，该子查询没有使用主查询的任何属性，无关子查询可以单独执行，在运行 SQL 语句时，无关子查询语句先运行，得到结果后，再与主查询的条件表达式进行运算。

```
String hql="from EmployeeModel em where em.salary >(select avg(em1.salary)
from EmployeeModel em1)";
```

如下有员工的部门列表的查询是典型的相关子查询，在子查询语句中使用了主查询的持久对象 dm。

```
String hql="from DepartmentModel dm where 0<(select count(em.id) from
EmployeeModel em where em.department=dm)";
```

相关子查询不能单独运行，需要先执行主查询。在主查询运行时，针对主查询的每个检索对象，子查询再根据主查询的对象或属性进行判断。

相关子查询最常使用的判断运算是 exists 或 not exists，此运算判断子查询是否返回对象或属性集合，如果有对象或属性返回，则 exists 为 true，否则 not exists 为 true。将上面的查询有员工的部门列表使用 exists 运算符后的 HQL 代码如下。

```
String hql="from DepartmentModel dm where exists (from EmployeeModel em where
em.department=dm)";
```

而使用 not exists 查询没有员工的部门列表的包含相关子查询的 HQL 代码如下。

```
String hql="from DepartmentModel dm where not exists (from EmployeeModel
em where em.department=dm)";
```

使用 exists 或 not exists 可以明显提高 HQL 生成 SQL 后的执行速度，要比传统的取得对象个数再比较个数后判断对象是否存在要高效得多。

11.6 HQL 批处理增加、修改和删除

使用 Session API 实现对持久对象的增加、修改和删除时，每次只能操作当前的持久对象，如果业务中需要对多个持久对象的属性进行增加、修改或删除批处理时，如给所有员工的工资涨 10%，或删除所有部门中的员工对象，如果使用循环取得持久对象再对其进行以上操作时，其处理效率是非常低的。

为克服使用 Session API 每次只能操作一个持久对象的缺点，Hibernate 在原来 HQL 只能进行查询操作的基础上，增加了能执行批处理功能的 HQL 语句，下面分别讲述每个批

处理 HQL 语句的语法和应用编程。

11.6.1 HQL update 批处理语句

HQL 的 update 语句用于批量修改持久类对象的属性，其语法形式如下。

```
update [from] 持久类 [[as] 别名] [, ...] set 属性=值 [, ...] [where 逻辑表达式]
```

与 SQL 的 update 语句类似，此时 update 后面是持久类名，不再是表名。set 中的属性直接写持久类的属性即可，不必使用“别名.属性”的形式。 Where 语句用于限定要修改的对象，只有满足 where 条件的对象才被批量修改。如下为将所有员工的工资涨 10%的 update 语句。

```
String hql="update from EmployeeModel em set salary=salary*1.1 ";
```

由于 from 关键词可以省略，则上述代码可以修改为如下形式。

```
String hql="update EmployeeModel em set salary=salary*1.1 ";
```

此时 HQL 的 update 语句与 SQL 的 update 语句基本相同，所不同的是将表名换成为持久类名。

update 批处理语句使用 where 自己实现对持久对象的选择性修改，如下代码演示了修改员工工资在 9000 以上的员工，工资减少 5%。

```
String hql="update from EmployeeModel em set salary=salary*0.95 where
salary>5000 ";
```

HQL 批处理也支持使用参数，同样可以使用位置参数和命名参数两种，推荐永远使用命名参数，尽可能不要使用位置参数。如下代码演示了在员工业务实现类中，根据给定的工资区间值，设定工资的新的调整比例数据（原工资*调整比例）的方法实现。

```
public void adjustSalary(double low,double high,double rate) throws Exception {
    tring hql="update EmployeeModel em set salary=salary*(1+:rate) where
    salary between :low and :high ";
    SessionFactory sessionFactory=HibernateSessionFactoryUtil.getSession
    Factory();
    Session session=sessionFactory.openSession();
    Transaction tx=session.beginTransaction();
    Query query=session.createQuery(hql);
    query.setParameter("low",low);
    query.setParameter("high",high);
    query.setParameter("rate",rate);
    query.executeUpdate();
    tx.commit();
    session.close();
}
```

注意为执行非 Select 的批处理增加、修改和删除的 HQL 语句，Query API 提供了专门的方法 executeUpdate()用于执行这些批处理 HQL 语句，参见上面代码的执行部门，该方法返回 int 类型表达批处理语句操作的对象的个数。

需要特别说明的是，使用批处理 update 修改后的对象属性，不会自动更新到使用 Session API 操作的持久对象，待 update 批处理完成后，使用 Session 的 get 方法取得的持久对象会得到更新后的属性值。

11.6.2 HQL delete 批处理语句

Hibernate 提供了删除的批处理语句是 delete, delete 批处理语句的语法形式如下。

```
delete [from] 持久类 [[as] 别名] [where 筛选逻辑表达式]
```

该批处理将直接将满足 where 条件的对象对应的记录从数据库中删除，当前已经在 session 缓存内容中的持久对象不会自动得到更新，需要关闭 session 后，打开新的 session 并执行 get 方法后，才可以得到更新后的持久对象集合，但不能再取得删除的对象了。

如下 delete 语句将删除工资在 1 万元以上的员工。

```
delete from EmployeeModel em where em.salary>10000
```

与 update 语句一样，delete 语句也可省略 from 关键词，则上述语句转变为如下形式。

```
delete EmployeeModel em where em.salary>10000
```

当项目业务需要大批量删除指定的对象对应的数据记录时，推荐使用此 delete 批处理语句，不必再使用查询对象列表，再循环使用 session 的 delete 方法，如下代码演示了 Query 对象执行 delete 批处理语句的编程，为简化已经省略了 session 的获取、关闭以及事务的开启和提交等语句。

```
Query query=session.createQuery("delete from EmployeeModel em where
em.salary>:max");
query.setParameter("max", 10000);
int rowsDeleted=query.executeUpdate();
```

11.6.3 HQL insert 批处理语句

Hibernate 也提供了用于增加批处理语句 insert，HQL insert 批处理的语法形式如下。

```
insert into 持久类 ( 属性 [, ...]) select 语句
```

但是实际应用中 insert 批处理却很少使用，因为其使用 insert 批处理只能使用 select 得到的属性值去增加新的持久对象，这在实际应用中是非常少见，不如 update 和 delete 批处理那样普遍。

HQL 的 insert 批处理语句不能像 SQL 的 insert 语句一样可以通过 values 子句直接指定新记录的字段值，而 HQL 的 insert 只能是使用 select 得到的属性值，去增加新对象的属性。

因为在本书的 OA 案例中没有增加批处理的的实际需求，这里只是演示一下 insert into

语句的编程使用，没有具体的实际意义，请读者了解。

```
Sring hql="insert into purged_users(id, name, status) select id, name, status
from users where status=:status";
Query query=session.createQuery(hql);
query.setString("status", "purged");
int rowsCopied=query.executeUpdate();
```

本章小结

本章详细讲述了 HQL 的高级查询编程，高级编程涉及多表关联查询，分类汇总查询，子查询和批处理增加、修改和删除等 HQL 语句的编写。现实的应用系统只查询单个持久对象的情况非常少，都是多个持久对象存在各种关联关系，HQL 支持各种关联查询，包括内关联查询、外关联查询和交叉关联查询，而外关联查询又分为左外关联、右外关联和全外关联查询。与 SQL 语言的关联查询相似之外，HQL 还支持立即抓取的关联查询，在关联查询语句中使用 fetch 可以立即抓取并检索关联的对象，并填充其对象属性或集合属性。

HQL 全面支持 SQL 的分类汇总查询，其提供的汇总函数与 SQL 完全一致，包括 sum、avg、max、min 和 count 函数，并提供 group by 子句完成分类汇总查询。

HQL 的子查询没有 SQL 功能强大，其只支持在 where 子句和 having 子句中嵌入子查询 HQL 语句。HQL 提供了 SQL 所没有的操作对象集合的各种谓词函数，如 size()、minElement()、maxElement()、elements()等实现对子查询返回对象集合的操作和比较。

HQL 还提供了用于批处理持久对象的增加 insert、修改 update 和删除 delete 语句，用于一次性操作多个持久对象，要比使用 Session API 每次只能操作一个持久对象要高效得多。

第12章 Hibernate 的高级特性应用编程

本章要点

- 执行数据库内置的原生 SQL 语句。
- 调用数据库中定义的存储过程或函数。
- 通过 LobHelper 类实现对数据库表中 BLOB 或 CLOB 大对象字段的编程。

HQL 在支持简单查询、关联查询、分类汇总查询和子查询基础上，还提供了更多的特殊功能，如执行原始 SQL 语句、调用数据库存储过程或函数等。Hibernate 还提供了操作大对象类型的 API，如操作二进制大对象或文本大对象的编程接口和对象，用于实现操作数据库中的 CLOB 和 BLOB 字段编程。

12.1 Hibernate 原始 SQL 查询

在使用 Hibernate 开发企业级 Java 应用时，应尽可能使用 HQL 完成各种数据查询功能的编程，但由于 HQL 功能上的限制，有的业务方法无法使用 HQL 完成，需要使用针对特定数据库的 SQL 语句进行查询：另一种情况就是业务方法使用数据库的存储过程完成，需要调用这些存储过程，这些都是无法使用 HQL 完成的。

还有一种使用原始 SQL 查询的情况是基于 HQL 的查询会将查询出来的对象保存到 Hibernate 的缓存当中。在一个大型项目中，如果查询的数据记录大于百万，使用 Hibernate 的 HQL 会将查询的对象放到缓存中，这样就会影响系统的执行效率，所以当在大型项目中使用 Hibernate 时推荐使用原生的 SQL 查询语句，而不使用 HQL 语句，因为通过 SQL 查询的话，是不会经过 Hibernate 的缓存的。

此时就需要使用 Hibernate 直接调用 SQL，为此 Hibernate 提供了 SQLQuery 和 NativeQuery 两种接口来实现此目的，在新版的 Hibernate 中推荐使用 NativeQuery 接口来取代 SQLQuery。SQLQuery 接口继承 Query 接口，而 NativeQuery 接口又继承了 SQLQuery 接口，二者都在 Query 接口方法的基础之上，增加了专门执行 SQL 查询所需要的方法，通过执行 Session.createSQLQuery() 获取 SQLQuery 接口对象，通过 Session.createNativeQuery(String sql)取得 NativeQuery 接口对象，执行 SQL 查询步骤如下。

（1）获取 Hibernate Session 对象。

（2）编写 SQL 语句。

（3）通过 Session 的 createSQLQuery 方法创建 SQLQuery 查询对象，或 createNativeQuery 方法创建 NativeQuery 查询对象。

（4）调用 SQLQuery 对象的 addScalar()或 addEntity()方法将选出的结果与标量值或实体进行关联，分别用于进行标量查询或实体查询。

（5）如果 SQL 语句包含参数，调用 Query 的 setXxxx 方法为参数赋值。

（6）调用 Query 的 list 方法返回查询的结果集。

当执行原始 SQL 查询时，需要在编程中增加对查询结果类型的设定，这样 Hibernate 在执行查询时，会根据设定的结果类型，自动遍历查询结果集 ResultSet，并转换为指定的类型，保存到 List 容器中。

为指定 SQL 查询结果的类型，SQLQuery 接口提供了如下方法。

（1）NativeQuery<T> addEntity(String tableAlias,Class entityType):

该方法指定返回的对象的类型。

（2）createNativeQueryNativeQuery<T> addScalar(String columnAlias,Type type)

该方法指定数值返回结果的类型。

以上这些指定查询结果返回类型的方法，在新版的 Hibernate5.2 中都已经过时，Hibernate 推荐使用当创建 NativeQuery 接口对象时，直接使用返回结果类型参数的方法，其实现方法如下。

```
NativeQuery nq=session.createNativeQuery("select * from EmployeeModel",
EmployeeModel.class);
```

使用此方式就不再需要在创建 NativeQuery 对象后，调用 addEntity 或 addScalar 方法指定返回结果的类型。

12.1.1　当 SQL 返回单个数值的编程

当 SQL 查询返回单个数值时，与 HQL 一样可以使用 getUniqueResult 方法取得该数值，在调用该方法之前需要使用 addScalar 方法指定数值的返回类型。如下代码演示了取得员工平均年龄的执行原始 SQL 时使用 SQLQuery 接口的查询编程。

```
String sql = "select avg(emp.age) as avgAge from OA_Employee emp";
SQLQuery query = session.createSQLQuery(sql);
query.addScalar("avgAge",Hibernate.DOUBLE);
double results =(Double)query.getUniqueResult();
```

如下是执行上述任务使用 NativeQuery 接口的编程代码。

```
String sql = "select avg(emp.age) as avgAge from OA_Employee emp";
NativeQuery query = session.createNativeQuery(sql,Double.class);
double results =(Double)query.getUniqueResult();
```

推荐使用第 2 种方式进行此类编程。

12.1.2 当 SQL 返回单个属性集合时的编程

当 SQL 返回单个字段的集合时，可以使用 SQLQuery 的 addScalar 方法设定返回属性值的类型，Hibernate 在执行 SQL 后，会返回此类型的 List 对象，表达取得数据的列表。如下代码演示了使用 SQL 查询员工年龄列表的编程。

```
String sql = "select emp.age as age  from OA_Employee emp";
SQLQuery query = session.createSQLQuery(sql);
query.addScalar("age",Hibernate.INTEGER);
List ageList = query.list();
```

使用 NativeQuery 实现此任务的代码如下。

```
String sql = "select emp.age as age  from OA_Employee emp";
NativeQuery query = session.createNativeQuery(sql,Integer.class);
List ageList = query.list();
```

12.1.3 当 SQL 返回表所有字段的查询

当 SQL 查询返回表的所有字段时，可以返回该表对应的持久类对象的集合，由于 SQL 查询时，无法知道该表对应哪个持久类，需要使用 SQLQuery 的 addEntity 方法指定 SQL 表别名对应的持久类对象。使用该种查询时，需要指定表的别名，并使用 select{别名.*}指定返回的字段。如下代码演示了取得所有员工对象的 SQL 原始查询的编程。

```
String sql = "select {emp.*}  from OA_Employee emp";
SQLQuery query = session.createSQLQuery(sql);
query.addEntity("emp", EmployeeModel.class);
List ageList = query.list();
```

通过指定返回的结果对象类型，Hibernate 在执行 SQL 查询结果后，根据指定持久类的映射信息，将表字段的值设定到持久对象的属性中，并返回持久对象的 List 集合。

使用 NativeQuery 执行上面任务的查询的要简单一些，其示意代码如下。

```
String sql = "select * from OA_Employee";
NativeQuery query = session.createNativeQuery(sql,EmloyeeModelc.ass);
List ageList = query.list();
```

12.1.4 当 SQL 包含关联时的查询

当 SQL 语句中包含关联多个表的查询时，此时可以返回多个实体对象的数组集合，也可以返回单个持久对象的集合，并抓取检索其关联的属性。

1．返回多个实体对象的 SQL 查询

当 SQL 查询关联多个表时，可以取得其对应的多个持久对象的数组的集合，如下执行

SQL 查询的代码，将返回员工和部门持久对象的数组对象集合。

```
//方法案例：执行有关联关系查询的原始 SQL，返回多个对象的数组集合
public List<Object[]> getListAllEmployeeAndDepartment() throws Exception
{
    String sql="select {emp.*},{dept.*} from OA_EMPLOYEE emp inner join
    OA_Department dept on emp.deptno=dept.deptno";
    SessionFactory sessionFactory=HibernateSessionFactoryUtil.getSession
    Factory();
    Session session=sessionFactory.openSession();
    Transaction tx=session.beginTransaction();
    NativeQuery<Object[]> query=session.createNativeQuery(sql,Object[].class);
    //返回每个员工和关联的部门对象
    List<Object[]> list=query.getResultList();
    tx.commit();
    session.close();
    return list;
}
```

2．返回单个实体对象并抓取检索其关联属性的 SQL 查询

在编写有关联的 SQL 语句时，原则上会返回包含关联对象的数组的 List 集合对象，但如果使用 NativeQuery 的 addJoin("关联属性")方法增加对象的关联属性，可迫使 Hibernate 使用关联 fetch 查询策略，立即检索出主持久对象和关联的对象，可取得单个持久对象的集合。

```
//案例：查询所有部门集合和其关联的员工
public List<DepartmentModel> getDepartmentListAllWithEmployess() throws
Exception
{
    String sql="select {emp.*},{dept.*} from OA_EMPLOYEE emp inner join
    OA_Department dept on emp.deptno=dept.deptno";
    SessionFactory sessionFactory=HibernateSessionFactoryUtil.getSession
    Factory();
    Session session=sessionFactory.openSession();
    Transaction tx=session.beginTransaction();
    NativeQuery<DepartmentModel> query= session.createNativeQuery(sql,
    DepartmentModel.class);
    query.addJoin("dm","dm.employees");
    //返回每个部门对象并抓取填充其管理的员工集合
    List<DepartmentModel> list=query.getResultList();
    tx.commit();
    session.close();
    return list;
}
```

当 NativeQuery 使用了 addJoin 方法后，Hibernate 会启用 fetch 抓取策略，实现关联抓

取检索，返回创建 NativeQuery 时指定的持久对象的类型的对象集合。上述代码返回部门对象的集合，而不是返回部门和员工对象组合的数组对象的集合。

12.2 Hibernate 调用存储过程编程

Hibernate 不但支持原始 SQL 语句的查询方法，还支持调用存储过程的调用，目前很多项目中直接使用存储过程实现业务处理，此种方式使得业务处理速度大大提高，而且极大地减少了网络的传输流量。如果项目中一个业务方法涉及非常多的持久对象的操作，如果完全使用 Hibernate API 实现，需要不断地检索持久对象到 Java JVM 内存，再对这些持久对象进行操作，将结果发送回数据库，通过使用存储过程可完全避免这些问题的存在。Java 端程序只是发送一个调用存储过程的请求，剩余的处理完全在数据库内部完成，没有任何网络传输，最后存储过程处理完毕后，把处理结果返回给调用者，或者根本就不需要返回结果。

针对存储过程的执行功能和是否返回结果集的情况，Hibernate 提供了两种不同的 API 实现对存储过程的调用。

12.2.1 当存储过程完成无返回查询结果集的处理情况

此时存储过程的功能类似于执行 insert、update 和 delete 操作，只是完成一般的数据处理，可能内部执行 select 语句，但存储过程返回结果没有类似 select 语句的结果集。

针对无结果集返回的存储过程调用，Hibernate 提供了用于执行存储过程的接口类型 org.hibernate.procedure.ProcedureCall，并且 Session 接口提供了取得此接口对象的方法，其方法名称为 createStoredProcedureCall，传递一个存储过程名的字符串参数。

```
ProcedureCall pc=session.createStoredProcedureCall("存储过程名");
```

取得 ProcedureCall 接口的对象后，需要使用该接口定义的方法，注册存储过程的输入参数、输出参数，最后取得存储过程返回的数值。ProcedureCall 接口定义的主要方法如下。

1. <T> ParameterRegistration<T> registerParameter(int position,Class<T> type,ParameterMode mode)

按参数位置注册存储过程参数的方法。该方法参数 1 指定参数的位置，从 0 开始，表示第 1 个参数，参数 2 指定参数的数据类型，参数 3 为参数的输入输出类型，为 Parameter Model 类定义的常量，该类是 JavaEE 中的类，其定义的类常量有 ParameterMode.IN、ParameterMode.OUT、ParameterMode.INOUT，分别表示是输入参数、输出参数和同时兼任输入输入出参数。

registerParameter 方法返回 ParameterRegistration 接口对象，该接口用于设定输入参数的值，其核心方法如下。

（1）void bindValue(T value)：绑定此输入参数的值。

（2）void bindValue(T value,TemporalType explicitTemporalType)：当绑定一个日期类型

的输入参数时，使用此方法设定日期的格式。方法的参数 2 是 TemporalType 的枚举类型，该枚举类型定义了 3 个枚举常量：DATE、TIME 和 TIMESTAMP，以此设定输入参数是日期、时间，还是精确的时间戳类型。对于非日期参数，此方法无效。

如下代码设定两个输入参数：第 1 个输入参数为整数类型，第 2 个输入参数为日期类型，并分别设定输入的值为 100 和当前日期的日期部分。

```
ParameterRegistration<Integer> pr1=pc.registerParameter(1,Integer.class,
ParameterMode.IN);
pr1.bindValue(100);
ParameterRegistration<Date> pr2=pc.registerParameter(1,Date.class, Parameter
Mode.IN);
pr2.bindValue(new Date(),TemporalType.DATE);
```

通常编程时，不需要再单独定义 ParameterRegistration 的参数，而是使用 Java 的级联编程模式直接在取得该对象后再调用其 bindValue 方法，由此以上代码可简写如下。

```
pc.registerParameter(1,Integer.class,ParameterMode.IN).bindValue(100);
pc.registerParameter(1,Date.class,ParameterMode.IN).bindValue(new Date(),
TemporalType.DATE);
```

2. <T> ParameterRegistration<T> registerParameter(String parameterName, Class<T> type,ParameterMode mode) throws NamedParametersNotSupported Exception

按参数名注册存储过程参数的方法，实际编程中应优先选择此方法，尽可能不要使用按位置的参数注册方法，参数的名就是存储过程定义的参数名，其他参数含义与上面介绍的按位置的方法一样。如下代码注册了一个输入参数 departmentNo 和一个输出参数 totalSalary。

```
pc.registerParameter( "departmnetNo", Integer.class, ParameterMode.IN ).
bindValue(2);
pc.registerParameter( "totalSalary, Long.class, ParameterMode.OUT );
```

其中 pc 是已经取得的 ProcedureCall 的对象。

3. ProcedureOutputs getOutputs()

执行存储过程并取得存储过程所有输出参数的方法，返回的结果类型 ProcedureOutputs 的对象中包含了所有输出参数的值，再使用该接口定义的方法，取得每个输出参数值。如果没有执行存储过程，则该方法启动执行存储过程；如果存储过程已经执行，则该方法直接取得输出参数。

结果类型接口 org.hibernate.procedure.ProcedureOutputs 定义了取得所有输出参数的方法，其定义的方法如下。

（1）Object getOutputParameterValue(int position)

按位置取得输出参数值的方法。

（2）Object getOutputParameterValue(String name)

按照参数名取得存储过程输出参数值的方法，推荐使用此方法。

（3）<T> T getOutputParameterValue(ParameterRegistration<T> parameterRegistration)

通过取得的注册参数对象再取得输出参数值的方法，因为使用泛型语法，不再需要进行强制类型转换。

如下是取得了参数名为 totalSalary 的输出参数值的示意代码。

```
double total = (Double)pc.getOutputs().getOutputParameterValue( "totalSalary" );
```

其中 pc 是创建存储过程时得到的 ProcedureCall 对象。

下面的案例演示了调用 MySQL 中存储过程的编程。在 MySQL 数据库中通过使用如下创建存储过程语句创建其功能是根据传入的部门编号，取得指定部门的员工的汇总工资为输出参数的存储过程 GetTotalSalaryByDepartment。

```
CREATE PROCEDURE GetTotalSalaryByDepartment (
    IN departmentNo INT, OUT totalSalary DECIMAL )
BEGIN
      SELECT sum(em.salary) INTO totalSalary
      FROM OA_Employee em
      WHERE em.DEPTNO =departmentNo;
END;
```

该存储过程的功能是取得指定部门编号的员工的汇总工资，并通过 out 参数将执行结果返回给调用者，实际编程中部门编号是业务方法传递的参数值。

Hibernate 调用此存储过程的演示代码如下，其功能是取得部门编号为 10 的员工的汇总工资。

```
Session session = sessionFactory.openSession();
Transaction tx=session.beginTransaction();
ProcedureCall call = session.createStoredProcedureCall( "GetTotalSalary
ByDepartment " );
call.registerParameter( "departmentNo", Integer.class, ParameterMode.IN ).
bindValue(10 );
call.registerParameter( "totalSalary", Double.class, ParameterMode.OUT );
double totalSalary=(Double) call.getOutputs().getOutputParameterValue("totalSalary");
tx.commit();
session.close();
```

以上演示了如何通过 ProcedureCall 和相关的 ParameterRegistration 和 ProcedureOutputs 接口联合调用存储过程并设定输入参数和输出参数，最后取得输出参数值的代码。此方式适合于输出参数是单个数值的场合，如果存储过程直接是返回结果集的场合，是不能使用此方式的，需要用下面讲述的方式实现。

12.2.2 当存储过程返回与 select 类似的有结果集的情况

有些数据库如 SQL Server 和 MySQL 支持存储过程运行 select 语句，直接返回查询结果集，而有的数据库（如 Oracle）虽然不能直接返回 select 结果集，但可以通过其支持的集合数据类型返回集合类型的结果。

当存储过程直接返回查询结果集合的情况，不需要通过注册输出参数存储过程返回的结果，而是使用方法 getOutputs()返回的 ProcedureOutputs 对象的 getCurrent()方法取得返回的结果。如果返回结果是集合类型，则可以使用 ResultSetOutput 对结果对象 Output 进行强制类型转换，再调用 getResultList()方法取得查询结果集合对象 List。

在 MySQL 的 SQL 分析器中运行如下创建存储过程的语句，将创建取得指定部门编号的员工列表，并直接返回查询结果集。

```
CREATE PROCEDURE SP_EMPLIST_BY_DEPT(IN departmentNo INT)
BEGIN
  SELECT *
  FROM OA_Employee
  WHERE DEPTNO =departmentNo;
END
```

如下代码演示了使用 Hibernate 的 ProcedureCall 调用存储过程，并使用执行存储过程的方法 getOutputs()方法返回的 ProcedureOutputs 对象的 getCurrent()方法取得返回的结果集合的案例编程。

```
Session session=sessionFactory.openSession();
ProcedureCall call = session.createStoredProcedureCall("SP_EMPLIST_BY_DEPT");
call.registerParameter(1, Integer.class, ParameterMode.IN ).bindValue(1 );
Output output = call.getOutputs().getCurrent();
List<Object[]> personComments = ( (ResultSetOutput) output ).getResult
List();
```

当前 Hibernate 框架与 JavaEE 的 JPA 已经完全融合在一起，Hibernate 提供 JPA 规范的实现，在 Hibernate 应用开发中可以随时使用 JPA 进行编程。

JavaEE 的 JPA 规格提供了专门的用于执行存储过程的查询接口 StoredProcedureQuery，并且 Session 提供了创建该接口的方法 createStoredProcedureQuery，该方法是 Session 从 JPA 的 EntityManager 继承的，Session 接口本身是 EntityManager 的子接口。如下代码演示了如何使用 JPA 的 StoredProcedureQuery 调用存储过程，并注册输入参数以及取得存储过程直接返回的查询结果集的编程，可参照此案例在应用项目中加以利用。

```
StoredProcedureQuery sq = session.createStoredProcedureQuery( "SP_EMPLIST_
BY_DEPT");
sq.registerStoredProcedureParameter( 1, Integer.class, ParameterMode.IN);
sq.setParameter(1, 1);
List<Object[]> empList = query.getResultList(); //取得存储过程返回的员工列表
```

12.3　Hibernate 调用数据库函数编程

所有数据库服务器都支持内置函数或自定义函数编程，HQL 只支持部分标准函数的调用，如 ABS()、SUBSTR()、SUM()、AVG()等，而有些数据库的专门函数或其自定义函数，

HQL 是无法支持的。

要实现这些函数的调用，一种方式是将函数放在 select 语句中，通过执行原始 SQL 语句进行返回，这也是编程较简单且最常用的方式；另一种方式是让 Hibernate 直接调用数据库的这些函数，通过传递输入参数，取得函数的返回值。

对于直接调用数据库函数是无法在 Hibernate 的现有接口中完成的，只能通过 JBDC 编程，通过 JDBC 的 API 完成对函数的调用和结果的返回编程。

Hibernate 在 Session API 中提供了包装 JDBC API 的方法 doWork()，通过此方法，Hibernate 将取得数据库的连接 Connection 的对象，传递给接口 Work 定义的执行 JDBC API 的方法 execute，在该方法内部通过 JDBC API 完成对函数的调用。

在 MySQL 数据库中执行如下创建函数的代码，该函数取得指定部门的员工的汇总工资并返回。

```
CREATE FUNCTION GETTOTALSALARY(departmentNo integer)
RETURNS integer
  DETERMINISTIC
  READS SQL DATA
  BEGIN
        DECLARE total decimal;
        SELECT sum(em.salary) INTO total
        FROM OA_Employee  em
        WHERE em.DEPTNO=departmentNo;
        RETURN total;
  END;
```

如下代码演示了通过 Session API 的方法 doWork 实现包装 JDBC 调用来实现调用 MySQL 中的自定义函数的编程。代码中在 doWork 方法内创建内置接口实现类对象时，使用 Java8 支持的 Lambda 表达式，从而简化了内置接口实现类的编程。

```
Session session = sessionFactory.openSession();
session.doWork( connection -> {
    try (CallableStatement function = connection.prepareCall(
            "{ ? = call GETTOTALSALARY(?) }" )) {
        function.registerOutParameter( 1, Types.INTEGER );
        function.setInt( 2, 1 );
        function.execute();
        double total=function.getDouble( 1 ) );
        return total;
    }
});
```

如果项目中使用的 Java8 以前版本，不能使用上面代码的 Java8 Lambda 表达式，而要使用如下所示的内置类的实现方式。

```
Session session = sessionFactory.openSession();
session.doWork( new Work(){
```

```
    public void execute(Connection connection){
        try (CallableStatement function = connection.prepareCall(
            "{ ? = call GETTOTALSALARY(?) }" )) {
        function.registerOutParameter( 1, Types.INTEGER );
        function.setInt( 2, 1 );
        function.execute();
        double total=function.getDouble( 1 ) );
        return total;
    }
  }
});
```

如果项目使用的是 Java8 JDK，那么推荐使用 Lambda 表达式实现内置类。

12.4 Hibernate 对数据库大对象的编程

每个实际应用项目开发中都会有文件上传的功能，通过表单提供的文件上传控件将文件从客户端上传到服务器端。在服务器端一般使用文件上传框架（如 Apache 的 FileUpload）接收客户端上传提交的文件并将其保存到服务器指定的文件夹内，或通过编程保存到数据库表中能存储大对象的字段里。

所有数据库都支持二级制大对象字段，用于存储各类文件，如图片、声音或视频等，也支持文本大对象用于存储超大字符串类型，如使用文本域提交的各种说明和简介之类的超长字符串数据。下面列出了各种数据库支持的二级制大对象的数据类型。

（1）Oracle 的 BLOB。

LOB 大对象主要是用来存储大量数据的数据库字段，在 Oracle 9i R2 中 LOB 的最大容量是 4GB，Oracle 10g 最大 8TB，Oracle 11g 最大是 128TB，该类型字段能存储对象的大小取决与 blocksize 的大小。

（2）MySQL 的 BLOB。

MySQL 的 BLOB 是个类型系列，包括 TinyBlob、Blob、MediumBlob、LongBlob，这几个类型之间唯一的区别是在存储文件的最大大小上不同。其中 TinyBlob 最大 255B，Blob 最大 65KB，MediumBlob 最大 16MB，LongBlob 最大为 4GB。

（3）SQL Server 的 IMAGE。

SQL Server 数据库提供了 3 种类型的二进制对象存储类型，其中 binary 固定长度的二进制数据，其最大长度为 8000 B。varbinary 可变长度的二进制数据，其最大长度为 8000 B。image 可变长度的二进制数据，其最大长度为 $2^{31}-1$(2 147 483 647)B。从大小可见，只有 image 可称之为大对象，其他两种能保存的数据太小。Image 类型的存储方式不同于普通的数据类型，对于普通类型的数据系统直接在用户定义的字段上存储数据值，而对于 Image 类型数据，系统会开辟新的存储页面来存放这些数据，表中 IMAGE 类型数据字段存放的仅是一个 16B 的指针，该指针指向存放该条记录的 Image 数据的页面。

其他数据库存储二级制大对象的类型，请参阅其数据库的文档。

数据库也支持存储文本大对象数据类型，用于存储超大的文本数据，如员工的简历、产品的说明、设备的操作流程、公文的正文等。所有数据库在使用 varchar 类型存储文本时，其长度都是有一定限定的，MySQL 的 vachar 字段的类型虽然最大长度是 65 535，但是并不是能存这么多数据，最大可以到 65 533（不允许非空字段的时候），当允许非空字段的时候只能到 65 532。Oracle 数据库的 VARCHAR2 字段类型，最大值为 4000，SQL 参考手册中也明确指出 VARCHAR2 的最大大小为 4000，注意此处的最大长度是指字节长度，而不是指字符个数。MS SQL Server 数据库其 varchar 类型字段能保存的字符串最大长度是 8000。针对 varchar 类型的限制，所有数据库都提供了存储超大文本的字段类型，如下是常用数据库管理系统提供的文本大对象类型。

（4）MySQL 数据库的文本大对象类型。

MySQL 支持的文本大对象类型包括 TINYTEXT、TEXT、MEDIUMTEXT、LONGTEXT 共 4 种，它们的限制分别是 TINYTEXT: 256 bytes、TEXT: 65 535 bytes（64KB）、MEDIUMTEXT: 16 777 215 bytes（16MB）、LONGTEXT: 4 294 967 295 bytes（4GB）。

（5）Oracle 数据库的文本大对象类型。

Oracle 提供了 CLOB 和 NCLOB 类型支持文本大对象数据。CLOB 为字符大型对象（Character Large Object)。它与 LONG 数据类型类似，只不过 CLOB 用于存储数据库中的大型单字节字符数据块，不支持宽度不等的字符集，其可存储的最大大小为 4GB。而 NCLOB 是基于 UTF-8 字符集的文本大对象类型，NCLOB 数据类型用于存储数据库中的固定宽度单字节或多字节字符的大型数据块，不支持宽度不等的字符集，其可存储的最大大小为 4GB。

（6）SQL Server 的文本大对象类型。

SQL Server 提供了三种支持文本大对象的类型，分别是 varchar(max)、TEXT 和 NTEXT 三种，其中 varchar(max)最大存储为 2GB，TEXT 最大为 2GB，NTEXT 为 2GB。

Hibernate 对数据库大对象字段的处理和检索涉及持久类的映射，对大对象属性的持久化方法和涉及大对象数据的查询等编程。

12.4.1 大对象字段的持久类属性映射

在定义 Hibernate 持久类时，与二进制大对象字段（Blob 或 image）对应的属性的类型可以选择 byte[]或者 java.sql.Blob，推荐使用 Blob 类型。如下是员工表中员工图片字段对应的属性的定义代码，完整定义参见前面的员工定义代码。

```
private Blob photo=null;
```

这里选择 java.sql.Blob 类型作为与二进制大对象字段对应的 Java 属性类型。在使用 XML 映射方式时，直接配置属性即可，Hibernate 会使用 Java 的反射机制取得映射类型，如下是员工持久类照片属性的映射配置代码。

```
<property name="photo" coloumn="photo" />
```

如果愿意指定 Hibernate 类型，可以增加 type 属性，并指定类型为 Blob，其修改后的配置代码如下。

```
<property name="photo" coloumn="photo" type="blob" />
```

使用注释方式映射时，推荐在二进制大对象属性上增加注释@Lob，通知 Hibernate 此属性是大对象属性，使用注释方式的定义代码如下。

```
@Lob
@Basic(fetch=FetchType.LAZY)
@Column(name="PHOTO", columnDefinition="BLOB", nullable=true)
private Blob photo=null;
//get 和 set 方法
public Blob getPhoto() {
   return this.photo;
}
public void setPhoto(Blob photo) {
   this.photo= photo;
}
```

持久类中与文本大对象字段对应的属性的类型定义可以为 String 和 java.sql.Clob，如员工持久类中简历属性的类型定义代码如下。

```
private Clob resume=null;
```

或直接使用 String 类型定义，其修改后的定义代码如下。

```
private String resume=null;
```

在 XML 方式映射时，可以指定 type="clob"通知 Hibernate 此属性对应的数据库字段是文本大对象类型，其映射配置如下。

```
<property name="resume" column="resume" type="clob"/>
```

使用注释方式时，在属性上增加@Lob，并使用延迟检索策略。

```
@Lob
@Basic(fetch = FetchType.LAZY)
@Column(name="RESUME", columnDefinition="CLOB", nullable=true)
private String resume=null;
//set 和 get 方法
public String getRemark() {
   return this.remark;
}
public void setRemark(String recvdocRemark) {
   this.remark = remark;
}
```

配置好 Hibernate 映射信息后，就可以使用 Hibernate 提供的各种 API 实现对二进制和文本大对象执行持久化和查询等处理编程了。

12.4.2 大对象字段对应的属性的持久化编程

Hibernate 操作大对象字段主要依靠 LobHelper 接口完成，该接口定义了各种根据 Java 数据类型，如输入流、String 等来创建数据库对应的 Blob 和 Clob 类型的对象的各种方法。

LobHelper 接口对象通过 Session API 的 getLobHelper()方法获得，其获取代码如下。

LobHelper helper=session.getLobHelper();

取得 LobHelper 的对象后，就可以使用其定义的方法完成各种大对象对象的创建，包括二进制和文本大对象，该接口定义的主要方法如下。

（1）Blob createBlob(byte[] bytes)：根据字节数组创建 Blob 对象。

（2）Blob createBlob(InputStream stream,long length)：读取输入字节流的指定长度的字节数据，创建 Blob 对象。

（3）Clob createClob(String string)：通过 String 字符串创建 Clob 对象。

（4）Clob createClob(Reader reader,long length)：读取输入字符流的指定长度的字符创建 Clob 对象。

（5）NClob createNClob(String string)：通过 String 字符串创建 Unicode 编码的 NClob 对象。

（6）NClob createNClob(Reader reader,long length)：通过读取字符输入流指定长度的字符，创建 unicode 编码的 NClob 字段。

通过 LobHelper 取得 Blob 或 Clob 后，就可以使用持久类提供的 set 方法将数据写入表的大对象字段中。如下案例代码演示了员工业务方法中增加员工并附带照片的方法的实现编程。

```
@Override
public void add(EmployeeValue ev, File photo, String fileName,String
contentType) throws Exception
{
    Session session=sf.getCurrentSession();
    LobHelper helper=session.getLobHelper();
    InputStream in=new FileInputStream(photo);
    Blob photoBlob=helper.createBlob(in, in.available());
    ev.setPhoto(photoBlob);
    ev.setFileName(fileName);
    ev.setContentType(contentType);
    session.save(ev);
}
```

一般文件上传框架都可以取得上传文件的字节输入流，提供 LobHelper 提供的转换方法就可以将字节输入流转换为 Blob，并 set 到持久对象的照片属性，最后使用 session 的 save 方法将照片写入到数据库中。

对于文本大对象的编程就更为简单，直接将取得的 String 超长字符串转换为 Clob，再 set 到持久对象属性，再 save 或 update 到数据库，即可完成文本大对象的编程。

12.4.3 大对象字段对应持久类属性的查询编程

当将大对象数据保存到数据库后，通过 Hibernate 的映射配置信息，使用 Session 的 get 持久化方法，可取得持久对象的大对象属性，进而可以将其转换为实际需要的各种对象，如 IO 流、String 或字节数组等。如下代码演示通过 Hibernate 的持久化方法，取得数据库中的二进制大对象数据，并转换为二进制字节流，进而进行进一步的编程，如保存到指定的文件中或发送到客户端。

```
InputStream in=null;
EmployeeModel em=session.get(EmployeeModel.class,id); //根据账号取得员工对象
if(em!=null&&em.getPhoto!=null)
{
    in=em.getPhoto().getBinaryStream();
}
```

上面的代码将保存到员工图片的大对象数据读取到 Blob 类型对象，再转换为输入字节流对象。

本章小结

本章详细讲述了 Hibernate 提供了特殊的服务编程，如执行原始的 SQL 语句，调用数据库的存储过程，以及操作各种大对象类型的 Hibernate 的编程。

第13章 Spring 概述

本章要点

- Spring 框架的概念。
- Spring 的发展历史。
- Spring 框架组成。
- Spring 框架的引入和初始配置。
- Spring 框架的基本功能。
- SpringBean 的简单配置。
- Spring 核心 IoC 容器 API 接口和实现类。

JavaEE 的 EJB 应用程序的广泛实现是在 2000 年开始的，它的出现带来了诸如事务管理之类的核心中间层概念的标准化，但是在实践中并没有获得绝对的成功，因为开发效率、开发难度和实际的性能都令人失望。

开发 Spring 框架的终极目标是使 JavaEE 应用开发更加简便，Spring 之所以与 Struts、Hibernate 等单层框架不同，是因为 Spring 致力于提供一个以统一的、高效的方式构造整个应用，并且可以将单层框架以最佳的组合揉和在一起建立一个连贯的体系。可以说 Spring 提供了更完善开发环境的一个框架，为 POJO(Plain Old Java Object)对象提供企业级的服务提供了完美的基础设施。

13.1 Spring 的概念和特性

Spring 框架是基于 JavaEE 的，用于简化企业级 JavaEE 应用开发的开源框架。使用 Spring 框架开发的 JavaEE 应用具有结构化良好，可维护性、可伸缩性和可测试性优良等特性。

通过 Spring 框架集中管理 JavaEE 各层的 Java 对象的创建和销毁，以及各对象之间的依赖关系，简化了 JavaEE 的应用开发，提高了项目的开发效率，缩短了项目的提交周期。

Spring 框架自身具有的如下优良特性使其在现代企业级软件开发中得到了广泛使用。

（1）依赖注入（Dependency Injection）和反向控制（IoC-Inversion of Control）。

通过 Spring 提供的 IoC 容器，我们可以将对象之间的依赖关系交由 Spring 进行控制，避免硬编码所造成的过度程序耦合。有了 Spring，用户不必再为单实例模式类、属性文件解析等这些很底层的需求编写代码，可以更专注于上层的应用。

（2）支持 AOP 编程模式。

通过 Spring 提供的 AOP 功能，方便进行面向切面的编程，许多不容易用传统 OOP 实现的功能都可以通过 AOP 轻松应付。

（3）声明式事务的支持。

在 Spring 中，我们可以从单调烦闷的事务管理代码中解脱出来，通过声明方式灵活地进行事务的管理，提高了开发效率和质量。

（4）优秀的单元和集成的测试。

可以用非容器依赖的编程方式进行几乎所有的测试工作，在 Spring 里，测试不再是昂贵的操作，而是随手可做的事情。

（5）集成各种优秀框架组成整体系统。

Spring 不排斥各种优秀的开源框架，相反，Spring 可以降低各种框架的使用难度，Spring 提供了对各种优秀框架（如 Struts、Hibernate、Hession、Quartz）等的直接支持。

（6）简化 JavaEE 的编程复杂度。

Spring 对很多难用的 JavaEE API（如 JDBC、JavaMail、远程调用等）提供了一个薄薄的封装层，通过 Spring 的简易封装，这些 JavaEE API 的使用难度大为降低。

13.2　Spring 的诞生

Rod Johnson 在 2002 年编著的 *Expert one on one J2EE design and development* 一书中，对 JavaEE 系统框架臃肿、低效、脱离现实的种种现状提出了质疑，并积极寻求探索革新之道。以此书为指导思想，他编写了 interface21 框架，这是一个力图冲破 J2EE 传统开发的困境，从实际需求出发，着眼于轻便、灵巧，易于开发、测试和部署的轻量级开发框架。Spring 框架即以 interface21 框架为基础，经过重新设计，并不断丰富其内涵，于 2004 年 3 月 24 日，发布了 1.0 正式版。

同年他又推出了一部堪称经典的力作 *Expert one-on-one J2EE Development without EJB*，该书在 Java 世界掀起了轩然大波，不断改变着 Java 开发者程序设计和开发的思考方式。在该书中，作者根据自己多年丰富的实践经验，对 EJB 的各种笨重臃肿的结构进行了逐一分析和否定，并分别以简洁实用的方式替换之。至此一战功成，Rod Johnson 成为一个改变 Java 世界的大师级人物。

传统 J2EE 应用的开发效率低，应用服务器厂商对各种技术的支持并没有真正统一，导致 J2EE 的应用没有真正实现 Write Once 及 Run Anywhere 的承诺。Spring 作为开源的中间件，独立于各种应用服务器，甚至无须应用服务器的支持，也能提供应用服务器的功能，如声明式事务、事务处理等。

Spring 致力于 JavaEE 应用的各层的解决方案，而不是仅仅专注于某一层的方案。可以说 Spring 是企业应用开发的“一站式”选择，并贯穿表现层、业务层及持久层。然而，Spring 并不想取代那些已有的框架，而是与它们无缝地整合，如 Spring 可以集成各种持久层框架如 Hibernate、JPA、IBatic、MyBatis 等以简化持久层的配置和编程，Spring 可以集成各种

Web 层框架如 Struts2、JSP，此外，还可以在 ASP.NET 中使用 Spring 框架。

13.3 Spring 的逻辑结构

Spring 框架以模块的形式提供了各种对 JavaEE 应用开发的支持，其提供的 20 个模块组成参见图 13-1。

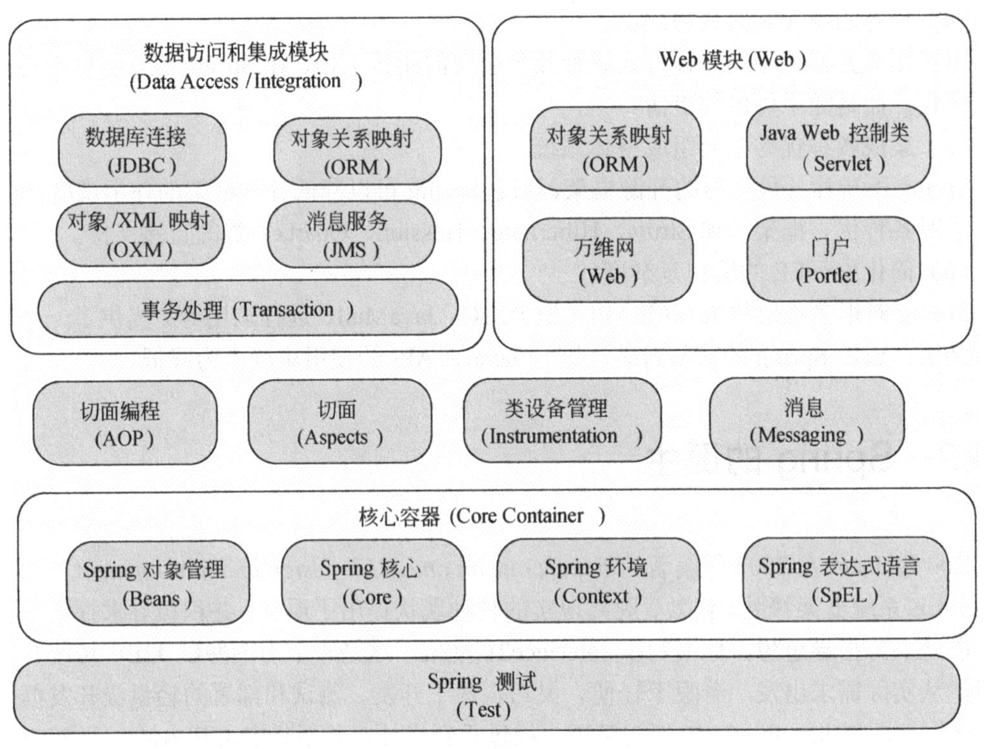

图 13-1 Spring 框架的组成

Spring 框架的 20 个模块按实际应用领域划分到如下类别应用中。

（1）核心容器应用。

Spring 框架的 Beans、Core、Context 和 SpEL 模块组成其核心机制，实现对 Spring 管理 Java 对象的集中控制，访问 Spring 容器的核心接口和各种实现类。

（2）AOP 应用。

（3）数据集成和服务应用。

（4）Web 应用。

（5）Spring 设备（Instrumentation）应用。

Spring-Instrument 模块提供了在普通应用服务器中使用到的类设备支持和加载器实现。

（6）消息服务应用。

Spring 的各个模块中核心模块是基础，其他模块都通过核心模块完成其自身的功能，其次是 AOP 模块，Spring 框架设计众多的 AOP 编程，通过大量使用 AOP 编程思想，可以最大限度地利用代码复用机制以简化各个模块的编程和测试。Spring 各个模块间的依赖关系参见图 13-2。

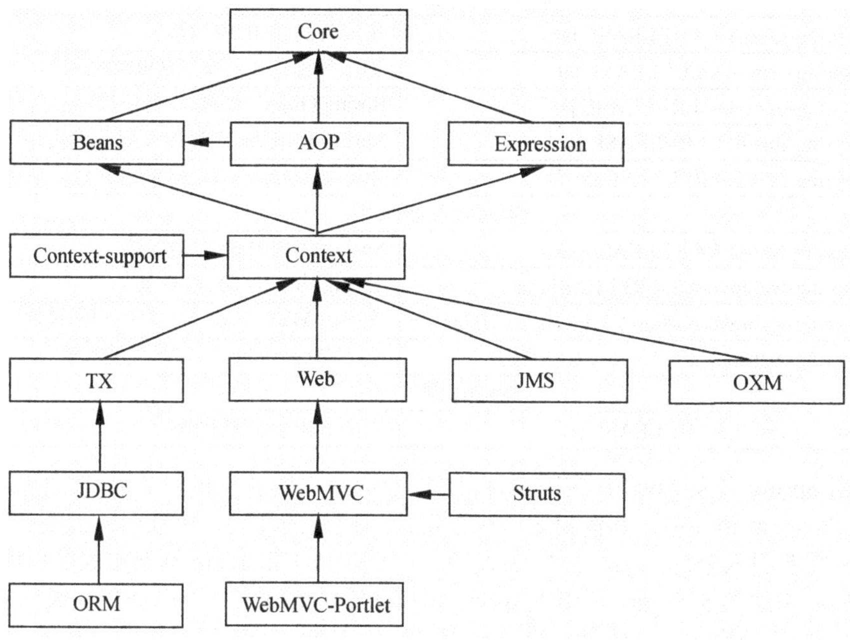

图 13-2 Spring 模块的依赖关系图

13.4 Spring 的物理结构

Spring 的每个模块对应一个 Java 类库文件，以 Spring4.3.4 版本为例，在编写此书时这是 Spring 的最新版本，其物理结构文件组成参见表 13-1。

表 13-1 Spring 模块对应的 JAR 文件

序号	文件名	模块名
	Spring 核心应用	
1	spring-core-4.3.4.RELEASE.jar	核心模块类库
2	spring-beans-4.3.4.RELEASE.jar	Bean 管理与注册模块
3	spring-context-support-4.3.4.RELEASE.jar	Spring 上下文环境模块
4	spring-expression-4.3.4.RELEASE.jar	Spring 新的表达式语言模块
5	spring-context-support-4.3.4.RELEASE.jar	环境支持模块
	Spring AOP 应用	
6	spring-aop-4.3.4.RELEASE.jar	AOP 核心模块
7	spring-aspects-4.3.4.RELEASE.jar	Spring 与 AspectJ 集成模块
	Spring 设备应用	
8	spring-instrument-4.3.4.RELEASE.jar	设备类载入模块
	Spring 消息服务	
9	spring-messaging-4.3.4.RELEASE.jar	集成消息服务模块，如 MessageQ 等

续表

序号	文件名	模块名
Spring 数据服务集成应用		
10	spring-jdbc-4.3.4.RELEASE.jar	集成与封装 JDBC 模块
11	spring-orm-4.3.4.RELEASE.jar	集成各种持久层框架(ORM)模块
12	spring-oxm-4.3.4.RELEASE.jar	Spring Object-XML 映射模块
13	spring-jms-4.3.4.RELEASE.jar	Spring 集成 JavaEE JMS 服务模块
14	spring-tx-4.3.4.RELEASE.jar	事务管理模块，以 AOP 方式管理事务
Spring Web 应用		
15	spring-web-4.3.4.RELEASE.jar	Spring 集成 Web 容器模块
16	spring-webmvc-4.3.4.RELEASE.jar	Spring 内置的 MVC 框架
17	spring-webmvc-portlet-4.3.4.RELEASE.jar	在 WebMVC 基础上开发门户的模块
18	spring-websocket-4.3.4.RELEASE.jar	集成 WebSocket 协议编程的模块
Spring 测试应用		
19	spring-test-4.3.4.RELEASE.jar	集成和单元测试模块

在使用 Spring 开发 JavaEE 应用项目时，核心应用中的各个模块的 jar 文件都需要引入到项目的 classpath 路径中，其他模块可以根据使用模块的需要，单独引入需要模块的类库 jar 文件，不需要引入全部的 jar 文件。如在项目中要集成 Hibernate 框架完成数据库的操作，只需引入核心模块的 5 个 jar，再引入 spring-oxm-4.3.3.RELEASE.jar，如果在编写 Hibernate 实现的数据库操作时，使用 Spring 提供的声明式事务处理，则还需要引入 spring-aop-4.3.3.RELEASE.jar、spring-aspects-4.3.3.RELEASE.ja、spring-tx-4.3.3.RELEASE.ja。因为 Spring 事务处理需要 AOP 模块支持。

在实际开发项目中，如果不能确定需要引入的模块类库 jar 文件，可以先引入核心应用模块的 jar，在测试运行时，根据提示 class not found 异常，推断出需要引入的模块 jar 文件。当然可以一次性引入所有模块的 jar 文件，当然会导致部署的项目文件过大，上传到云平台会需要较长时间，推荐根据需要引入最少数量的模块类库文件。

13.5 Spring 与其他框架的关系

在 JavaEE 应用开发中诞生了许多框架，如 Hibernate、Struts2、MyBatis、JDO、JPA、JSF 等，Spring 与这些框架的不同之处在于 Spring 是管理 JavaEE 企业级应用各层对象的框架，并不是专注于某个领域或架构层次的框架，而其他框架基本上是专门针对一个功能处理而诞生的，如 Hibernate 就是专注于持久层的框架，解决与数据库连接的持久化功能；Struts2 专注于 View 和 Controller 的框架，专门解决与 Web 客户端的交互处理；MyBatis 也是专门处理持久层的框架。

Spring 则是统管各层的对象管理的框架，能与现有的框架进行完美的集成和融合，并统一在 IoC 容器的管理之下，因此所有的集成方式是高度一致且统一的，如此 Spring 使得创建一个一致的、可管理的企业级系统应用成为可能。

Spring 可以集成 JavaEE 应用开发中经常使用的各种框架。

（1）各种持久层框架，如 Hibernate、JDO、TopLink、Apache OJB、iBATIS 等，

（2）各种 Web 层框架，如 Struts2、WebWork、Spring MVC、Tapestry、JSF 等。

Spring 对于 Web 框架的集成与持久框架的集成是不一样的。Spring 提供了自己完整的 Web 框架——Spring MVC，并为 Spring MVC 框架提供了与其他 Web 框架更为先进的功能，如的依赖注入功能，应用 AOP 切入到 Web 控制器对象。当然 Spring 也能与其他 Web 框架很好地集成，并提供基本的依赖注入，但很多 Spring 的优秀特性无法注入到这些 Web 框架中，目前 Web 开发中全面使用 Spring MVC 去替代 Struts2 是很多企业的首选。

（3）各种 AOP Framework：Spring 提供基于代理的 AOP 框架，这可以解决大多数 J2EE 应用的问题。但是如果项目需要使用一些基于代理的框架无法提供的功能，比如，用 new 创建对象，而且不由任何工厂管理。为支持这种需求，Spring 集成了 AspectJ 和 AspectWerkz，这两种最好的基于类织入模式的 AOP 框架。

（4）其他功能的框架：Spring 还可以和许多框架集成，如 Quartz Scheduler、Jasper Reporter、Velocity、FreeMaker 模板引擎。

13.6 Spring 应用场景

Spring 框架主要用于开发企业级 JavaEE 应用开发，重点是开发 Web 应用，但也可用于桌面单机应用，甚至是 Applet 应用。

在企业级 JavaEE 应用开发中，通常使用基于 MVC 模式的 5 层架构模式，即 Model 层（Model Object，MO）、数据访问层（Data Access Object，DAO）、业务层（Business Object，BO）、控制层（Controller Object，CO）和表示层（View Object，VO）。

Spring 框架可用于如上 5 层架构的各个层，通过使用 Spring 提供的注释、辅助类和接口，可极大地简化各层对象的编程和部署，其典型应用场景参见图 13-3。

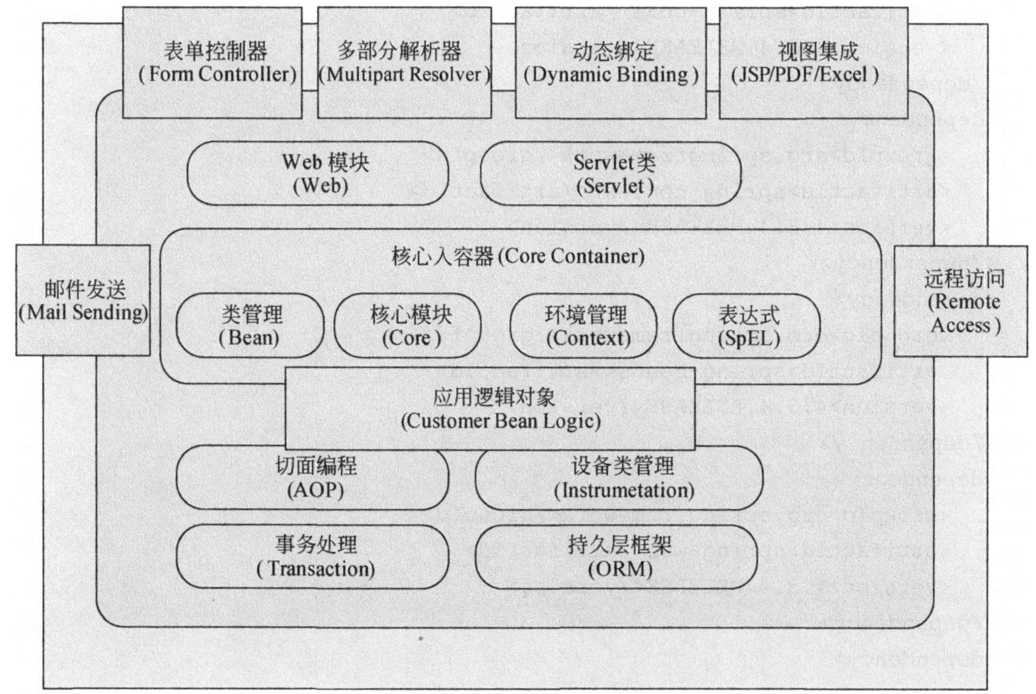

图 13-3 Spring 在 JavaEE 企业级项目中的应用场景

13.7 Spring 框架的引入

当今软件项目开发中普遍使用 Maven 管理项目依赖的类库文件，这也是 Spring 推荐使用的 Spring 框架引入机制。在特殊情况下，如果公司对访问 Internet 网络有限制，并且在内部没有建立 Maven 仓库服务器的情况下，才可以考虑使用 IDE 工具提供的 Ant 管理类库机制。

下面简单介绍使用 Maven 引入 Spring 的实现，再简述使用开发工具提供的 Ant Build Path 机制引入 Spring 模块类库 jar 文件的实现过程。本书的开发项目使用的是各个软件公司普遍使用的 Eclipse 开发工具，这里使用的是最新版的 4.6.1a 版，若使用其他开发工具如 NetBean、IDEA，请参考其操作手册。

13.7.1 通过 Maven 引入 Spring 核心框架

当今在 JavaEE 应用开发，普遍使用 Maven 来管理项目中依赖的 Java 类库(Jars)，全面取代了原来的 Ant Builder 技术。

在 Maven 项目中，Spring 提供了 Maven 依赖配置代码，将下面的 Spring 依赖配置复制到 Maven 的 pom.xml 即可，Maven 会自动下载所需要的所有 JAR 类库。

```
<dependency>
    <groupId>org.springframework</groupId>
    <artifactId>spring-core</artifactId>
    <version>4.3.4.RELEASE</version>
</dependency>
<dependency>
    <groupId>org.springframework</groupId>
    <artifactId>spring-context</artifactId>
    <version>4.3.4.RELEASE</version>
</dependency>
<dependency>
    <groupId>org.springframework</groupId>
    <artifactId>spring-beans</artifactId>
    <version>4.3.4.RELEASE</version>
</dependency>
<dependency>
    <groupId>org.springframework</groupId>
    <artifactId>spring-web</artifactId>
    <version>4.3.4.RELEASE</version>
</dependency>
<dependency>
    <groupId>org.springframework</groupId>
```

```
        <artifactId>spring-webmvc</artifactId>
        <version>4.3.4.RELEASE</version>
    </dependency>
    <dependency>
        <groupId>org.springframework</groupId>
        <artifactId>spring-aop</artifactId>
        <version>4.3.4.RELEASE</version>
    </dependency>
    <dependency>
        <groupId>org.springframework</groupId>
        <artifactId>spring-tx</artifactId>
        <version>4.3.4.RELEASE</version>
    </dependency>
    <dependency>
        <groupId>org.springframework</groupId>
        <artifactId>spring-orm</artifactId>
        <version>4.3.4.RELEASE</version>
    </dependency>
    <dependency>
        <groupId>org.springframework</groupId>
        <artifactId>spring-context-support</artifactId>
        <version>4.3.4.RELEASE</version>
    </dependency>
    <dependency>
        <groupId>org.springframework</groupId>
        <artifactId>spring-aspects</artifactId>
        <version>4.3.4.RELEASE</version>
    </dependency>
    <dependency>
        <groupId>org.aspectj</groupId>
        <artifactId>aspectjweaver</artifactId>
        <version>1.8.9</version>
    </dependency>
    <dependency>
        <groupId>aopalliance</groupId>
        <artifactId>aopalliance</artifactId>
        <version>1.0</version>
    </dependency>
```

在开发 JavaEE 企业级应用项目中，除了引入上述 Spring 的各个模块外，还需要引入 Hibernate 框架的依赖、AOP aopalliance、AspectJ 的织入机制 aspectjweaver 等，以及 Apache 的各种 Commons Lib 如 Log4j、Common IO 等。

13.7.2　通过导入类库方式引入 Spring 框架

对于传统的 Ant Builder 方式引入 JAR，需要先下载 Spring 的发布包，其下载的地址是 http://repo.spring.io/release/org/springframework/spring/4.3.4.RELEASE/，选择 spring-framework-4.3.4.RELEASE-dist.zip 文件下载即可。

将下载的 zip 文件进行解压，将 libs 目录下的所有 Jar 文件通过 Eclipse 的 Build Path 引入即可，其引入配置参见图 13-4。

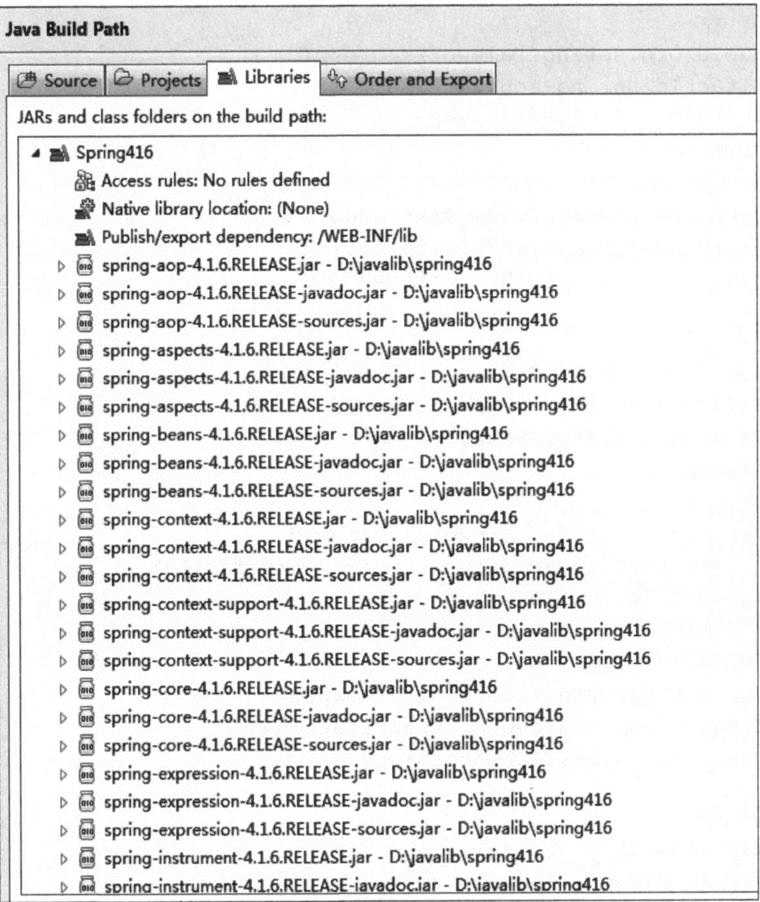

图 13-4　Spring 框架项目引入配置

13.8　Spring 简单案例编程

在本节中，读者可以通过一个简单的案例，了解 Spring 如何管理业务层对象，并通过 Spring 的 IoC 容器取得其管理的 Java 类的对象。

首先定义 OA 系统案例中部门的业务层接口 IDepartmentService，该接口定义对部门业的业务处理方法，为简化代码，这里只定义了一个增加部门的业务方法，其代码参见程序 13-1。

程序 13-1　IDepartmentService.java　//案例部门业务接口

```
package com.city.oa.service;
import com.city.oa.model.DepartmentModel;
//部门业务服务接口
```

```
public interface IDepartmentService {
    //增加新员工
    public void add(DepartmentModel dm) throws Exception;
}
```

在定义了部门业务接口后，程序 13-2 的代码展示了使用 Hibernate API 完成部门业务实现类的编程代码。

程序 13-2 DepartmentServiceImpl .java //部门业务服务实现类

```
public interface DepartmentServiceImpl implements IDepartmentService {
    //增加新员工
    public void add(DepartmentModel dm) throws Exception{
        SessionFactory sf=HibernateUtils.createSessionFactory();
        Session session=sf.openSession();
        Transaction tx=session.beginTransaction();
        session.save(dm);
        tx.commit();
        Session.close();
    }
}
```

为让 Spring 管理项目中的各层对象，如案例的部门业务类对象，需要将需要管理的对象注册到 Spring 的 IoC 容器中。Spring 支持 XML 文件方式和 Java 注释方式配置 Java 类，Spring 将管理的 Java 类统称为 Spring Bean。下面演示如何以 XML 文件方式配置 Bean。

首先在项目的类根目录下（Eclipse 项目为 src 目录）创建 context.xml 文件，文件名可以任意确定，一般 Spring 项目都使用 applicationContext.xml 这个文件名，将如程序 13-3 所示的代码复制到该文件内。

程序 13-3 context.xml //Spring Bean XML 配置文件

```
<?xml version="1.0" encoding="UTF-8"?>
<beans xmlns="http://www.springframework.org/schema/beans"
xmlns:xsi="http://www.w3.org/2001/XMLSchema-instance"
xsi:schemaLocation="http://www.springframework.org/schema/beans
http://www.springframework.org/schema/beans/spring-beans.xsd">
<bean id="departmentService" class="com.city.oa.service.impl.Department
ServiceImpl">
</bean>
</beans>
```

Spring 的 XML 配置文件的根元素为<beans>，以后随着其他模块的命名空间的加入，还会有其他的根标记，如<context>、<tx>等。

Spring 所有配置的 Java 类都使用<bean>标记实现，其最基本的属性是 id 用于指定 bean 的标示，未来 Spring 通过此标示引用此 Bean 的对象，class 属性指定 Bean 的类的全名，包括“包名.类名”，Spring IoC 容器会根据 class 属性的值查找 Bean 并创建其对象，并将对象置于 IoC 容器的管理之下。

默认情况下，IoC 容器创建 Bean 的对象是使用单例模式，通过 Spring IoC 取得创建的 Bean 对象永远返回单一的实例对象，除非使用 scope 属性通知 Spring IoC 容器使用其他模式创建对象，如原型模式、Request 模式和 Session 模式，关于此模式的详细讲述参见第 14 章中关于 Spring Bean 的介绍。

上面代码中配置了部门业务类 DepartmentServiceImpl 的 Bean，并指定标示属性 id 为 departmentService，未来可通过此 id 属性的值取得 Bean 对象，也可以将其注入到其他依赖此 Bean 的其他 Bean 对象中。

在上述业务类代码编写完成且在 Spring 配置文件中配置后，就可以通过 Spring IoC 容器的接口和实现类，实例化 Spring IoC 容器并连接到该容器，根据配置的 id 属性取得此 Bean 的对象，继而调用对象的方法。程序 13-4 演示了使用普通的带 main 启动方法的 POJO 类，完成上述功能的代码。

程序 13-4 Testing.java //测试 Spring 配置 Bean 和 IoC 容器的示意代码

```
public class Testing{
    public static void main(String[] args){
      //实例化 IoC 容器，并连接到该 IoC 容器
      ApplicationContext context=new ClassPathXmlApplicationContext("context.
      xml");
      //取得 IoC 注册的对象
      IDepartmentService ds=context.getBean("departmentService", IDepartment
      Service.class);
      //创建部门 Hibernate 持久对象
      DepartmentModel dm=new DepartmentModel();
      dm.setCode("1011");
      dm.setName("财务部");
      //调用 Bean 对象方法，增加部门对象到数据库
      Ds.add(dm);
    }
}
```

从此 Spring 简单案例的编程可见，在 JavaEE 企业级应用项目中使用 Spring 基本遵循以下步骤。

（1）创建 Spring IoC 配置文件（XML 文件）。

（2）配置 Spring 管理的 Bean。

（3）通过 Spring IoC 容器的接口和实现类实例化容器对象以及所有管理的 Bean。

（4）连接到 IoC 容器。

（5）取得 IoC 容器管理的 Bean 对象。

（6）调用对象的方法。

在本简单案例中通过编程方式手动实例化 IoC 容器对象，在实际企业级应用项目中都是通过某种方式自动实例化 IoC 容器，如在 Web 应用中，通过 Spring 提供的监听器在 Web 启动后自动实例化 IoC 容器，进而通过 Spring 的 DI 依赖机制向所有各层管理的 Bean 注入其所需要的其他的 Bean 对象，实现高度自动化的对象管理机制。

本章小结

本章讲述了 Spring 框架的概念和发展历史以及 Spring 框架的模块组成，在以后各章中将专门详细讲述每个模块的功能和编程应用。Spring 的核心是 IoC 容器，该容器管理 Spring 框架管理的所有 Java 类对象，并统称为 Bean 对象。

为使用 Spring 框架，需要在实际项目中引入 Spring 的类库文件，目前企业开发项目基本都使用 maven 框架管理项目所需要依赖的类库文件，本章讲述了如何在 Maven 项目内，通过 pom.xml 文件引入依赖的 Spring 模块类库。对于没有使用 Maven 的项目，本章也讲述了使用传统的 Ant 方式如何在使用 Eclipse 开发的项目中引入 Spring 类库的操作步骤。

最后通过一个简单的案例，演示如何创建 Spring IoC 配置文件，如何在配置文件中使用 XML 配置方式注册一个 Spring 管理的 Bean，如何使用 Spring IoC 容器的接口和实现类实例化一个 IoC 容器对象，最后通过 IoC 容器取得注册的 Bean 对象，并调用其方法。

第14章 Spring Bean 基础

本章要点

- Spring Bean 概念。
- Spring Bean 的 XML 配置。
- Spring Bean 的注释配置。
- Spring 工厂模式的配置。
- Spring 通过 JNDI 查找方式取得 Bean 的配置。
- Spring Bean 的生命周期方法的编程和配置。

Spring 管理 JavaEE 企业级应用各层对象的核心是将这些需要管理的对象注册到 Spring 的 IoC 容器中，第 15 章将详细介绍 IoC 容器的各个 API 和实现类型。Spring 将其管理的各种 Java 类统称为 Bean。

在注册 Bean 的方式上，Spring 同时支持 XML 方式、注释方式和编程配置方式，本章将讲解每种方式的优点和缺点，并讲解配置的基本语法。

要取得 Spring 管理的 Bean，可以通知 Spring 调用 new 操作创建新的 Bean 对象，也可以告诉 Spring 调用已经存在的工厂 Bean 的方法取得 Bean 的对象。

14.1 Spring 管理的 Bean

Sping 应用项目都是通过各种 Bean 来组成应用项目以完成系统需求的功能，即编写各种类来完成不同的任务，将这些类通过 Spring 支持的 XML、注释和编程方式配置到 Spring 的 IoC 容器中，就成为 Spring Bean。

Spring 管理的 Bean 不要求必须符合 JavaBean 规范，实际上任何 Java 类都可以配置在 Spring 容器中。通过配置 Spring 容器可以调用配置 Bean 的有参数的构造方法，也可以配置实例化对象后的初始化方法以及销毁对象的清理方法。

Spring 管理 Bean 的创建默认使用单例模式(singleton)，即 Spring 容器只创建一个 Bean 类的实例对象，通过 Spring 容器接口取得配置的 Bean 的对象取得的永远是一个对象。在配置时通过 scope 属性可以更改默认的单例模式，下面将有专门的小节介绍各种模式 Bean 的配置和使用场合。

14.2　Java 应用中取得对象的方式

在以 Java 编程的任何应用中，都遵循如下编程过程实现应用开发。

（1）编写 Java 类。

（2）取得类的对象。

（3）调用对象的方法（静态方法除外）。

在取得对象的方式上，为提高代码的重用性，改进项目的可维护性，出现了各种不同的解决方案，这些就构成了所谓的设计模式。

应用开发中，为取得类的对象，经常使用的方式有如下 4 种。

（4）直接主动创建型。

此类型是代码中直接调用 new 操作符，创建类的对象，其示意代码如下。

```
A a=new A();
```

其中 A 是定义好的 Java 类。

（5）间接主动创建型。

该类型是通过一个工厂类的方法来取得另一个类的对象，其示意代码如下。

```
A a=Factory.createA();
```

其中 Factory 是 A 类的工厂，createA 是创建 A 类对象的方法。

（6）间接主动查找型。

前两种方式，由于属于现用现创建模式，如果需要使用的对象创建时间较长，如数据库连接对象等，会导致项目的性能急剧下降，解决此问题的最佳方案就是将对象事先创建好，并保存在一个公共区域，需要对象的时候到此区域查找此对象即可，如此可实现极佳的运行速度，提高系统的性能。在 JavaEE 应用中保存创建的对象的最佳区域一个是 JavaEE 服务器中内置的命名服务器（使用 JNDI API），另一个就是 Spring IoC 容器。如下代码分别演示了使用 JNDI 查找和从 IoC 中取得 A 类对象的编程。

方法 1 从命名服务器中查找已经注册的对象，假如注册名为 a。

```
Context ctx=new InitialContext();
A a=(A)ctx.lookup("a");
ctx.close();
```

方法 2 是从 IoC 容器中查找，加入配置的的 id 为 a。

```
ApplicationContext ctx=new ClassPathXmlApplicationContext("context.xml");
A a=ctx.getBean("a",A.class);
```

（7）间接被动注入型。

以上 3 种模式都是调用者主动去取得被调用者的对象，现代软件开发正朝着被动接收型的方向发展，调用者不需要关心如何取得被调用对象，而是由其他设施和机构完成被调用对象的创建，并送给调用对象，这就是典型的 IoC-反向控制模式。如下代码演示了类 B

在方法 b 中调用 A 对象 a 方法的案例。

```
public class B{
   public void b(A a){
      a.a();
   }
}
```

此代码中 B 并没有主动获得 A 的对象，而是由其他对象（B 的调用者）负责将 A 对象送入到 B 对象的 b 方法中，此时使用的是普通方法注入模式。B 类不需要关注 A 类对象的 a 方法是如何创建的或怎么获取的，只是使用注入的对象即可。

这种被动注入模式就是 Spring 的核心机制，第 15 章将专门讲述如何实现将一个对象注入到另一个对象中，当然 Spring 无法实现这种普通方法的对象注入，而是通过专门的属性方法（set）或构造方法将对象送入到另一个对象内。

14.3 Spring 中配置 Bean 的 XML 方式

Spring 一般使用 XML 配置文件为基础启动 Spring 容器，Spring 容器会分析 XML 的配置信息，初始化 Bean 容器。

Spring 的 XML 配置文件通常放置在类的根目录下(classpath)，在使用 Eclipse 开发 Java 项目时，此位置为 src，部署后在 Web 应用的/WEB-INF/classes 目录下。

Spring XML 文件通常命名为 applicationContext.xml，当然开发者可以将其任意命名为其他文件名。Spring 为 XML 配置提供了各种功能的配置命名空间，其中最常使用的就是<beans>，其他的命名空间包括<context>、<tx>、<jee>、<aop>等。

只包含基本<beans>命名空间的 XML 配置文件的示意代码如下。

```
<?xml version="1.0" encoding="UTF-8"?>
<beans xmlns="http://www.springframework.org/schema/beans"
xmlns:xsi="http://www.w3.org/2001/XMLSchema-instance"
xsi:schemaLocation="http://www.springframework.org/schema/beans
http://www.springframework.org/schema/beans/spring-beans.xsd">

<bean id="..." class="..."></bean>
<bean id="..." class="..."></bean>

</beans>
```

上面的代码中只引入了<beans>的命名空间，在该空间标记内，只能使用其子元素<bean>定义 Spring 管理的各种 Bean 对象。

Spring 还支持除<beans>基本命名空间的其他功能空间，包含几乎全部 Spring 命名空间的 XML 代码如下所示。

```
<?xml version="1.0" encoding="UTF-8"?>
```

```
<beans xmlns="http://www.springframework.org/schema/beans"
xmlns:xsi="http://www.w3.org/2001/XMLSchema-instance"
xmlns:context="http://www.springframework.org/schema/context"
xmlns:tx="http://www.springframework.org/schema/tx"
xmlns:p="http://www.springframework.org/schema/p"
xmlns:jdbc="http://www.springframework.org/schema/jdbc"
xmlns:util="http://www.springframework.org/schema/util"
xmlns:jee="http://www.springframework.org/schema/jee"
xsi:schemaLocation="
http://www.springframework.org/schema/jdbc
http://www.springframework.org/schema/jdbc/spring-jdbc.xsd
http://www.springframework.org/schema/beans
http://www.springframework.org/schema/beans/spring-beans.xsd
http://www.springframework.org/schema/tx
http://www.springframework.org/schema/tx/spring-tx.xsd
http://www.springframework.org/schema/jee
http://www.springframework.org/schema/jee/spring-jee-3.0.xsd
http://www.springframework.org/schema/util
http://www.springframework.org/schema/util/spring-util.xsd
http://www.springframework.org/schema/context
http://www.springframework.org/schema/context/spring-context.xsd">
    <!-- 具体的配置内容 -->
</beans>
```

在此 XML 配置文件中，可以使用的命名空间有<context>、<tx>、<p>、<jdbc>、<util>、当然还有其他的命名空间没有列出，随着 Spring 讲解的深入，还会引入其他命名空间标记。

Spring 命名空间的使用语法如下。

```
<命名空间:标记 属性="值" 属性="值" 属性="值" >
   <子标记  … />
</命名空间:标记>
```

也可以是不包含其他元素的直接封闭语法。

```
<命名空间:标记 属性="值" 属性="值" 属性="值" />
```

正常情况下，在使用命名空间<beans>的 bean 标记注册 Spring 管理的 Bean 对象时，其配置的代码按如下方式完成。

```
<beans:bean id="newsService" class="com.city.oa.service.impl.NewsServiceImpl"/>
```

因为命名空间<beans>默认是 Spring XML 方式的基础空间，所以可以省略 beans 前缀，因此上面代码简写为如下方式所示。

```
<bean id="newsService" class="com.city.oa.service.impl.NewsServiceImpl"/>
```

而其他命名空间不是基础默认的，因此要使用其他命名空间就需要使用前缀语法形式，如下代码演示了使用<jee>命名空间的 jndi-lookup 标记查找 Tomcat 配置的数据库连接池管理对象 DataSource 对象的配置代码。

```
<jee:jndi-lookup id="dataSource" jndi-name="java:comp/env/cityoa" />
```

此时就不能省略 jee 前缀，而简写为<jndi-lookup>形式，如果用这种写法，Spring 会自动认为是<beans:jndi-lookup>的标记，运行时将抛出异常。

关于各种命名空间的使用和所拥有的标记请参阅 Spring 文档。

在开发实际软件项目时，由于需要配置的 Bean 较多，如果将所有需要 Sping 管理的 Bean 都配置在一个 XML 文件内，会导致此文件内容过大，不容易管理，也不利于团队合作开发。Spring 提供了 XML 嵌入机制，可以将 Bean 按模块分别配置在不同的 XML 文件中，再使用 import 标记嵌入这些 XML 文件即可，其实现机制如下所示。

```
<beans ...>
<import resource="sales_module.xml"/>
<import resource="purchase_module.xml"/>
<import resource="invemtory_module.xml"/>
<import resource="admin_module.xml"/>
</beans>
```

推荐在主 XML 配置文件中不配置具体的 Bean，而是在各个模块中配置项目中使用的各个 Bean。

按照上面的介绍创建 Spring 的配置 XML 文件后，就可以使用标记<bean>完成对 Bean 的配置，其使用语法如下。

```
<bean 属性="值" 属性="值" 属性="值" …>
</bean>
```

该标记的主要属性名和含义参见表 14-1。

表 14-1 bean 标记的主要属性和含义

属 性 名	取 值	含 义
id	字符串	指定 Bean 的标示
class	Bean 的全名：包.类名	指定类的全称
scope	singleton,prototype,request, session,global-session	指定 Bean 的生存周期模式，默认是单例
init-method	方法名字符串	指定 Bean 的初始化方法，当容器创建此 Bean 对象后，自动执行此方法
destroy-method	方法名字符串	指定 Bean 的销毁清理方法，在 IoC 容器销毁此 Bean 之前自动执行此方法，一般用于清理工作编程
lazy-init	true 或 false	指定是否延迟创建此对象，当为 true 时，IoC 容器不会立即创建此对象，只有当调用 getBean 方法时才会创建对象
factory-method	方法名	指定创建 Bean 的工厂方法，此时 Spring 容器不自己创建 Bean 对象，而是调用工厂类或工厂对象的方法创建 bean 对象
factory-bean	工厂的类的全名	指定实例工厂的类全名，此时创建 Bean 的方法不是 static，因此需要首先创建工厂 Bean，才能调用其非静态的工厂方法。此属性与 factory-method 一起使用构成非静态工厂方法

典型的 Bean 的 XML 方式配置案例代码如下所示。

```
<bean id="departmentService" class="com.city.oa.service.impl.Department
ServiceImpl"
init-method="init" destroy-method="clean"></bean>
```

该配置代码创建部门业务层类 com.city.oa.service.impl.DepartmentServiceImpl 的对象，并调用其无参数的默认的构造方法，创建对象后立即执行该类的 init 方法，并在销毁对象前执行 clean 方法。

14.4 Spring 配置 Bean 的注释方式

使用 XML 方式配置 Bean 的缺点是需要使用单独的配置文件来完成配置信息的编程，这就需要开发者同时维护两个文件才能完成 Bean 类的编程，在开发过程中不得不进行频繁的文件切换，为克服此缺点，使用 Java 注释类实现 Bean 配置的方式逐渐得到广大开发者的青睐，注释模式逐渐成为主流，大有取代 XML 配置方式的趋势。

Spring 提供了多种 Bean 的注释类，核心注释类有如下类型。

（1）@Component：标示为 Spring 的 Bean，这是通用的 Bean 标示。

（2）@Service：指定 Bean 为业务层使用的 Bean。

（3）@Repository：指定为持久层使用的 Bean。

（4）@Controller：指定为控制层使用的 Bean。

（5）@RestController：这是 Spring 新增的注释类，用于声明 REST API，可取代原来使用@Controller 和@ResponseBody 组合才能实现的 REST Service API。

Spring 提供这些不同注释类的目的是为了将 Bean 按使用场合进行分类，实际上使用哪种注释类都是等价的，并没有实质的差异，只是为了区别 Bena 的类型。编程中推荐使用按用途分类的注释类，不要使用通用的@Component 注释类。

如下代码演示了本书 OA 案例中部门业务实现类的注释配置，因为是业务层实现类，使用了@Service 进行注释，并指定了 Bean 的 id 为 departmentService。

```
@Service("departmentService")
public class DepartmentServiceImpl implements IDepartmentService {
  public void add(DepartmentModel dm) throws Exception
  {
   sessionFactory.getCurrentSession().save(dm);
   }
}
```

在使用注释类进行 Bean 的配置时，需要在 Spring IoC 容器启动后，能自动扫描到有注释类的 Bean，需要通知 Spring IoC 容器要扫描的包才能实现 Bean 的注释配置。在 XML 配置文件中配置 Bean 的扫描路径。由此可见，即使使用注释方式配置 Bean，也需要 XML 配置文件。

配置 Spring 扫描路径需要使用 context 命名空间，参见上面的引入命名空间的语法，在 context 命名空间中有标记 component-scan，通过其属性 back-package 指定要扫描的起始路径，Spring IoC 容器启动后，会扫描此包和所有子包中的有注释的 Bean，并自动实例化这些 Bean，然后根据注入语法，完成依赖注入。如下代码演示了配置扫描 Bean 路径的实际应用。

```
<beans>
<context:component-scan base-package="com.city.oa"/>
</beans>
```

上面代码中的 base-package 属性支持多个包的扫描，包之间使用分号（;）进行间隔，如下代码是指定多个起始扫描包的编程。

```
<context:component-scan   base-package="com.city.oa.service,com.city.oa.
controller"/>
```

实际开发中因为项目中的包命名都是从“域名.项目名”开始，因此指定此包为起始扫描路径即可，不需要配置多个包。

为激活 Spring 注释类配置，还需要在 XML 文件中使用如下配置，其与 component-scan 配合实现注释方式配置 Bean。

```
<context:annotationconfig/>
```

Spring 不但提供了 Bean 的注释类，而且提供了用于在方法和属性上的各种注释类，随着讲解的深入，将会逐渐引入经常使用的各种注释类。

Spring 注释方式与 XML 方式相比也有其缺点，注释方式无法配置其他框架的 Bean，或没有使用注释类的 Bean，而 XML 可以使用任何 Java class，即使这个类来自其他框架，因此在项目开发中就使用联合使用 XML 和注释方式，对项目内部的类使用注释，对引入的其他框架的 Bean 则使用 XML 方式。

14.5 Spring 编程配置 Bean 方式

Spring3.0 引入了使用 Java 编程模式配置 IoC 容器的方式，可完全不使用 XML 方式就实现对 Bean 的配置，尤其是以配置注释方式配置的 Bean 的自动扫描机制。

为使用编程方式配置 IoC 容器，需要创建一个类，并使用@Configuration 注释类对该类进行注释，指明其是一个配置类，还可以使用@ComponentScan 注释类指定 Bean 的扫描路径，使用 XML 方式<context:component-scan>相同的功能。如下是简单的配置类实现代码。

```
@Configuration
@ComponentScan(basePackages = "com.city.oa")
public class SpringConfigurator {
}
```

定义好配置类以后，使用 Spring 提供的 ApplicationContext 容器的专门用于读取配置类信息的实现类 AnnotationConfigApplicationContext，可读取配置类定义的配置信息，如下代码演示了使用配置类创建 IoC 容器实例对象的编程。

```
ApplicationContext ctx = new AnnotationConfig Application Context
(SpringConfigurator.class);
```

创建 IoC 容器后，就可以取得配置的 Bean，如上面使用@Service 注释配置的部门业务实现类，如下代码演示取得部门业务对象的编程。

```
IDepartmentService ds=ctx.getBean("departmentService",IDepartmentService.class);
```

进而可以调用此业务对象的方法。

实际编程中还是使用 XML 主配置文件配置 Bean 扫描路径信息，再结合注释方式配置 Bean，使用编程方式不是很方便。

14.6 Spring Bean 的 scope 意义和配置

在 Spring IoC 容器中配置 Bean 时，可以通过属性 scope 指定 Bean 的作用域。如果省略该属性，则默认为 singleton，即单例模式。所有 Java App 程序通过 IoC 容器取得的 Bean 的对象都是同一个实例，即所有应用客户端都共享一个单一的实例对象。

在 Spring2.0 之前 Bean 只有两种作用域，即 singleton（单例）、non-singleton 非单例即原型模式，也称 prototype，Spring2.0 以后，增加了 session、request、global session，application 四种专用于 Web 应用程序上下文的 Bean，目前 Spring 的 IoC 容器支持如下 scope 作用域。

1. singleton

当一个 Bean 的作用域设置为 singleton, 那么 Spring IoC 容器中只会存在一个共享的 Bean 实例，并且所有对 Bean 的请求，只要 id 与该 Bean 定义相匹配，就只会返回 Bean 的同一实例。换言之，当把一个 Bean 定义设置为 singleton 作用域时，Spring IoC 容器只会创建该 Bean 定义的唯一实例。这个单一实例会被存储到单例缓存（singleton cache）中，并且所有针对该 Bean 的后续请求和引用都将返回被缓存的对象实例，这里要注意的是 singleton 作用域和 GoF 设计模式中的单例是完全不同的，单例设计模式表示一个 ClassLoader 中只有一个 class 存在，而这里的 singleton 则表示一个容器对应一个 Bean，也就是说，当一个 Bean 被标识为 singleton 时候，Spring 的 IoC 容器中只会存在一个该 Bean。

单例模式的 XML 配置代码如下。

```
<bean id="departmentService"class="oa.DepartmentServiceImpl" scope="singletone"/>
```

由于单例是默认的，所以可以省略 scope 属性。

Spring 提供了@Scope 注释类，用于 Java 注释方式的 Bean 的作用域声明，其配置代码如下所示。

```
import org.springframework.context.annotation.Scope;
import org.springframework.stereotype.Component;
```

```
@Service
@Scope("singletone")
public class DepartmentServiceImpl implements IDepartmentService {
...
}
```

2. prototype

prototype 作用域部署的 Bean，每一次请求调用容器的 getBean()方法时，IoC 容器会创建新的 Bean 实例，与普通的 new 操作相当。

对于 prototype 作用域的 Bean 对象，Spring IoC 容器只负责创建该 Bean 对象，不会负责其整个生命周期管理，容器在初始化、配置、装饰或者是装配完一个 prototype Bean 的对象实例后，将它交给客户端，不再负责该对象的销毁管理。对原型 Bean，IoC 容器会调用 Bean 对象的初始化生命周期回调方法，但销毁前的清理回调方法不会被调用。 清除 prototype 作用域的对象并释放任何该对象的使用的资源，都是客户端代码负责进行。

一般在 Spring 管理控制层的 Bean 对象时，使用原型模式，如管理 Struts2 的 Action 对象、Spring MVC 的控制器对象，此时因为每个对象都会封装用户的输入信息，不能使用单例模式。

原型模式 Bean 的配置 XML 代码如下。

```
<bean id="departmentController" class="oa.controller.DepartmentMain Controller"
scope="prototype"/>
```

使用 Java 注释类@Scope 的配置代码如下所示。

```
@Controller
@Scope("prototype")
public class DepartmentMainController extends ActionSupport {
...
}
```

上面配置了 Struts2 的部门主控制器的 Bean 类。

3. request

request 作用域该针 Web 应用，客户端每一次 HTTP 请求过程中，第 1 次调用 getBean 方法会产生一个新的 Bean，以后在同一个请求内，再调用 getBean 会取得前面已经取得的 Bean 对象，该 Bean 仅在当前 HTTP request 内有效。

在启用 request 作用域之前，需要在 Web 应用的 web.xml 文件中配置 Spring 提供的专门用于 request 请求的监听器，其配置代码如下。

```
//文件 /WEB-INF/web.xml
<web-app>
  <listener>
<listener-class>org.springframework.web.context.request.RequestContext
Listener</listener-class>
  </listener>
</web-app>
```

配置完此监听器后，就可以配置请求作用域的 Bean 对象。请求作用域 request 的 XML

配置代码如下所示。

```
<bean id="userController" class="controller.UserMainController" scope=
"request"/>
```

使用 Java 注释方式配置的 request 作用域代码如下所示。

```
@Controller
@Scope("request")
public class UserMainController extends ActionSupport {
...
}
```

4. session

session 作用域也是针对 Web 应用的，在一个会话期间，通过 getBean 取得 IoC 容器管理的 session 作用域的对象，会取得同一个 Bean 的实例对象，同时该 Bean 仅在当前 HTTP session 内有效。

会话作用域的 XML 方式配置代码如下所示。

```
<bean id="roleController" class="controller.RoleMainController" scope=
"session"/>
```

而使用 Java 注释的会话作用域配置代码如下所示。

```
@Controller
@Scope("session")
public class RoleMainController extends ActionSupport {
...
}
```

其中@Scope("session")是@Scope(value="session")的缩写形式，value 属性是@Scope 注释类的默认属性，如果只有 value 属性，则可以使用缩写形式；如果还有其他属性需要确定，则不能省略 value。如下是存在其他属性的注释配置代码案例。

```
@Controller
@Scope(value="session", proxyMode = ActionSupport)
public class RoleMainController extends ActionSupport {
...
}
```

此@Scope 注释类增加了 proxyModel 属性，此时 value 属性是不能省略的。

5. globalsession

global session 作用域与 session 作用域基本相同，不同之处在于该作用域应用于基于 portlet 的 Web 应用中。

portlet 规范定义了全局 session 的概念，它被所有构成某个 portlet Web 应用的各种不同的 portlet 所共享。在 global session 作用域中定义的 Bean 被限定于全局 portlet session 的生命周期范围内。Web 中使用 global session 作用域来标识 Bean，则此 Web 会自动将其处理为 session 作用域类型。

该作用域的 XML 配置代码示意如下。

```
<bean id="roleController" class="controller.RoleMainController" scope=
"globalsession"/>
```

6. application

此作用域也应用于 Web 应用，表示 Bean 的生存周期与 Web 服务器相同，在整个应用内使用 getBean 取得的 Bean 对象是共享的 Bean 对象，此作用域与 singleton 基本类似，其配置代码案例如下所示。

```
<bean id="roleController" class="controller.RoleMainController" scope=
"application"/>
```

使用注释类方式配置的实现代码如下所示。

```
@Component
@Scope("application")
public class DepartmentServiceImpl implements IDepartmentService {...}
```

14.7 Spring 通过静态工厂取得 Bean 对象的配置

除了 Spring IoC 容器通过 new 操作执行 Bean 的构造方法创建的 Bean 的实例对象外，该容器可以通过调用一个工厂类的静态方法来创建 Bean 的对象，此方式经常是为了实现与原有历史遗留系统的兼容性而设计的。对应全新的 Spring 应用设计，应尽可能避免使用此模式创建 Bean 的对象。

假如在一个历史遗留系统中有一个业务服务层的工厂类，其有静态工厂方法用于创建部门业务实现类的对象，其示意代码如下。

```
public class ServiceFactory
{
    public static IDepartmentService createDepartmentService(){
        return new DepartmentServiceImpl();
    }
}
```

其中 IDepartmentService 是接口，DepartmentServiceImpl 是它的实现类，通过其工厂类的方法可取得部门业务服务的对象，调用此方法取得部门业务服务对象的代码编程如下。

```
IDepartmentService ds=ServiceFactory.createDepartmentService();
```

Spring IoC 容器支持这种使用工厂类静态方法创建对象的方法，可以通过如下 XML 配置代码完成与上述代码相同的功能。

```
<bean id="departmentService" class="factory.ServiceFactory" factory-method=
"createDepartmentService"/>
```

配置中使用 class 属性指定工厂类，使用 factory-method 属性指定工厂的静态方法，通过 getBean 取得此 Bean 对象，Spring IoC 容器会调用此工厂类的静态方法创建对象并返回。

14.8 Spring 通过实例工厂取得 Bean 对象的配置

在特殊情况下可能会使用一个工厂类的非静态方法创建另一个类的对象，假如将上节的 ServiceFactory 类的静态方法改为非静态的实例方法，其代码示意如下。

```
public class ServiceFactory
{
    public IDepartnentService createDepartmentService(){
        return new DepartmentServiceImpl();
    }
}
```

此时是通过工厂类的非静态方法取得部门业务服务对象，要使用此模式取得部门业务对象，首先要创建工厂类的对象，再调用对象的实例方法创建部门业务对象，其实现代码如下。

```
ServiceFactory sf=new ServiceFactory();
IDepartmentService ds=sf.createDepartmentService();
```

Spring IoC 容器同样支持这种非静态的实例化工厂方法，其 XML 方式配置代码如下所示。

```
<bean id="serviceFactory" class="factory.ServiceFactory"></bean>
<bean  id="departmentService"  factory-bean="serviceFactory"  factory-
method="createDepartmentService" />
```

首先配置工厂的 Bean 对象，在部门业务 Bean 的配置中，使用属性 factory-bean 指定使用工厂的 Bean 对象，引用工厂的 Bean 的 id 值，再使用 factory-method 指定工厂 Bean 的工厂方法，此时是非静态的方法。

14.9 Spring 通过 JNDI 取得注册 Bean 对象的配置

如前所述，取得 Java 对象的第 3 种方式是使用查找方式取得要使用的对象，JavaEE 企业级应用中最常用的对象注册地是 JavaEE 服务器内部的命名服务（Naming Service），如果通过编程查找在命名服务注册的对象，需要使用 JNDI API 编程才能实现。在使用 Hibernate 框架的应用系统中经常将其 SessionFactory 注册到命名服务中，假如创建该对象后在命名服务中注册的名称为 hibernateSessionFactory，如下编程代码可取得注册的该对象。

```
Context ctx=new InitialContext(); //连接到命名服务系统
SessionFactory sf=(SessionFactory)ctx.lookup("hibernateSessionFactory");
//省略余下的持久化编程代码
```

Spring 提供了专门的执行 JNDI 查找的 org.springframework.jndi.JndiObjectFactoryBean，并可以通过 XML 配置方式通过 JNDI API 执行查找编程，取得命名服务系统中注册的对象，将上面编程取得 SessionFactory 改为 IoC 配置，其配置代码如下所示。

```
<bean id="sessionFactory"class="org.springframework.jndi.JndiObject FactoryBean">
    <property name="jndiName">
      <value>hibernateSessionFactory</value>
    </property>
</bean>
```

从命名服务中取得查找的 Bean 对象后，就可以使用依赖注入配置，将其注入给需要此对象的业务服务对象。

从 Spring3.0 开始提供了新的 JavaEE 应用的命名空间 jee，该命名空间提供了许多简化配置方式的 JavaEE 应用编程，其中 jndi-lookup 标记用于执行 JNDI 查找编程，使用此标记后，上面的 JNDI 查找配置代码改造为如下形式。

```
<jee:jndi-lookup id="sessionFactory" jndi-name="hibernateSessionFactory" />
```

若项目中遇到此类从命名服务系统中查找注册对象的配置，都可以使用此类配置代码，例如查找服务器管理的数据库连接池，假如使用 Tomcat 服务器，并配置了其管理的数据库连接池的注册名为 cityoa，则如下代码将获取此连接池的管理对象类 DataSource 的对象。

```
<jee:jndi-lookup id="dataSource" jndi-name="java:comp/env/cityoa" />
```

此数据源对象未来可注入到 Spring 管理的 Hibernate 的 SessionFactory 对象中。

14.10 Bean 的生命周期处理配置

Spring IoC 容器管理注册的 Bean，不但创建 Bean 的对象，还可以配置创建 Bean 之后的初始化方法，以及在销毁 Bean 之前的清理方法。通过配置这些方法，可简化 Bean 对象的管理编程，尤其是销毁前的清理方法，使用传统的类的编程时无法实现，而 Bean 的初始化方法可以放置在类的初始化方法中完成。引入初始化和清理方法，可实现灵活的 Bean 的生命周期管理。

在使用 XML 方式配置 IoC 容器管理的 Bean 时，可以配置属性 init-method 指定 Bean 创建后自动执行的初始化方法，而配置属性 destroy-method 则指定 Bean 对象在销毁前自动执行的方法，用于执行资源清理工作。

OA 案例中部门业务类 DepartmentServiceImpl 的实现代码中增加了如下初始化方法和清理方法。

```
public class DepartmentServiceImpl implements IDepartmentService{
    public void init(){
      //执行初始化编程代码
    }
    public void cleanup(){
      //执行清理工作编程代码
    }
}
```

使用属性 init-method 和 desctory-method 配置初始化和清理方法的配置代码如下所示。

```
<bean id="departmentService" class="com.city.oa.service.impl.Department
ServiceImpl" init-method="init" destroy-method="cleanup">
</bean>
```

Spring 还支持 IoC 容器级别的初始化和清理方法配置，这样就不需要在每个 Bean 的配置中都进行初始化和销毁清理方法配置，只需在标记<beans>中使用 default-init-method 和 default-destroy-method 属性指定初始化方法和销毁清理方法，其配置代码如下所示。

```
<beans default-init-method="init" default-destroy-method="cleanup">
...
</beans>
```

这样配置以后，只要注册的 Bean 类有 init 或 cleanup 方法，IoC 容器就会自动调用执行。

如果项目使用 Java 注释方式配置 Bean，Spring 提供了专门的注释类@PostConstruct 用于类的初始化方法，注释类@PreDestroy 用于类的销毁前清理方法。使用 Java 注释模式的部门业务实现类编程如下。

```
@Service("departmentService")
public class DepartmentServiceImpl implements IDepartmentService{
    @PostConstruct
    public void init(){
      //执行初始化编程代码
    }
    @PreDestroy
    public void cleanup(){
      //执行清理工作编程代码
    }
}
```

需要注意的是，初始化方法在构造方法执行后会自动执行，当然方法的调用都是由 IoC 容器完成的。

本章小结

本章详细讲述了 Spring 管理的 Bean 的特性，回顾了 Java 面向对象编程中取得对象的 4 种方式，并讲解了如何在 Spring 的 IoC 容器里实现前 3 种方式取得 Java 对象的配置编程，包括使用 new 调用 Bean 的构造方法、工厂类方法和 JNDI 查找方法。最后通过实际案例配置讲解了配置 Bean 的生命周期的管理方法，包括创建对象后的初始化方法，以及销毁对象前的清理方法的 XML 方式配置和 Java 注释方式配置。

第 15 章将详细讲解如何实现第 4 种取得 Java 对象的方式，即反向依赖注入方式，这是 Spring 框架的核心，也是以后各章配置和编程的基础。

第15章 Spring IoC 容器和依赖

本章要点

- IoC 和 DI 的概念和功能。
- Spring IoC 容器的接口和实现类。
- Spring DI 的实现方式。
- 属性注入 DI 的 XML 方式与注释方式。
- 构造方法注入 DI 的 XML 方式和注释方式。

Spring 框架作为管理 JavaEE 企业级应用各层框架对象的集中管理器，承担着其所有管理对象的生命周期控制和管理，以及对象之间依赖关系的管理，这些功能的实现都是在由 Spring 的核心模块（Spring Core）提供的支持下完成的，其中 IoC 容器又是 Spring 核心模块的核心，所以学习 Spring 必须熟练掌握 Spring IoC 容器的基本功能、如何配置其管理的 Bean 类、Bean 类之间的关系以及如何通过 IoC 容器提供的接口访问 IoC 容器提供的功能。

15.1 IoC 的概念

IoC 是 Inversion of Controll 的缩写，中文意思为反向控制。反向控制的含义是指在一个类的方法中当需要另一个 Bean 类的对象时，不是通常情况下自己主动去创建或通过工厂类方法调用取得该对象，而是由第三方对象创建需要的对象，并将其送给需要的对象，这个第三方通常就是 Spring 的 IoC 容器，由其管理对象的创建，并自动送给其他对象。这种送给机制就是 15.2 节要讲述的依赖注入机制。这种调用的对象不是自己主动创建的，而是其他对象送给的机制称为反向控制，即 IoC。Spring 的 Bean 管理容器就是使用这种反向控制方式为其管理的 Bean 输送其需要的对象，因此称为 IoC 容器。

下面通过一个简单的案例说明 IoC 的原理和应用。假如有类 A 和 B，其中 B 需要调用 A 类对象的 a()方法。其中 A 类的定义如下。

```
public class A {
   public void a(){
    System.out.println("A 方法运行");
   }
}
```

假如 B 类的定义代码如下，就没有使用反向控制思想。

```
public class B {
  public void b(){
        A a=new A();
        a.a();
  }
}
```

在上述代码中，B 类的对象在方法 b()内自己创建 A 类对象，这是典型的正向控制编程，不是 IoC 模式。如果将 B 类的代码改造为如下方式，就是使用了 IoC 模式。

```
public class B {
  public void b(A a){
        a.a();
  }
}
```

在这段 B 类定义代码中，方法 b()接收一个 A 类的对象参数 a，此时 B 类对象没有自己创建 A 类对象，而是接收一个 A 对象，该 A 对象不是 B 对象创建的，而是被动接收的，要运行 B 类对象的方法 b()就需要为其注入一个 A 类对象。注入工作要由调用 B 对象的对象完成，如下编写的测试类 Test，就是实现 IoC 注入的完成者。

```
public class Test{
  public static void main(String[] args){
        A a=new A();
        B b=new B();
        b.b(a);
  }
}
```

在此测试类 Test 的 main 方法中，由 Test 类创建 A 和 B 对象，并将 A 对象注入给 B 对象的 b 方法，再调用 b 方法。如果创建 A 和 B 的工作交给 Spring IoC 容器，并让 IoC 容器自动完成将 A 对象注入给 B 对象，则 Spring IoC 容器就是注入管理者。

但是在 Spring 中无法实现在一个 Bean 的普通方法中注入另一个 Bean 对象，如同上述 B 类的 b 方法那样接收 A 类的对象参数，Spring 只支持 JavaBean 的 set 属性注入和构造方法注入这两种模式。如果要让 Spring IoC 作为注入管理者，需要将 B 类的代码改造为如下任意两种模式的其中一个。

//方式 1：set 属性注入

```
public class B {
  private A a=null;
  public void setA(A a){
   this.a=a;
  }
```

```
    public void b){
        a.a();
    }
}
```

//方式 2：构造方法注入

```
public class B {
  private A a=null;
  public B(A a){
   This.a=a;
  }
  public void b(){
        a.a();
  }
}
```

将 A 和 B 类配置在 Spring 的 IoC 容器内，让 Spring IoC 容器分别创建 A 和 B 的对象，并使用 Spring 的依赖注入（DI）机制，将 A 对象注入到 B 对象的属性中，再通过 IoC 容器取得 B 的对象，调用 B 类对象的方法 b()，此时 B 要使用的 A 对象已经由 IoC 注入了，不需要 B 类的对象自己去获得 A 类对象。

要实现这种反向控制思想的编程模式，需要使用下面介绍的依赖注入机制。

15.2 依赖注入的概念

依赖注入（Dependency Injection，DI）是实现 IoC 编程思想的方式，将一个类对象要使用的（依赖的）其他类对象由第三方对象送入到此对象中，这种编程方式称作依赖注入，简称 DI。

依赖注入实现 IoC 模式是通过引入实现了管理对象创建和依赖关系的 IoC 容器，即可由 IoC 容器来管理对象的生命周期、依赖关系等，从而使得应用程序的配置和依赖性规范与实际的应用程序代码分开。其中一个特点就是通过文本的配置文件进行应用程序组件间相互关系的配置，而不用重新修改并编译具体的代码。

当前随着 JavaEE 7 的发布，依赖注入已经内置在 JavaEE 规范中，要求所有 JavaEE 服务器都必须支持 DI 技术，当前比较知名的 IoC 容器有 Pico Container、Avalon 、Spring、JBoss、HiveMind、EJB 等。在上面的几个 IoC 容器中，轻量级的有 Pico Container、Avalon、Spring、HiveMind 等，超重量级的有 EJB，而半轻半重的容器有 JBoss、Jdon 等。在这些实现 IoC 和 DI 的容器中，Spring 无疑是使用最为广泛的佼佼者。

Spring 不支持普通方法的依赖注入方式，只能通过属性的 set 方法或类的构造方法注入，在 15.3 节中专门讲述 Spring 实现属性注入和构造方法注入的 XML 实现方式以及 Java 注释实现方式的编程与配置。

15.3 Spring IoC 容器概述

通过 Spring 框架，原来是由应用程序管理的对象之间的依赖关系，现在交给了 Spring IoC 容器管理。企业级应用中使用的对象，不再需要应用程序自己主动创建、查找和定位，而是全部由容器管理。

Spring 的 IoC 容器是一个轻量级的容器，没有侵入性，不需要依赖容器的 API，也不需要实现一些特殊接口。Spring IoC 容器的这些特性减少了代码中的耦合，将耦合推迟到了配置文件中，发生了变化也更容易控制，提高了系统的可维护性，使用 Spring IoC 容器管理对象的系统特别容易进行修改和改进。

Spring IoC 容器是 Spring 框架的核心，容器将创建配置的所有对象，将它们通过注入方式连接在一起，最后销毁所创建的对象，Spring 容器管理对象的整个生命周期。在 Spring 容器使用依赖注入（DI）来管理组成应用程序的类对象，这些对象被称为 Spring Beans。

Spring 容器通过读取 Bean 的配置数据进行 Bean 的管理和组装，其配置数据可以通过 XML、Java 注释或 Java 代码 3 种方式实现。 Spring IoC 容器是利用 Java 的 POJO 类和配置数据的生成完全配置和可执行的系统或应用程序，图 15-1 展示了 Spring 的工作原理图。

Spring 提供了实现 BeanFactory 和 ApplicationContext 两种不同接口类型的 IoC 容器。

1. BeanFactory 容器

BeanFactory 容器是简化的 IoC 容器，其提供了最简单的对象管理和对依赖注入 DI 的基本支持。对于小型软件项目，BeanFactory 通常是首选的资源，如移动设备或基于 applet 的应用等受到资源大小限制的运行环境。

BeanFacotry 是 Spring 中比较原始的 Factory，例如 XMLBeanFactory 就是一种典型的 BeanFactory。原始的 BeanFactory 无法支持 Spring 的许多插件，如 AOP 功能、Web 应用等。

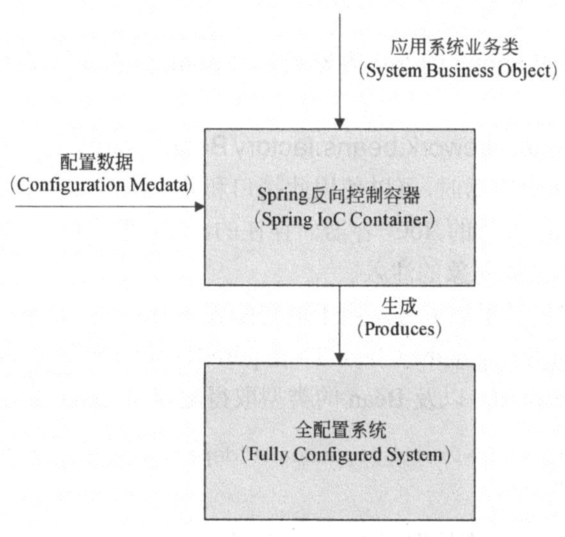

图 15-1 Spring IoC 容器工作原理图

2. ApplicationContext 容器

应用程序上下文（Application Context）是 Spring 更先进的容器。它与 BeanFactory 类

似可以加载 Bean 定义，并根据要求分配 Bean。此外，它增加了更多的企业特定的功能，例如从一个属性文件解析文本消息的能力、发布应用程序事件感兴趣的事件监听器的能力，此容器的功能是由接口 ApplicationContext 定义的。

ApplicationContext 接口由 BeanFactory 接口派生而来，因而提供 BeanFactory 所有的功能。ApplicationContext 以一种面向框架的方式工作，对上下文进行分层并实现继承，ApplicationContext 包还提供了以下的功能：

- MessageSource, 提供国际化的消息访问。
- 资源访问，如 URL 和文件。
- 事件传播。
- 载入多个（有继承关系）上下文 ，使得每一个上下文都专注于一个特定的层次，如应用的 Web 层专门的 ApplicationContext IoC 容器。

ApplicationContext 包括了 BeanFactory 所有的功能，因此通常建议在开发大型企业级项目中使用 ApplicationContext 类型的 IoC 容器。

以上这两种 Spring 容器都是通过 xml 配置文件再加载管理的 Bean 对象，ApplicationContext 和 BeanFacotry 相比，提供了更多的扩展功能，但其主要区别在于后者是延迟加载，如果 Bean 的某一个属性没有注入，那么 BeanFacotry 加载后，直至第一次使用调用 getBean 方法才会抛出异常；而 ApplicationContext 则在初始化自身时检验，这样有利于检查所依赖属性是否注入；所以通常情况下选择使用 ApplicationContext。

Spring 核心模块包括 spring-core、spring-beans、spring-context、springcontext-support 和 spring-expression，它们一起组成 Spring IoC 容器。

15.4 Spring IoC 容器的接口 API

根据 15.3 节介绍的 Spring 的 IoC 容器类型，Spring 分别提供了不同的接口来表达每种类型的 IoC 容器。

1. 接口 org.springframework.beans.factory.BeanFactory

在使用 Spring 的 IoC 容器时，可以使用此接口和其对应的实现类实例化一个简易的 IoC 容器，它是作为 Spring 基础的 IoC 容器而存在的，该容器可以实例化、配置和管理对象，也可实现 DI 机制使用依赖对象的注入。

BeanFactory 接口提供了如下方法用于取得配置的 Bean 的信息。

1）<T> T getBean(String name,Class<T> requiredType) throws BeansException

根据配置的 name 和 id，以及 Bean 的类型取得配置的 Bean 对象，其使用案例如下。

```
IDepartmentService ds=factory.getBean("departmentService",IDepartmentService.
class);
```

由于使用的类型参数，直接取得 Bean 类型的对象，不需要进行类型转换。

2）Object getBean(String name) throws BeansException

此方法是老版本 Spring 提供的方法，通过配置的 id 或 name 取得 Bean 对象。

```
IDepartmentService    ds=(IDepartmentService)factory.getBean("department
Service");
```

由于没有指定类型，所以需要进行强制转换。

3）<T> T getBean(Class<T> requiredType) throws BeansException

该方法只传入一个 bean 的类型参数，会取得满足此类型的第一个 Bean 对象，其使用案例代码如下。

```
IDepartmentService ds=factory.getBean(IDepartmentService.class);
```

通常情况下，每个 Bean 类型一般只注册一个 Bean 对象，所以可取得此 Bean 的对象，该方法尤其适用于使用注释方式配置的 Bean，因为使用注释方式，所以一个 Bean 类型只能配置一次。而当使用 XML 方式配置多个类型相同的 Bean 时，该方法只能返回配置的第一个 Bean 对象。

4）boolean containsBean(String name)

判断指定的 id 或 name 的 Bean 配置是否存在，返回 true 表示存在，而 false 表示不存在，该方法实际使用较少。

2．接口 org.springframework.context.ApplicationContext

ApplicationContext 接口除了继承 BeanFactory，还继承了 ApplicationEventPublisher、EnvironmentCapable、HierarchicalBeanFactory、ListableBeanFactory、MessageSource、ResourceLoader、ResourcePatternResolver 等与 Spring 容器相关的环境和事件接口，实现了更高级的适合于企业级应用的 Spring IoC 容器，除了管理注册的 Bean 的创建和依赖注入外，ApplicationContext 还增加了应用于企业级应用的特性，如消息的 I18N 支持、Bean 事件的发布和处理、Bean 的监听器的注册和响应机制。

ApplicationContext 具备所有 BeanFactory 的方法，还包含其他父接口的方法，本书重点在使用 BeanFactory 接口的方法，取得 IoC 容器配置的 Bean，其他接口的方法请参阅 Spring 的官方文档。

ApplicationContext 容器是一个勤奋型 IoC 容器，当创建 ApplicationContext 类型的 IoC 容器后，该容器会自动创建所有注册的 Bean 的实例对象；而 BeanFactory 是懒惰型的 IoC 容器，它在创建 BeanFactory 的 IoC 容器后，不会立即创建注册的 Bean 对象，而是调用 getBean 方法后，才会创建请求的 Bean 的实例对象。延迟创建型容器也有占用内存少的优点，可以根据实际需求选择是立即型还是延迟型的 Bean 的创建模式。

15.5　Spring IoC 容器的实现类 API

为实现 BeanFactory 和 ApplicationContext 这两种 IoC 容器，Spring 提供了众多实现类用于创建 Spring 的 IoC 容器。

这些 IoC 容器的实现类主要以如何定位 Bean 配置文件的方式不同而划分，例如使用查找类路径下的配置文件的实现类，直接在操作系统的文件系统中查找配置文件的实现类等。下面按照基本的 BeanFactory 类型容器和高级的 ApplicationContext 类型 IoC 容器的实现类分别加以详细讲解。

1．BeanFactory 的实现类

BeanFactory 的实现类比较少，最常用是的 XmlBeanFactory，其构造方法为如下语法。

```
XmlBeanFactory (Resource resource)
```

该构造方法接收一个 Resource 接口的对象，该对象表示一个资源文件，Resource 接口主要有如下两个实现类。

（1）org.springframework.core.io.ClassPathResource：用于读取类路径下的资源文件的资源实现类。假如 Spring 的配置文件是 classpath 根目录下的 context.xml，则使用 BeanFactory 创建 IoC 容器对象的实现代码如下。

```
Resource resource=new ClassPathResource("context.xml");
BeanFactory factory=new XmlBeanFactory(resource);
```

（2）org.springframework.core.io.FileSystemResource：用于读取操作系统物理路径下的 XML 配置文件。假如 Spring 配置文件为 c:/conf 目录下的 context.xml 文件，则如下代码演示了使用该资源实现类的创建 IoC 容器的实现。

```
Resource resource = new FileSystemResource("c:/conf/context.xml");
BeanFactory factory = new XmlBeanFactory(resource);
```

BeanFactory 接口的对象就代表了 Spring 简易版 IoC 容器，取得该对象后，可以调用其 getBean 方法取得配置的 Bean 对象。如下代码取得 id 为 departmentService 的部门业务接口 IDepartmentService 的实现类的对象。

```
IDepartmentService ds=ctx.getBean("departmentService",IDepartmentService.
class);
```

由于 BeanFactory 实现的 IoC 容器功能较弱，尤其在 JavaEE 企业级应用开发中缺少一些非常重要的功能，如事件广播机制、国际化支持等，目前开发此类项目都使用功能更加强大的 ApplicationContext 的实现类创建 IoC 容器。

2．ApplicationContext 的实现类

Spring 为高级的 ApplicationContext 接口提供多个具体的实现类，分别用于不同的应用项目，表 15-1 列出了 Spring 提供的这些实现类和每个实现类使用的场合。

表 15-1　ApplicationContext 的实现类

实现类名称	使用场合
ClassPathXmlApplicationContext	通用
AnnotationConfigApplicationContext	通用
FileSystemXmlApplicationContext	通用
GenericWebApplicationContext	Web 应用
XmlWebApplicationContext	Web 应用
XmlPortletApplicationContext	Web 门户（Portlet）

在不同类型的项目中可以使用对应的这些实现类创建 IoC 容器的实例对象，并管理其所配置的 Bean 的对象。如在独立的 Java 应用项目中可以使用 ClassPathXmlApplication

Context、AnnotationConfigApplicationContext 和 FileSystemXmlApplicationContext 来创建 IoC 容器对象，如下代码演示了使用类路径下的 context.xml 配置文件创建 IoC 容器的实现。

```
ApplicationContext ctx=new ClassPathXmlApplicationContext("context.xml");
```

如果配置文件在文件系统的某个目录里，假如配置在文件 c:\conf\context.xml 中，此时可以使用 FileSystemXmlApplicationContext 创建 IoC 容器对象，其演示代码如下。

```
ApplicationContext  ctx=new  FileSystemXmlApplicationContext("c:/conf/
context.xml");
```

FileSystemXmlApplicationContext 也可以读取 classpath 下的 XML 配置文件，使用 classpath:前缀即可指定从 classpath 目录开始读取指定的配置文件，其使用代码如下。

```
ApplicationContext context=new FileSystemXmlApplicationContext("classpath:
contex.xml");
```

如使用 Java 编程方式配置 Spring Bean，则需要使用 AnnotationConfigApplicationContext 实现类创建 IoC 容器，假如配置类在 com.city.conf.Congfig 中，则如下代码演示其创建 IoC 容器的实现。

```
ApplicationContext  ctx=new  AnnotationConfigApplicationContext(com.city.
conf.Config.class);
```

取得 IoC 容器对象后，即可调用其对外发布的方法，如取得配置的 Bean，假如部门业务类配置的 id 为 departmentService，其实现的接口为 IDepartmentService，如下代码可取得配置的部门业务对象。

```
IDepartmentService ds=ctx.getBean("departmentService",IDepartment Service.
class);
```

取得部门的业务对象后，即可调用其业务方法实现对部门的业务处理。

实际编程中使用较多的是基于类路径的 ClassPathXmlApplicationContext 实现类，基于文件系统的使用较少。

在 Web 开发中都使用 XmlWebApplicationContext 实现类创建 IoC 容器，并且 Spring 专门提供了 Web 启动后自动启动该实现的监听器类，用于自动创建 IoC 容器，不需要手动创建 Spring 的 IoC 容器。在 Web 项目中配置启动监听器的代码如下所示，其配置文件为 /WEB-INF/web.xml。

```
<context-param>
     <param-name>contextConfigLocation</param-name>
     <param-value>classpath:applicationContext.xml</param-value>
</context-param>
<!-- 配置 Spring ApplicationContext 自动载入监听器 -->
<listener>
    <listener-class>org.springframework.web.context.ContextLoaderListener
    </listener-class>
</listener>
```

该监听器通过读取 Web 应用级的初始化参数 contextConfigLocation 的值确定 Spring XML 配置文件的位置，使用此 XML 文件创建 IoC 容器，并保存到 Web 应用的 ServletContext 对象中。

15.6 属性方式 DI 的实现

在掌握 Spring IoC 的工作原理和取得 IoC 容器对象后，就可以取得 IoC 管理的所有 Bean 的对象。在实际应用开发中，一个项目需要的各个层中的 Bean 的个数是非常多的，小型项目也需要几百个，而中大型项目几乎会需要几千个 Bean，而且这些 Bean 对象不是独立的，而是通过相互协作依赖完成整个项目的业务功能。

在第 14 章我们讲述了 Java 中取得对象的 4 种模式，其中未来发展方向是被动注入模式取得依赖的 Bean 对象，这种被动注入模式就是所谓的 DI 注入模式，它是由第三方对象负责创建对象并负责将对象注入给需要的 Bean 对象。

在使用 Spring 框架的企业级应用中，这个第三方对象就是 Spring 的 IoC 容器，由该容器管理所有 Bean 的创建和依赖关系的注入管理。Spring 支持 JavaBeam 模式的 set 属性注入和非 JavaBean 模式的构造方法注入。

对应属性模式注入，Spring 要求需要依赖对象的 Bean，必须定义一个类属性，并定义符合 JavaBean 规范的 set 方法，假如 OA 案例的部门业务层实现类需要依赖 SessionFactory 对象，就需要定义该属性变量和对应的 set 方法，其代码示意如下。

```
public class DepartmenServiceImpl implements IDepartmentService
{
    private SessionFactory sf=null;
    public void setSf(SessionFactory sf){
        this.sf=sf;
    }
}
```

为实现依赖对象 SessionFactory 的注入，Spring 支持 XML 方式的属性 set 注入和 Java 注释模式的属性 set 注入两种方式，下面分别进行详细讲解。

15.6.1 XML 方式实现 DI 注入

Spring 在 XML 配置形式中，使用嵌入到<bean>的子标记<property>实现属性 set 方式注入，其配置的语法如下。

```
<bean id="id" class="Bean 全称" >
    <property name="Bean 需要注入的属性名" 属性名="注入的值或对象" />
</bean>
```

<property>根据不同需要注入属性的类型，需要使用不同的属性名来注入不同的对象

或简单类型，如果要注入的属性是集合类型如数组、List 或 set 容器，则需要使用不同的嵌入在<property>内部的子标记进行依赖的注入。

1. 简单类型的值和 String 值的注入

对于简单类型的值的注入，使用 value 属性完成，在 value 属性中确定要注入的值，不论是数值类型，还是字符串，都使用双引号进行分隔，Spring 自动将其转换为对应的数据类型。假如 Bean 有如下 int、double、String 类型的属性为 age、salary、name，则可以使用如下配置代码完成简单类型值的注入。

```
<bean id="id" class="Bean 全称" >
    <property name="age" value="20" />
    <property name="salary" value="5512.23" />
    <property name="name" value="刘明" />
</bean>
```

2. 对象类型的注入

如果要注入的属性类型是非 String 的对象类型，则可以使用 ref 属性完成注入，ref 的值是 Spring 管理的 Bean 的 id 值。如下代码演示了部门业务实现类注入持久层对象 SessionFactory 的配置。

```
<bean id="datasource"  ... />
<bean id="sessionFactory" class="...LocalSessionFactoryBean" >
   <property name="datasource" ref="datasource" />
</bean>
<bean id="departmentService" class="oa.service.DepartmentServiceImpl" >
   <property name="sessionFactory" ref="sessionFactory" />
</bean>
```

在上述配置代码中，将数据源 datasource 注入给 SessionFactory 对象，再将 SessionFactory 对象注入到部门业务服务类对象，Spring 的 IoC 容器完全负责所有对象的创建和注入管理。

3. 空值注入

Spring 提供了空对象的注入，配置的代码如下所示。

```
<property name="comment"><null/></property>
```

实际应用中，null 值注入没有太多实际意义，Java 的对象属性默认值就是 null，基本不需要进行注入。

4. 集合类型的注入

Spring 还支持集合属性的 set 方式注入配置，假如测试类 UserServiceImpl 定义了如下集合属性。

```
public class UserServiceImpl implements IUserService
{
    private int[] ages=null;
    private List<String> names=null;
```

```
    private Set<String> roles=null;
    private Map<String, String> infos=null;
    private Properties props=null;
    //set 和 get 方法
}
```

通过 Spring XML 方式 Set 注入的方式实现以上定义集合属性的注入代码如下。

```
<bean id="userService" class="oa.service.UserServiceImpl">
<property name="ages">
    <list>
        <value>22</value>
        <value>32</value>
        <value>21</value>
    </list>
</property>
<property name="names">
    <list>
        <value>黎明</value>
        <value>张学友</value>
        <value>刘德华</value>
    </list>
</property>
<property name="roles">
    <set>
    <value>总经理</value>
    <value>经理</value>
    <value>职员</value>
    </set>
</property>
<property name="infos">
    <map>
        <entry key="101">
        <value>John@domain.com</value>
        </entry>
        <entry key="102">
        <value>David@domain.com</value>
        </entry>
    </map>
</property>
    <property name="props">
        <props>
        <prop key="John">32</prop>
        <prop key="David">41</prop>
        <prop key="Andrew">28</prop>
        </props>
```

```
    </property>
</bean>
```

由上述代码可见，数组和 List 容器都可以使用<list>完成对容器内每个单元元素的注入，此处使用的是<value>用于注入简单类型，如果注入对象，可以嵌套使用<bean rel="beanid"/>完成对象元素的注入。

要注入 Set 集合使用<set>标记，Map 集合使用<map>标记，由于 Map 集合是以 key/value 对模式存储数据的，所以需要使用<entry key>和<value>结合分别注入 key 值和 value 值。Properties 集合的属性注入使用<props>和<prop>标记组合完成，并在<prop>标记内使用 key 属性执行 key 值，标记包含的内容为 value 值，通过上面代码可见这些集合属性的配置。

以上所有集合标记<list>、<set>和<map>都可以嵌入<bean>、<ref>、<idref>、<list>、<set>、<map>、<props>、<value>和<null>子元素完成注入 Bean 对象的配置。

15.6.2 Java 注释方式实现 DI 注入

Spring 支持使用 Java 注释类@Autowired 实现属性方式的依赖注入，并且该方式的使用要比 XML 方式简单得多，只需在属性的 set 方法前加此注释类即可实现依赖对象的注入。如下代码展示了使用@Autowired 注释类完成部门业务服务类依赖对象 SessionFactory 的注入。

```
@Service
public class DepartmenServiceImpl implements IDepartmentService
{
    private SessionFactory sf=null;
    @Autowired
    public void setSf(SessionFactory sf){
        this.sf=sf;
    }
}
```

在注释类@Autowired 中并没有指定 SessionFactory 的配置 id，Spring IoC 容器会自动扫描所有注册的 Bean 的类型，如果有类型为 SessionFactory 的注册 Bean，就会取得该 Bean 的对象，并注入到部门业务服务类中。

如果 IoC 容器中注册了多个类型都是 SessionFactory 的 Bean，实际注入哪个 Bean 的对象呢？Spring IoC 容器会自动注入第 1 个注册的 SessionFactory 对象。要想指定注入哪个 Bean 对象，可以使用注释类@Qualifier 并传入指定 Bean 的注册 id，即可注入此 Bean 的对象，使用此注释类的代码如下所示。

```
@Service
public class DepartmenServiceImpl implements IDepartmentService
{
    private SessionFactory sf=null;
    @Autowired(required = true)
```

```
    @Qualifier("sessionFactory02")
    public void setSf(SessionFactory sf){
        this.sf=sf;
    }
}
```

假如注册了两个 SessionFactoryBean，分别是 sessionFactory01 和 sessionFactory02，上面的代码指定注入的 Bean 是 id 为 sessionFactory02。另外我们看到@Autowired 有属性 required 用于指定是否必须注入依赖对象，如果其值为 true，则指明是强制注入；如果没有得到注入的对象，则 IoC 容器会抛出异常。

除了可以使用 Spring 提供的@Autowired 注释类实现依赖对象的注入外，Java API 也提供了实现注入的注释类@Resource，将其配置在属性的 set 方法前，并通过 name 属性指定要注入的对象的标示，可以是 Bean 的 id 属性值，也可以是 Bean 的 name 属性值，其使用代码如下所示。

```
@Service
public class DepartmenServiceImpl implements IDepartmentService
{
    private SessionFactory sf=null;
    @Resource(name="sessionFactory")
    public void setSf(SessionFactory sf){
        this.sf=sf;
    }
}
```

代码中的 sessionFactory 是 Spring 配置在 IoC 容器的 SessionFactory Bean 的 id 属性值，由于@Resource 不能实现自动注入，必须指定其标示名，因此实际编程中还是使用@Autowired 较多。

15.7 构造方法方式依赖注入的实现

Spring 支持另外一种依赖对象的注入方式是通过构造方法实现。在此方式中一个 Bean 依赖的对象通过构造方法的参数传入。如下代码演示了部门业务实现类通过构造方法接收 SessionFactory 的编程。

```
public class DepartmenServiceImpl implements IDepartmentService
{
    private SessionFactory sf=null;
    public DepartmenServiceImpl(SessionFactory sf){
        this.sf=sf;
    }
}
```

使用此方式实现依赖注入，在创建 Bean 的对象时，要调用带参数的构造方法，并传入依赖的对象作为参数。

Spring 为实现构造方法依赖注入模式，可使用 XML 配置方式，也可以使用 Java 注释方式完成。

15.7.1　构造方法依赖注入的 XML 方式配置

Spring 在<bean>的标记内使用子标记<constructor-arg>实现构造方法的依赖注入，如下代码演示了使用构造方法依赖注入将 SessionFactory 对象注入给部门业务实现类。

```
<bean id="departmentService" class="oa.service.DepartmentServiceImpl" >
  <constructor-arg ref="sessionFactory" />
</bean>
```

Spring IoC 容器在创建 DepartmentServiceImpl 类的对象时，会调用参数是 SessionFactory 类型的构造方法，并将取得的 sessionFactory 对象注入到构造方法中。

<constructor-arg>标记可以包含的属性有如下几种。

（1）ref="对象的 id"：传入对象类型参数。

（2）value="值"：传入简单类型的构造方法参数。

（3）index="整数"：指定参数的位置，第 1 个参数位置是 0，第 2 个参数位置是 1，以此类推。

（4）type="类型"：指定参数的类型，IoC 容器会根据此类型与参数进行匹配。一般情况下，如果指定了 index 属性，则基本不用指定 type 属性。

如下配置代码演示了<constructor-arg>标记这些属性的使用案例。

```
<bean id="systemSettings" class="Bean 类全名">
<constructor-arg index="0" type="int" value="5"/>
<constructor-arg index="1" type="java.lang.String" value="管理员"/>
<constructor-arg index="2" type="double" value="5202.36"/>
</bean>
```

由上面的代码可见，此类的构造方法有 3 个参数：第 1 个参数类型为 int，注入了值为 5；第 2 个参数类型是 String；第 3 个参数类型是 double。

15.7.2　构造方法依赖的注入的注释方式配置

Spring 的@Autowired 注释类同样支持构造方法注入，只需在构造方法前加入该注释类，Spring 会根据构造方法的参数类型，自动在所有注册的 Bean 中找到类型相同的对象完成依赖注入。如下代码演示了使用注释方式实现构造方法依赖注入的实现。

```
@Service("departmentService")
public class DepartmenServiceImpl implements IDepartmentService
{
    private SessionFactory sf=null;
    @Autowired
```

```
    public DepartmenServiceImpl(SessionFactory sf){
        this.sf=sf;
    }
}
```

如果Spring管理的Bean中有多个相同类型的Bean都符合自动类型匹配的原则，Spring会找到一个Bean实现注入，如果想指定具体的Bean进行注入，可以在参数前使用注释类@Qualifier，并指定Bean的ID值，如下代码展示了@Qualifier的使用。

```
@Autowired
public AnnotatedTaskService(@Qualifier("userService") UserService userService,
@Qualifier("taskDAO") TaskDAO taskDAO) {
this.userService = userService;
this.taskDAO = taskDAO;
}
```

本章小结

本章重点讲述了Spring IoC容器的功能、其对外服务的接口类型以及各种实现类、每种实现类的特点，以及如何使用这些实现类创建IoC容器的实例。

IoC容器管理的Bean目前常用的是XML配置方式和注释配置方式，并且注释配置方式越来越普及。

任何Java应用都会使用到许多的对象，并且这些对象是相互依赖的，在Spring出现之前，这些对象的创建和依赖的管理都由开发者自己手动编程完成，Spring出现后，其强大的依赖注入功能使得管理对象之间的依赖变得极其简单，而且都由IoC容器负责。

Spring IoC容器支持属性set注入和构造方法注入两种依赖注入方式，并且都支持XML和注释模式的注入。

第16章 Spring AOP 编程

本章要点

- AOP 概念。
- AOP 的组成元素。
- AOP 的类型。
- AOP 的实现方式。
- Spring AOP 实现。
- Spring AOP Advice 类型与编程。
- Spring AOP XML 配置方式。
- Spring AOP 注释配置方式。

软件项目开发中如何能最大限度地实现代码重用，避免重复代码的存在一直是广大软件开发者不懈努力的目标。在 Java 编程中，通过使用继承机制，可以将多个类的相同的方法移到父类中，避免每个子类都编写重复的代码，可极大地减少重复代码的出现。但是在现代软件应用开发中，经常存在一些非功能性的重复代码，用来解决一些系统层面上的问题，比如登录检查、日志编程、事务管理、权限验证等，它们与业务方法融合在一起，使得方法中的代码部分相同，部分不相同，无法使用继承机制解决，为了将这些部分重复的代码抽取出来，将来在运行时再动态放置在原来执行的位置，AOP 编程机制应运而生。

16.1 AOP 概念

AOP（Aspect-Oriented Programming）即面向切面编程，它是一种将函数的辅助性功能与业务逻辑相分离的编程泛型（programming paradigm），其目的是将横切关注点(cross-cutting concerns）分离出来，使得程序具有更强的模块化特性。AOP 是面向方面软件开发（Aspect-Oriented Software Development）在编码实现层面上的具体表现。

在 JavaEE 企业级应用开发中，几乎每层中都会有一些公共的功能需要编程，如在使用 Hibernate API 完成业务功能的业务服务层，都会需要如下所示的代码编程。

```
Session session=sessionFactory.openSession();
Transaction tx=session.beginTransaction();
session.save(dm); //此处保存部门 Model 对象
tx.commit();
session.close();
```

这些完成增加、修改、删除或查询的方法中，都会涉及到如下代码。

```
Session session=sessionFactory.openSession();
Transaction tx=session.beginTransaction();
...
tx.commit();
session.close();
```

实际上很多业务服务方法只有一句代码是不同的，如 session.save、session.update、session.delete 或 session.get 等。AOP 研究如何实现将以上每个方法的公共代码抽取到一个公共的类中，如同面向对象编程的继承那样通过子类继承父类的方法实现代码重用。但是继承要求方法中的所有代码必须一样才能使用继承机制，而我们看到上面的代码每个方法中只有部分代码一样，还有不一样的代码存在，这种情况是无法使用 Java 的继承机制实现的，AOP 的诞生就是为了解决这样的问题。

在 AOP 体系中，将这些存在于多个类的多个方法的部分公共代码称作一个切面（Aspect），这个切面会贯穿到多个方法中。软件应用开发中经常遇到的切面有事务处理代码、日志代码、登录检查、权限检查等，这些切面会切入到不同类的不同方法中，其工作原理参见图 16-1 所示。

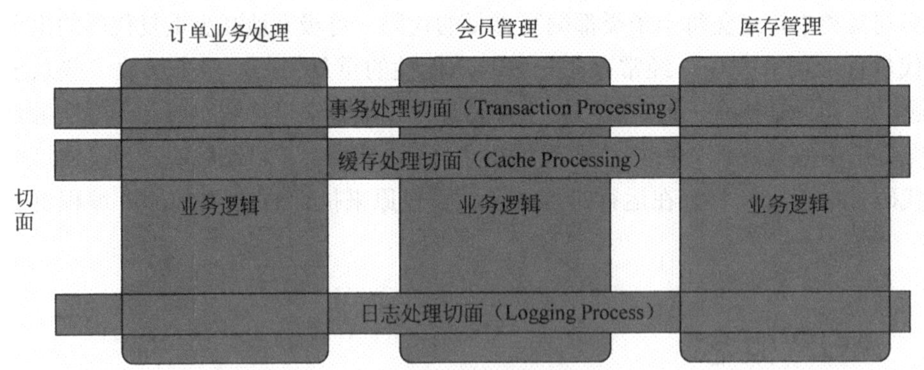

图 16-1 AOP 切面贯穿工作原理图

16.2 AOP 的基本组成元素

为实现 AOP 编程，首先必须理解 AOP 实现过程中要使用到的基本组成元素，掌握每个元素的基本概念和功能，未来 Spring AOP 框架会使用其专门的语法和机制来实现这些元素，并将它们有机地整合在一起，实现 AOP 的编程。

1．连接点（joinpoint）

连接点是 AOP 的切面要执行的位置，即切面切入业务类中开始执行的地方，Spring AOP 只支持业务方法切入，可以在方法的执行前、执行后、异常抛出后等位置。

2．切入点（pointcut）

连接点是一个个具体的位置，而切入点是将多个连接点组合起来的集合，表达切面的多个运行的地方，这些位置具有一定的规律，可以使用某个表达式来表示。这些多个连接点组成一个切入点。由于连接点过多，Spring AOP 编程和配置时不是针对连接点的，而是针对切入点进行的。

3．通知（advice）

所谓通知，指的就是指拦截到连接点之后要执行的代码，即 AOP 要实现的功能代码。Spring 支持的通知有 5 种，分别为前置通知、后置通知、异常通知、最终、环绕通知。

4．切面（aspect）

将一个切入点和一个 Advice 组合就构成一个切面，切面的代码在 Advice 中，切面的执行地点由切入点表达。Spring AOP 编程实质就是编程 Advice 类，并配置其切入点，使之能在其拦截的对象的指定方法执行时，自动运行切面的 Advice 代码。

5．目标对象（target）

目标对象是切面要拦截的 Java 对象，该对象的方法中原来包含 AOP 的 Advice 代码，利用 AOP 编程机制，将这些切面代码抽取到切面的 Advice 类后，需要将目标对象方法代码和 AOP 切面代码整合为原来的执行代码。

6．代理（proxy）

Spring AOP 机制通过代理对象将目标对象和 AOP 切面对象进行整合，实现目标对象代码和切面代码的共同执行。

7．织入（weave）

将 AOP 的切面代码和目标对象方法代码整合到代理对象的过程称作织入。

16.3 AOP 的主要应用

在 JavaEE 企业级应用项目开发中，AOP 主要用于非业务功能的编程，这些非业务功能主要完成所有业务类都可能使用到的公共服务，主要包括以下方面。

（1）Authentication：权限检查。

（2）Caching：缓存管理。

（3）Context passing：内容传递。

（4）Error handling：错误处理。

（5）Lazy loading：延迟加载。

（6）Debugging：调试。

（7）logging, tracing, profiling and monitoring：系统运行记录的跟踪、优化、校准。

（8）Performance optimization：性能优化。

（9）Persistence：持久化。

（10）Resource pooling：资源池管理。

（11）Synchronization：资源同步管理。

（12）Transactions：事务处理管理。

16.4 AOP 的实现方式

AOP 将这些分散在各个业务逻辑中的代码通过横向切割的方式抽取到一个独立的模块中。AOP 实现的关键就在于 AOP 框架自动创建的 AOP 代理，AOP 代理则可分为静态代理和动态代理两大类。

（1）静态 AOP。

静态代理是指使用 AOP 框架提供的命令进行编译，从而在编译阶段就可生成 AOP 代理类，因此也称为编译时增强模式。

由于在编译阶段将目标类的代码和 AOP 的切面代码编译生成为一个 Java 字节代码，静态 AOP 具有较高的执行效率，运行速度快。其缺点是当目标代码或切面代码发生改变时，需要使用 AOP 编译机制重新编译集成目标类和切面类，灵活性较差。著名的 AspectJ 框架使用的是静态代理方式。

（2）动态 AOP。

动态 AOP 是在运行时，AOP 机制根据切入点的配置，动态监控要拦截的目标对象的方法的执行，根据目标对象和切面类动态生成代理对象。动态代理类的生成借助于面向接口代理机制的 JDK 动态代理和面向类代理机制的 CGLIB，在 JVM 内存中“临时”生成 AOP 动态代理类的对象，实现目标对象和切面对象方法的共同执行。

Spring AOP 只支持动态代理模式，要实现静态代理需要引入 AspectJ 框架实现。本书只讲述了动态代理的实现，要了解静态代理，请参阅 AspectJ 的相关文档。

在生成动态代理类时，Spring AOP 自动检查目标对象是否实现了接口，如果目标类实现了接口，Spring AOP 模块自动使用 Java 的 JDK 动态代理机制生成动态代理类，否则如果目标类没有实现任何接口，则使用 CGLIB 代理机制生成动态代理类，Spring AOP 模块会自动在 JDK 动态代理和 CGLIB 之间转换，如下是二者的区别和特点。

（1）使用 JDK 的动态代理，被代理类一定要实现了某个接口；而使用 CGLIB，被代理类没有实现任何接口也可以实现动态代理功能。

（2）因为采用的是继承，所以 CGLIB 无法对使用 final 修饰的类使用代理。

（3）CGLIB 的速度要快于 JDK Proxy 动态代理，有 2～3 倍，但是创建动态代理类的速度要远远慢于 JDK 动态代理，所需时间是 JDK 代理的 10～15 倍。综合测试 CGLIB 整体性能要低于 JDK 代理。因此实际编程中推荐使用 JDK 代理机制。

（4）JDK 代理是 Java 自带的，不需要引入其他类库，而 CGLIB 是第三方类库，需要项目中引入后才能执行。

16.5 Spring 实现 AOP 方式与类型

Spring 框架早期版本实现 AOP 是通过编写 Advice（通知）类并实现专门类型的 Advice 接口，再结合 XML 配置才能实现 AOP 编程。

新版本的 Spring AOP 模块支持普通的 POJO 类就可以作为 Advice 类，并支持 XML 配置方式和注释方式配置切入点和切面。

Spring AOP 只能实现类的方法调用时作为切入点并实现 Advice 的织入，根据在目标对象的方法调用不同时间点织入划分，Spring AOP 支持以下几种 Advice 类型。

（1）方法调用前 Advice（Before Advice）。

（2）方法调用后 Advice（After Advice）。

（3）方法调用返回后 Advice（After Returning Advice）。

（4）方法调用前后 Advice（也称环绕型）（Around Advice）。

（5）方法抛出异常后 Advice（After throwing Advice）。

在下面的各种 Advice 编程实现中将详细讲述每个 Advice 类型的功能和使用场合。

16.6 Spring 通过实现指定的 AOP 接口模式实现 Advice

Spring 最开始支持 AOP 编程是通过定义 Spring 各种不同类型 Advice 接口的方式实现的，编写不同类型的 Advice 需要首先编写实现这些 Advice 接口的 Advice 类，再使用 XML 配置机制将这些 Advice 类与指定的切入点配置进行关联，从而实现对符合切入点的目标对象的方法调用织入这些 Advice 类，实现 AOP 功能。

Spring AOP 提供的 Advice 接口有如下 5 种，但环绕 Advice 接口是直接从 AOP Alliance 开放组织的 AOP 框架中引入的，其他 4 种是 Spring AOP 自己定义的，AOP 接口的继承结构参见图 16-2。

1．方法前 Advice 接口 org.springframework.aop.MethodBeforeAdvice

该接口定义了方法前 Advice 类要实现的方法，该接口定义了一个切面方法如下。

```
public void before(Method method, Object[] args, Object target) throws
Throwable;
```

其中参数 1 为 Method 类型的对象，通过此对象可取得拦截的目标对象的执行方法，进而得知织入的方法是什么。参数 2 是 Object 类型的数组，表示拦截方法的参数列表，可得到拦截方法传入的每个参数。参数 3 是拦截的目标对象，通过 Java 的反射机制可得到拦截的类。方法需要抛出 Throwable 异常以捕获所有类型的异常发生。使用实现该接口的

Advice 的类的代码如下所示。

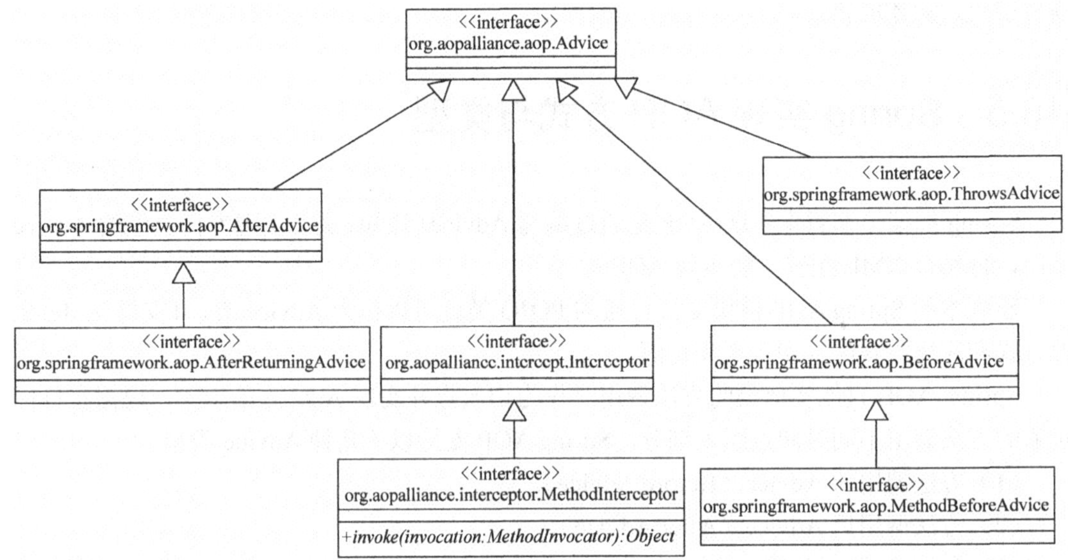

图 16-2 Spring AOP Advice 接口结构图

```
import java.lang.reflect.Method;
import org.springframework.aop.MethodBeforeAdvice;
//前置通知
public class ServiceBeforeAdvice implements MethodBeforeAdvice {
   public void before(Method method, Object[] args, Object obj)throws
   Throwable
   {
      String type=(String)args[0];
      System.out.println("Hello welcome to bye "+type);
   }
}
```

方法前 Advice 可以实现对目标对象方法执行前的检查工作，如权限检查等应用编程。

2. 方法后 Advice 接口 org.springframework.aop.AfterAdvice

在接口编程模式中该接口没有定义任何方法，因此无法使用它创建方法调用后 Advice，只能使用方法返回后的 Advice，但在 POJO 编程模式中可以支持此类型的 Advice 编程。

3. 方法返回后 Advice 接口 org.springframework.aop.AfterReturningAdvice

方法返回后 Advice 是在目标对象方法调用成功返回后织入的，如果方法不能正常返回，而是抛出的异常，则此 Advice 不能运行。该接口定义了一个方法如下。

```
public void afterReturning(Object retrunvalue, Method method, Object[]
args,Object target) throws Throwable;
```

方法无返回值，即该切面 Advice 无法改变目标对象的方法返回结果。参数 1 是拦截方法的返回结果，参数 2 是拦截方法的定义，参数 3 是方法的参数结合，参数 4 是拦截的目标对象。同样方法需要抛出 Throwable 异常。使用该接口编程的方法返回后的 Advice 实现代码如下所示。

```
import java.lang.reflect.Method;
import org.springframework.aop.AfterReturningAdvice;
import org.springframework.aop.MethodBeforeAdvice;
//后置通知（方法成功返回后）
public class ServicAfterReturningAdvice implements AfterReturningAdvice {
    public void afterReturning(Object value, Method method, Object[] args,
    Object target)throws Throwable {
        String type=(String)args[0]; //取得第 1 个参数的值
         System.out.println("Hello Thankyou to bye "+type);
    }
}
```

4．方法环绕 Advice 接口 org.aopalliance.intercept.MethodInterceptor

环绕 Advice 是在拦截方法执行前和执行后都进行织入的 Advice 类型，该接口不是 Spring AOP 内置的，而是 AOP 的开放联盟定义的接口，因此在开发 Spring AOP 编程中必须引入该联盟的 AOP 架构的 jar 文件，参考其官网 http://aopalliance.sourceforge.net/，或到 Maven 仓库 http://mvnrepository.com/artifact/aopalliance/aopalliance 下载该类库 JAR 文件。

该接口定义的方法如下所示。

```
public Object invoke(MethodInvocation invocation) throws Throwable;
```

方法返回 Object 类型结果，用于返回拦截方法的执行结果，参数是 MethodInvocation 类型的调用对象，通过此对象可调用目标方法，在调用目标方法前后分别编写 Advice 方法。使用此接口实现的环绕 Advice 示意代码如下所示。

```
import java.util.Date;
import org.aopalliance.intercept.MethodInterceptor;
import org.aopalliance.intercept.MethodInvocation;
//方法运行时间计算 Advice（环绕 Advice）
public class MethodRumtimeCalulateAdvice implements MethodInterceptor {
    @Override
    public Object invoke(MethodInvocation invocation) throws Throwable {
        //方法前 Advice 方法
        Date startTime=new Date();

        Object result=invocation.proceed();//调用目标对象方法
        //方法后 Advice 方法
        Date endTime=new Date();
        long runtime=endTime.getTime()-startTime.getTime();
        System.out.println("方法："+invocation.getMethod()+"的运行时间是：
        "+runtime+"毫秒");
```

```
        return result;
    }


}
```

环绕 Advice 方法中必须调用参数 MethodInvocation 的对象的 proceed 方法执行目标对象的方法，否则目标对象不能运行，该方法得到目标对象的执行结果，最后环绕 Advice 的拦截方法需要返回此结果，否则调用者无法得到目标对象方法的返回值。

环绕 Advice 是 AOP 编程使用较多的类型之一，常用的领域包括事务处理、运行时间计算、方法的日志追踪等。

5. org.springframework.aop.ThrowsAdvice

该接口定义了方法抛出异常后的 Advice 类编程，该接口没有定义任何方法，在编写此类 Advice 时，需要开发者自己定义若干个异常处理方法，其方法的定义格式可以是如下两种格式的任意一种。

格式 1：

```
public void afterThrowing(Exception ex) throws Throwable {}
```

该格式方法接收一个异常类作为参数，使用此格式方法，无法得到拦截的目标对象的方法的任何信息，只能取得方法抛出的异常类型。

格式 2：

```
public void afterThrowing(Method method, Object[] args, Object target,
Exception ex) throws Throwable
```

该格式的方法，可以传入 4 个参数，前 3 个与前面其他的 Advice 接口定义的方法含义相同，第 4 个参数是拦截方法抛出的异常类型。

使用该接口实现的异常捕获 Advice 的实现代码如下所示。

```
import java.io.IOException;
import java.lang.reflect.Method;
import org.springframework.aop.ThrowsAdvice;
public class ServiceExceptionHandlingAdvice implements ThrowsAdvice
{
    public void afterThrowing(Exception ex) throws Throwable {
        System.out.println("***");
        System.out.println("通用异常捕获");
        System.out.println("异常类型: " + ex.getClass().getName());
        System.out.println("***\n");
    }
    public void afterThrowing(Method method, Object[] args, Object target,
    IOException ex) throws Throwable {
        System.out.println("***");
        System.out.println("非法参数异常捕获");
        System.out.println("目标类: " + ex.getClass().getName());
```

```
        System.out.println("目标方法: " + method.getName());
        System.out.println("***\n");
    }
    public void afterThrowing(Method method, Object[] args, Object target,
    Exception ex) throws Throwable {
        System.out.println("***");
        System.out.println("所有异常捕获");
        System.out.println("目标类: " + ex.getClass().getName());
        System.out.println("目标方法: " + method.getName());
        System.out.println("***\n");
    }
}
```

在 Spring1.0 版本中为了将以上编写的 Advice 织入到目标实现类，需要在 XML 文件中配置使用 ProxyFactoryBean 代理工厂类，但是此种方式每次只能织入到一个目标类对象中，如果要将指定的 Advice 织入到多个目标类中，需要配置多个 ProxyFactoryBean，非常烦琐，因此在 Spring2.0 以后的版本中基本淘汰了这种模式。

在 Spring2.0 中使用了类似 AspectJ 的 AOP 配置语法，为此 Spring 引入了 AOP 命名空间，可以在此命名空间内使用各种 AOP 配置语法实现 Advice 的织入。

16.7 Advice 的 XML 配置

在通过使用各种类型的 Advice 接口方式实现了 Advice 类的编程后，需要使用 XML 配置方式将编好的 Advice 类与目标类进行织入，如此 Advice 才能实现对目标类的指定方法在运行时实现动态的切入拦截。

Spring 的 XML 方式实现 Advice 与目标类织入的配置过程包括如下步骤。

（1）配置要切入的目标类的 Bean。

（2）配置 Advice 的 Bean。

（3）使用 AspectJ 语法的切入点表达式配置 AOP 切入点，实现切入点与目标类方法的关联。

（4）将切入点与 Advice 关联。

在配置 AspectJ 格式的切入点表达式时，需要使用 Spring 的 AOP 命名空间，因此需要在 IoC 容器的 XML 配置文件中引入 AOP 命名空间，其引入代码如下所示。

```
<beans xmlns="http://www.springframework.org/schema/beans"
xmlns:xsi="http://www.w3.org/2001/XMLSchema-instance"
xmlns:aop="http://www.springframework.org/schema/aop"
xsi:schemaLocation="
http://www.springframework.org/schema/beans
http://www.springframework.org/schema/beans/spring-beans.xsd
http://www.springframework.org/schema/aop
http://www.springframework.org/schema/aop/spring-aop.xsd">
```

```
  <!--Bean 的配置代码位置 -->
</beans>
```

16.7.1 需要 AOP 拦截的目标类的配置

要让 AOP 的 Advice 类能拦截指定的目标类的对象的方法执行，首先在 IoC 容器中配置目标类。假如要拦截的目标类是 OA 案例的部门业务实现类，其编程参见前面章节的代码。在 IoC 容器中配置部门业务实现类的代码如下。

```
<bean id="departmentService" class="com.city.oa.service.impl.Department-
ServiceImpl" >
  <property name="sessionFactory" ref="sessionFactory" />
</bean>
```

其中注入的 SessionFactory 是使用 Hibernate API 实现持久化所必须使用的类，其配置参见第 17 章关于 Spring 整合 Hibernate 的介绍。

16.7.2 Advice 类的配置

在 IoC 容器的 XML 配置文件中还需要将 16.6 节中使用各种 Advice 接口实现的所有 Advice 进行配置，其配置的示意代码如下。

```
<bean  id="serviceBeforeAdvice"  class="com.city.oa.advice.ServiceBefore-
Advice" />
<bean id="serviceAfterAdvice"class="com.city.oa.advice.ServiceMethod After-
ReturningAdvice" />
<bean  id="methodRumtimeAdvice"  class="com.city.oa.advice.MethodRumtime-
CalulateAdvice" />
<bean   id="exceptionAdvice"   class="com.city.oa.advice.ServiceException
HandlingAdvice" />
```

上述代码分别配置了方法前、方法返回后、方法环绕和异常抛出后的 Advice Bean，现在 IoC 已经准备好了目标类和 Advice 类，就需要将两者关联在一起，即实现 AOP 的织入。

16.7.3 AOP 切入点配置和切入点与 Advice 关联配置

Spring AOP 在 2.x 版本之后，摒弃了原始笨拙的 ProxyFactoryBean 模式配置 Advice，全面采用与 AspectJ 兼容的语法实现将 Advice 织入到目标类的方法中。

Spring AOP 提供了新的<aop:config>标记来实现与 AspectJ 兼容的 Advice 配置方式，其主要的配置内容包括 AOP 切入点的配置和将切入点与 Advice 类关联的配置。

（1）切入点 Pointcut 的配置。

切入点使用在<aop:config>标记中的<aop:pointcut>子标记完成，其使用语法如下。

```
<aop:config>
    <aop:pointcut id="beanid" expression="切入点表达式" />
</aop:config>
```

其中 id 属性执行切入点的标示，expression 指定 AspectJ 格式的切入点表达式，最常用的切入点表达式是 execution 关键词开始的模式匹配类型支持多方法匹配的语法格式。

如下案例的切入点表达式的是拦截包 com.city.oa.service.impl 下的所有类的所有方法的执行。

```
<aop:pointcut id="servicePointcut" expression="execution(* com.city.oa.
service.impl.*.*(..))" />
```

具体 AspectJ 的切入点表达式语法后面将详细讲解。

（2）切入点与 Advice 关联的配置。

在配置完切入点后，就确定了 Advice 要拦截的哪些类的哪些方法，下面就需要将切入点与 Advice 进行关联，通知 Advice 要织入与拦截的类和方法。Spring 提供了多种方法实现这种关联配置，其中之一是使用<aop:advisor>标记，其使用语法如下。

```
<aop:advisor advice-ref="AdviceBean" pointcut-ref="切入点 Bean 的标示" />
```

其中 advice-ref 指定使用的 Advice 的标示 id，pointcut-ref 指定关联的切入点标示 id。如下代码实现了将前面配置的方法前 Advice 和部门业务类关联起来的配置。

```
<aop:advisor advice-ref="erviceBeforeAdvice" pointcut-ref="servicePointcut" />
```

将所有配置合并，在 IoC 容器的配置文件 applicationContext.xml 文件中的 AOP 配置代码参见程序 16-1。

程序 16-1 applicationContext.xml //Spring IoC 容器 XML 配置文件

```
<?xml version="1.0" encoding="UTF-8"?>
<beans xmlns="http://www.springframework.org/schema/beans"
    xmlns:xsi="http://www.w3.org/2001/XMLSchema-instance"
    xmlns:aop="http://www.springframework.org/schema/aop"
    xmlns:c="http://www.springframework.org/schema/c"
    xmlns:cache="http://www.springframework.org/schema/cache"
    xmlns:context="http://www.springframework.org/schema/context"
    xmlns:jdbc="http://www.springframework.org/schema/jdbc"
    xmlns:jee="http://www.springframework.org/schema/jee"
    xmlns:jms="http://www.springframework.org/schema/jms"
    xmlns:lang="http://www.springframework.org/schema/lang"
    xmlns:mvc="http://www.springframework.org/schema/mvc"
    xmlns:oxm="http://www.springframework.org/schema/oxm"
    xmlns:p="http://www.springframework.org/schema/p"
    xmlns:task="http://www.springframework.org/schema/task"
    xmlns:tx="http://www.springframework.org/schema/tx"
    xmlns:util="http://www.springframework.org/schema/util"
    xmlns:websocket="http://www.springframework.org/schema/websocket"
```

```
    xsi:schemaLocation="http://www.springframework.org/schema/beans
http://www.springframework.org/schema/beans/spring-beans.xsd
    http://www.springframework.org/schema/aop
http://www.springframework.org/schema/aop/spring-aop-4.3.xsd
    http://www.springframework.org/schema/cache
http://www.springframework.org/schema/cache/spring-cache-4.3.xsd
    http://www.springframework.org/schema/context
http://www.springframework.org/schema/context/spring-context-4.3.xsd
    http://www.springframework.org/schema/jdbc
http://www.springframework.org/schema/jdbc/spring-jdbc-4.3.xsd
    http://www.springframework.org/schema/jee
http://www.springframework.org/schema/jee/spring-jee-4.3.xsd
    http://www.springframework.org/schema/jms
http://www.springframework.org/schema/jms/spring-jms-4.3.xsd
    http://www.springframework.org/schema/lang
http://www.springframework.org/schema/lang/spring-lang-4.3.xsd
    http://www.springframework.org/schema/mvc
http://www.springframework.org/schema/mvc/spring-mvc-4.3.xsd
    http://www.springframework.org/schema/oxm
http://www.springframework.org/schema/oxm/spring-oxm-4.3.xsd
    http://www.springframework.org/schema/task
http://www.springframework.org/schema/task/spring-task-4.3.xsd
    http://www.springframework.org/schema/tx
http://www.springframework.org/schema/tx/spring-tx-4.3.xsd
    http://www.springframework.org/schema/util
http://www.springframework.org/schema/util/spring-util-4.3.xsd
    http://www.springframework.org/schema/websocket
http://www.springframework.org/schema/websocket/spring-websocket-4.3.xsd">
    <!-- 设置 Spring Bean 扫描起始包 -->
    <context:component-scan base-package="com.city.oa"></context:component-
    scan>
    <!-- 启用 AspectJ 注释声明 -->
    <aop:aspectj-autoproxy></aop:aspectj-autoproxy>
    <!-- 部门业务实现类 Bean -->
    <bean id="departmentService" class="com.city.oa.service.impl.Department-
    ServiceImpl" />
<!-- Advice 类 Bean -->
    <bean id="serviceBeforeAdvice" class="com.city.oa.advice.ServiceBefore
    Advice" />
    <bean id="serviceMethodAfterReturningAdvice" class="com.city.oa.advice.
    ServiceMethodAfterReturningAdvice" />
    <bean id="methodRumtimeCalulateAdvice" class="com.city.oa.advice.
    MethodRumtimeCalulateAdvice" />
    <bean id="serviceExceptionHandlingAdvice" class="com.city.oa.advice.
    ServiceExceptionHandlingAdvice" />
```

```
    <!-- AOP 切入点和 Advisor -->
<aop:config>
<aop:pointcut id="servicePointcut" expression="execution(* com.city.oa.
service.impl.*.*(..))" />
<aop:advisor advice-ref="serviceBeforeAdvice" pointcut-ref="servicePointcut"/>
<aop:advisor advice-ref="serviceMethodAfterReturningAdvice" pointcut-ref=
"servicePointcut"/>
<aop:advisor advice-ref="methodRumtimeCalulateAdvice" pointcut-ref=
"servicePointcut"/>
<aop:advisor advice-ref="serviceExceptionHandlingAdvice" pointcut-ref=
"servicePointcut"/>
</aop:config>
</beans>
```

配置后，通过 IoC 的 ApplicationContext 取得配置 Service Bean 对象调用其方法后，Spring AOP 会自动生成代理对象，并将目标对象和 Advice 对象进行织入，将 Advice 方法切入到符合切入点的方法中，按照 Advice 的类型实现方法前、方法返回后、方法环绕和异常抛出后的 AOP 切面切入。

16.8 Spring 通过配置普通 POJO 类实现 AOP

Spring AOP 通过实现指定 Advice 接口实现切面编程的模式，并没有实现 Spring 承诺的轻量级框架的初衷，因为 Advice 类实现 Advice 接口，将 Spring 的组件侵入了 JavaEE 企业级应用，不利于应用的单元测试（unit testing）。

为改进这种侵入式 AOP 编程，Spring 推出了最新的基于 POJO 模式的 Advice 编程模式，使得编写 Advice 类不再需要实现专门的 Spring 接口。

配合 POJO 模式的 Advice 编程，Spring AOP 支持 XML 文件和 Java 注释两种方式配置切面，本节讲述 XML 配置方式，下节详细讲述注释配置方式。

16.8.1 POJO 模式的 Advice 编程

基于 POJO 模式的 Advice 就不再需要先前那种需要实现指定的 Advice 接口，直接使用普通的类就可以编写 Advice 类，实现非 Spring 侵入式编程。程序 16-2 演示了使用 POJO 模式编写的 Advice 类的实现代码，并且可以将所有类型的 Advice 编写在一个类中。

程序 16-2 BusinessServiceAspectForXML //XML 配置 POJO 模式的 Advice

```
package com.city.oa.aspect;
import java.util.Date;
import org.aspectj.lang.JoinPoint;
import org.aspectj.lang.ProceedingJoinPoint;
//XML 方式的 POJO 模式的 Advice
public class BusinessServiceAspectForXML {
```

```
    public void beforeServiceCUD(JoinPoint point) throws Throwable
    {
        System.out.println("方法前Advice:拦截类:"+point.getTarget().getClass().
       getName()+";方法:"+point.getSignature().getName());
    }
    //业务持久化方法（add, modify, delete）前的Advice
    public void aftreServiceCUD(JoinPoint point) throws Throwable
    {
        System.out.println("方法后Advice:拦截类:"+point.getTarget().getClass().
       getName()+";方法:"+point.getSignature().getName());
    }
    //业务持久化方法（add, modify, delete）正常返回后的Advice
    public void aftreReturningServiceCUD(JoinPoint point) throws Throwable
    {
        System.out.println("方法返回后Advice:拦截类:"+point.getTarget().
       getClass().getName()+";方法:"+point.getSignature().getName());
    }
    //抛出异常后Advice处理方法
    public void doHandlerException()  throws Throwable
    {
        System.out.println("模拟Advice对异常的处理方法...");
    }
    //环绕Advice方法
    public Object runtimeAdvice(ProceedingJoinPoint point) throws Throwable{
        Date startTime = new Date();
        Object result = point.proceed(point.getArgs());
        Date endTime = new Date();
        System.out.println("方法:" + point.getSignature()+ "的运行时间是:"+
        (endTime.getTime()-startTime.getTime())+"毫秒");
        return result;
    }
}
```

由以上代码可知，Advice 类不再实现任何接口或继承任何父类，并且各种类型的 Advice 通过编写不同的方法即可实现，方法名也可以任意确定，不像原来只能使用接口定义的方法，因而具有非常好的灵活性。

Advice 实现类方法中并没有任何标志指明哪个方法是方法前 Advice，哪个方法是环绕 Advice 等等，如何才能区别并指定不同的 Advice 类型方法呢？这就需要在 IoC 容器配置文件中使用 Spring AOP 提供的<aop:aspect>标记和包含的不同类型 Advice 的子标记实现。

16.8.2 Spring AOP 配置 POJO 模式的 Advice

为配置 POJO 模式的 Advice，Spring AOP 提供了如下标记实现 Advice 的配置。

（1）<aop:aspect>：引用一个 Advice 类的 Bean，在引用之前需要使用<bean>标记先注册 Advice 类。其使用代码如下所示。

```
<bean id="businessServiceAspectXML" class="com.city.oa.aspect.Business-
ServiceAspectForXML"/>
<aop:aspect id="serviceAdviceXML" ref="businessServiceAspectXML" >
    <!-- 配置其他子标记-->
</aop:aspect>
```

（2）<aop:before>：配置方法前 Advice 方法，其使用语法如下。

```
<aop:before pointcut-ref="servicePointcut" method="beforeServiceCUD"/>
```

该标记使用属性 pointcut-ref 指定需要引用的切入点 bean，需要事先配置好，属性 method 指定方法前 Advice 要调用的方法，该方法是由<aop:aspect>标记属性 ref 指定的 Advice 类的方法。

（3）<aop:after>：配置方法执行后的 Advice 方法，其使用语法如下。

```
<aop:after pointcut-ref="servicePointcut" method="aftreReturningServiceCUD"/>
```

属性与<aop:betfore>的一致。

（4）<aop:after-returning>：配置方法正常返回后 Advice 的方法，其使用语法如下。

```
<aop:after-returning pointcut-ref="servicePointcut" method="after ServiceCUD"/>
```

属性的名称、个数与含义同上。

（5）<aop:around>：配置环绕 Advice 的执行方法，其使用语法如下。

```
<aop:around pointcut-ref="servicePointcut" method="runtimeAdvice"/>
```

同样有属性 pointcut-ref 和 method，含义与上面一样。

（6）<aop:after-throwing>：配置目标对象方法抛出异常后的 Advice 执行方法，其使用语法如下。

```
<aop:after-throwing  pointcut-ref="servicePointcut"  method="doHandler-
Exception"/>
```

由以上各种 Advice 的方法配置可见，它们都需要指定一个切入点 Bean 对象，对满足切入点的方法进行拦截，程序 16-3 演示了以上配置标记的使用编程。

程序 16-3 applicationContext.xml //IoC 容器 XML 配置文件

```
<?xml version="1.0" encoding="UTF-8"?>
<beans xmlns="http://www.springframework.org/schema/beans"
    xmlns:xsi="http://www.w3.org/2001/XMLSchema-instance"
    xmlns:aop="http://www.springframework.org/schema/aop"
    xmlns:c="http://www.springframework.org/schema/c"
    xmlns:cache="http://www.springframework.org/schema/cache"
    xmlns:context="http://www.springframework.org/schema/context"
    xmlns:jdbc="http://www.springframework.org/schema/jdbc"
```

```
    xmlns:jee="http://www.springframework.org/schema/jee"
    xmlns:jms="http://www.springframework.org/schema/jms"
    xmlns:lang="http://www.springframework.org/schema/lang"
    xmlns:mvc="http://www.springframework.org/schema/mvc"
    xmlns:oxm="http://www.springframework.org/schema/oxm"
    xmlns:p="http://www.springframework.org/schema/p"
    xmlns:task="http://www.springframework.org/schema/task"
    xmlns:tx="http://www.springframework.org/schema/tx"
    xmlns:util="http://www.springframework.org/schema/util"
    xmlns:websocket="http://www.springframework.org/schema/websocket"
    xsi:schemaLocation="http://www.springframework.org/schema/beans
http://www.springframework.org/schema/beans/spring-beans.xsd
    http://www.springframework.org/schema/aop
http://www.springframework.org/schema/aop/spring-aop-4.3.xsd
    http://www.springframework.org/schema/cache
http://www.springframework.org/schema/cache/spring-cache-4.3.xsd
    http://www.springframework.org/schema/context
http://www.springframework.org/schema/context/spring-context-4.3.xsd
    http://www.springframework.org/schema/jdbc
http://www.springframework.org/schema/jdbc/spring-jdbc-4.3.xsd
    http://www.springframework.org/schema/jee
http://www.springframework.org/schema/jee/spring-jee-4.3.xsd
    http://www.springframework.org/schema/jms
http://www.springframework.org/schema/jms/spring-jms-4.3.xsd
    http://www.springframework.org/schema/lang
http://www.springframework.org/schema/lang/spring-lang-4.3.xsd
    http://www.springframework.org/schema/mvc
http://www.springframework.org/schema/mvc/spring-mvc-4.3.xsd
    http://www.springframework.org/schema/oxm
http://www.springframework.org/schema/oxm/spring-oxm-4.3.xsd
    http://www.springframework.org/schema/task
http://www.springframework.org/schema/task/spring-task-4.3.xsd
    http://www.springframework.org/schema/tx
http://www.springframework.org/schema/tx/spring-tx-4.3.xsd
    http://www.springframework.org/schema/util
http://www.springframework.org/schema/util/spring-util-4.3.xsd
    http://www.springframework.org/schema/websocket
http://www.springframework.org/schema/websocket/spring-websocket-4.3.xsd">
    <!-- 部门业务实现类 Bean -->
    <bean id="departmentService" class="com.city.oa.service.impl.Depar-
    tmentServiceImpl" />
    <!-- XML 模式下的 POJO Advice -->
    <bean id="businessServiceAspectXML" class="com.city.oa.aspect.Business-
    ServiceAspectForXML"/>
    <!-- AOP 切入点和 Advisor -->
```

```
    <aop:config>
        <!--配置切入点-->
        <aop:pointcut id="servicePointcut" expression="execution(* com.
        city.oa.service.impl.*.*(..))" />
        <!-- 配置切面 Advice -->
        <aop:aspect id="serviceAdviceXML" ref="businessServiceAspectXML" >
            <!-- 配置方法前 Advice -->
            <aop:before pointcut-ref="servicePointcut" method="beforeService-
            CUD"/>
            <!-- 配置方法正常返回后 Advice -->
            <aop:after-returning pointcut-ref="servicePointcut" method="aftre-
            Service- CUD"/>
            <!-- 配置方法执行后 Advice -->
            <aop:after pointcut-ref="servicePointcut" method="aftreReturning-
            ServiceCUD"/>
            <!-- 配置环绕 Advice -->
            <aop:around pointcut-ref="servicePointcut" method="runtime-
            Advice"/>
            <!-- 配置抛出异常后 Advice -->
            <aop:after-throwing pointcut-ref="servicePointcut" method="doHandler-
            Exception"/>
        </aop:aspect>
    </aop:config>
</beans>
```

此 IoC 容器的 XML 配置代码包含所有的命名空间定义，实际编程中可删除不需要的命名空间引入，为方便读者将来引入，特此保留它们而没有删除。

16.9 Spring 通过 AOP 注释实现 AOP

从 Spring2.5 版本开始，Spring 提供了 AOP 注释编程模式，使得 AOP 的 Advice 类不需要像从前那样需要实现指定的接口才能完成，普通 POJO 类通过 AOP 注释类就可以成为 AOP 的 Advice，同时使用切入点注释类，可以完成 Advice 和 Pointcut 编程和配置二合一模式，极大地简化了 Spring 的编程。

Spring 提供的@Aspect 注释类用于类的定义上声明此类为 AOP 的切面类，如下代码演示了该注释类的使用。

```
@Component
@Aspect
public class SystemTransactionAdvice {
}
```

使用@Aspect 注释的类，必须使用 Spring 的 Bean 注释类进行声明，通常使用的注释类是@Component，Spring IoC 会提供@Component 扫描到此 Advice，再通过启用 AspectJ

的注释机制，通过@Aspect 注释类 Spring 得知此类是切面类，并根据切入点的配置自动织入到指定的目标对象的方法中。

要启用 Spring AOP 的 AspectJ 注释机制，需要在 IoC 的 XML 配置文件中，启用 AspectJ 的注释代理，启用此代理的 XML 代码如下所示。

```
<beans xmlns="http://www.springframework.org/schema/beans"
xmlns:xsi="http://www.w3.org/2001/XMLSchema-instance"
xmlns:aop="http://www.springframework.org/schema/aop"
xsi:schemaLocation="
http://www.springframework.org/schema/beans
http://www.springframework.org/schema/beans/spring-beans.xsd
http://www.springframework.org/schema/aop
http://www.springframework.org/schema/aop/spring-aop.xsd">
    <!-- 启用 AspectJ 注释机制-->
    <aop:aspectj-autoproxy/>
</beans>
```

启用 AspectJ 注释代码之前，需要引入 AOP 命名空间，通过该空间的标记 aspectj-autoproxy 完成 AspectJ 的注释机制启用，其配置代码是：<aop:aspectj-autoproxy/>。引入 AOP 命名空间的方法前面已经讲述。

16.9.1 AOP 不同类型的 Advice 的注释配置

前面已经讲述了通过使用不同的 Advice 接口实现不同的 Advice 类型的编程，在使用注释模式时，Spring 提供了不同类型的 Advice 注释类实现与接口方式相同的 Advice 类型定义，但 Advice 类是 POJO 类即可，不需要再直接实现这些接口，这些注释类包括如下几种。

1. @Before

方法前 Advice 注释类，用于在 Advice 类的方法上进行标注，标注该注释类的 Advice 的方法一般接受参数的类型是 JoinPoint，方法的返回类型是 void，可用于取得拦截的目标对象类、目标方法以及方法的参数等。使用该注释类的案例代码如下，注意省略了 class 的定义。

```
@Before(value="pointcut")
public void checkRoleAdvice(JoinPoint point) throws Throwable{
}
```

在@Before 注释类中必须设置切入点表达式参数，下节将详细讲述切入点的注释配置。

2. @After

方法结束后 Advice 注释类，只有方法结束执行，即使出现异常，该 Advice 的方法也将执行。该注释类使用与@Before 基本相同，其示意代码如下所示。

```
@After(value="pointcut")
public void serviceReturnCheckAdvice(JoinPoint point) throws Throwable{
}
```

返回 Advice 方法可以没有方法参数，也可以接受 JoinPoint 用于取得目标对象的类型、方法以及拦截目标对象方法的参数等信息。

3. @AfterReturning

方法正常返回后 Advice 注释类，只有当方法正常执行完毕，且没有出现异常时，此 Advice 方法才执行，这是与@After Advice 的主要区别，在使用上基本一致。

```
@AfterReturning(value="pointcut")
public void serviceReturnCheckAdvice(JoinPoint point) throws Throwable{
}
```

4. @AfterThrowing

方法抛出异常后的 Advice，当拦截的方法抛出异常后，该 Advice 方法执行。使用该注释类标注的方法需要定义异常类型参数，用于确定捕获拦截的异常类型，可以是任何异常类型，如果是 Throwable，则拦截所有类型的异常抛出。其使用案例代码如下。

```
@AfterThrowing(throwing="exception" , value="point")
public void doHandlerException(Throwable exception)
{
   System.out.println("目标方法中抛出的异常:" + exception);
   System.out.println("模拟 Advice 对异常的处理方法...");
}
```

@AfterThrowing 需要定义 throwing 属性用于指定 Advice 方法的参数名，pointcut 属性指定拦截的目标对象。

5. @Around

环绕 Advice 注释类，标记在环绕方法前。环绕方法要求返回 Object 类型，并方法参数要求的类型是 ProceedingJoinPoint，其定义语法如下。

```
@Around(value="pointcut")
public Object runtimeAdvice(ProceedingJoinPoint point) throws Throwable{
}
```

编程中常见的事务处理、方法运行时间计算等都是典型的环绕 Advice 应用案例。

所有注释类中 value 属性用于指定 pointcut 表达式，且该属性是这些注释类的默认属性，如果只有一个 value 属性，那么可以省略该属性，直接写成如下形式。

```
@Before("pointcut")
```

其中 pointcut 是切入点的表达式。

应用开发时，可以将多个 Advice 类型定义在一个 Advice 类中，通过定义不同的 Advice 方法并使用上面的类型注释类加以注释实现在一个类中编写不同的 Advice，下面将给出代码演示这种 Advice 的编程案例。

16.9.2 AOP 切面切入点的注释配置

上面讲述的所有 Spring Aspect 类型注释类都需要指定一个切入点的表达式用于确定拦截的目标类及其方法。为定义切入点，Spring AOP 提供了专门的@Pointcut 注释类，可以使用该注释类定义一个切入点表达式方法，其使用语法如下。

```
@Pointcut(value="execution(* com.city.oa.service.*.*(..))")
private void allTaskServiceMethods() { }
```

该注释类的属性 value 指定一个切入点表达式，该表达式使用 AspectJ 的语法，下面将详细介绍该表达的各种语法。同时该注释类还需要定义一个方法，此方法是一个返回 void 且方法体为空的方法，经实际测试，即使该方法内有代码，Spring 也不会执行。

使用@Pointcut 定义了切入点方法后，此方法即可用于各种类型的 Advice 中，如使用在方法前 Advice 的示意代码如下。

```
@Before(value="allTaskServiceMethods()")
public void checkRoleAdvice(JoinPoint point) throws Throwable{
}
```

@Before 注释类的 value 属性值就是@Pointcut 注释类的方法名，包括方法的括号()。

这种先使用@Pointcut 注释类定义一个切入点方法，然后各个类型的 Advice 再通过此方法确定拦截的目标对象过于烦琐，Spring 提供了直接在 Advice 注释类类使用 AspectJ 切入点表达式的方式，就不需要使用@Pointcut 先定义一个方法，其使用代码如下。

```
@Before(value="execution(* com.city.oa.service.*.*(..))")
public void checkRoleAdvice(JoinPoint point) throws Throwable{
}
```

实际编程中此种方式使用最多，基本上没有使用@Pointcut 定义切入点方法了。这样定义切入点的关键就是如何使用 AspectJ 提供的切入点表达式语法定义各种能拦截不同目标对象的类的执行。

Spring AOP 直接使用 AspectJ 框架的切入点定义器（PointCut Designator，PCD)实现切入点的定义，该 PCD 提供了灵活多样的表达式语法实现对不同目标类和方法的拦截定义，其包括的核心表达式有如下类型。

1. execution

执行切入点表达式，这是最常用的方式，用于确定拦截的目标类的方法，其使用语法如下。

```
@Before(value="execution( 表达式)")
```

在表达式中可以使用的符号“*”匹配多个包名、类名、方法名和方法修饰符，使用符号“..”匹配多个方法参数，下面是其常见的使用案例。

```
@Before("execution(* com.oa.service.impl.*.*(..))")
```

拦截包 com.oa.service.impl 下任何类的任何参数的任何访问控制符，任意返回类型方法。

```
@Before("execution @Before ("execution(public * *())")
```

拦截所有包、所有类、任意返回类型、任意参数，访问控制是 public 的方法。

```
@Before("execution(* void com.oa.service.impl.*.add*(..))")
```

拦截包 com.oa.service.impl 下任何类的任何参数的任何访问控制符，返回类型是 void，方法名以 add 开头的方法。

```
@Before("execution(* set*(..))")
```

拦截所有包、所有类的以 set 开头的方法、任意返回类型、任意参数。

```
@Before("execution(* city.oa.service..*.*(..)")
```

拦截 city.oa.service 所有子包、所有类的以 set 开头的方法、任意返回类型、任意参数。

2. within

匹配指定类型内的方法执行，within 表达式用于确定包含关系，只要包名、类名包含在 within 的表达式中，其使用语法是：within(表达式)。

使用 within 的切入点表达式的常用使用案例如下。

```
@Before("within(com.city.service.impl..*)")
```

拦截包 com.city.service.impl 下的所有类的方法。

```
@Before("within(city.oa.service..IDepartmentService+)")
```

拦截包 com.city.service 包及子包下的所有类型为 IDepartmentService 的类的方法。

```
@Before("within(@org.springfreament..Componennt *)")
```

拦截被@Component 注释类注释的所有类的方法。

3. this

使用“this(类型全限定名)”匹配当前 AOP 代理对象类型的执行方法；注意是 AOP 代理对象的类型匹配，包括代理对象的接口。注意 this 中使用的表达式必须是类型全限定名，不支持通配符。其使用的表达式为：this(类型全名)。

如下是 this 的使用案例。

```
@Before("this(com.city.oa.service.IDepartmentService)")
```

拦截所有 IDepartmentService 所有类及子类的方法。如果是接口，则拦截该接口所有实现类的方法。

4. target

使用 target 匹配当前目标对象类型的执行方法；注意是目标对象的类型匹配，这样就不包括接口。注意 target 中使用的表达式必须是类型全限定名，不支持通配符。其使用语法如下：target(类型全限定名)。其使用案例如下。

```
@Before("target (com.city.oa.service.impl. DepartmentServiceImpl)")
```

拦截实现类 DepartmentServiceImpl 的所有方法。

5. args

使用 args 匹配当前执行的方法传入的参数为指定类型的执行方法；注意是匹配传入的参数类型，不是匹配方法签名的参数类型；参数类型列表中的参数必须是类型全限定名，不支持通配符；args 属于动态切入点，这种切入点开销非常大，非特殊情况最好不要使用。其使用的语法如下：args(参数类型列表)，下面是常用的应用案例代码。

```
@Before("args (java.io.Serializable,..)")
```

拦截所有类的方法中第一个参数为序列化的方法，在设计 Hibernate 的持久类 Model 时，推荐所有的 Model 类都实现序列化接口，这样当进行 Hibernate 持久化操作的方法时，由于传入的参数都是持久化对象，而其又都实现了序列化接口，因此 Aspect 切面会拦截这些方法的执行。

6. @target

使用@target 匹配当前目标对象类型的执行方法，其中目标对象持有指定的注解；注解类型也必须是全限定类型名，其使用语法如下：@target(注解类型)。

该表达式的使用案例如下所示。

```
@Before("@target(org.springframework.stereotype.Component)")
```

拦截所有 Spring @Component 注释类的所有类的所有方法。

7. @args

使用@args 匹配当前执行的方法传入的参数持有指定注解的执行；注解类型也必须是全限定类型名，使用语法为：@args(注解列表)，其使用案例代码如下所示。

```
@Before(value="@args(org.springframework.web.bind.annotation.RequestParam))")
```

拦截所有类中有使用@RequestParam 注释的参数的方法的执行，使用@RequestParamz 注释类一般用于 Spring MVC 的控制器类。

8. @within

使用@within 匹配所有持有指定注解类型内的方法；注解类型也必须是全限定类型名，其使用语法是：@within(注解类型)。需要注意的是，必须是在目标对象上声明匹配的注释类，在接口上使用拦截的注释类不起作用。该类型表达式的使用案例如下。

```
@Before("@within(org.springframework.stereotype.Service)")
```

拦截所有类中有使用@Service 注释的类的所有方法的执行。

9. @annotation

使用@annotation 匹配当前执行方法持有指定注解的方法；注解类型也必须是全限定类型名，其使用语法是：@annotation(注释类)。其使用案例代码如下。

```
@Before("@annotation(org.springframework.stereotype.Service)")
```

拦截所有类中有使用@Service 注释的类的所有方法的执行，可见其使用与前面的@within 表达式基本相同。

以上所有切入点表达式中使用最多的是 execution，因为它最为灵活、功能最强大。Spring 同时支持组合使用这些表达式，定义更为复杂的切入点拦截规则，可以在切入点表达式中使用 Java 语言的与（&&）、或（||）和非（!）操作将多个切入点表达式进行组合，参见如下使用与操作符&&实现的组合类型的切入点。

```
@Before("@annotation(org.springframework.stereotype.Service) && args(java.
lang.String,..)")
```

该切入点表达式拦截所有使用@Service 注释的类并且方法第 1 个参数类型是 String 的方法。

16.10 使用 AspectJ 注释类声明的 AOP 切面的编程案例

为演示如何使用 AspectJ 的注释类实现切面编程，需要编写切面要拦截的目标类，这里使用 OA 项目的部门业务层对象为目标对象，首先编写部门的业务接口，再编写业务实现类，最后编写切面类，并定义以上各种类型的 Advice 方法。

1. 部门业务接口编程

部门业务接口定义了对部门的业务操作方法，其代码参见程序 16-4。

程序 16-4 IDepartmentService.java //部门业务服务接口定义

```
package com.city.oa.service;
import java.util.List;
import com.city.oa.model.annotation.DepartmentModel;
//部门业务接口
public interface IDepartmentService {
    //增加部门
    public void add(DepartmentModel dm) throws Exception;
    //修改部门
    public void modify(DepartmentModel dm) throws Exception;
    //删除部门
    public void delete(DepartmentModel dm) throws Exception;
    //取得所有部门列表
    public List<DepartmentModel> getListByAll() throws Exception;
    //取得指定的部门
    public DepartmentModel getDepartment(int departmentNo) throws Exception;
}
```

2. 部门业务实现类

部门业务实现类实现了部门业务接口的所有方法，原则上应该使用 Hibernate API 完成对员工表的增、改、删和查询等操作，为演示使用切面对这些业务方法的切入，此实现类的方法都只是使用输出语句显示对应的信息，表达此方法已经运行，并观察各种切面方法的拦截和运行情况，其实现代码参见程序 16-5。

程序 16-5 DepartmentServiceImpl.java //部门业务服务实现类

```
package com.city.oa.service.impl;
import java.util.List;
import org.springframework.stereotype.Service;
import com.city.oa.model.annotation.DepartmentModel;
import com.city.oa.service.IDepartmentService;
@Service("departmentService")
public class DepartmentServiceImpl implements IDepartmentService {
    @Override
    public void add(DepartmentModel dm) throws Exception {
        System.out.println("增加部门...");
        throw new Exception("增加部门方法异常");
    }
    @Override
    public void modify(DepartmentModel dm) throws Exception {
        System.out.println("修改部门...");
    }
    @Override
    public void delete(DepartmentModel dm) throws Exception {
        System.out.println("删除部门...");
    }
    @Override
    public List<DepartmentModel> getListByAll() throws Exception {
        System.out.println("取得所有部门列表...");
        return null;
    }
    @Override
    public DepartmentModel getDepartment(int departmentNo) throws Exception {
        System.out.println("取得指定部门...");
        return null;
    }
}
```

3. Spring AOP 切面类的编程

案例的核心是切面类的编程，本案例使用普通 POJO 类作为切面类，使用@Component 注释类对其进行注释，使得 IoC 容器能扫描到它，再使用@Aspect 声明此类为切面类。在切面类中分别使用不同类型的切面注释类对不同的切面方法进行注释，该切面类的实现代码参见程序 16-6。

程序 16-6 BusinessServiceAspect.java //业务服务切面类

```
package com.city.oa.aspect;
import java.util.Date;
import org.aspectj.lang.JoinPoint;
```

```
import org.aspectj.lang.ProceedingJoinPoint;
import org.aspectj.lang.annotation.After;
import org.aspectj.lang.annotation.AfterReturning;
import org.aspectj.lang.annotation.AfterThrowing;
import org.aspectj.lang.annotation.Around;
import org.aspectj.lang.annotation.Aspect;
import org.aspectj.lang.annotation.Before;
import org.aspectj.lang.annotation.Pointcut;
import org.springframework.stereotype.Component;
//业务层 AOP 切面类
@Component
@Aspect
public class BusinessServiceAspect {

    @Pointcut(value="execution(* com.city.oa.service.*.*(..))")
    private void allTaskServiceMethods() {
        System.out.println("切入点方法执行...");
    }

    @Before(value="allTaskServiceMethods()")
    //业务持久化方法（add，modify，delete）前的 Advice
    public void beforeServiceCUD(JoinPoint point) throws Throwable
    {
        System.out.println("方法前 Advice:拦截类:"+point.getTarget().getClass().
         getName()+";方法:"+point.getSignature().getName());

    }
    @After(("execution(* com.city.oa.service.*.*(com.city.oa.model.
    DepartmentModel,..))")
    //业务持久化方法（add，modify，delete）前的 Advice，只拦截第一个参数为
    DepartmentModel 的方法的执行
    public void aftreServiceCUD(JoinPoint point) throws Throwable
    {
        System.out.println("方法后 Advice:拦截类:"+point.getTarget().getClass().
         getName()+";方法:"+point.getSignature().getName());

    }
    @AfterReturning("allTaskServiceMethods()")
    //业务持久化方法（add，modify，delete）正常返回后的 Advice
    public void aftreReturningServiceCUD(JoinPoint point) throws Throwable
    {
        System.out.println("方法返回后 Advice：拦截类:"+point.getTarget().getClass().
        getName()+";方法:"+point.getSignature().getName());

    }
```

```
    //抛出异常后 Advice 处理方法
    @AfterThrowing(throwing="exception",value="allTaskServiceMethods()")
    public void doHandlerException(Throwable exception)
    {
      System.out.println("目标方法中抛出的异常:" + exception);
      System.out.println("模拟 Advice 对异常的处理方法...");
    }
    //环绕 Advice 方法
    @Around(value="allTaskServiceMethods()")
    public Object runtimeAdvice(ProceedingJoinPoint point) throws Throwable{
        Date startTime = new Date();
        Object result = point.proceed(point.getArgs());
        Date endTime = new Date();
        System.out.println("方法:" + point.getSignature()+ "的运行时间是:
        "+(endTime.getTime()-startTime.getTime())+"毫秒");
        return result;
    }
}
```

4. Spring IoC 容器的 XML 配置文件编程

为启用 Spring AOP 的 AspectJ 的注释类以及 Bean 的注释类，需要在 XML 配置文件中配置启用的代码。为启用 AspectJ 注释方式 AOP 编程，需要引入 AOP 命名空间，IoC 容器的配置代码参见程序 16-7，案例中除了引入 AOP 空间，还引入了其他命名空间，以供未来编程使用，在此没有省略它们，今后各章的编程直接使用这些命名空间，就不再加以引用了，希望读者了解。

程序 16-7 applicationContext.xml

```
<?xml version="1.0" encoding="UTF-8"?>
<beans xmlns="http://www.springframework.org/schema/beans"
   xmlns:xsi="http://www.w3.org/2001/XMLSchema-instance"
   xmlns:aop="http://www.springframework.org/schema/aop"
   xmlns:c="http://www.springframework.org/schema/c"
   xmlns:cache="http://www.springframework.org/schema/cache"
   xmlns:context="http://www.springframework.org/schema/context"
   xmlns:jdbc="http://www.springframework.org/schema/jdbc"
   xmlns:jee="http://www.springframework.org/schema/jee"
   xmlns:jms="http://www.springframework.org/schema/jms"
   xmlns:lang="http://www.springframework.org/schema/lang"
   xmlns:mvc="http://www.springframework.org/schema/mvc"
   xmlns:oxm="http://www.springframework.org/schema/oxm"
   xmlns:p="http://www.springframework.org/schema/p"
   xmlns:task="http://www.springframework.org/schema/task"
   xmlns:tx="http://www.springframework.org/schema/tx"
   xmlns:util="http://www.springframework.org/schema/util"
```

```
    xmlns:websocket="http://www.springframework.org/schema/websocket"
    xsi:schemaLocation="http://www.springframework.org/schema/beans
http://www.springframework.org/schema/beans/spring-beans.xsd
    http://www.springframework.org/schema/aop
http://www.springframework.org/schema/aop/spring-aop-4.3.xsd
    http://www.springframework.org/schema/cache
http://www.springframework.org/schema/cache/spring-cache-4.3.xsd
    http://www.springframework.org/schema/context
http://www.springframework.org/schema/context/spring-context-4.3.xsd
    http://www.springframework.org/schema/jdbc
http://www.springframework.org/schema/jdbc/spring-jdbc-4.3.xsd
    http://www.springframework.org/schema/jee
http://www.springframework.org/schema/jee/spring-jee-4.3.xsd
    http://www.springframework.org/schema/jms
http://www.springframework.org/schema/jms/spring-jms-4.3.xsd
    http://www.springframework.org/schema/lang
http://www.springframework.org/schema/lang/spring-lang-4.3.xsd
    http://www.springframework.org/schema/mvc
http://www.springframework.org/schema/mvc/spring-mvc-4.3.xsd
    http://www.springframework.org/schema/oxm
http://www.springframework.org/schema/oxm/spring-oxm-4.3.xsd
    http://www.springframework.org/schema/task
http://www.springframework.org/schema/task/spring-task-4.3.xsd
    http://www.springframework.org/schema/tx
http://www.springframework.org/schema/tx/spring-tx-4.3.xsd
    http://www.springframework.org/schema/util
http://www.springframework.org/schema/util/spring-util-4.3.xsd
    http://www.springframework.org/schema/websocket
http://www.springframework.org/schema/websocket/spring-websocket-4.3.xsd">
    <!-- 设置 Spring Bean 扫描起始包 -->
    <context:component-scan  base-package="com.city.oa"></context:component-
    scan>
    <!-- 启用 AspectJ 注释声明 -->
    <aop:aspectj-autoproxy></aop:aspectj-autoproxy>
</beans>
```

5. 测试类编程

为测试切面类的使用，使用了简单的 Java 启动类调用业务层方法进行测试，该测试类的编程代码如程序 16-8 所示。

程序 16-8 TestMain.java //测试类

```
package com.city.oa.testing;
import org.springframework.context.ApplicationContext;
import org.springframework.context.support.ClassPathXmlApplicationContext;
```

```
import com.city.oa.model.annotation.DepartmentModel;
import com.city.oa.service.IDepartmentService;
public class TestMain {
    public static void main(String[] args) {
    try{
    @SuppressWarnings("resource")
    ApplicationContext ctx=new ClassPathXmlApplicationContext("application-
    Context.xml");
        IDepartmentService ds=ctx.getBean("departmentService", IDepartment-
        Service.class);
            DepartmentModel dm=new DepartmentModel();
            ds.add(dm);
            System.out.println("OK");

        }
        catch(Exception e){
            e.printStackTrace();
        }
    }
}
```

6. 测试类的执行

运行此测试类，会调用部门业务类的增加方法，因为所有的切面都会拦截此方法，因此每个 Aspect 切面方法都会拦截此方法，并执行切面代码输出自己的信息，拦截方法的执行输出参见图 16-3。

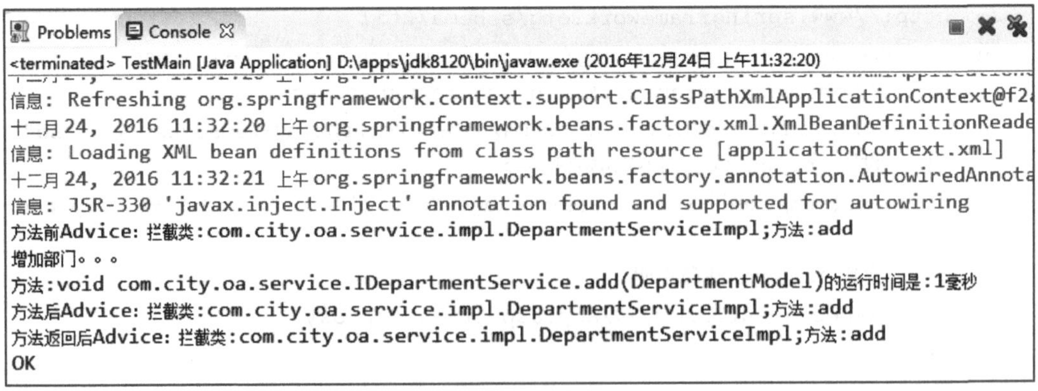

```
Problems | Console ☒
<terminated> TestMain [Java Application] D:\apps\jdk8120\bin\javaw.exe (2016年12月24日 上午11:32:20)
信息: Refreshing org.springframework.context.support.ClassPathXmlApplicationContext@f2
十二月 24, 2016 11:32:20 上午 org.springframework.beans.factory.xml.XmlBeanDefinitionReade
信息: Loading XML bean definitions from class path resource [applicationContext.xml]
十二月 24, 2016 11:32:21 上午 org.springframework.beans.factory.annotation.AutowiredAnnota
信息: JSR-330 'javax.inject.Inject' annotation found and supported for autowiring
方法前Advice: 拦截类:com.city.oa.service.impl.DepartmentServiceImpl;方法:add
增加部门。。。
方法:void com.city.oa.service.IDepartmentService.add(DepartmentModel)的运行时间是:1毫秒
方法后Advice: 拦截类:com.city.oa.service.impl.DepartmentServiceImpl;方法:add
方法返回后Advice: 拦截类:com.city.oa.service.impl.DepartmentServiceImpl;方法:add
OK
```

图 16-3 切面拦截方法输出结果

理解和掌握了 Spring AOP 的思想和编程，第 17 章将在 Spring 集成 Hibernate 的架构设计中使用 AOP 管理 Hibernate 应用中原来需要手动编程的事务管理，并改由 Spring 提供的事务 AOP 模式切入到业务层方法中完成声明式的事务处理，如此可极大地简化项目的代码编写。

本章小结

本章讲述了 AOP 的概念和编程思想，包括 AOP 的基本组成元素，并详细介绍了 Spring AOP 实现的模式是基于动态的 JDK 或 CDLIB 代理模式的。

本章讲述了 Spring AOP 的切面类型以及不同的实现方式，包括早期版本的通过实现直接的 Advice 接口方式，到后来使用 POJO 模式实现 Advice 的编程，并可以使用 XML 配置方式和基于 AspectJ 注释配置方式实现 AOP。

第17章 Spring 集成 Hibernate

本章要点

- Spring 集成 Hibernate 的基本思想。
- Spring 管理数据库连接池。
- Spring 管理 Hibernate 的 SessionFactory。
- Spring 管理 Hibernate 的配置信息。
- Spring 管理 Hibernate 映射信息。
- Spring 注入 SessionFactory 到业务 Bean。
- Spring 管理 Hibernate 的事务。
- Spring 简化 Hibernate 应用开发的策略。

在前面讲述的 Hibernate 框架中，每个业务层对象使用 Hibernate API 实现各种持久化的编程实现中都存在大量的冗余代码，这些冗余代码主要是完成开启新的 Session、开始事务、提交事务、回滚事务等功能。通过第 16 章 AOP 编程的学习，这些冗余代码是典型的切面，切入到各个业务层对象的各种持久化方法中，本章将使用 Spring AOP 编程思想改造这些冗余代码。

另一方面，在原来的 Hibernate 应用中，需要编写工厂类获得 Hibernate 的 SessionFactory 对象，并管理各种 Hibernate 的配置信息，导致编写 Hibernate 应用异常烦琐。为简化 Hibernate 的编程，Spring 框架提供了专门的 ORM 模块实现与 Hibernate 等持久层框架集成，极大地简化了使用 Hibernate 实现持久功能的编程。

Spring 集成 Hibernate，将 Hibernate 的 SessionFactory 交给 Spring IoC 容器进行管理，同时 Spring IoC 容器也管理各种数据库连接池对象，集中管理 Hibernate 的配置信息和映射信息，并使用 Spring AOP 框架以声明式配置方式管理 Hibernate 的事务处理，所有这些都将原来单独使用 Hibernate API 编写实现的持久化操作得到了极大的简化，改进了项目的可维护性，提高了项目的开发效率。

JavaEE 企业级应用项目的业务层对象获取 Hibernate 的 SessionFactory 的方式由原来通过编写工厂类，改由 Spring IoC 获取并注入给业务层，原来手动编写事务处理的代码也改为使用 Spring 声明式的 AOP 事务切面完成。

17.1 Spring 管理数据库连接池

开发 Hibernate 应用时，首要任务就是数据库连接池的配置，确定 Hibernate 要操作的数据库。Spring 在 IoC 容器配置中支持多种配置数据库连接池对象 DataSource 方法，包括使用 Spring 内置的连接池框架，引用 JavaEE 服务器配置的连接池，使用著名的 C3P0 框架、DBCP 框架和 Proxcol 框架，下面分别讲述各种数据库连接池的配置与使用。

17.1.1 使用 Spring 内置的数据库连接池框架

Spring 内置了通过 JDBC 驱动类创建数据库连接池的 Bean：DriverManagerDataSource，可以配置该 Bean 创建数据库连接池，其配置代码如下所示。

```
<bean id="dataSource" class="org.springframework.jdbc.datasource.Driver
ManagerDataSource">
    <property name="driverClassName" value="com.mysql.jdbc.Driver" />
    <property name="url" value="jdbc:mysql://localhost:3306/cityoa" />
    <property name="username" value="root" />
    <property name="password" value="root" />
</bean>
```

但是此连接池 Bean 的性能不是很好，不推荐在实际应用项目开发中使用此连接池配置方式，通常使用第三方专门的连接池框架，如 C3P0、Proxocol 等。

17.1.2 Spring 引用 JavaEE 服务器配置的数据库连接池

在企业级 JavaEE 应用开发中，经常使用 JavaEE 应用服务器配置数据库连接池，配置文件是 Tomcat 安装目录的/conf 子目录下的 context.xml 文件，将下面的代码复制到其<Context>内即可，其完整代码如下所示。

```
<?xml version='1.0' encoding='utf-8'?>
<Context>
    <WatchedResource>WEB-INF/web.xml</WatchedResource>
<Resource
      name="cityoa"
      auth="Container"
      type="javax.sql.DataSource"
      driverClassName="com.mysql.jdbc.Driver"
      maxIdle="2"
      maxWait="5000"
      url="jdbc:mysql://localhost:3306/cityoa"
      username="root"
```

```
        password="root"
        maxActive="20"
        removeAbandoned="true"
        removeAbandonedTimeOut="5"
        logAbandoned="true"
/>
</Context>
```

其中<Resource>标记的 name 属性指定连接池数据源的命名服务注册名为 cityoa，Spring 将根据此值取得配置的连接池数据源对象。Spring 在 Bean 模块提供了查找命名服务对象的类是 JndiObjectFactoryBean，其配置代码如下所示，需要注入 jndiName 属性，该 Bean 将根据此属性值连接到命名服务系统，执行 lookup 方法，取得注册的对象。

```
<bean id="dataSource" class="org.springframework.jndi.JndiObjectFactoryBean">
    <property name="jndiName">
      <value>java:comp/env/cityoa</value>
    </property>
</bean>
```

为简化 JavaEE 相关的配置，Spring 提供了 jee 命名空间，如果在 IoC 的配置文件中引入了该命名空间，则上面的数据源查找配置代码可简化为如下所示。

```
<jee:jndi-lookup id="dataSource" jndi-name="java:comp/env/cityoa" />
```

17.1.3 Spring 配置 C3P0 管理的连接池

C3P0 是一个开源的 JDBC 连接池，它实现了数据源和 JNDI 绑定，支持 JDBC3 规范和 JDBC2 的标准扩展，由于其性能优越，Hibernate 已经内置该框架。将 C3P0 的类库 JAR 复制到 Tomcat 安装目录的 lib 子目录中。该框架的 JAR 文件在 hibernate 的/optional/c3p0 文件夹下，其类库文件参见图 17-1。

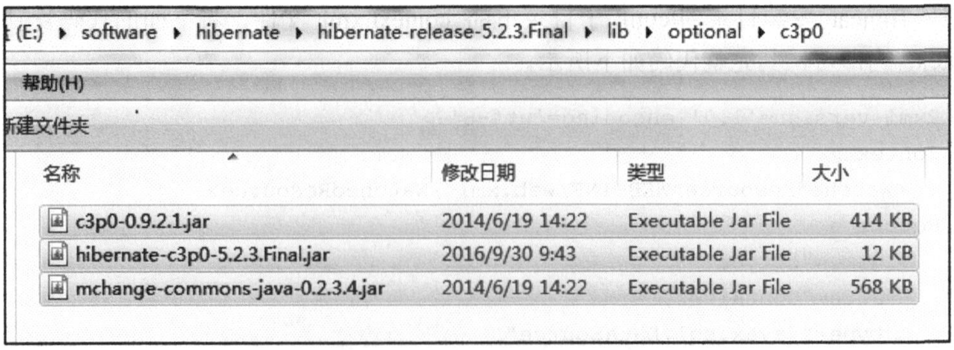

(E:) ▸ software ▸ hibernate ▸ hibernate-release-5.2.3.Final ▸ lib ▸ optional ▸ c3p0

帮助(H)

新建文件夹

名称	修改日期	类型	大小
c3p0-0.9.2.1.jar	2014/6/19 14:22	Executable Jar File	414 KB
hibernate-c3p0-5.2.3.Final.jar	2016/9/30 9:43	Executable Jar File	12 KB
mchange-commons-java-0.2.3.4.jar	2014/6/19 14:22	Executable Jar File	568 KB

图 17-1　C3P0 框架需要的类库文件

在 Spring 的 IoC 容器的 XML 配置文件中，配置 C3P0 连接的代码如下所示。

```
<bean id="dataSource"  class="com.mchange.v2.c3p0.ComboPooledDataSource"
```

```
destroy-method="close">
      <property name="driverClass" value="com.mysql.jdbc.Driver"></property>
      <property name="jdbcUrl" value="jdbc:mysql://10.25.176.250:3306/
      htdb"></property>
      <property name="user" value="root"></property>
      <property name="password" value="root123"></property>
      <property name="acquireIncrement" value="2"></property>
      <property name="initialPoolSize" value="3"></property>
      <property name="maxPoolSize" value="5"></property>
      <property name="minPoolSize" value="1"></property>
      <property name="acquireRetryDelay" value="100"></property>
      <property name="acquireRetryAttempts" value="10"></property>
      <property name="breakAfterAcquireFailure" value="false"></property>
</bean>
```

关于各个属性的含义在第 3 章中有详细的介绍。

17.1.4 Spring 管理 DBCP 管理的连接池

Apache 的开源项目 DBCP 也是一个著名的连接池管理框架，并且早期 Tomcat 服务器配置的数据库连接池就是使用该框架。但是由于其性能和内存泄露问题，现在新版的 Tomcat 已经不再使用 DBCP 作为默认的连接池管理，而是使用新的 TOMCAT JDBC 连接池管理机制，根据测试，此连接池性能要比 DBCP 提高很多。

在 Spring IoC 配置 XML 文件中配置 DBCP 的连接池的代码如下所示。

```
<bean id="dataSource" class="org.apache.commons.dbcp.BasicDataSource">
p:driverClassName="com.mysql.jdbc.Driver"
p:url="jdbc:mysql://localhost:3306/cityoa"
p:username="root"
p:password="root"/>
</bean>
```

此代码中使用 Spring 最新支持的属性注入语法“p:属性名=值”替代了原来的<property>标记，可以简化属性 set 注入的代码编写。

17.1.5 Spring 配置 Proxcol 框架管理的连接池

另一个连接池框架的后起之秀是 Proxcol，其官网声称它是目前最快的连接池管理框架。DBCP 在实践中存在问题，在某些种情会产生很多空连接不能释放，Hibernate5.0 已经放弃了对它的支持。Proxool 的负面评价较少，现在比较推荐它，而且它还提供即时监控连接池状态的功能，便于发现连接泄露的情况。

最新版的 Hibernate 也内置了 Proxcol 连接池框架，其类库 JAR 文件在 Hibernate 压缩包的/optional/proxcol 目录下，需要引入的文件参见图 17-2。

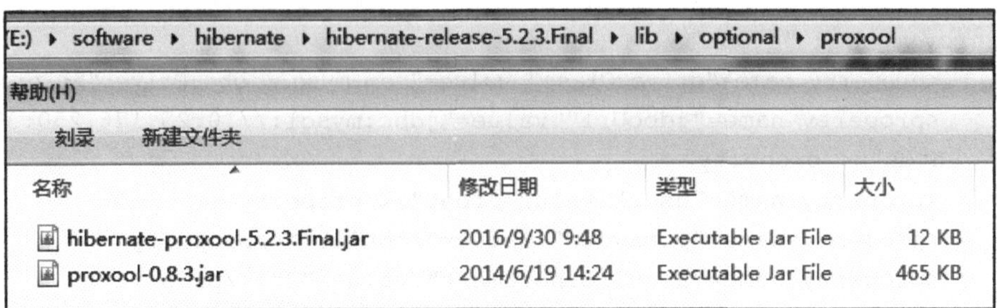

图 17-2 Proxcol 框架需要的类库文件

Spring IoC 容器中使用 Proxcol 的配置连接池的代码如下所示。

```
<bean id="proxoolDataSource" class="org.logicalcobwebs.proxool.ProxoolData-
Source">
    <property name="driver" value="com.mysql.jdbc.Driver"/>
    <property name="driverUrl" value="jdbc:mysql://localhost:3306/cityoa"/>
    <property name="user" value="root"/>
    <property name="password" value="root"/>
    <!-- 测试的 SQL 执行语句 -->
    <property name="houseKeepingTestSql" value="select * from OA_Department"/>
    <!-- 最少保持的空闲连接数 （默认 2 个） -->
    <property name="prototypeCount" value="${proxool.prototypeCount}"/>
    <!-- proxool 自动侦察各个连接状态的时间间隔(毫秒),侦察到空闲的连接就马上回收,超
    时的销毁，默认为 30 秒） -->
     <property name="houseKeepingSleepTime" value="60"/>
     <!-- 最大活动时间(超过此时间线程将被 kill,默认为 5 分钟) -->
    <property name="maximumActiveTime" value="10"/>
    <!-- 连接最长时间(默认为 4 个小时) -->
    <property name="maximumConnectionLifetime" value="4"/>
    <!-- 最小连接数 （默认 2 个） -->
    <property name="minimumConnectionCount" value="5"/>
    <!-- 最大连接数 （默认 5 个） -->
<property name="maximumConnectionCount" value="20"/>
</bean>
```

到目前为止为止，我们得到了多种数据库连接池的配置方式在，在具体项目中使用哪种框架，需要根据项目进行具体的分析，推荐使用 C3P0 或 Proxcol。配置好数据库连接池后，就可以配置 Spring 管理的 SessionFactory，它是 Spring 与 Hibernate 整合的重点。

17.2 Spring 管理 Hibernate 的 SessionFactory

Spring 在 ORM 模块提供了对集成 Hibernate 的支持，在此模块中 Spring 提供了获得 SessionFactory 的专门的 Bean 工厂类，而且针对不同的 Hibernate 的版本提供对应的 Bean 工厂类，与 Hibernate5 对应的类是 org.springframework.orm.hibernate5.LocalSessionFactoryBean，

将包名改为 hibernate4，就改为集成 Hibernate4 框架。

在 Spring 集成 Hibernate 框架时，通常使用 XML 配置方式对 LocalSessionFactoryBean 进行配置，Spring 配置取得 Hibernate 的 SessionFactory 的工厂 Bean 的配置代码如下所示。

```
<bean id="sessionFactory" class="org.springframework.orm.hibernate4.
LocalSessionFactoryBean">
<!-- 注入连接池-->
<property name="dataSource" ref="dataSource"/>
   <!-- 注入 Model 类的位置文件夹 -->
   <property name="mappingDirectoryLocations">
      <list>
        <value>classpath:/com/city/oa/value/</value>
      </list>
   </property>
   <property name="hibernateProperties">
       <props>
       <prop  key="hibernate.dialect">org.hibernate.dialect.MySQLDialect
       </prop>
       <prop key="hibernate.max_fetch_depth">3</prop>
       <prop key="hibernate.jdbc.fetch_size">50</prop>
       <prop key="hibernate.jdbc.batch_size">10</prop>
       <prop key="hibernate.show_sql">true</prop>
       </props>
   </property>
</bean>
```

该 Bean 的功能是取得 Hibernate 编程需要的 SessionFactory，在取得 SessionFactory 对象后可使用依赖注入机制，将 SessionFactory 对象注入给业务层对象，这样业务层对象使用该对象就不需要自己获取了。本书 OA 案例的部门业务层实现类的代码可以改造为如下所示。

```
public class DepartmentServiceImpl implements IDepartmentService
{
   private SessionFactory sessionFactory=null;
   public void setSessionFactory(SessionFactory sessionFactory){
      this.sessionFactory=sessionFactory;
   }
   public void add(DepartmentModel dm) throws Exception{
      Session session=sessionFactory.openSession();
      Transaction tx=session.beginTransaction();
      session.save(dm);
      tx.commit();
      session.close();
   }
}
```

将以上部门业务类配置到 Spring 的 IoC 容器中，再注入 SessionFactory 对象，其 XML 方式配置代码如下所示。

```
<bean   id="departmentService"   class="com.city.oa.service.impl.Department
ServiceImpl">
   <property name="sessionFacotry" ref="sessionFactory"/>
</bean>
```

如果部门业务实现类使用注释方式实现注入，其类重写为如下代码所示。

```
@Service("departmentService")
public class DepartmentServiceImpl implements IDepartmentService
{
   private SessionFactory sessionFactory=null;
   @Autowired
   public void setSessionFactory(SessionFactory sessionFactory){
      this.sessionFactory=sessionFactory;
   }
   public void add(DepartmentModel dm) throws Exception{
      Session session=sessionFactory.openSession();
      Transaction tx=session.beginTransaction();
      session.save(dm);
      tx.commit();
      session.close();
   }
}
```

当在 Spring IoC 配置文件中配置扫描 Bean 路径到业务实现类时，Spring IoC 容器会根据@Autowired 注释按照类型匹配原则自动注入 SessionFactory，获得 SessionFactory 后，就可以使用 Hibernate API 实现持久化功能编程，但上述的事务处理还是使用手动编程模式进行管理，后面将介绍 Spring 以声明式 AOP 方式管理 Hibernate 的事务处理，使得业务处理方法的代码实现更加简单。

配置 LocalSessionFactory 首先需要给该工厂 Bean 对象注入数据库连接池对象，使用属性 dataSource 的 Set 注入方式完成；其次需要指定 Hibernate 的配置信息，如数据库方言、批处理个数、批抓取格式等，所有 Hibernate 配置信息都可以通过属性 hibernateProperties，注入 Properties 类型的集合对象进行配置；最后需要注入 Hibernate 的持久 Model 类的映射信息。

上面 LocalSessionFactoryBean 配置案例使用的是 XML 映射文件方式的注入，通过属性 mappingDirectoryLocations 注入映射配置文件的目录实现，且该属性是一个 List 集合，即可以指定多个 XML 配置文件目录，Spring 框架会在这些目录中查找以.hbm.xml 为后缀的所有映射配置文件，也可以使用其他属性注入不同类型的映射信息，包括注释模式的持久类等。下面各节分别详细讲述 Spring LocalSessionFactoryBean 管理配置信息和映射信息的注入属性和配置案例。

17.3　Spring 管理 Hibernate 配置信息

Spring 集成 Hibernate 的核心是 LocalSessionFactory 的配置，而该 Bean 的配置需要设置 Hibernate 的配置信息，这些配置信息确定了 Hibernate 操作的各种特性，如数据库方言、批处理抓取个数、是否显示 SQL 等，这些配置信息已经在第 3 章详细介绍过。

为管理 Hibernate 框架需要的配置信息，Spring 在配置 LocalSessionFactory 时可以使用属性 hibernateProperties 为其注入所需的配置信息，该属性为 java.util.Properties 集合类型，可以使用该类型的注入语法为其注入多个配置数据，配置参见如下代码所示。

```
<property name="hibernateProperties">
    <props>
        <prop  key="hibernate.dialect">org.hibernate.dialect.MySQLDialect
         </prop>
        <prop key="hibernate.max_fetch_depth">3</prop>
        <prop key="hibernate.jdbc.fetch_size">50</prop>
        <prop key="hibernate.jdbc.batch_size">10</prop>
        <prop key="hibernate.show_sql">true</prop>
    </props>
</property>
```

以上配置代码还可以简化为如下形式，其实际效果与上面的配置代码相同，但减少了配置代码的编程量。

```
<property name="hibernateProperties">
    <value>
        hibernate.dialect=org.hibernate.dialect.MySQLDialect
        hibernate.max_fetch_depth=3
        hibernate.jdbc.fetch_size=50
        hibernate.jdbc.batch_size=10
        hibernate.show_sql=true
    </value>
</property>
```

使用以上模式管理并注入 Hibernate 配置信息，就不再需要单独创建 Hibernate 的配置文件 hibernate.cfg.xml，完全由 Spring 管理 Hibernate 的配置信息。

另外 Spring 也支持直接读取 Hibernate 的配置文件的配置数据并注入到配置的 LocalSessionFactory Bean 中，如下配置代码演示了直接读取 Hibernate 的配置文件，并注入到 LocalSessionFactory 中。

```
<bean id="sessionFactory" class="org.springframework.orm.hibernate4.
LocalSessionFactoryBean">
    <property name="dataSource" ref="dataSource" />
```

```
    <property name="configLocation" value="classpath:hibernate.cfg.xml" />
</bean>
```

此时需要注入的属性名是 configLocation，其值为 classpath:hibernate.cfg.xml，为类根目录下的原生的 Hibernate 配置文件。具体使用哪种方式实现 Hibernate 配置信息的管理，根据项目的实际需求进行确定，通常情况下推荐在 Spring 的配置文件中直接配置，不再创建单独的 Hibernate 配置文件。

17.4 Spring 管理 Hibernate 映射信息

Spring 在管理 Hibernate 映射信息时提供了非常多的属性，以针对不同方式查找 XML 方式的映射文件或注释方式的持久类，实现灵活多变的映射信息配置。

对于使用 XML 映射文件方式配置 Hibernate 映射信息，Spring 提供了可以单独指定 XML 映射文件，也可以指定 XML 映射目录的方式。

1．通过指定单独的 XML 映射文件方式

LocalSessionFactory 的属性 mappingLocations 是一个 List 集合，用于确定 XML 映射文件，其配置代码如下所示。

```
<property name="mappingLocations">
    <list>
        <value>classpath:com/city/oa/model/DepartmentModel.hbm.xml</value>
        <value>classpath:com/city/oa/model/EmployeeModel.hbm.xml</value>
        <value>classpath:com/city/oa/model/BehaveModel.hbm.xml</value>
    </list>
</property>
```

在映射文件较多的情况下，这种方式需要编写的配置代码量非常巨大，不推荐使用。但在项目的测试阶段，通过单独引入 XML 映射文件，可以检查哪个映射文件的引入会导致无法获取 SessionFactory 对象，以此方式可确定哪个映射文件有错误。

2．通过指定 XML 文件的模糊匹配方式

在方式 1 的单独的指定文件模式中，Spring 支持使用匹配符*实现模糊匹配，可简化映射文件配置的个数，如下演示了使用*实现同时指定多个映射文件的配置代码。

```
<property name="mappingLocations">
    <list>
        <value>classpath:com/city/oa/model/*.hbm.xml</value>
    </list>
</property>
```

从上面代码可看出，节省的代码量是非常可观的。

3．直接指定类目录下的映射文件

按照 Hibernate 的编程原则，XML 映射文件都在与 Model 类相同的包内，即这些映射文件都在 classpath 的目录内，使用 mappingLocations 属性指定映射文件时，需要指定

classpath 前缀，通知 Spring 在类路径下开始查找 XML 映射文件。

LocalSessionFactory 的属性 mappingResources 指定 XML 映射文件时，会自动在 classpath 路径下开始查找，因此不需要使用 classpath 前缀，其配置的代码如下。

```
<property name="mappingResources">
<list>
        <value>com/city/oa/model/DepartmentModel.hbm.xml</value>
        <value>com/city/oa/model/EmployeeModel.hbm.xml</value>
        <value>com/city/oa/model/BehaveModel.hbm.xml</value>
</list>
</property>
```

4．通过指定 XML 文件的目录方式

如果项目中使用 XML 映射文件配置映射信息，则此种方式是最常见的配置方法，通过 List 类型的集合属性 mappingDirectoryLocations 可以配置多个目录，让 Spring 在这些目录下自动搜索所有的以.hbm.xml 的映射文件，其配置代码如下所示。

```
<property name="mappingDirectoryLocations">
    <list>
        <value>classpath:/com/city/oa/hr/model/</value>
        <value>classpath:/com/city/oa/document/model/</value>
    </list>
</property>
```

使用目录方式可极大地简化配置代码的编写，具有非常好的灵活性，当增加、删除 XML 映射配置文件时，不需要修改 Spring 配置代码。

5．指定单独的注释类方式的持久类方式

LocationSessionFactory 的属性 annotatedClasses 用于注入注释方式配置的持久类，其配置的代码如下。

```
<property name="annotatedClasses">
    <list>
        <value>com.city.oa.hr.model.DepartmentModel</value>
        <value>com.city.oa.hr.model.EmployeeModel</value>
        <value>com.city.oa.hr.model.BehaveModel</value>
    </list>
</property>
```

与单独指定 XML 映射文件一样，单独指定注释持久类的方式，在项目较大，持久类过多的情况下，需要编写的配置代码非常多，非常不便。

6．指定注释类的持久类的扫描路径方式

使用注释方式配置映射信息的最佳方式是使用 LocationSessionFactory 的属性 packagesToScan 指定扫描 Model 类的路径，该属性同样是一个 List 类型的集合属性，使用 List 的注入方式可以注入多个扫描路径，其配置代码如下所示。

```
<property name="packagesToScan">
```

```
    <list>
        <value>com.city.oa.hr.model</value>
        <value>com.city.oa.document.model</value>
    </list>
</property>
```

实际项目中如果使用 Java 注释方式配置映射信息，推荐使用此模式配置映射信息，当增加或减少持久类时，配置代码不需要修改。

17.5 Spring 管理 Hibernate 事务配置 XML 方式

Spring 在管理 SessionFactory 创建的工厂类 LocalSessionFactory 的同时，也提供了使用 AOP 编程模式实现 Hibernate 的事务管理的配置式编程，从而节省了大量重复的事务处理代码。

由之前使用 Hibernate API 完成持久化编程的代码可见，使用手动方式编写事务处理，导致所有业务处理方法冗余代码过多，为简化事务处理，Spring 专门为 Hibernate 提供了不需要编程的声明式 AOP 事务处理。

为实现 Spring 声明式事务处理，需要进行如下配置。

1. 配置 Spring 提供了 Hibernate 事务管理器

Spring 同样根据 Hibernate 的版本不同，与 LocalSessionFactory 类似，提供了不同版本的事务管理器，其类名是 HibernateTransactionManager，通过包名来区别哪个版本的 Hibernate，如 hibernate5 是针对 Hibernate5.x，该事务管理器需要注入属性 sessionFactory，其配置代码如下所示。

```
<bean id="transactionManager" class="org.springframework.orm.hibernate5.
HibernateTransactionManager">
    <property name="sessionFactory" ref="sessionFactory"/>
</bean>
```

2. 配置事务管理的 AOP 切面 Advice

Spring 集成的 Hibernate 的 ORM 模块中已经内置了管理 Hibernate 事务的 Advice，不再需要开发人员编写，直接配置即可。

为简化配置事务 Advice，Spring 提供了专门的命名空间 tx，在配置事务 Advice 之前，需要先在 IoC 配置文件中引入 tx 命名空间。

引入 tx 命名空间后，使用标记<tx:advice>进行事务 Advice 的配置，并使用子标记<tx:attribute>和<tx:method>组合配置事务的特性，如是否是只读事务，或者是写事务，以及拦截到什么异常执行事务回滚等，其事务 Advice 的配置代码如下。

```
<tx:advice id="txAdvice" transaction-manager="transactionManager">
    <tx:attributes>
        <tx:method name="get*" read-only="true" rollback-for="Exception"/>
        <tx:method name="getList*" propagation="NEVER"/>
```

```
        <tx:method name="*" rollback-for="Exception"/>
    </tx:attributes>
</tx:advice>
```

其中 id 指定 Advice 的 Bean id，为了使用此 id 与 AOP 的切面 Bean 进行关联，以决定拦截哪些类实现事务 Advice 切入和运行。

<tx:method>的 name 中的“get*”表示以 get 开头的所有方法，read-only="true"指明是只读事务，只读事务指当执行 select 操作时，其他事务继续可以读此表的数据，如果是写事务，则会锁定表，其他事务执行 select 操作都不可以。rollback-for="Exception"指定当拦截的目标类的方法抛出 Exception 类型异常时，执行事务回滚，不指定回滚时，事务 AOP 不会自动执行回滚操作。

3. 配置事务 Advice 的切入点并关联事务 Advice

配置事务 Advice 后，按照第 16 章讲述的语法，使用<aop:pointcut>标记配置一个或多个切入点 Bean，这些切入点是事务 Advice 要拦截的目标对象的方法的集合。

配置好切入点后，使用<aop:advisor>将切入点与前面配置的事务 Advice 进行关联，这样事务 Advice 会拦截切入点配置的目标对象的方法的执行，此配置的代码如下所示。

```
<aop:config>
    <aop:pointcut id="sp" expression="execution(* com.city.oa.service.impl.
    *.*(..))"/>
    <aop:advisor pointcut-ref="sp" advice-ref="txAdvice"/>
</aop:config>
```

将以上所有配置进行整合，构成程序 17-1 所示的 IoC 容器完整的配置代码。

程序 17-1　applicationContext.xml //IoC 配置文件

```
<?xml version="1.0" encoding="UTF-8"?>
<beans xmlns="http://www.springframework.org/schema/beans"
    xmlns:xsi="http://www.w3.org/2001/XMLSchema-instance"
    xmlns:aop="http://www.springframework.org/schema/aop"
    xmlns:c="http://www.springframework.org/schema/c"
    xmlns:cache="http://www.springframework.org/schema/cache"
    xmlns:context="http://www.springframework.org/schema/context"
    xmlns:jdbc="http://www.springframework.org/schema/jdbc"
    xmlns:jee="http://www.springframework.org/schema/jee"
    xmlns:jms="http://www.springframework.org/schema/jms"
    xmlns:lang="http://www.springframework.org/schema/lang"
    xmlns:mvc="http://www.springframework.org/schema/mvc"
    xmlns:oxm="http://www.springframework.org/schema/oxm"
    xmlns:p="http://www.springframework.org/schema/p"
    xmlns:task="http://www.springframework.org/schema/task"
    xmlns:tx="http://www.springframework.org/schema/tx"
    xmlns:util="http://www.springframework.org/schema/util"
    xmlns:websocket="http://www.springframework.org/schema/websocket"
    xsi:schemaLocation="http://www.springframework.org/schema/beans
```

```
http://www.springframework.org/schema/beans/spring-beans.xsd
    http://www.springframework.org/schema/aop
http://www.springframework.org/schema/aop/spring-aop-4.3.xsd
    http://www.springframework.org/schema/cache
http://www.springframework.org/schema/cache/spring-cache-4.3.xsd
    http://www.springframework.org/schema/context
http://www.springframework.org/schema/context/spring-context-4.3.xsd
    http://www.springframework.org/schema/jdbc
http://www.springframework.org/schema/jdbc/spring-jdbc-4.3.xsd
    http://www.springframework.org/schema/jee
http://www.springframework.org/schema/jee/spring-jee-4.3.xsd
    http://www.springframework.org/schema/jms
http://www.springframework.org/schema/jms/spring-jms-4.3.xsd
    http://www.springframework.org/schema/lang
http://www.springframework.org/schema/lang/spring-lang-4.3.xsd
    http://www.springframework.org/schema/mvc
http://www.springframework.org/schema/mvc/spring-mvc-4.3.xsd
    http://www.springframework.org/schema/oxm
http://www.springframework.org/schema/oxm/spring-oxm-4.3.xsd
    http://www.springframework.org/schema/task
http://www.springframework.org/schema/task/spring-task-4.3.xsd
    http://www.springframework.org/schema/tx
http://www.springframework.org/schema/tx/spring-tx-4.3.xsd
    http://www.springframework.org/schema/util
http://www.springframework.org/schema/util/spring-util-4.3.xsd
    http://www.springframework.org/schema/websocket
http://www.springframework.org/schema/websocket/spring-websocket-4.3.xsd">
    <!-- 设置扫描 Bean 的路径 -->
    <context:component-scan base-package="com.city.oa"></context:component-scan>
    <!-- C3P0 配置数据库连接池 -->
    <bean id="dataSource" class="com.mchange.v2.c3p0.ComboPooledDataSource"
    destroy-method="close">
       <property name="driverClass" value="com.mysql.jdbc.Driver"></property>
       <property name="jdbcUrl" value="jdbc:mysql://localhost:3306/cityoa">
       </property>
       <property name="user" value="root"></property>
       <property name="password" value="city62782116"></property>
       <property name="acquireIncrement" value="2"></property>
       <property name="initialPoolSize" value="3"></property>
       <property name="maxPoolSize" value="5"></property>
       <property name="minPoolSize" value="1"></property>
       <property name="acquireRetryDelay" value="100"></property>
       <property name="acquireRetryAttempts" value="10"></property>
       <property name="breakAfterAcquireFailure" value="false"></property>
    </bean>
```

```
<!-- 配置 LocalSessionFactory -->
<bean id="sessionFactory" class="org.springframework.orm.hibernate5.
LocalSessionFactoryBean">
    <!-- 注入连接池-->
    <property name="dataSource" ref="dataSource"/>
    <!-- 注入 Model 类的位置文件夹 -->
    <property name="packagesToScan">
        <list>
            <value>com.city.oa.model</value>
        </list>
    </property>
    <property name="hibernateProperties">
        <props>
            <prop key="hibernate.dialect">org.hibernate.dialect.MySQLDialect
            </prop>
            <prop key="hibernate.max_fetch_depth">3</prop>
            <prop key="hibernate.jdbc.fetch_size">50</prop>
            <prop key="hibernate.jdbc.batch_size">10</prop>
            <prop key="hibernate.show_sql">true</prop>
        </props>
    </property>
</bean>
<!-- 配置 Hibernate 事务管理器 -->
<bean id="transactionManager" class="org.springframework.orm.hibernate5.
HibernateTransactionManager">
    <property name="sessionFactory" ref="sessionFactory"/>
</bean>
<!-- 事务 Advice 声明 -->
<tx:advice id="txAdvice" transaction-manager="transactionManager">
    <tx:attributes>
        <tx:method name="get*" read-only="true" rollback-for="Exception"/>
        <tx:method name="getList*" propagation="NEVER"/>
        <tx:method name="*" rollback-for="Exception"/>
    </tx:attributes>
</tx:advice>
<!-- 配置事务切入点，关联 Advice 与切入点 -->
<aop:config>
    <aop:pointcut id="servicePointcut" expression="execution(* com.city.
    oa.service.impl.*.*(..))"/>
    <aop:advisor pointcut-ref="servicePointcut" advice-ref="txAdvice"/>
</aop:config>
</beans>
```

当使用 Spring 声明式方式管理事务处理后，业务层就不再需要编写事务处理代码，改造后的部门业务实现类如程序 17-2 所示。

程序 17-2 DepartmentServiceImpl.java //使用 Spring 整合 Hibernate 后的部门业务实现类

```
package com.city.oa.service.impl;
import java.util.List;
import org.hibernate.Session;
import org.hibernate.SessionFactory;
import org.hibernate.query.Query;
import org.springframework.beans.factory.annotation.Autowired;
import org.springframework.stereotype.Service;
import org.springframework.web.bind.annotation.RequestParam;
import com.city.oa.model.annotation.DepartmentModel;
import com.city.oa.service.IDepartmentService;
@Service("departmentService")
public class DepartmentServiceImpl implements IDepartmentService {
   private SessionFactory sessionFactory=null;
   @Autowired
   public void setSessionFactory(SessionFactory sessionFactory) {
      this.sessionFactory = sessionFactory;
   }
   @Override
   public void add(DepartmentModel dm) throws Exception {
      Session session=sessionFactory.getCurrentSession();
      session.save(dm);
   }
   @Override
   public void modify(DepartmentModel dm) throws Exception {
      Session session=sessionFactory.getCurrentSession();
      session.update(dm);
   }
   @Override
   public void delete(DepartmentModel dm) throws Exception {
      Session session=sessionFactory.getCurrentSession();
      session.delete(dm);
   }
   @Override
   public List<DepartmentModel> getListByAll() throws Exception {
      Session session=sessionFactory.getCurrentSession();
      Query query=session.createQuery("from DepartmentModel dm");
      return query.getResultList();
   }
   @Override
   public DepartmentModel getDepartment(int departmentNo) throws Exception {
      Session session=sessionFactory.getCurrentSession();
      return session.get(DepartmentModel.class, departmentNo);
```

```
    }
}
```

由以上代码可见，通过 Spring 注入 SessionFactory，再由 Spring AOP 管理事务处理，业务层的编程变得极其简洁，代码编程量极大减少。

17.6　Spring 管理 Hibernate 事务注释方式

为进一步简化持久化的编程，减少 IoC 容器的配置代码，Spring 在 XML 配置事务的基础上又提供了声明式注释事务处理，通过在业务层类中加注@Transactional 注释类，可以自动实现 AOP 模式的事务处理。

@Transactional 注释类可使用在类级别上，也可使用在方法级别上。如果使用在类级别上，会自动应用于类的所有方法。在方法级别上加注可实现对方法的事务的精细控制，方法上的配置具有更高的优先级，将覆盖类级别的事务配置，其使用的语法如下。

```
@Service("beanid")
@Transactional(属性=值,属性=值)
public class 业务类
{
    @Transactional(属性=值,属性=值)
    public 返回类型 方法名(参数){
    }
}
```

注释类@Transactional 的属性名及取值含义如下。

（1）readOnly=true|false

设置是否是只读事务，默认为 false，非只读事务。

（2）rollbackFor=异常类.class

设置事务回滚，当拦截的方法抛出此异常，或其子类异常时，执行事务回滚。通常该异常类设置为 java.lang.Exception。

（3）propagation=事务类型

设置事务的类型，其取值有如下常量：

TRANSACTION_NONE：表示事务不受支持。

TRANSACTION_READ_UNCOMMITTED：表示不可以发生脏读的常量；不可重复读和虚读可以发生。

TRANSACTION_READ_COMMITTED：表示可以发生脏读（dirty read）、不可重复读和虚读（phantom read）的常量。

TRANSACTION_REPEATABLE_READ：表示不可以发生脏读和不可重复读的常量；虚读可以发生。

TRANSACTION_SERIALIZABLE：表示不可以发生脏读、不可重复读和虚读。

（4）Isolation=事务隔离级别

设置事务的隔离级别，其取值按从低到高，包括如下取值，取值含义义与上面相同。

TRANSACTION_NONE

TRANSACTION_READ_UNCOMMITTED

TRANSACTION_READ_COMMITTED

TRANSACTION_REPEATABLE_READ

TRANSACTION_SERIALIZABLE

（5）timeout=数值

设置事务的超时时间，如果超过此设定时间，执行事务回滚。

如下是该事务注释类的常见使用语法。

（1）设置只读事务。

```
@Service("beanid")
@Transactional(readOnly = false)
public class 业务类 {}
```

（2）设置事务类型是每次创建新的事务。

```
@Service("beanid")
@Transactional(readOnly = false,propagation = Propagation.REQUIRES_NEW)
public class 业务类 {}
```

（3）设置回滚类型和隔离级别。

```
@Service("beanid")
@Transactional(readOnly = false,propagation = Propagation.REQUIRES_NEW,
rollbackFor=java.lang.Exception.class,
isolation=Isolation.DEFAULT)
```

public class 业务类 {}

要使用注释类@Transactional 进行事务处理，还需要在 IoC 容器配置文件中，加入启用注释事务的配置。

```
<tx:annotation-driven transaction-manager="transactionManager"/>
```

如果已经配置的事务管理器的 id 取值为 transactionManager，此 transaction-manager 属性可以省略，以上配置可以省略为如下形式。

```
<tx:annotation-driven/>
```

使用注释类的事务处理声明，就不再需要进行 XML 的事务 Advice 配置、切入点配置，以及事务 Advice 与切入点的关联配置等，完全使用注释模式的 IoC 配置文件代码如程序 17-3 所示。

程序 17-3 applicationContext.xml //改用注释模式的配置

```
<?xml version="1.0" encoding="UTF-8"?>
<beans xmlns="http://www.springframework.org/schema/beans"
   xmlns:xsi="http://www.w3.org/2001/XMLSchema-instance"
```

```
    xmlns:aop="http://www.springframework.org/schema/aop"
    xmlns:c="http://www.springframework.org/schema/c"
    xmlns:cache="http://www.springframework.org/schema/cache"
    xmlns:context="http://www.springframework.org/schema/context"
    xmlns:jdbc="http://www.springframework.org/schema/jdbc"
    xmlns:jee="http://www.springframework.org/schema/jee"
    xmlns:jms="http://www.springframework.org/schema/jms"
    xmlns:lang="http://www.springframework.org/schema/lang"
    xmlns:mvc="http://www.springframework.org/schema/mvc"
    xmlns:oxm="http://www.springframework.org/schema/oxm"
    xmlns:p="http://www.springframework.org/schema/p"
    xmlns:task="http://www.springframework.org/schema/task"
    xmlns:tx="http://www.springframework.org/schema/tx"
    xmlns:util="http://www.springframework.org/schema/util"
    xmlns:websocket="http://www.springframework.org/schema/websocket"
    xsi:schemaLocation="http://www.springframework.org/schema/beans
http://www.springframework.org/schema/beans/spring-beans.xsd
    http://www.springframework.org/schema/aop
http://www.springframework.org/schema/aop/spring-aop-4.3.xsd
    http://www.springframework.org/schema/cache
http://www.springframework.org/schema/cache/spring-cache-4.3.xsd
    http://www.springframework.org/schema/context
http://www.springframework.org/schema/context/spring-context-4.3.xsd
    http://www.springframework.org/schema/jdbc
http://www.springframework.org/schema/jdbc/spring-jdbc-4.3.xsd
    http://www.springframework.org/schema/jee
http://www.springframework.org/schema/jee/spring-jee-4.3.xsd
    http://www.springframework.org/schema/jms
http://www.springframework.org/schema/jms/spring-jms-4.3.xsd
    http://www.springframework.org/schema/lang
http://www.springframework.org/schema/lang/spring-lang-4.3.xsd
    http://www.springframework.org/schema/mvc
http://www.springframework.org/schema/mvc/spring-mvc-4.3.xsd
    http://www.springframework.org/schema/oxm
http://www.springframework.org/schema/oxm/spring-oxm-4.3.xsd
    http://www.springframework.org/schema/task
http://www.springframework.org/schema/task/spring-task-4.3.xsd
    http://www.springframework.org/schema/tx
http://www.springframework.org/schema/tx/spring-tx-4.3.xsd
    http://www.springframework.org/schema/util
http://www.springframework.org/schema/util/spring-util-4.3.xsd
    http://www.springframework.org/schema/websocket
http://www.springframework.org/schema/websocket/spring-websocket-4.3.xsd">
    <!-- 设置扫描 Bean 的路径 -->
    <context:component-scan base-package="com.city.oa"></context:component-scan>
```

```
<!-- C3P0 配置数据库连接池 -->
<bean id="dataSource"  class="com.mchange.v2.c3p0.ComboPooledDataSource"
destroy-method="close">
   <property name="driverClass" value="com.mysql.jdbc.Driver"></property>
       <property name="jdbcUrl" value="jdbc:mysql://localhost:3306/
       cityoa"></property>
   <property name="user" value="root"></property>
   <property name="password" value="city62782116"></property>
   <property name="acquireIncrement" value="2"></property>
   <property name="initialPoolSize" value="3"></property>
   <property name="maxPoolSize" value="5"></property>
   <property name="minPoolSize" value="1"></property>
   <property name="acquireRetryDelay" value="100"></property>
   <property name="acquireRetryAttempts" value="10"></property>
   <property name="breakAfterAcquireFailure" value="false"></property>
</bean>
<!-- 配置 LocalSessionFactory -->
<bean id="sessionFactory" class="org.springframework.orm.hibernate5.
LocalSessionFactoryBean">
    <!-- 注入连接池-->
    <property name="dataSource" ref="dataSource"/>
    <!-- 注入 Model 类的位置文件夹 -->
    <property name="packagesToScan">
        <list>
            <value>com.city.oa.model</value>
        </list>
    </property>
    <property name="hibernateProperties">
        <props>
            <prop key="hibernate.dialect">org.hibernate.dialect.MySQLDialect
             </prop>
            <prop key="hibernate.max_fetch_depth">3</prop>
            <prop key="hibernate.jdbc.fetch_size">50</prop>
            <prop key="hibernate.jdbc.batch_size">10</prop>
            <prop key="hibernate.show_sql">true</prop>
        </props>
    </property>
</bean>
<!-- 配置 Hibernate 事务管理器 -->
<bean id="transactionManager" class="org.springframework.orm.hibernate5.
HibernateTransactionManager">
    <property name="sessionFactory" ref="sessionFactory"/>
</bean>
```

```
    <!--启用事务处理注释 -->
    <tx:annotation-driven/>
</beans>
```

将 OA 案例中的部门业务实现类改造为事务注释方式后的代码如程序 17-4 所示。

程序 17-4　DepartmentServiceImpl.java //部门业务实现类

```
package com.city.oa.service.impl;
import java.util.List;
import org.hibernate.Session;
import org.hibernate.SessionFactory;
import org.hibernate.query.Query;
import org.springframework.beans.factory.annotation.Autowired;
import org.springframework.stereotype.Service;
import org.springframework.transaction.annotation.Propagation;
import org.springframework.transaction.annotation.Transactional;
import com.city.oa.model.annotation.DepartmentModel;
import com.city.oa.service.IDepartmentService;
@Service("departmentService")
@Transactional(rollbackFor=java.lang.Exception.class,propagation=Propag
ation.SUPPORTS)
public class DepartmentServiceImpl implements IDepartmentService {
    private SessionFactory sessionFactory=null;
    @Autowired
    public void setSessionFactory(SessionFactory sessionFactory) {
        this.sessionFactory = sessionFactory;
    }
    @Override
    public void add(DepartmentModel dm) throws Exception {
        Session session=sessionFactory.getCurrentSession();
        session.save(dm);
    }
    @Override
    public void modify(DepartmentModel dm) throws Exception {
        Session session=sessionFactory.getCurrentSession();
        session.update(dm);
    }
    @Override
    public void delete(DepartmentModel dm) throws Exception {
        Session session=sessionFactory.getCurrentSession();
        session.delete(dm);
    }
    @Transactional(readOnly=true,propagation=Propagation.NOT_SUPPORTED)
    @Override
    public List<DepartmentModel> getListByAll() throws Exception {
        Session session=sessionFactory.getCurrentSession();
```

```
        Query query=session.createQuery("from DepartmentModel dm");
        return query.getResultList();
    }
    @Transactional(readOnly=true,propagation=Propagation.SUPPORTS)
    @Override
    public DepartmentModel getDepartment(int departmentNo) throws Exception {
        Session session=sessionFactory.getCurrentSession();
        return session.get(DepartmentModel.class, departmentNo);
    }
}
```

与之前使用 XML 事务方式相比，业务层代码增加事务注释类配置，IoC 配置文件减少了大量配置信息。如果业务类较多，推荐使用 XML 事务方式，毕竟只配置一次即可，不需要在每个业务类中再使用注释类。

本章小结

本章详细讲述了 Spring 集成 Hibernate 的配置与编程，通过 Spring 的 IoC 机制，可极大地简化 Hibernate 持久化的编程。

Spring 可以管理集成各种数据库连接池框架，本章讲述了 Spring 配置内置的数据库连接池，使用 JavaEE 服务器中配置的数据库连接池，配置 DBCP、C3P0 和 Proxcol 等著名的连接池框架。

本章重点讲述了 Spring 管理 Hibernate SessionFactory 的配置代码，以及配置 Hibernate 的各种配置信息和映射信息，介绍了各种配置信息和映射信息的属性及其使用方法。

最后详细讲述了 Spring 通过 AOP 模式管理 Hibernate 事务处理的配置，并重点介绍了 XML 配置方式和 Java 注释方式的事务的实现。

第18章 Spring MVC 基础

本章要点

- MVC 模式基本概念。
- Spring MVC 框架基本组成。
- Spring MVC 的配置。
- Spring MVC。
- Spring MVC 控制器的编程和配置。
- 简单的 Spring MVC 的应用案例编程。

Web 应用与移动应用已经成为当今最重要的两大开发领域，在 PC 桌面中 B/S 模式 Web 应用已完全取代传统的 C/S 模式的窗口应用。JavaEE 企业级应用也是以 Web 应用开发为主，而使用原始的 JSP 和 Servlet 开发 Web 应用因为其超低的效率和烦琐的编程，已经被各种 Web 框架所取代，典型的 Web 框架如 Struts2、WebWork 等迅速成为 Java Web 开发的主流。

但是目前这些 Web 框架在开发的初期并没有完全与 Spring 进行融合，即使后来 Spring 能够集成这些 Web 框架，但是与 Spring 的 IoC 和 DI 机制的深度融合还是不能令开发者满意。在此基础上，Spring MVC 框架应运而生，其在 Spring 基础上进行开发，能完美地与 Spring 的各种机制进行融合，如 IoC 容器、依赖注入、AOP 编程等，使得 Web 开发的高效性和便利性又上了一个新的台阶。

18.1 MVC 模式概述

现代软件项目的开发，无论是基于 JavaEE、MS.NET 还是 PHP 的企业级 Web 项目，还是基于 Android、iOS 的移动应用开发基本上都采用 MVC 模式进行设计和开发。

MVC 是 Model-View-Controller 的缩写，其含义是模型-视图-控制器，即任何软件项目基本上都是由这 3 类组件构成的，它们每个部分的职责和功能描述如下。

（1）Model 模型的职责。

Model 的职责主要包括以下 3 种。

① 表达系统的业务数据：一般管理系统，业务数据都存储在数据库中，而采用 JavaEE 的企业级应用中都使用 Java 对象，因此需要 Model 类能表达存储在数据库的业务数据。

② 完成业务数据的持久化：存储在 Model 对象中的数据是易失的，因此需要在适当时候将 Model 中的业务数据保存到数据库中，实现永久化存储，可以使用 JDBC 服务编程，也可以使用持久化框架如 Hibernate 等。

③ 模拟业务处理方法：管理系统的核心功能是模拟实际业务处理，代替人工的处理模式，实现信息管理的高效率和低成本。Model 类要提供实现业务功能的处理方法，如审核单据、查询报表等。企业实际业务的每个业务处理都需要有 Model 类中的方法进行一一对应。

（2）View 视图的职责。

视图层能够实现业务数据的输入和显示，外部对象与系统进行交互和通信要通过视图层。一般情况下，视图是为操作者显示的窗口界面，使得操作者能通过这个窗口与系统进行交互，进而完成业务管理，在 MVC 模式中所有外部对象访问和使用系统都要通过视图层，视图层也不都是可显示的界面，如与某个外部传感器进行数据传输，可以开发一个无显示的 View 组件，实现数据的输入和输出。

视图组件的主要功能如下：

① 提供操作者输入数据的机制，如 FORM 表单。

② 显示业务数据。通常以列表和详细两种方式，如新闻管理 Web 中显示新闻列表，选择一个标题后，进而显示详细的新闻信息。

（3）Controller 控制器的职责。

控制器起到 View 组件和 Model 组件之间的组织和协调作用，用于控制应用程序的流程。它处理事件并作出响应。“事件”包括用户的行为和模型上业务数据的改变。

控制组件的主要功能如下：

① 取得 View 组件收集的业务数据。

② 验证 View 组件收集数据的合法性，有格式合法性和业务合法性。

③ 对 View 收集的数据进行类型转换，得到与业务处理适应的数据类型。

④ 创建 Model 对象，并设置其属性以表达业务数据。

⑤ 调用 Model 组件的业务方法，实现业务处理。

⑥ 保存给 View 显示的业务数据。

⑦ 导航到不同的 View 组件上，如显示不同的操作窗口，或跳转到不同的 Web 页面。

MVC 模式中各个组件之间的关联关系参见图 18-1。

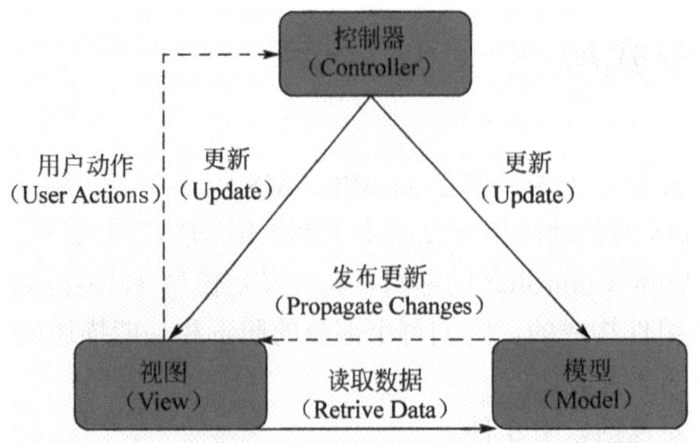

图 18-1　MVC 模式组成和各部分组成元素职责

在以 JavaEE 为基础的企业级 Web 应用开发中，MVC 模式的实际运用又以改进型的 Model2 版本的 MVC 模式使用最多，该模式将控制器 Controller 拆分为一个前端控制器 Front Controller 和若干具体的控制器，统一由前端控制器接收客户的请求，由前端控制器根据请求的信息（一般是请求的地址 URI）再指派不同的 Controller 进行具体的业务处理。Model2 型的 MVC 模式组件结构参见图 18-2，该模式的工作流程如下所述。

（1）前端控制器接收客户的请求，根据请求的信息确定执行哪个控制器。

（2）指派控制器执行具体的控制处理，包括取得提交的参数、验证数据的合法性、进行数据的类型转换、调用 Model 的业务方法、返回 Model 表达对象。

（3）前端控制器接收指派控制器的返回结果，选择指定的 View 对象运行，并将控制器返回的 Model 对象交给 View 对象进行显示处理，View 对象生成 HTML 响应，返回给前端控制器。

（4）前端控制器使用一些拦截器机制对响应结果进行处理后，将响应发送给客户端，完成一次请求和响应处理，等待客户的下一次请求。

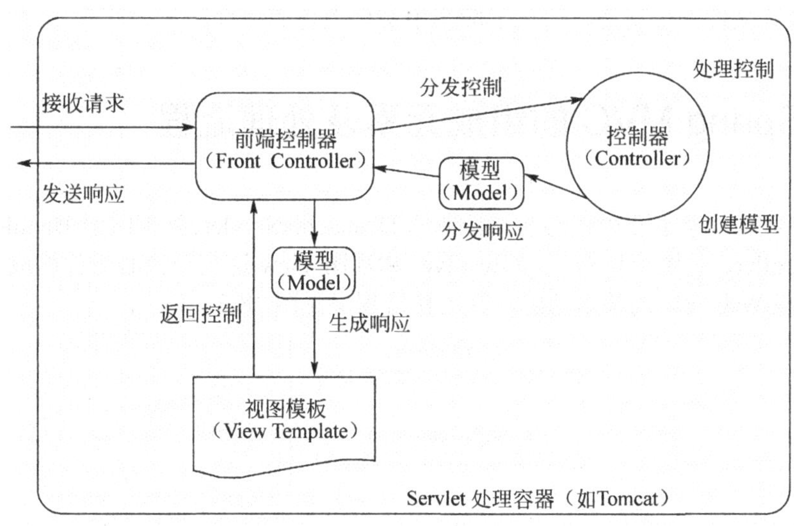

图 18-2 Model2 MVC 模式结构和工作原理图

Spring MVC 就是 Model2 类型的 MVC 的一种实现，类似的 Struts2、WebWeb 等都是此种模式的 MVC 实现机制。

18.2 Spring MVC 概述

Spring MVC 是一种基于 Spring 的实现了 Web MVC 设计模式的请求驱动类型的轻量级 Web 框架，即使用了 MVC 架构模式的思想，将 Web 层进行职责解耦，基于请求驱动指的就是使用请求/响应模型。

Spring MVC 框架有以下优点，使得其能迅速战胜 Struts2 成为当今 Web 开发的主流。

（1）能非常简单地设计出干净的 Web 层和薄薄的 Web 层。

（2）进行更简洁的 Web 层的开发。

（3）天生与 Spring 框架集成（如 IoC 容器、AOP 等）。

（4）提供强大的约定大于配置的契约式编程支持。

（5）能简单地进行 Web 层的单元测试。

（6）支持灵活的 URL 到页面控制器的映射。

（7）非常简单地实现其他视图技术集成，如 Velocity、FreeMarker 等等，因为模型数据不放在特定的 API 中，而是放在一个 Model 中。

（8）声明式数据验证、格式化和数据绑定机制，能使用任何对象进行数据绑定，不必实现特定框架的 API。

（9）提供一套强大的 JSP 标签库，简化 JSP 开发。

（10）支持灵活的 I18N、本地化和主题等解析。

（11）更加简单的异常处理。

（12）对静态资源的支持。

（13）支持 Restful 风格。

（14）内置文件上传支持，简化了应用中文件上传的编程。

18.3 Spring MVC 的组成元素及处理流程

Spring MVC 框架主要由核心前端控制器 DispatcherServlet、处理映射 HandlerMapping、控制器 Controller、视图解析器 ViewResolver 和视图 View 这几个核心组件构成，这些组件统一协调完成 Web 应用的基本功能，其工作流程参见图 18-3。

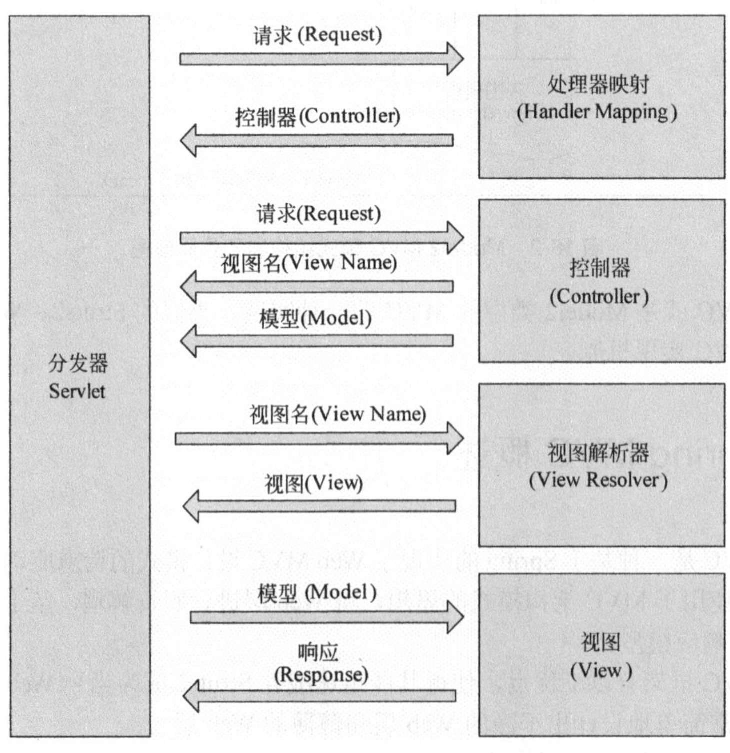

图 18-3 Spring MVC 的工作流程

1．前端控制器 DispatcherServlet

前端控制器根据请求信息（如 URL）来决定选择哪一个控制器进行处理并把请求委托给它，即以前的控制器的控制逻辑部分。

2．处理映射 HandlerMapping

映射处理通过请求映射（RequestMapping）将客户的 HTTP URI 地址与特定的 Spring MVC 控制器进行关联，前端控制器根据 HandlerMapping 定位到指定 Controller。

3．控制器 Controller

前端控制器调用控制器中与 RequestMapping 对应的方法，执行 MVC 中控制器的职责，控制器返回指定的 View 和特定的 Model 对象给前端控制器。

4．视图解析器 View Resolver

前端控制器 DispatcherServlet 根据 Controller 返回的视图，交给视图解析器进行解析，收回控制权，然后根据返回的逻辑视图名，选择相应的视图进行渲染，并传入模型数据以便进行视图渲染。

5．视图 View

前端控制器根据视图解析器的解析结果，调用 View 对象，将响应返回给用户。Spring MVC 支持不同类型的视图解析器，可以支持 JSP、Velocity 和 Freemarker 等视图技术。

而且 Spring MVC 也支持控制器直接生成响应内容，如 XML、JSON、Atom 和其他响应类型等，不需要视图对象。

18.4 Spring MVC 的核心控制器 DispatcherServlet

Spring MVC 框架中 DispactherServlet 是核心，它作为框架的前端控制器接收所有的客户端 HTTP 请求，并根据请求的 URI 地址，参照 RequestMapping 的映射信息，定位到指定的 Spring MVC 的控制器对象。

此类继承了 JavaEE 的 javax.servlet.http.HttpServlet，在 Spring MVC 应用开发中将其配置在 web.xml 文件中，并配置其以自动启动方式运行，这与传统的 Servlet 当请求时才启动运行的方式是不一样的。

在一个企业级应用中可以配置多个 DispatcherServlet，每个分别完成不同模式的请求处理，目前使用 Spring MVC 的项目中经常配置两个 DispatcherServlet：一个用于传统的 Web 处理，另一个处理 REST API 请求，这样可配置第一个 DispatcherServlet 的请求路径为“/web/*”，而第二个请求路径为“/api/*”。

为了与 Spring IoC 容器进行集成，Spring MVC 必须使用 IoC 的 Web 版的接口 WebApplicationContext，不能使用之前经常使用 IoC 容器的 ClassPathXmlApplicationContext 或 FileSystemXmlApplicationContext 实现类来创建 IoC 容器。

Spring 为 WebApplicationContext 接口提供了 XmlWebApplicationContext 实现类来创建

供 Spring MVC 使用的 IoC 容器，DispatcherServlet 启动后自动使用该类完成 Spring IoC 容器的创建。DispatcherServlet 在 web.xml 文件中的配置代码如下所示。

```
<servlet>
    <servlet-name>DispatcherServlet</servlet-name>
    <servlet-class>org.springframework.web.servlet.DispatcherServlet
    </servlet-class>
    <init-param>
        <param-name>contextConfigLocation</param-name>
        <param-value>classpath:springmvc.xml</param-value>
    </init-param>
    <load-on-startup>1</load-on-startup>
</servlet>
<servlet-mapping>
    <servlet-name>DispatcherServlet</servlet-name>
    <url-pattern>/web/</url-pattern>
</servlet-mapping>
```

需要注意的是，如果没有配置 DispatcherServlet 的初始化参数 contextConfigLocation 来定义该对象使用的 IoC 容器配置文件，DispatcherServlet 会自动在 Web 目录/WEB-INF 内查找文件名为 servletname-servlet.xml 的配置文件，其中 servletname 为 DispatcherServlet 配置的 name，如上面配置代码中 Servlet 的名称为 DispatcherServlet，则自动查找配置文件的名称为 DispatcherServlet-servlet.xml，实际编程中一般不使用默认的配置而是通过指定配置文件方式使用指定的 Spring MVC IoC 容器配置文件，如上面代码配置的参数值 classpath: springmvc.xml 就是指定使用 Spring mvc.xml 作为 MVC 的配置文件。

如果项目中还使用其他类型的 Web 框架，如 Struts2 等，此时 DispatcherServlet 的映射地址不能是诸如“/*”或“/web/*”等模式，而是要使用带后缀的映射地址，如*.mvc、*.do 等。

当项目只使用 Spring MVC 框架时，映射地址没有以上限制，此时推荐使用“/”，用于接收并处理所有的 HTTP 请求。

Spring MVC WebApplicationContext 支持 IoC 容器的配置文件继承机制，即 DiapatcherServlet 使用的 IoC 配置文件，可以继承 Spring 的根（root）配置文件，这样在项目开发中可以配置一个根 IoC 配置文件和若干个 Spring MVC 专用的配置文件。

在 Spring 根 IoC 容器配置文件中配置每个 DiapatcherServlet 都需要访问的共享的 Bean 对象，如数据源、Hibernate 的 SessionFactory、声明式事务、业务层 Bean 等。

在 Spring MVC DiapatcherServlet 的专用配置文件中配置自己的控制器，视图解析器等，此方式的配置结构的示意图参见图 18-4。

当然 Spring MVC 的 DiapatcherServlet 可以与 Spring 核心模块公用一个 Root 配置文件，但实际项目中不推荐使用此模式，而应该使用分离模式架构，设置一个公共的配置文件，每个前端控制器都有自己专门的配置文件。

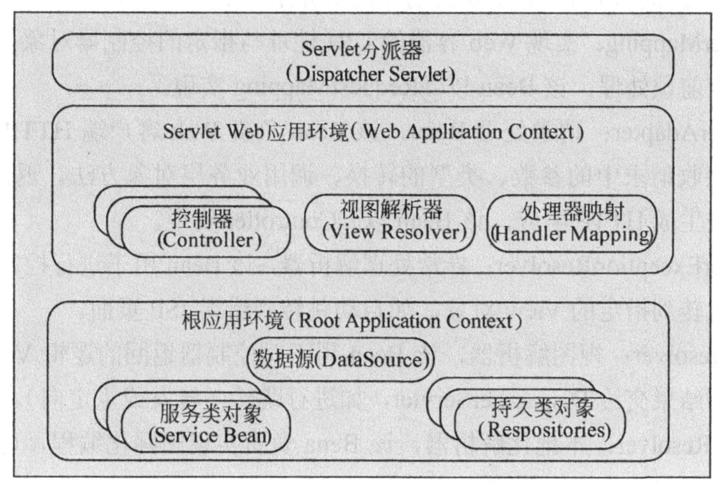

图 18-4 Spring MVC 应用的 IoC 容器配置结构

为配置与 Spring MVC 配合使用的 Spring 根（root）容器配置文件，需要在 Web 项目的目录/WEB-INF 下的 Java Web 配置文件 web.xml 中配置根 WebApplicationContext 的启动监听器 ContextLoaderListener，并配置该监听器的读取配置文件的参数 contextConfigLocation，其配置代码如下所示。

```
<context-param>
    <param-name>contextConfigLocation</param-name>
    <param-value>classpath:applicationContext.xml</param-value>
</context-param>
<listener>
<listener-class>org.springframework.web.context.ContextLoaderListener</
listener-class>
</listener>
```

将前面的 DispatcherServlet 配置与此配置结合在一起，构成 Spring MVC 应用的 web.xml 文件中的核心配置内容。

在 Spring 的根配置文件中配置 DAO 层、业务层的共享对象，在 Spring MVC 的专有配置文件中配置 Spring MVC 框架的各种 Bean 对象实现控制层的处理。

18.5 Spring MVC DispatcherServlet 支持的 Bean 类型

Spring MVC 在自己的 IoC 容器内可以配置不同类型的专有 Bean 来实现对 Web HTTP 请求和响应的处理编程。但 Spring MVC 的这些 Bean 不再以 XML 方式配置为主，而是基本采用注释类配置模式，只需在 Spring MVC 的 IoC 容器配置文件中设置扫描路径即可。

Spring MVC 提供的 Bean 类型及其功能简要介绍如下。

（1）HandlerMapping：实现 Web 容器的 URI 地址与指定的控制器对象，并可配置请求后预处理和响应前预处理，该 Bean 以@RequestMapping 实现。

（2）HandlerAdapter：请求处理 Bean，该 Bean 负责 Web 客户端 HTTP 请求和响应的处理，可用于接收请求中的参数、类型的转换、调用业务层对象方法，返回指定的 View 逻辑对象或直接生成 HTTP 响应。该 Bean 以@Controller 实现。

（3）HandlerExceptionResolver：异常处理解析器，该 Bean 用于进行控制器出现异常后的解析，通常跳转到指定的 View 对象，如自动跳转到错误 JSP 页面。

（4）ViewResolver：视图解析器，该 Bean 用于对控制器返回的逻辑 View 对象进行解析，并将解析的结果交给 DispactherServlet，如进行跳转（转发或重定向）。

（5）LocaleResolver：本地化解析器，该 Bena 负责实现国际化编程，可以客户使用的语言和所在的国家自动访问对应的资源文件，实现页面显示的国际化。

（6）LocaleContextResolver：扩展的 LocaleResolver，可以在原来本地化的基础上，增加时区的功能。

（7）ThemeResolver：模板解析器，该 Bean 用于对页面模板模式进行解析，用于美化页面的显示。

（8）MultipartResolver：文件上传解析器，用于实现 HTTP 请求的文件上传处理。

（9）FlashMapManager：内存临时存储机制 FlashMap 的解析器，可以在多个页面和控制器之间实现数据传递。

18.6 Spring MVC 简单案例的开发

在介绍了 Spring 的组成、工作流程和配置的基础上，下面以本书 OA 案例中显示部门列表和增加部门的简单业务讲述 Spring MVC 的开发步骤和各个组成元素的编程和配置，第 19 章开始将详述每个部分的编程和配置。

案例中有两个 JSP 页面，分别是部门的主页面/department/main.jsp 和部门增加页面/department/add.jsp。其中部门主页面显示员工表的所有部门列表，其显示如图 18-5 所示。

部门增加页面显示增加部门的表单，其页面显示参见图 18-6。

为完成本案例，我们使用第 17 章 Spring 集成 Hibernate 的部门业务服务层对象，实现取得部门列表和增加部门的方法。该部门业务实现类 DepartmentServiceImpl 通过注释类@Service 在 IoC 容器内进行注册，因此其代码不再列出，请参阅第 17 章的编程案例代码。

为完成此简单案例的开发，按照如下步骤进行项目的配置和编程。

（1）在 Eclipse 中创建动态 Web 项目，项目名称自主确定。创建项目时请选择生成 Web 配置文件 web.xml，如果忘记，可创建一个新项目，从新项目中复制过来。

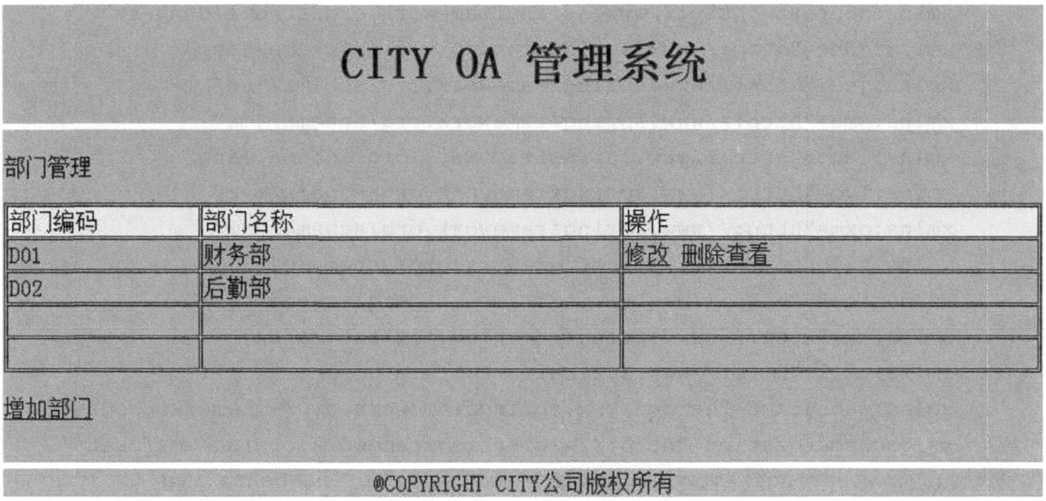

图 18-5 部门主页面显示

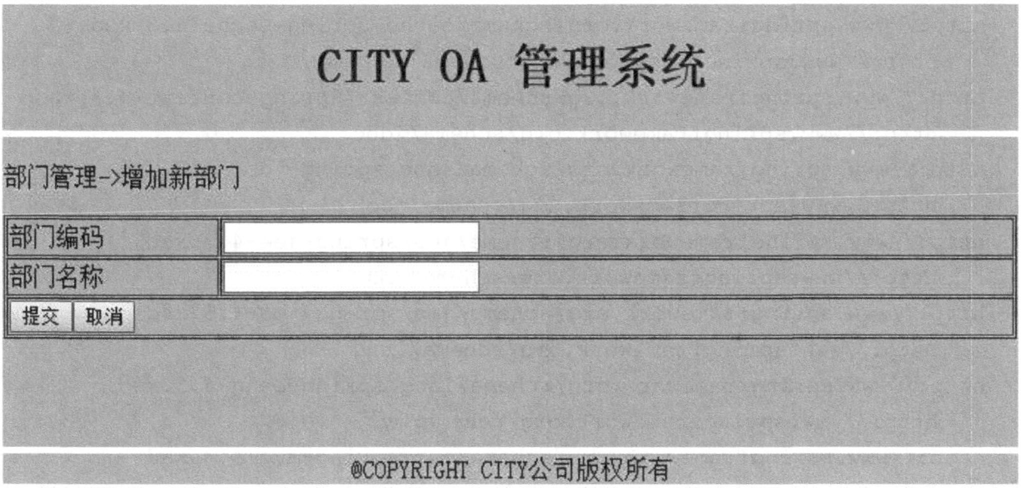

图 18-6 增加部门页面显示

（2）引入 Hibernate、Spring、AspectJ、AOPAllicen、JSTL 等类库，参考前面章节讲述。

（3）创建 Spring 的主 IoC 配置文件 applicationContext.xml，位置在类的根目录，项目中的 src 目录。配置数据库连接池、Hibernate SessionFactoryBean 工厂、Hibernate 的事务管理器，启用事务注释，其配置代码如程序 18-1 所示。

程序 18-1 applicationContext.xml //Spring IoC 主配置文件

```
<?xml version="1.0" encoding="UTF-8"?>
<beans xmlns="http://www.springframework.org/schema/beans"
    xmlns:xsi="http://www.w3.org/2001/XMLSchema-instance"
    xmlns:aop="http://www.springframework.org/schema/aop"
    xmlns:c="http://www.springframework.org/schema/c"
    xmlns:cache="http://www.springframework.org/schema/cache"
```

```
    xmlns:context="http://www.springframework.org/schema/context"
    xmlns:jdbc="http://www.springframework.org/schema/jdbc"
    xmlns:jee="http://www.springframework.org/schema/jee"
    xmlns:jms="http://www.springframework.org/schema/jms"
    xmlns:lang="http://www.springframework.org/schema/lang"
    xmlns:mvc="http://www.springframework.org/schema/mvc"
    xmlns:oxm="http://www.springframework.org/schema/oxm"
    xmlns:p="http://www.springframework.org/schema/p"
    xmlns:task="http://www.springframework.org/schema/task"
    xmlns:tx="http://www.springframework.org/schema/tx"
    xmlns:util="http://www.springframework.org/schema/util"
    xmlns:websocket="http://www.springframework.org/schema/websocket"
    xsi:schemaLocation="http://www.springframework.org/schema/beans
http://www.springframework.org/schema/beans/spring-beans.xsd
    http://www.springframework.org/schema/aop
http://www.springframework.org/schema/aop/spring-aop-4.3.xsd
    http://www.springframework.org/schema/cache
http://www.springframework.org/schema/cache/spring-cache-4.3.xsd
    http://www.springframework.org/schema/context
http://www.springframework.org/schema/context/spring-context-4.3.xsd
    http://www.springframework.org/schema/jdbc
http://www.springframework.org/schema/jdbc/spring-jdbc-4.3.xsd
    http://www.springframework.org/schema/jee
http://www.springframework.org/schema/jee/spring-jee-4.3.xsd
    http://www.springframework.org/schema/jms
http://www.springframework.org/schema/jms/spring-jms-4.3.xsd
    http://www.springframework.org/schema/lang
http://www.springframework.org/schema/lang/spring-lang-4.3.xsd
    http://www.springframework.org/schema/mvc
http://www.springframework.org/schema/mvc/spring-mvc-4.3.xsd
    http://www.springframework.org/schema/oxm
http://www.springframework.org/schema/oxm/spring-oxm-4.3.xsd
    http://www.springframework.org/schema/task
http://www.springframework.org/schema/task/spring-task-4.3.xsd
    http://www.springframework.org/schema/tx
http://www.springframework.org/schema/tx/spring-tx-4.3.xsd
    http://www.springframework.org/schema/util
http://www.springframework.org/schema/util/spring-util-4.3.xsd
    http://www.springframework.org/schema/websocket
http://www.springframework.org/schema/websocket/spring-websocket-4.3.xsd">
    <!-- 设置扫描 Bean 的路径 -->
    <context:component-scan base-package="com.city.oa"></context:component-scan>
    <!-- C3P0 配置数据库连接池 -->
    <bean id="dataSource" class="com.mchange.v2.c3p0.ComboPooledDataSource"
  destroy-method="close">
```

```
    <property name="driverClass" value="com.mysql.jdbc.Driver">
    </property>
    <property name="jdbcUrl" value="jdbc:mysql://localhost:3306/cityoa">
    </property>
    <property name="user" value="root"></property>
    <property name="password" value="root"></property>
    <property name="acquireIncrement" value="2"></property>
    <property name="initialPoolSize" value="3"></property>
    <property name="maxPoolSize" value="5"></property>
    <property name="minPoolSize" value="1"></property>
    <property name="acquireRetryDelay" value="100"></property>
    <property name="acquireRetryAttempts" value="10"></property>
    <property name="breakAfterAcquireFailure" value="false"></property>
  </bean>
  <!-- 配置 LocalSessionFactory -->
  <bean id="sessionFactory" class="org.springframework.orm.hibernate5.
  LocalSessionFactoryBean">
     <!-- 注入连接池-->
     <property name="dataSource" ref="dataSource"/>
     <!-- 注入 Model 类的位置文件夹 -->
     <property name="packagesToScan">
        <list>
           <value>com.city.oa.model</value>
        </list>
     </property>
     <property name="hibernateProperties">
        <props>
           <prop key="hibernate.dialect">org.hibernate.dialect.MySQL-
           Dialect</prop>
           <prop key="hibernate.max_fetch_depth">3</prop>
           <prop key="hibernate.jdbc.fetch_size">50</prop>
           <prop key="hibernate.jdbc.batch_size">10</prop>
           <prop key="hibernate.show_sql">true</prop>
        </props>
     </property>
  </bean>
  <!-- 配置 Hibernate 事务管理器 -->
  <bean id="transactionManager" class="org.springframework.orm.
  hibernate5.HibernateTransactionManager">
     <property name="sessionFactory" ref="sessionFactory"/>
  </bean>
  <tx:annotation-driven/>
</beans>
```

（4）创建 Spring MVC 使用的 IoC 配置文件 springmvc.xml，位置也在类的根目录。该配置文件主要配置启动 Spring 注释，配置 Spring MVC JSP 视图解析器，其配置代码参见程序 18-2。

程序 18-2 springmvc.xml //Spring MVC IoC 配置文件

```
<?xml version="1.0" encoding="UTF-8"?>
<beans xmlns="http://www.springframework.org/schema/beans"
   xmlns:xsi="http://www.w3.org/2001/XMLSchema-instance"
   xmlns:aop="http://www.springframework.org/schema/aop"
   xmlns:c="http://www.springframework.org/schema/c"
   xmlns:cache="http://www.springframework.org/schema/cache"
   xmlns:context="http://www.springframework.org/schema/context"
   xmlns:jdbc="http://www.springframework.org/schema/jdbc"
   xmlns:jee="http://www.springframework.org/schema/jee"
   xmlns:jms="http://www.springframework.org/schema/jms"
   xmlns:lang="http://www.springframework.org/schema/lang"
   xmlns:mvc="http://www.springframework.org/schema/mvc"
   xmlns:oxm="http://www.springframework.org/schema/oxm"
   xmlns:p="http://www.springframework.org/schema/p"
   xmlns:task="http://www.springframework.org/schema/task"
   xmlns:tx="http://www.springframework.org/schema/tx"
   xmlns:util="http://www.springframework.org/schema/util"
   xmlns:websocket="http://www.springframework.org/schema/websocket"
   xsi:schemaLocation="http://www.springframework.org/schema/beans
http://www.springframework.org/schema/beans/spring-beans.xsd
   http://www.springframework.org/schema/aop
http://www.springframework.org/schema/aop/spring-aop-4.3.xsd
   http://www.springframework.org/schema/cache
http://www.springframework.org/schema/cache/spring-cache-4.3.xsd
   http://www.springframework.org/schema/context
http://www.springframework.org/schema/context/spring-context-4.3.xsd
   http://www.springframework.org/schema/jdbc
http://www.springframework.org/schema/jdbc/spring-jdbc-4.3.xsd
   http://www.springframework.org/schema/jee
http://www.springframework.org/schema/jee/spring-jee-4.3.xsd
   http://www.springframework.org/schema/jms
http://www.springframework.org/schema/jms/spring-jms-4.3.xsd
   http://www.springframework.org/schema/lang
http://www.springframework.org/schema/lang/spring-lang-4.3.xsd
   http://www.springframework.org/schema/mvc
http://www.springframework.org/schema/mvc/spring-mvc-4.3.xsd
   http://www.springframework.org/schema/oxm
http://www.springframework.org/schema/oxm/spring-oxm-4.3.xsd
   http://www.springframework.org/schema/task
http://www.springframework.org/schema/task/spring-task-4.3.xsd
   http://www.springframework.org/schema/tx
```

```
http://www.springframework.org/schema/tx/spring-tx-4.3.xsd
    http://www.springframework.org/schema/util
http://www.springframework.org/schema/util/spring-util-4.3.xsd
    http://www.springframework.org/schema/websocket
http://www.springframework.org/schema/websocket/spring-websocket-4.3.xsd">
    <!-- 设置扫描 Bean 的路径 -->
    <context:component-scan base-package="com.city.oa"></context:component-scan>
    <!--启用 Spring MVC 注释  -->
    <mvc:annotation-driven></mvc:annotation-driven>
    <!-- 启用事务注释 -->
    <tx:annotation-driven/>
    <!-- 配置 Spring MVC JSP 视图解析器 -->
    <bean class="org.springframework.web.servlet.view.
    InternalResourceViewResolver">
        <property name="prefix" value="/"></property>
        <property name="suffix" value=".jsp"></property>
    </bean>
</beans>
```

注意，在 Spring MVC 的配置文件中也需要 Bean 的扫描路径配置和注释事务启用配置，因为当 Spring MVC 的控制器调用需要事务处理的业务对象时，控制器类也要使用 @Transactional 进行注释，否则无法实现正常的事务处理。

（5）在 web.xml 文件中配置用于 Web 应用的 Spring IoC 容器 WebApplicationContext，该容器在 Web 启动后会自动启动，并读取 IoC 配置文件，解析注册的所有 Bean。Spring 提供了专门启动 WebApplicationContext 容器的监听器，配置代码参见程序 18-3。

（6）在 web.xml 文件中配置 Spring MVC 的核心控制器 DispatcherServlet，设置其专用的 IoC 配置文件，并设定其映射地址，配置代码也在程序 18-3 所示的文件中。

程序 18-3　/WEB-INF/web.xml //Java Web 配置文件

```
<?xml version="1.0" encoding="UTF-8"?>
<web-app xmlns:xsi="http://www.w3.org/2001/XMLSchema-instance" xmlns=
"http://xmlns.jcp.org/xml/ns/javaee"xsi:schemaLocation="http://xmlns.jcp.
org/xml/ns/javaee http://xmlns.jcp.org/xml/ns/javaee/web-app_3_1.xsd" id=
"WebApp_ID" version="3.1">
  <display-name>tt</display-name>
    <welcome-file-list>
      <welcome-file>index.jsp</welcome-file>
    </welcome-file-list>
    <!-- 定义 Spring 主 IoC 容器位置参数 -->
    <context-param>
        <param-name>contextConfigLocation</param-name>
        <param-value>classpath:applicationContext.xml</param-value>
    </context-param>
    <!-- Spring WebApplicationContext IoC 容器启动监听器 -->
    <listener>
```

```
    <!--WebApplicationContext 启动监听器配置--><listener-class>org.
springframework.web.context.ContextLoaderListener</listener-class>
    </listener>
    <!-- 汉字 UTF-8 过滤器 -->
    <filter>
        <filter-name>characterEncodingFilter</filter-name>
        <filter-class>org.springframework.web.filter.CharacterEncodingFilter
        </filter-class>
        <init-param>
            <param-name>encoding</param-name>
            <param-value>UTF-8</param-value>
        </init-param>
        <init-param>
            <param-name>forceEncoding</param-name>
            <param-value>true</param-value>
        </init-param>
    </filter>
    <filter-mapping>
        <filter-name>characterEncodingFilter</filter-name>
        <url-pattern>/*</url-pattern>
    </filter-mapping>
    <!-- Spring MVC 主控制器 -->
    <servlet>
        <servlet-name>DispatcherServlet</servlet-name>
        <servlet-class>org.springframework.web.servlet.DispatcherServlet
        </servlet-class>
        <init-param>
            <param-name>contextConfigLocation</param-name>
            <param-value>classpath:springmvc.xml</param-value>
        </init-param>
        <load-on-startup>1</load-on-startup>
    </servlet>
    <servlet-mapping>
        <servlet-name>DispatcherServlet</servlet-name>
        <url-pattern>/</url-pattern>
    </servlet-mapping>
</web-app>
```

为解决汉字乱码问题，Spring 提供了一个字符编码过滤器，可以设定任何字符集的编码转换，本案例都转换为统一的 UTF-8 编码集。

（7）创建部门主页面文件/department/main.jsp。

该页面使用 JSTL 标记显示控制器取得的部门列表，其实现代码如程序 18-4 所示。

程序 18-4 /departnent/main.jsp //部门主页面

```
<%@ page language="java" contentType="text/html; charset=UTF-8"
```

```
    pageEncoding="UTF-8"%>
<%@ taglib uri="http://java.sun.com/jsp/jstl/core" prefix="c" %>
<!DOCTYPE html PUBLIC "-//W3C//DTD HTML 4.01 Transitional//EN" "http://www.
w3. org/TR/html4/loose.dtd">
<html>
<head>
<meta http-equiv="Content-Type" content="text/html; charset=UTF-8">
<title>Insert title here</title>
</head>
<body>
<table width="100%" height="74" border="0">
  <tr>
    <td align="center" bgcolor="#D6D6D6"><h1>CITY OA 管理系统</h1></td>
  </tr>
</table>
<table width="100%" height="234" border="0">
  <tr>
    <td width="58%" height="230" valign="top" bgcolor="#D6D6D6"><p>部门管
    理</p>
      <table width="100%" border="1" cellspacing="1" cellpadding="1">
        <tr>
          <td width="13%" bgcolor="#F2F2F2">部门编码</td>
          <td width="28%" bgcolor="#F2F2F2">部门名称</td>
          <td width="28%" bgcolor="#F2F2F2">操作</td>
        </tr>
        <c:forEach var="dm" items="${departmentList}">
        <tr>
          <td>${dm.code}</td>
          <td>${dm.name }</td>
          <td><a href="main01.html">修改</a> <a href="main01.html">删除</a>
              <a href="main01.html">查看</a>
          </td>
        </tr>
        </c:forEach>
      </table>
    <p><a href="toadd">增加部门</a></p></td>
  </tr>
</table>
<table width="100%" border="0">
  <tr>
    <td  align="center" bgcolor="#D6D6D6">@COPYRIGHT CITY 公司版权所有</td>
  </tr>
</table>
</body>
</html>
```

代码中使用 JSTL 的<c:forEach>标记显示控制器传递的部门列表。点击增加部门超链接会请求到部门的前分发控制，其地址是/departmetn/add。

（8）创建部门增加页面/department/add.jsp。

该页面显示增加部门表单，其页面代码参见程序 18-5。

程序 18-5 /department/add.jsp //部门增加页面

```
<%@ page language="java" contentType="text/html; charset=UTF-8"
    pageEncoding="UTF-8"%>
<!DOCTYPE html>
<html>
<head>
<meta http-equiv="Content-Type" content="text/html; charset=UTF-8">
<title>Insert title here</title>
</head>
<body>
<table width="100%" height="74" border="0">
  <tr>
    <td align="center" bgcolor="#D6D6D6"><h1>CITY OA 管理系统</h1></td>
  </tr>
</table>
<table width="100%" height="205" border="0">
  <tr>
    <td width="58%" height="201" valign="top" bgcolor="#D6D6D6"><p>部门管理
   -&gt;增加新部门</p>
     <form action="add" method="post">
      <table width="100%" border="1" cellspacing="1" cellpadding="1">
        <tr>
          <td width="21%" >部门编码</td>
          <td width="79%" ><input type="text" name="code"  /></td>
        </tr>
        <tr>
          <td>部门名称</td>
          <td><input type="text" name="name"  /></td>
        </tr>
        <tr>
          <td colspan="2"><input type="submit" name="button" id="button"
          value="提交" /><input type="submit" name="button" id="button"
          value="取消" /></td>
        </tr>
      </table>
      </form>
   </td>
  </tr>
</table>
<table width="100%" border="0">
```

```
  <tr>
    <td  align="center" bgcolor="#D6D6D6">@COPYRIGHT CITY 公司版权所有</td>
  </tr>
</table>
</body>
</html>
```

代码中表单提交到部门增加的后处理控制器，其请求地址是/department/add。

（9）创建部门的前分发控制器 DepartmentFrontController。

在包 com.city.oa.controller 下创建 POJO 类 DepartmentFrontController，该类为部门页面的前分发控制器，前分发控制器负责向 JSP 页面提供其要显示的数据。这里分别定义了到部门主页和增加页面的分发方法。如果是完整案例，还应该有到部门修改页面、删除页面和查看页面的分发方法，本案例只定义了到主页和增加的分发方法，目的是让读者了解控制器的编程。该类的编程代码参见程序 18-6。

程序 18-6　DepartmentFrontController //部门前分发控制器类

```
package com.city.oa.controller;
import java.util.List;
import org.springframework.beans.factory.annotation.Autowired;
import org.springframework.stereotype.Controller;
import org.springframework.ui.Model;
import org.springframework.web.bind.annotation.RequestMapping;
import com.city.oa.model.annotation.DepartmentModel;
import com.city.oa.service.IDepartmentService;
//部门前分发控制器类
@Controller
@RequestMapping("/department")
public class DepartmentFrontController {
   //定义部门业务服务对象
   private IDepartmentService departmentService=null;
   //自动注入业务对象
   @Autowired
   public void setDepartmentService(IDepartmentService departmentService) {
      this.departmentService = departmentService;
   }
   //到部门主页的分发方法
   @RequestMapping("/tomain")
   public String tomain(Model model) throws Exception
   {
      List<DepartmentModel> departmentList=departmentService.getListByAll();
      model.addAttribute("departmentList", departmentList);
      return "department/main";
   }
   //到部门增加页面的分发方法
   @RequestMapping("/toadd")
```

```
    public String toadd() throws Exception
    {
        return "department/add";
    }
}
```

代码中通过注释类@Controller对其进行注释，并使用@RequestMapping注释类配置每个方法的请求地址。因为在类和方法上都使用@RequestMapping，则请求地址为二者组合而成，如到部门主页的分发地址是/department/tomain，到增加页面的地址是/department/toadd。

在到部门主页的分发方法中，调用部门的业务方法取得所有部门列表，并使用Model类将其保存到request对象属性中，最后通过返回String类型的字符串表达目标对象的地址，Spring MVC会调用配置的JSP视图解释器，对其进行解析，并默认执行转发到目标地址，如/department/man.jsp。部门主页会使用JSTL标记显示保存的departmentList容器。

（10）创建部门表单后处理控制器DepartmentBackProcessController。

Spring MVC的后处理控制器用于取得页面（界面）表单提交的数据，此控制器用于取得部门增加页面提交的部门的数据，并调用部门业务实现类方法实现对部门的增加。

在包com.city.oa.controller下创建类DepartmentBackProcessController，其实现代码参见程序18-7。

程序 18-7 DepartmentBackProcessController.java //部门后处理控制器

```
package com.city.oa.controller;
import org.springframework.beans.factory.annotation.Autowired;
import org.springframework.stereotype.Controller;
import org.springframework.transaction.annotation.Transactional;
import org.springframework.web.bind.annotation.RequestMapping;
import com.city.oa.model.annotation.DepartmentModel;
import com.city.oa.service.IDepartmentService;
//部门后处理控制器
@Controller
@RequestMapping("/department")
@Transactional
public class DepartmentBackProcessController {
    //定义部门业务实现类对象
    private IDepartmentService departmentService=null;
    //注入部门业务实现对象
    @Autowired
    public void setDepartmentService(IDepartmentService departmentService) {
        this.departmentService = departmentService;
    }
    //部门增加处理方法
    @RequestMapping("/add")
    public String add(DepartmentModel dm) throws Exception{
```

```
        departmentService.add(dm);
        return "redirect:/department/tomain";
    }
}
```

通过方法的代码可见，Spring MVC 的控制方法的参数是非常灵活的，可以直接接收 Hibernate 持久层 Model 对象，Spring MVC 会自动根据提交的参数创建 Model 对象，并将取得的请求参数设置到 Model 对象对应的属性中，这要比原来使用 Servlet 手动编程取得提交参数，手动创建 Model 对象，再手动编程执行 set 属性的方法要简便多了。这一点与 Struts2 的框架极其类似，但是 Struts2 框架需要定义 Model 类属性，再创建 set/get 方法才能自动接收页面提交的数据，而 Spring MVC 直接定义参数即可，要比 Struts2 还简便。

有关控制器的详细编程以及控制方法的参数、返回类型等详细信息将在第 19 章详细讲述。

本章小结

本章从 MVC 模式介绍开始，详细介绍典型的 MVC 模式的组成以及各种组成部分的职责，并简要介绍了典型的 Web MVC 框架的各种类型以及 Spring MVC 框架的特性。

Spring MVC 框架使用前端控制器模式的 MVC 设计，由前端控制器统一接收客户的请求，并根据请求的 URI 地址，分派到实际的 Spring MVC 控制器类和方法进行数据的处理和响应的生成。

DispatcherServlet 前端控制器是 Spring MVC 的核心，需要在 web.xml 对其进行配置，并设置其读取的 IoC 容器配置文件。Spring MVC 提供的 WebApplicationContext 容器是 Spring 框架 ApplicationContext 的扩展，使得 Spring IoC 容器能在 Web 应用中使用。

Spring MVC 的控制器类可以使用普通的 POJO 实现，不需要继承或实现任何与 Spring MVC 有关的类和接口。

Sprint MVC 控制器和 View 解析

本章要点

- Spring MVC 控制器概述。
- Spring MVC 控制器编程。
- @RequestMapping 注释类。
- 控制的参数类型及其功能。
- 控制器的返回类型及其功能。
- Spring MVC 常用的视图解析器类型和配置。

Spring MVC 应用中最核心的编程任务就是编写控制器（Controller），当前端控制器 DispatcherServlet 接收到客户的 HTTP 请求后，会根据请求的 URI 地址，定位到对应的控制器对象及其控制方法。DispatcherServlet 会创建控制器对象，并将其需要的各种参数注入到控制器对象中，然后调用其方法，执行控制任务，执行后将控制权返回给前端控制器，前端控制器会根据控制器返回的结果类型，跳转到指定 View 对象或直接生成 HTTP 响应，完成一次请求/响应处理过程。

Spring MVC 框架的强大之处在于控制器具有的极其灵活的参数类型，不但参数类型可变，并且参数个数也不是固定的，可以处理各种不同数据类型的请求处理。另外 Spring MVC 的控制器方法的返回类型也支持多种不同的类型，以适应不同 HTTP 响应类型的处理，这一点上要比另外一个常见的 Web 框架 Struts2 具有更大的优越性和灵活性。

Struts2 框架的控制器不能接收任何参数，要接收数据只能定义属性变量，还要生成 get 和 set 方法，且其控制方法只能返回 String 类型，只有通过 Struts2 配置文件才能确定具体的响应类型，如此会导致其控制器编程代码冗余且臃肿。再有 Struts2 框架不能和 Spring 框架深度集成，毕竟不是一个开发团队的产品，而 Spring MVC 与 Spring 是自成一体的，因此现在企业开发 JavaEE 应用正逐渐向 Spring MVC 转移。

19.1 Spring MVC 控制器概述

控制器在 Spring MVC 中担任最重要的角色，MVC 框架中的 Controller 的主要任务都是由控制器承担。Spring MVC 中前端控制器是由框架提供的，不需要编程，在 web.xml

文件中配置好即可，Web 应用需要的处理任务都是在控制器的方法中编程实现的。

Spring MVC 中许多控制层需要完成的功能都由前端控制器和一些内置的服务类实现了，如接收请求中的参数提交、类型转换、生成 Model 对象等，控制器方法直接接收这些已经准备好的数据对象即可，不需要再进行这些烦琐转换、验证和处理的编程，使得控制器代码极其简单。

在 Spring2.5 版本之前，编写 Spring MVC 的控制器需要实现 Controller 接口，而且每个控制器只能定义一个控制处理方法，这样会导致项目中控制类定义过多，不便于系统的维护。从 Spring2.5 开始，Spring MVC 支持注释类模式的控制器编程，通过使用注释类@Controller、@RequestMapping 等一系列注释类，可以在一个控制类中定义多个控制方法，从而实现关联多地址 URI 的请求处理，这样可以把相关的控制器代码编写在一个控制器类中。例如编写 OA 案例的部门处理控制器，如果使用先前版本的模式，需要编写至少 8 个控制类，包括 5 个前分发和 3 个后处理控制类，而使用新的注释模式的控制器只需 1 个控制类即可，在此控制类中定义 8 个控制方法，如此会极大地减少控制类的个数。本书只介绍注释模式的控制器编程，原有模式的控制器编程不再介绍，因为目前项目开发已基本不再使用旧模式进行编程了。

Spring MVC 注释类模式的控制器类使用 POJO 类即可，不需要实现任何接口或与 Spring 相关的父类，在类上使用@Controller 注释类（org.springframework.stereotype.Controller），即可成为 Spring MVC 控制器，其控制类的编程示意代码如下。

```
@Controller
@RequestMapping("/uri")
public Class DepartmentController {
    @RequestMapping()
    public 返回类型 控制方法名(方法参数) throws Exception{
    }
}
```

在 Spring MVC 的 IoC 配置文件中需要配置 Bean 的扫描路径，这样 Spring 框架会注册这些使用@Controller 注释的控制器 Bean，其配置代码参见 Spring 的配置。

下面各节将详述控制器编程中使用的以下各种注释类的语法和使用编程。

（1）@RequestMapping：用于 Spring MVC 控制类和控制方法上的映射请求地址。

（2）@RequestParam：放置在控制方法参数前，用于取得 URI 地址上传输的参数。

（3）@PathVaribale：放置在控制方法接收参数前，用于接收 URI 中的模板参数。

（4）@ResponseBody：用于控制方法前面，指定该控制方法返回的数据直接就是 HTTP 响应体，而不是 View 的逻辑名。

（5）@RequestBody：使用在控制方法参数前，用于接收请求体数据，通常用于 JSON 格式的数据请求。

（6）@RequestPart：用于接收客户传输的上传文件参数。

19.2 控制器请求地址的映射类@RequestMapping

Spring MVC@RequestMapping(org.springframework.web.bind.annotation.RequestMapping)注释类实现控制器方法请求地址、请求方式、请求数据类型和响应数据类型等信息的映射，它是控制器编程最常见的注释类，其使用语法如下。

```
@RequestMapping(属性=值,属性=值,...)
```

该注释类的常用属性名称、取值和功能如下所述。

1. value=String[]

value 属性用于@RequestMapping 指定控制器方法请求地址，类型是 String[]，设定时参考上面的语法，可以指定多个地址，其使用语法如下。

```
@RequestMapping(value={"/tomain","/tohome"})
```

如果只映射一个地址，可不使用{}符号，其简化使用代码如下所示。

```
@RequestMapping(value="/tomain")
```

Value 属性还是@RequestMapping 的默认属性，如果没有其他属性，则可以省略 value 属性名，进一步简化为如下代码。

```
@RequestMapping("tomain")
```

如果还定义了其他属性，则 value 不能省略。

当类和控制方法上同时定义了地址时，则方法的请求地址是二者的组合，如下定义的部门控制类代码中类上和控制方法上都定义@RequestMapping 的地址。

```
@RequestMapping("/department")
public class DepartmentController {
    //到部门主页的分发方法
    @RequestMapping("/tomain")
    public String tomain(Model model) throws Exception
    {}
}
```

则 tomain 控制方法的请求地址是/department/tomain。实际项目编程时，推荐使用这种方式。

2. path=String[]

path 属性与 value 含义相同，也是用于确定控制方法的请求地址，其值类型也是 String[]，使用语法与 value 相同，此处不再赘述。

3. method=RequestMethod[]

请求方式设定，通过此属性指定控制器方法只接收指定请求的方式请求，其取值类型是 RequestMethod[]，可以指定多个方式，其值为 RequestMethod 类定义的常量，分别为 GET、 POST、HEAD、OPTIONS、PUT、PATCH、DELETE、TRACE。其使用案例代码如下所示。

```
@RequestMapping(value="/add",method={RequestMethod.POST,RequestMethod.GET})
```

如果在类上使用此注释，则所有控制方法继承此设定原则。如果省略此属性，则控制方法可以接收任何方式的请求。

4．params=String[]

属性用于指定 URI 中附带的参数名，取值类型是 String[]，其使用示意代码如下。

```
@RequestMapping(value="/add",params={"id","password","name","age"}
```

通常不需要使用 param 属性指定参数，而是使用方法参数中的注释类@RequestParam 来确定请求中包含的参数。

5．consumes=String[]

该属性确定请求的数据类型，取值类型为字符串数组 String[]，即可以同时指定多种请求的数据类型，只有当数据类型符合指定的类型时，控制方法才会执行，否则不符合类型的请求，控制方法不会执行。其使用代码如下。

```
@RequestMapping(value="/add",consumes = "text/plain"}
```

指定请求的数据为纯文本类型。

```
@RequestMapping(value="/add",consumes = "application/json"}
```

指定请求的数据类型为 JSON 数据。

```
@RequestMapping(value="/add",consumes={"text/plain", "application/*"}}
```

可以同时指定多种数据类型，当请求数据符合其中任何一种时，均满足控制器方法的要求。

6．produces=String[]

该属性指定控制方法返回的结果的类型，取值类型也是 String[]，可以设定多种生成响应的数据类型。当控制器方法生成非 JSP 视图结果时，一般要设置此属性，如生成 JSON 响应结果或 XML 响应结果，该属性的使用代码如下所示。

```
@RequestMapping(value="/add",produces = "text/plain"}
```

指定控制器返回结果的数据为纯文本类型。

```
@RequestMapping(value="/add",produces = "application/json; charset=UTF-8"}
```

指定控制方法的返回结果的数据类型为 JSON 数据，这是当前编写 REST API 应用时使用最多的类型。

```
@RequestMapping(value="/add",produces = {"text/plain", "application/*"}}
```

可以同时指定多种结果返回数据类型，控制方法内代码生成以上结果类型时，均满足设定的要求。

7．headers=String[]

headers 属性用于指定请求中包含的请求头信息，只有当请求中包含的头信息满足此属性的指定值时，控制方法才能启动执行，否则 Spring MVC 认定其不满足映射的需求，不会执行控制方法。其取值类型为 String[]，可同时设定多个请求头信息，其使用代码如下所示。

```
@RequestMapping(value = "/something", headers = "content-type=text/*")
```

此代码设定当请求头包含 content-type 的以 text 开头的文本请求时，才满足控制方法需求。

该注释类既可以使用在控制类上，也可以使用在方法上，推荐在类上和控制方法上同时使用该注释类，通过它们的组合以定义方法的请求 URI 地址，其使用案例代码如下所示。

```
package com.city.oa.controller;
import java.util.List;
import org.springframework.beans.factory.annotation.Autowired;
import org.springframework.stereotype.Controller;
import org.springframework.transaction.annotation.Transactional;
import org.springframework.ui.Model;
import org.springframework.web.bind.annotation.RequestMapping;
import org.springframework.web.bind.annotation.RequestMethod;
import com.city.oa.model.annotation.DepartmentModel;
import com.city.oa.service.IDepartmentService;
//部门控制器类
@Controller
@RequestMapping("/department")
@Transactional
public class DepartmentController {
    //定义部门业务服务对象
        private IDepartmentService departmentService=null;
        //自动注入业务对象
        @Autowired
        public void setDepartmentService(IDepartmentService departmentService) {
            this.departmentService = departmentService;
        }
        //到部门主页的分发方法
        @RequestMapping("/tomain")
        public String tomain(Model model) throws Exception
        {
            List<DepartmentModel> departmentList=departmentService.
            getListByAll();
            model.addAttribute("departmentList", departmentList);
            return "department/main";
        }
        //到部门增加页面的分发方法
        @RequestMapping("/toadd")
        public String toadd() throws Exception
        {
            return "department/add";
```

```
    }
    //部门增加处理方法
    @RequestMapping(value="/add",method=RequestMethod.POST)
    public String add(DepartmentModel dm) throws Exception{
        departmentService.add(dm);
        return "redirect:/department/tomain";
    }
}
```

19.3 控制器方法的参数

Spring MVC 控制器与其他 Web 框架如 Struts2 比较，其最具优势的特性是其控制方法可以接收多种类型的参数，而 Struts2 等控制器的方法是不能接收参数的。并且 Spring MVC 控制器的方法的参数值会由前端控制器 DispactherServlet 经过预先处理后，直接注入到控制方法，这样可减少大量的处理编程代码，提高项目的开发效率。

Spring MVC 控制器方法的参数类型非常多，这也是初学者经常不知道到如何进行定义的关键，下面详细介绍控制方法可以接收的参数类型，以及每个参数的功能和使用。

1. 业务 Model 对象

Spring MVC 控制器方法可直接接收应用系统中的 Model 类，如 Hibernate 的持久类，并且 Spring MVC 框架会根据请求中的参数名与 Model 类的属性进行对应，将请求参数的值从 String 转换为 Model 类属性对应的值，这是控制器最常使用的参数。如下示意代码展示了部门控制器类增加部门控制方法的使用编程，该控制方法接收部门 Model 类为参数，自动接收提交的部门信息，并转换为部门模型类 DepartmentModel，该模型类在前面的 Hibernate 编程中已经定义了。

```
//部门增加处理方法
@RequestMapping(value="/add",method={RequestMethod.POST,RequestMethod.GET})
public String add(DepartmentModel dm) throws Exception{
    departmentService.add(dm);
    return "redirect:/department/tomain";
}
```

控制方法接收持久对象实现粗粒度的请求数据接收方式，是实际项目使用最多的编程手段。

2. 使用@RequestParam 注释的请求参数

控制器方法中可以定义请求中附带的参数，实现以细粒度的方式接收提交的数据，这些参数既可以是表单的元素值，也可以是 URL 带的参数，如 tomodify?departmentNo=1001。而前面介绍的使用 Model 对象方式接收请求参数属于粗粒度接收方式。

@RequestParam 注释类用于在参数前对参数进行注释，该注释类的使用语法如下。

@RequestParam(属性=值,属性=值) 参数类型 参数名

该注释类可以使用的属性有如下几个。

（1）name="参数名"：指定参数的名称，如果省略，则参数变量名就是参数名。

（2）required=true|false：指定参数是否是必需的，如果为 true，则请求中必须有此参数，否则方法会抛出异常，值为 false，则参数不是必需的，可以没有此参数，默认为 true。

（3）defaultValue=值：如果参数不是必需的，当没有此参数时，控制方法中定义的接收参数的值就是此属性定义的值。因此该属性使用一般与 required=false 搭配使用。

（4）value="参数名"：该属性是 name 属性的别名，与 name 属性一样用于指定参数的名，不是用来指定参数的值，这一点一定要注意。

```
@RequestMapping(value="/tomodify",method=RequestMethod.GET)
public  String  tomodify(@RequestParam(name="departmento",required=true)
int departmentNo,Model model) throws Exception
{
    DepartmentModel dm=departmentService.getDepartment(departmentNo);
    model.addAttribute("dm",dm);
    return "department/modify";
}
```

3. @PathVariable 注释的参数

该属性是为了获取 REST API 格式的 URL 地址中的模板参数而新增的，按照 REST API 的语法，可以在 URI 模块中使用参数，其请求的地址实例如下所示。

```
http://localhost/cityoa/user/id/1001/password/2002
```

其表达的含义是参数值直接定义在 URL 的地址中，而不是传统的使用“?”方式传递请求参数，如 user/add?id=1001&password=2002，这种在 URI 地址直接嵌入参数的方式是 REST API 的规范，并且使用越来越普遍。

Spring MVC 控制器方法中使用@PathVariable 注释的参数可以取得 URI 中嵌入的参数，在@RequestMapping 的地址中使用{参数名}指定 URI 模板参数，该注释类的使用代码如下所示。

```
@RequestMapping(value="/department/add/code/{code}/name/{name}")
public String add(@PathVariable(value="code") String code,@PathVariable
(value="name") String name){
    //方法中可以使用 codde 和 name 变量的值
}
```

4. @RequestHeader 注释的参数

该注释类的参数可以在控制器方法中用于取得请求中指定请求头的值，其使用语法是@RequestHeader("请求头名")，在 JavaEE 的 Servlet 编程中需要使用请求对象的 getHeader 方法才能取得指定的请求头的值，而 Struts2 框架没有提供类似的功能，只能通过编程获取，Spring MVC 提供了注入模式取得指定请求头的方法，极大地方便了开发者的此类需求。

```
@RequestMapping("/login/user")
public String loginProcess(@RequestHeader("Accept-Encoding") String encoding,
@RequestHeader("Keep-Alive") long keepAlive)  {
```

```
    //对取得的 encode 和 keepAlive 进行处理
}
```

5. @RequestBody 注释的参数

在当今的 Web 应用开发中，经常使用的模式是 Web 前端采用某种框架，如 AngularJS、RectJS、jQuery 等；而后端采用 Spring MVC 开发的 REST API，二者之间通过发送 REST 请求和响应实现前端和后端的数据通信，发送的数据类型都是 JSON，此时使用前面的@RequestParam 和@PathVariable 类型的参数无法取得 JSON 数据中包含的数据，@RequestBody 就是为此目的而出现的，该类型参数的使用通常结合@RequestMapping 的 consumes 属性一起使用，如下是接收客户端通过 REST API 模式发送的 JSON 数据中包含的部门信息的实现代码。

```
@RequestMapping(value = "/person/login", method = RequestMethod.POST,
consumes="application/json")
public @ResponseBody  String login(@RequestBody DepartmentModel dm) {
departmentService.add(dm);
    return "{"result":"Y"}";
}
```

6. @RequestPart 注释的参数

此注释类用于取得请求中包含的文件，用于文件上传编程，相关内容将在第 20 章详细讲述。

7. @MatrixVariable 注释的参数

该注释类是在 Spring3.2 版本后出现的，用于取得 REST API 格式的请求参数，该注释类的出现拓展了 URL 请求地址的功能。

Matrix Variable 中，多个变量可以使用“;”（分号）分隔，如下是该类型参数的案例。

/department/add;code=1101;name=财务部

如果是一个变量的多个值那么可以使用“,”（逗号）分隔，如下是多个值的案例。

/department/get;name=财务部,销售部,生产部

上面一个变量多个值的案例，也可以写成如下请求格式。

/department/get;name=财务部;name=销售部;name=生产部

@MatrixVariable 提供了如下属性用于进行精确的参数控制。

（1）name=“参数名”：指定参数的名，如果省略，则变量名就是参数名。

（2）required=true|false：参数是否是必需的。

（3）pathVar=“PATH 变量名”：指定矩阵参数的 path 变量。

如下是该注释类常用的使用代码。

```
//请求 URL: GET /department/add;code=1111;name=财务部
@RequestMapping(value = "/department/add", method = RequestMethod.GET)
public voidfindPet( @MatrixVariable String code, @MatrixVariable String
name) {
//code=1111
// name=财务部
}
```

如下是 path 变量的矩阵参数获取的实现代码。

```
// GET /user/42;q=11/role/21;q=22
@RequestMapping(value = "/user/{userId}/role/{roled}", method = Request-
Method.GET)
public void findUserAndRole(@MatrixVariable(value="q", pathVar="userId")
int q1, @MatrixVariable(value="q", pathVar="role") int q2) {
// q1 == 11
// q2 == 22
}
```

8. 使用@CookieValue 注释类的字符串参数

在控制器方法中定义@CookieValue 注释类注释的 String 类型参数，可以直接接收指定的 Cookie 的值，其使用代码如下。

```
public String tologin(@CookieValue(value="userid",required=true) String
userid) throws Exception
{
    //取得 Cookie 的名为 userid 的值
}
```

9. javax.servlet.ServletRequest

该类型参数用于使用原始的 JavaEE 的请求对象。

10. javax.servlet.http.HttpServletRequest

该类型参数用于使用 HTTP 请求的请求对象，进而在控制方法中使用请求对象的方法完成一些 Spring MVC 无法实现的任务，如取得客户端的 IP 地址。

```
@RequestMapping(value = "/department/add", method = RequestMethod.GET)
public String add (HttpServletRequest request) {
    String ip=request.getRemoetAddr();
}
```

11. javax.servlet.ServletResponse

该类型参数可以取得原始的 Java Web 的响应对象，使用比较少。

12. javax.servlet.http.HttpServletResponse

该类型参数是 Spring MVC 框架注入到控制器的 HTTP 响应对象，可实现专门的响应处理编程。由于 Spring MVC 控制器可以生成所有类型的响应处理，因此此类型参数很少使用。

13. javax.servlet.http.HttpSession

该类型参数是注入的 Java Web 的会话参数，可用于保存会话信息，如用户的登录信息等。

14. org.springframework.web.context.request.WebRequest

WebRequest 是 Spring Web MVC 提供的统一请求访问接口，不仅仅可以访问请求相关数据（如参数区数据、请求头数据，但访问不到 Cookie 区数据），还可以访问会话和上下文中的数据。该类型参数的使用代码如下所示。

```
public String logout(WebRequest webRequest, NativeWebRequest nativeWeb-
Request) {
    System.out.println(webRequest.getParameter("userid"));
    webRequest.setAttribute("name", "value", WebRequest.SCOPE_REQUEST);
    System.out.println(webRequest.getAttribute("user", WebRequest.SCOPE_
    REQUEST));
    HttpServletRequest request=nativeWebRequest.getNativeRequest(HttpServlet-
    Request.class);
    HttpServletResponse response=nativeWebRequest.getNativeResponse(HttpServlet-
    Response.class);
    return "success";
}
```

15. org.springframework.web.context.request.NativeWebRequest

NativeWebRequest 继承了 WebRequest，并提供访问本地 Servlet API 的方法。其使用代码参考上面的代码。

16. java.util.Locale

该类型参数用于取得客户的本地化信息，控制器方法通常不需要取得此对象，因为国际化的消息文本取主要在 JSP 页面取得，不需要通过编程取得 Locale 对象，而是自动取得。

17. java.io.InputStream

前端控制器注入到控制器方法的二进制输入流，可取得请求中包含的字节流，因为 Spring MVC 支持文件上传功能，很少自己读取字节流来进行解析，因此使用很少。

18. java.io.Reader

前端控制器注入给控制器方法的文本字符流，因为可以使用业务 Model 类，或@RequestParam 的参数取得请求输入数据，所以不需要使用此字符输入流取得输入数据。

19. java.io.OutputStream

Spring MVC 注入给控制方法的字节输出流，可以使用其手动编程生成二进制响应，如读取数据库中保存的图片，发送到客户端浏览器。

20. java.io.Writer

用于取得注入的字符输出流，可以使用其编程向客户端浏览器发送文本响应，但 Spring MVC 直接支持@ResponsBody 返回类型，因此不需要手动编程实现文本响应。

21. java.security.Principal

java.security.Principal：该主体对象包含了验证通过的用户信息，等价于 HttpServlet Request.getUserPrincipal()。

22. HttpEntity<?>参数

HttpEntity 与@RequestBody 和@ResponseBody 类似，都能够访问 HTTP 的请求体和响应体，另外也使用 HttpEntity（和子类 ResponseEntity）访问请求（和响应）头，因此其是一职多能。在控制器方法中使用此类型参数，如果使用 String 泛型，可以用于取得所有的请求头信息，如果使用 byte[]作为泛型，则此对象可以用于取得二进制请求体。其使用代码如下所示。

```
@RequestMapping("/department/info")
public ResponseEntity<String> getInfo(HttpEntity<byte[]> requestEntity)
        throws UnsupportedEncodingException
{
    String requestHeader = requestEntity.getHeaders().getFirst("User-Agent");
    byte[] requestBody = requestEntity.getBody();
    // 编程处理请求头和请求体
    HttpHeaders responseHeaders = new HttpHeaders();
    responseHeaders.set("MyResponseHeader", "MyValue");
    return new ResponseEntity<String>("Hello World", responseHeaders,
    HttpStatus.CREATED);
}
```

23. java.util.Map

Spring MVC 给控制器方法注入 Map 对象用于向 View 对象传递参数，编程中将需要给 JSP 显示的数据直接增加到该 Map 对象即可，它的使用与下面的 Model 和 ModelMap 是一样的。

24. org.springframework.ui.Model

该参数是控制方法经常使用的对象，该 Model 对象用于向 View 组件传递数据。如下是其使用示意代码。

```
@RequestMapping({"/tomain","/tomaindo"})
public String tomain(Model model) throws Exception
{
    List<DepartmentModel> departmentList=departmentService.getListByAll();
    model.addAttribute("departmentList", departmentList);
    return "department/main";
}
```

注意此 Model 类与应用项目的 Model 类是没有关联的，项目的业务 Model 一般是 Hibernate 的持久类，Spring MVC 的 Model 是控制器与 View 传递数据的中介对象。

25. org.springframework.ui.ModelMap

该注入类与 Model 的使用基本一样，用于向 View 对象传递数据。其使用代码如下所示。

```
@RequestMapping({"/tomain","/tomaindo"})
public String tomain(ModelMap model) throws Exception
{
    List<DepartmentModel> departmentList=departmentService.getListByAll();
    model.addAttribute("departmentList", departmentList);
    return "department/main";
}
```

26．org.springframework.web.servlet.mvc.support.RedirectAttributes

RedirectAttributes 是 Spring MVC 3.1 版本新增的功能，专门用于重定向之后还能带参数跳转的实现。使用其提供的方法“addAttribute("param", value);”可以在重定向中增加请求参数。该类型参数的使用代码如下所示。

```
@RequestMapping("/tomodify")
public String tomodify(@RequestParam int departmentNo,RedirectAttributes ra,
Model model) throws Exception
{
        DepartmentModel dm=departmentService.getDepartment(departmentNo);
        model.addAttribute("dm",dm);
        ra.addAttribute("departmentNo",departmentNo);
        return "department/add";
}
```

27．org.springframework.validation.Errors

该注入对象用于取得 Spring MVC 数据验证时出现的错误。

28．org.springframework.validation.BindingResult

该接口的对象也可以取得 Spring MVC 框架执行验证时出现的异常信息。其与上面的 Errors 类的使用代码如下。

```
//部门增加处理方法
@RequestMapping(value="/add",method={RequestMethod.POST,RequestMethod.GET})
public String add(DepartmentModel dm,BindingResult result,Errors errors)
throws Exception{
    if(errors!=null){
        System.out.println("数据验证失败!");
    }
    else{
        departmentService.add(dm);
    }
    return "redirect:/department/tomain";
}
```

29．org.springframework.web.bind.support.SessionStatus

该参数对象由前端控制器注入到控制器方法，用于管理 Session 对象的各种属性和状态，提供了简化操作 Session 对象的方法。如下代码演示了使用该对象清空 Session 对象所有属性的方法。

```
@RequestMapping("/user/logout")
public String logout( SessionStatus sessionStatus){
        //sessionStatus 中的 setComplete 方法可以将 session 中的内容全部清空
        sessionStatus.setComplete();
        return "login";
}
```

其他方法请参阅 Spring API DOC 文档。

19.4 控制器方法的返回类型

Spring MVC 控制器的方法因为可以接收众多不同类型的参数，所以可以实现灵活的接收数据处理，同时也支持非常多的返回类型实现不同的处理响应结果，实现常用的转发、重定向、生成二级制响应（如图片生成和文件下载），还支持 XML，JSON 等响应内容的生成。

将 Spring MVC 控制器的返回类型与 Spring MVC 提供的各种视图解析器和内容解析器结合可以生成任何类型的响应结果，实现项目需要的功能。Spring MVC 也支持使用第三方的内容解析器，实现定制的处理结果的生成。

Spring MVC 控制器方法支持多种类型的返回，常用的返回结果有如下类型。

1. String

返回字符串对象，通常该字符串对象表达 View 的逻辑名称，需要结合 View 的解析器，如 JSP 解析器。Spring 使用配置的解析器对该字符串进行解析得到目标 View 的地址，根据定义进行转发或重定向。其使用案例参见如下代码。

```
//到部门增加页面的分发方法
@RequestMapping("/toadd")
public String toadd() throws Exception
{
    return "department/add";
}
```

在 Spring MVC 的 IoC 配置文件中配置了 JSP 视图解析器，其配置代码如下。

```
<!-- 配置 Spring MVC JSP 视图解析器 -->
<bean class="org.springframework.web.servlet.view.InternalResourceViewResolver">
    <property name="prefix" value="/"></property>
    <property name="suffix" value=".jsp"></property>
</bean>
```

根据解析器的前缀和后缀，将返回的字符串结果组合为目标 JSP 为：/department/add.jsp，并使用默认的转发方式实现跳转。

如果要实现重定向功能，需要指定 redirect 谓词，其返回的字符串案例如下。

```
return "redirect:/department/tomain";
```

如果控制方法上增加注释@ResponseBody，则此字符串将直接发送给浏览器，作为 HTTP 响应结果。

```
@RequestMapping("/add")
@ResponseBody
public String add(DepartmentModel dm) throws Exception
{
```

```
    //处理部门增加的代码
    return "OK";
}
```

则当增加方法 add 执行后，将直接返回“OK”字符串给客户端，此种方式一般用于客户端使用 AJAX 请求，而不是传统的 Java Web 开发。

2. 业务 Model 类

另外一个比较常用的返回类型是项目的业务 Model 类，其表达为一个业务对象，如本书 OA 案例的部门、员工等。直接返回业务 Model 类对象通常是用于 REST API 生成 JSON 结果，或 XML 文档。

返回业务 Model 类的结果，一般需要使用@ResponseBody 对控制方法进行注释，并使用 produces 属性指定生成的结果类型，Spring MVC 会根据结果类型执行对应的结果解析器，将返回的 Model 对象生成目标格式。如 jackson 的 JSON 结果解析器可以将返回的 Java 对象生成 JSON 文本文件。此类型结果的案例代码如下所示。

```
@RequestMapping(value="/department/get/{departmentNo}",produces="applic
ation/json",
    method = RequestMethod.GET)
@ResponseBody
public DepartmentModel got(@PathVariable int departmentNo) throws Exception
{
    return departmentService.getDepartment(departmentNo);
}
```

此控制方法接收 URI 模板中的部门编号参数，调用部门业务层返回指定的部门对象并返回，Spring 调用 JSON 结果解析器，生成 JSON 文件结果。

3. List 容器

当要求取得业务对象的列表时，可以返回 List 容器并包含需要的业务 Model 对象，与返回单个 Model 对象一样，通常使用结果解析器和@ResponseBody 来生成指定的内容。如下代码演示了取得所有部门列表的 JSON 结果输出的控制方法。

```
@RequestMapping(value="/api/department/getlist",produces="application/json",
    method = RequestMethod.GET)
@ResponseBody
public List<DepartmentModel> gotList() throws Exception
{
    return departmentService.getListByAll();
}
```

4. ModelAndView

该类型（org.springframework.web.servlet.ModelAndView）返回对象包含了传递给 View 的 Model 信息，也包含目标 View 的地址信息，这是 Spring 早期版本的唯一返回结果类型，在新版中已经很少使用该结果类型。其使用编程代码如下所示。

```
@RequestMapping(value="/tomain",method=RequestMethod.GET)
```

```
public ModelAndView tomain() throws Exception{
    ModelAndView mv=new ModelAndView();
    List<DepartmentModel> departmentList=departmentService.getListByAll();
    mv.addObject("departmentList", departmentList);
    View view=new InternalResourceView("department/tomain");
    mv.setView(view);
    return mv;
}
```

5. Model

该 Model 类型（org.springframework.ui.Model）对象表达传递给 View 的数据，其与 Java 的 Map 容器结构类似是一个容器，用于保存给 View 的属性数据。Model 是一个接口，需要使用它的实现类创建该类型对象，其实现类有 BindingAwareModelMap、ExtendedModelMap、RedirectAttributesModelMap。

在控制方法只返回 Model 的情况下，因为没有视图对象返回，所以此时请求地址即为视图地址。如下为返回 Model 的控制方法的实现代码。

```
@RequestMapping(value="/tomodify",method=RequestMethod.GET)
public Model tomodify(@RequestParam int departmentNo) throws Exception
{
    DepartmentModel dm=departmentService.getDepartment(departmentNo);
    Model model=new ExtendedModelMap();
    model.addAttribute("dm",dm);
    return model;
}
```

此时视图名为 department/tomodify，因此经视图解析器解析的目标页面为 /department/tomodify.jsp，此时与 OA 项目的部门修改页面不符，因此此返回类型很少使用，因为它无法指定视图名。

6. View

该类型（org.springframework.web.servlet.View）只返回 View 结果，指定要跳转的视图对象。Spring MVC 支持不同类型的视图，此接口的实现类来具体表达真实的视图类型，如 JSP、FreeMark、JReport、JSON、XML 等，其实现类包括 InternalResourceView、JasperReportsCsvView、JasperReportsHtmlView、JasperReportsMultiFormatView、JasperReportsPdfView、JasperReportsXlsView、JasperReportsXlsxView、JstlView、MappingJackson2JsonView、MappingJackson2XmlView、MarshallingView、RedirectView、ScriptTemplateView、TilesView、TilesView、VelocityLayoutView、VelocityToolboxView、VelocityView、XsltVie。

使用该结果类型的示意代码如下所示。

```
@RequestMapping(value="/toview",method=RequestMethod.GET)
public View toview(@RequestParam int departmentNo,Model model) throws
Exception
{
    DepartmentModel dm=departmentService.getDepartment(departmentNo);
```

```
    model=new ExtendedModelMap();
    model.addAttribute("dm",dm);
    View view=new InternalResourceView("department/toview");
    return view;
}
```

因为使用 String 就可以实现逻辑结果，因此没有使用 View 返回结果的必要。

7. Void

当控制方法自己返回响应结果时，可以使用此类型。如控制方法使用 Response 对象直接完成重定向，或生成 HTML，图片响应等就可以使用无返回类型。

8. HttpEntity

HttpEntity 与@RequestBody 和@ResponseBody 类似，在其作为控制器方法的参数时，可以接收请求体的数据，而作为返回类型，可以生成响应体内容，使用它的意义是使用统一的方式处理接收数据和响应数据。实际应用中该返回类型使用较少，下面是该返回类型和参数的示意编程代码。

```
@RequestMapping("/employee/showphoto")
public HttpEntity<String> handle(HttpEntity<byte[]> requestEntity)
      throws UnsupportedEncodingException
{
   String requestHeader = requestEntity.getHeaders().getFirst("content-
   type");
   byte[] requestBody = requestEntity.getBody();
   HttpHeaders responseHeaders = new HttpHeaders();
   responseHeaders.set("content-type", "application/json");
   return new HttpEntity<String>("Hello World", responseHeaders, HttpStatus.
   CREATED);
}
```

19.5　Spring MVC 的 View 类型

Spring MVC 通过@RequestMapping 路由的方法进行业务处理之后，会返回处理结果给前端控制器 DispactherServlet，该返回结果经过视图解析器解析之后，生成一个 view，然后再由 view 进行渲染成具体的 JSP 页面、Excel、pdf、json、xml 等。

Spring MVC 通过视图解析器接口 ViewResolver 来对控制方法的视图结果进行解析和处理，该接口的定义如下，它只定义了一个方法，并接收视图逻辑名和客户的 Locale 对象以实现 I18N 国际化处理。

```
public interface ViewResolver {
   View resolveViewName(String viewName, Locale locale) throws Exception;
}
```

ViewResolver 有多种解析策略，每种解析策略都有一种对应的视图解析器实现类以及实现了 Ordered 接口，可以通过配置 order 指定多个视图解析器解析视图名的顺序。

Spring MVC 支持以下结果类型解析器，用于生成不同类型的 HTTP 响应。

（1）InternalResourceViewResolver：Spring 内置的视图解析器，一般通过该类配置前缀和后缀，然后解析为一个 URL 文件，例如 JSP 页面，解析优先级是最低的。

（2）beanNameViewResolver：将视图名解析为一个 bean，视图名是 bean 的 id，使用不如 Internal 解析器方便。

（3）XmlViewResolver：和 beanNameViewResolver 类似，它和 beanNameViewResolver 的区别是 bean 的定义放在 xml 文件中，而不是放在 DispatchServert 的配置文件中。

（4）XsltViewResolver：将视图名解析为一个指定的 XSLT 样式表的 URL 文件。

（5）FreeMarkerViewResolver：解析基于 FreeMarker 模板技术的模板文件。

（6）VelocityViewResovler、VelocityLayoutViewResovler：解析为基于 Velocity 模板技术的模板文件。

（7）JasperReportsViewResolver：JasperReports 是一个基于 Java 的开源报表工具，该解析器将视图名解析为报表文件对应的路径。

（8）ResourceBundleViewResolver：可以利用该类为不同的本地化类型提供不同的解析结果。

（9）ContentNegotiatingViewResovle：内容协商视图解析器，它不负责具体的视图解析，而且根据请求的媒体类型，从注册的视图解析器中选择一个合适的解析器来将视图解析，解析优先级最高。

19.6 JSP 结果类型的解析

在开发常规的 JavaEE MVC 应用时，主要的视图实现技术是 JSP，为解析 JSP 视图的返回结果，Spring MVC 内置了 JSP 的视图解析器，其配置代码如下所示。

```
<!-- 配置 Spring MVC JSP 视图解析器 -->
<bean  class="org.springframework.web.servlet.view.InternalResourceView-
Resolver">
    <property name="prefix" value="/"></property>
    <property name="suffix" value=".jsp"></property>
</bean>
```

当控制方法没有使用@RequestMapping 的属性 produces 指定控制方法响应处理结果时，Spring MVC 会查找默认的视图解析器 InternalResourceViewResolver，根据此视图解析器进行视图的跳转和定义。

19.7 多视图解析器的配置

在 SpringMVC 中可以同时定义多个 ViewResolver 视图解析器，然后它们会组成一个

ViewResolver 链。当 Controller 处理器方法返回一个逻辑视图名称后，ViewResolver 链将根据其中 ViewResolver 的优先级来进行处理。所有的 ViewResolver 都实现了 Ordered 接口，在 Spring 中实现了这个接口的类都是可以排序的。

在 ViewResolver 中可使用 order 属性来指定视图解析器的执行顺序，默认都是最大值。在配置时可以通过指定 ViewResolver 的 order 属性来实现 ViewResolver 的优先级，order 属性为整数类型，order 越小，视图解析器的优先级越高。

如果一个 ViewResolver 在进行视图解析后返回的 View 对象是 null，就表示该 ViewResolver 不能解析该视图。这个时候如果还存在其他 order 值比它大的 ViewResolver 就会调用剩余的 ViewResolver 中的 order 值最小的那个来解析该视图，以此类推。当 ViewResolver 在进行视图解析后返回的是一个非空的 View 对象的时候，就表示该 ViewResolver 能够解析该视图，那么视图解析这一步就完成了，后续的 ViewResolver 将不会再用来解析该视图。当定义的所有 ViewResolver 都不能解析该视图的时候，Spring 就会抛出一个异常。

基于 Spring 支持的这种 ViewResolver 链模式，我们就可以在 SpringMVC 应用中同时定义多个 ViewResolver，给定不同的 order 值，这样我们就可以对特定的视图进行特定处理，以此来支持同一应用中有多种视图类型。注意：像 InternalResourceViewResolver 这种能解析所有的视图，即永远能返回一个非空 View 对象的 ViewResolver，一定要把它放在 ViewResolver 链的最后。

如下演示了在 IoC 容器配置文件中配置多个视图解析器的实现代码，每个视图解析器都使用了 order 属性设置其优先级别。

```
<bean class="org.springframework.web.servlet.view.XmlViewResolver">
   <property name="location" value="/WEB-INF/views.xml"/>
   <property name="order" value="1"/>
</bean>
<bean
   class="org.springframework.web.servlet.view.UrlBasedViewResolver">
   <property name="prefix" value="/WEB-INF/" />
   <property name="suffix" value=".jsp" />
   <property name="viewClass" value="org.springframework.web.servlet.view.
   InternalResourceView"/>
   <property name="order" value="2"/>
</bean>
<bean  class="org.springframework.web.servlet.view.InternalResourceView-
Resolver">
   <property name="prefix" value="/"></property>
   <property name="suffix" value=".jsp"></property>
   <property name="order" value="3"/>
</bean>
```

在第 24 章中将讲述 JSON 视图解析器的配置和使用。其他不同类型的视图解析器请参阅 Spring MVC 的官方参考文档。

本章小结

本章详细讲述了 Spring MVC 控制器的编程以及控制器编程中使用的常用的注释类，使用注释类编写控制器已经成为 Spring MVC 开发的主流。

Spring MVC 控制器的映射地址和请求方式的设定使用注释类@RequestMapping，该注释类可以使用在控制器类定义上，也可以使用在方法的定义上。所有方法都会继承类上的@RequestMapping 的定义，而方法上的该注释类具有更高的优先级。

Spring MVC 的控制器的方法可以接收不同类型、不同个数的参数，以实现功能不同的 HTTP 请求处理编程，并且参数变量可以使用各种注释类进行注释。这些参数注释类常用的有@RequestParam、@PathVariable、@RequestBody、@MatixxVariable 等，可用于解析请求中携带的各种数据。

Spring MVC 控制器的方法还支持不同类型的返回类型，以支持不同的响应处理编程，如跳转到 JSP、生成 XML 文档、生成 JSON 数据等。

第20章 Spring MVC 文件上传和下载处理

本章要点

- 文件上传的基本原理。
- 文件上传的主流框架产品。
- Spring MVC 实现文件上传的工作原理。
- 文件上传解析器的配置。
- Spring MVC 控制器处理文件上传编程。
- Spring MVC 控制器处理文件下载编程。

在开发任何企业级应用系统时，上传文件的处理功能都是必不可少的，如新闻管理系统的新闻图片上传、电子商务系统的产品图片的上传等。使用传统的 JavaEE Web 实现文件上传处理的编程是异常烦琐的，因为 JavaEE 自身并未提供文件上传处理的处理机制，只能通过其对请求数据提供的输入字节流（InputStream）由开发者自己编写上传处理代码，从字节流中解析出客户端提交数据中包含的文本数据和上传文件。

为克服 Java Web 对文件上传处理匮乏的缺点，出现了很多专门的基于 Java Web 的文件上传框架，如 Apache 的 Common File Upload、O'Reilly 公司的 COS。主流的 Java Web 框架如 Struts2 和 WebWork 都提供了对文件上传的机制，作为 Web 框架的后起之秀，Spring MVC 当然对文件上传处理的支持是不能落后的，而且实现文件上传处理的编程要比其他框架（如 Struts2 等）要简单得多。

本章将详述 Spring MVC 在支持 Java Web 3.0 之前版本和之后版本的对文件上传的配置和编程。

20.1 Web 文件上传的处理过程

Web 应用中使用表单提交方式实现客户端数据发送给服务器端，通常情况下编写如下的表单代码实现数据的提交。

```
<form action="add" method="post" >
姓名:<input type="text" name="name" >
<input type="submit" value="提交" />
</form>
```

此时发送请求数据到服务器使用的是普通的文本数据传输模式，其请求类型的 Content-Type 为 application/x-www-form-urlencoded，这种方式只能发送文本数据。

如果在表单中使用文件域控件<input type="file" name="photo">，使用文本模式传输是无法实现文件上传的，此时要求使用二进制传输方式。

当表单中包含文件选择控件时，需要将表单提交类型的 Content-Type 设置为 multipart/form-data，并且必须使用 Post 请求方式，get 方式是无法实现文件上传的，如下代码演示了有文件上传时的表单定义。

```
<form action="add" method="post" enctype="multipart/form-data">
姓名:<input type="text" name="name" >
照片:<input type="file" name="photo" >
<input type="submit" value="提交" />
</form>
```

如果开发者自己手动编程文件上传的处理代码，首先需要使用 HttpServletRequest 的 request.getHeaderNames()方法和 request.getHeaders(headName)方法得到请求头 Headers 中的 Content-Type 数据，然后根据 Content-Type 数据中是否包含 multipart/form-data 来区分请求是否为文件上传请求，其中 boundary 为文件数据的分隔符，用于区分上传的多个文件，进而使用 Java Web 请求对象提供的 getInputStream()方法取得提交数据的输入流，对请求数据按字节进行读取，但这种编程过于烦琐，因此实际项目开发时都使用上传框架来处理文件上传。

在 Java Web 3.0 之前的版本，由于没有内置的文件上传支持，在项目开发时需要引入 Apache 的 Common File Upload 框架的类库 JAR 文件，而在 Web 3.0 之后，JavaWeb 内置了文件上传的功能就不需要引入 File Upload 的类库文件，针对这两种版本的区别，Spring MVC 提供了不同的处理机制实现文件上传处理。

20.2 Spring MVC 文件上传的处理

Spring MVC 内置了 Web 的文件上传处理机制，要实现文件上传需要完成以下的配置和处理编程。

（1）引入 File Upload 框架的类库文件，该步骤只针对 Web 3.0 版本之前，如果使用 Web 3.0 和以后版本的 Web Server，则不需要引入类库文件。

（2）针对不同 Web 版本（主要是 3.0 之前和之后版本）配置不同的文件上传解析器。

（3）编写文件上传处理表单，注意要使用 Post 请求，且数据传输方式要使用二进制方式实现，即<form>标记要配置 enctype="multipart/form-data"属性值。

（4）编写 Spring MVC 控制方法时注入接收文件上传的参数类型为 MultipartFile，通过该类型的对象取得提交的文件，进行相应的处理编程。

20.3　使用 CommonsMultipartResolver 实现文件上传

在 Web 3.0 版本之前的 Web 服务器上运行 Spring MVC，要使用文件上传处理，首先需要引入 Apache 的 Commons File Upload 框架的类库 JAR 文件，并在 Spring MVC 的 IoC 配置文件中配置专门的针对 FileUpload 框架的文件上传解析器。

在 FileUpload 的官网 http://mirrors.cnnic.cn/apache/commons/fileupload/binaries/下载其编译后的版本，目前最新版本是 1.3.2，下载页面如图 20-1 所示。

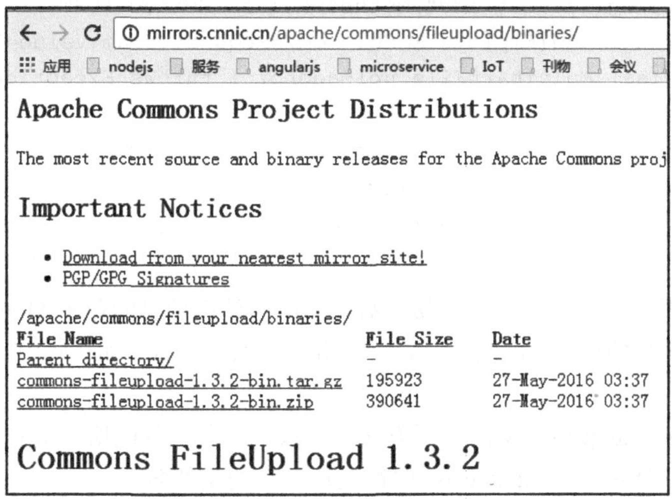

图 20-1　Apache Commons FileUpload 上传框架的下载页面

对于 Windows 操作系统点击下载 commons-fileupload-1.3.2-bin.zip；对于 Linux 环境则下载 commons-fileupload-1.3.2-bin.tar.gz，将下载的文件解压后，将其 lib 目录下的文件类库 commons-fileupload-1.3.2 引入到项目中。

Apache FileUpload 框架还需要另一个框架 Apache Common IO，需要到其官网 http://commons.apache.org/proper/commons-io/下载最新的版本，当前是 2.5 版本，下载的压缩文件解压后，将其类库文件 commons-io-2.5.jar 引入到项目中。

此外 Apache FileUpload 框架还需要依赖 Apache Common Logging 日志框架，需要将其类库也引入到项目中。到 http://mirror.bit.edu.cn/apache/commons/logging/binaries/网站下载该框架压缩包，解压后将 commons-logging-1.2.jar 文件引入到项目。

在 Spring MVC 的 IoC 配置文件中增加基于 Common FileUpload 的文件上传解析器，其配置代码如下所示。

```
<!-- 配置用于 servlet3.0 之前版的 Common Upload 文件上传解析器 -->
<bean id="multipartResolver" class="org.springframework.web.multipart.commons.
CommonsMultipartResolver">
    <property name="maxUploadSize" value="2000000"/>
</bean>
```

可以为该解析器注入属性 maxUploadSize 的值，以确定最大的上传文件的大小，本案例代码中设置最大上传文件为 2 000 000 字节。

配置好文件上传解析器，并在表单中增加文件选择控件后，假如其控件名为 photo，其定义代码如下。

```
<input type="file" name="photo"/>
```

在 Spring MVC 的控制器方法中接收表单中文件选择框提交的文件的参数类型为 org.springframework.web.multipart.MultipartFile，该接口定义了接收上传文件所需的方法。定义的接收上传文件的方法定义示意代码如下。

```
@RequestMapping(value="/add",method=RequestMethod.POST)
public  String  add(EmployeeModel  em,@RequestParam(value="uploadphoto",
required=false) MultipartFile uploadphoto) throws Exception
{
    String fileName=uploadphoto.getOriginalFilename();
    System.out.println(fileName);
    return "redirect:/employee/tomain";
}
```

对于表单中其他文本类型元素的接收处理，可以使用项目的业务 Model 类以粗粒度方式接收，而上传文件的接收，可以通过定义单独的参数来完成，如代码中定义 MultipartFile 类型参数。

使用 MultipartFile 接口定义的如下方法可以取得上传文件的所需信息。

（1）String getOriginalFilename()：取得上传文件的文件名。

（2）String getContentType()：取得文件的 MIME 类型。

（3）long getSize()：取得文件的大小，单位为字节。

（4）InputStream getInputStream() throws IOException：取得文件的输入字节流，通过此字节流可以将文件写入到服务器的文件系统中，或数据库的二进制字段中，如 MySQL 的 blob、longblob、Oracle 的 BLOB 或 SQL Server 的 IMAGE 类型。

（5）byte[] getBytes() throws IOException：取得文件的字节数组。

（6）String getName()：取得文件选择控件的名称，此方法一般使用很少。

（7）void transferTo(File dest) throws IOException,IllegalStateException：将上传文件保存到 File 类对象定义的文件中。

（8）boolean isEmpty()：判断上传文件是否为空。

上面的案例代码中取得上传文件的名字，并输出到控制台。在下面将通过案例讲述如何将上传文件写入到指定的 Web 目录，或将其保存到数据库的二进制大对象类型的字段中。

20.4 使用 StandardServletMultipartResovler 处理文件上传

如果使用 Spring MVC 的项目运行在 Servlet3.0 版本以上的 JavaEE 服务器上，因为这时 Web Sever 已经内置支持文件上传机制（但没有提供上传文件解析处理机制），就不再需要引入 Apache 的 FileUpload 框架。Spring MVC 为支持此版本的 Web Server 提供了新的 StandardServletMultipartResovler 文件上传解析器，该解析器直接调用 Web 服务器内置的文件上传机制实现文件上传。

在引入此文件上传解析器之前，需要在 Spring MVC 的前端控制器 DispactherServlet 配置中增加<multipart-config>子标记来启动 Servlet3.0 的文件上传，并配置如下参数来控制上传文件的大小和类型等内容。

（1）max-file-size：所有上传文件的最大字节数，超过此大小，文件上传将被拒绝。此参数默认值是-1，表示文件上传大小没有限制。

（2）max-request-size：请求的总字节数的限制。默认为-1，表示对请求数据没有限制。

（3）file-size-threshold：写入到磁盘的上传文件的限制，默认为-1，表示没有文件写入大小的限制。

（4）location：当调用 Part 接口的 write 方法时，文件自动保存的路径。

如下代码演示了在 web.xml 文件中配置 DispactherServlet 时启动 Web 3.0 容器的文件上传机制的配置。

```
<!-- Spring MVC 主控制器 -->
<servlet>
    <servlet-name>DispatcherServlet</servlet-name>
    <servlet-class>org.springframework.web.servlet.DispatcherServlet
    </servlet-class>
    <init-param>
        <param-name>contextConfigLocation</param-name>
        <param-value>classpath:springmvc.xml</param-value>
    </init-param>
    <load-on-startup>1</load-on-startup>
    <multipart-config>
        <max-file-size>20848820</max-file-size>
        <max-request-size>418018841</max-request-size>
        <file-size-threshold>1048576</file-size-threshold>
    </multipart-config>
</servlet>
<servlet-mapping>
    <servlet-name>DispatcherServlet</servlet-name>
    <url-pattern>/</url-pattern>
</servlet-mapping>
```

当配置以上 DispatcherServlet 后，还需要在 Spring MVC 的 IoC 容器配置文件中配置基于 Web 3.0 的文件上传机制的解析器，其配置代码如下所示（配置在文件 springmvc.xml 文件内）。

```
<bean id="multipartResolver" class="org.springframework.web.multipart.support.
StandardServletMultipartResolver"></bean>
```

无论使用基于 Apache Common FileUpload 的文件上传解析器还是基于 Web 3.0 内置的文件上传解析器，控制器的方法编程都是一样的，要处理文件上传都是使用 MultipartFile 的对象来接收和处理上传到服务器的文件。

20.5 上传文件到 Web 指定目录的编程

在进行文件上传处理的编程时经常使用的一种方式就是将上传的文件保存到服务器的指定目录中，尤其是 Web 站点的某个目录中，再把文件名保存到数据库表中。将来取得指定的业务对象，根据其文件名来定位这个目录的指定文件，可以使用 HTML 的超链接实现此文件的下载，或使用图片显示标记<img>的 src 属性指向该图片文件实现在页面内显示。

MultipartFile 接口提供了直接的方法 transferTo(File file)，可以非常方便地将上传文件直接保存到指定的目录中。

如下案例编程将上传文件保存到 Web 站点的/upload 目录内，并使用增加员工的案例进行说明，请参阅如程序 20-1～程序 20-3 所示的代码。

首先定义增加员工的页面/employee/add.jsp，其代码参见程序 20-1。

程序 20-1 /employee/add.jsp //增加员工页面

```
<%@ page language="java" contentType="text/html; charset=UTF-8"
   pageEncoding="UTF-8"%>
<!DOCTYPE html>
<html>
<head>
<meta http-equiv="Content-Type" content="text/html; charset=UTF-8">
<title>Insert title here</title>
</head>
<body>
<h1>增加新员工</h1>
<form action="add" method="post" enctype="multipart/form-data">
账号<input type="text" name="id"/><br/>
密码<input type="text" name="password"/><br/>
姓名<input type="text" name="name"/><br/>
性别<input type="radio" name="sex" value="男" checked/>男<input type="radio"
name="sex" value="女"/>女<br/>
年龄<input type="text" name="age"/><br/>
工资<input type="text" name="salary"/><br/>
生日<input type="text" name="birthday"/><br/>
入职<input type="text" name="joinDate"/><br/>
照片<input type="file" name="uploadphoto"/><br/>
<input type="submit" value="提交"/>
</form>
```

```
</body>
</html>
```

接下来编写员工的处理控制器，其代码参见程序 20-2，在其控制方法 add 中，接收文件上传参数。为取得上传目录的/upload 的物理路径，注入了请求对象，使用该对象取得 SerlvetConetxt 服务器对象，进而取得/upload 的物理路径，最后调用 MultipartFile 接口对象的 transferTo 方法将上传文件保存到/upload 目录。

程序 20-2　EmployeeController //员工控制器类

```
package com.city.oa.controller;
import java.io.File;
import javax.servlet.ServletContext;
import javax.servlet.http.HttpServletRequest;
import org.springframework.beans.factory.annotation.Autowired;
import org.springframework.stereotype.Controller;
import org.springframework.web.bind.annotation.RequestMapping;
import org.springframework.web.bind.annotation.RequestMethod;
import org.springframework.web.bind.annotation.RequestParam;
import org.springframework.web.multipart.MultipartFile;
import com.city.oa.model.annotation.EmployeeModel;
import com.city.oa.service.IEmployeeService;
//员工控制类
@Controller
@RequestMapping(value="/employee")
public class EmployeeController {
   private IEmployeeService employeeService=null;
   @Autowired
   public void setEmployeeService(IEmployeeService employeeService) {
      this.employeeService = employeeService;
   }
   @RequestMapping(value="/tomain")
   public String tomain() throws Exception
   {
      return "employee/main";
   }
   //员工增加控制方法
   @RequestMapping(value="/add",method=RequestMethod.POST)
   public String add(EmployeeModel em,@RequestParam(value="uploadphoto",
   required=false) MultipartFile uploadphoto,HttpServletRequest request)
   throws Exception
   {
      ServletContext application=request.getServletContext();
      //取得 upload 目录的物理路径
      String uploadpath=application.getRealPath("/upload");
      //取得上传文件的文件名
```

```
        String fileName=uploadphoto.getOriginalFilename();
        //取得上传文件的文件类型
        String contentType=uploadphoto.getContentType();
        //创建目标文件对象
        File file=new File(uploadpath+"/"+fileName);
        //将上传文件保存到目标文件
        uploadphoto.transferTo(file);
        //设置员工的图片的文件名和文件类型
        em.setPhotoFileName(fileName);
        em.setPhotoContentType(contentType);
        //调用业务层对象的方法增加员工
        employeeService.add(em);
        //跳转到员工主页分发控制方法
        return "redirect:/employee/tomain";
    }
}
```

代码中 EmployeeModel 是前面 Hibernate 的 OA 案例的员工持久类，已经使用注释方式完成了与表 OA_Employee 的映射配置。控制类中使用 Spring DI 机制将员工的业务实现类注入到控制对象中，该员工的业务实现类代码参见程序 20-3（注：为节省篇幅，这里只给出了部分实现方法）。

程序 20-3 EmployeeServiceImpl.java //员工业务实现类

```
package com.city.oa.service.impl;
import org.hibernate.Session;
import org.hibernate.SessionFactory;
import org.springframework.beans.factory.annotation.Autowired;
import org.springframework.stereotype.Service;
import org.springframework.transaction.annotation.Transactional;
import com.city.oa.model.annotation.EmployeeModel;
import com.city.oa.service.IEmployeeService;

@Service("employeeService")
@Transactional
public class EmployeeServiceImpl implements IEmployeeService {
    private SessionFactory sessionFactory=null;
    //注入 hibernate 的 SessionFactory 对象
    @Autowired
    public void setSessionFactory(SessionFactory sessionFactory) {
        this.sessionFactory = sessionFactory;
    }
    @Override
    public void add(EmployeeModel em) throws Exception {
        Session session=sessionFactory.getCurrentSession();
        session.save(em);
```

```
    }
    @Override
    public EmployeeModel getEmployee(String id) throws Exception {
        Session session=sessionFactory.getCurrentSession();
        EmployeeModel em=session.get(EmployeeModel.class, id);
        em.getPhoto();
        em.getDepartment();
        return em;
    }
}
```

业务实现类使用了注释事务处理编程，需要在 Spring IOC 配置文件中按照 Spring 整合 Hibernate 的配置进行所需的 Bean 的配置和注释事务处理的配置。

20.6 上传文件保存到数据库表字段的编程

还有一种常见的编程是将上传文件保存到数据库表的二进制字段中，在本书的 OA 案例中员工表有如下 3 个字段用于存储员工图片的相关信息。

（1）photo 字段，其类型是 longblob，用于存储上传的员工照片。

（2）PhotoFileName 字段，类型是 varchar，用于存储员工照片的文件名。

（3）PhotoContentType 字段，类型是 varchar，用于员工的照片的文件类型。

在编写员工 Model 类时，需要定义与员工表以上字段对应的属性，按照 Hibernate 的要求，保存文件的 BLOB 字段的属性类型应该是 java.sql.Blob，文件名和文件类型使用 String 即可，程序 20-4 演示了员工 Model 类 EmployeeModel 的实现代码。

程序 20-4 EmployeeModel.java //员工持久化 Model 类

```
package com.city.oa.model.annotation;
import java.io.Serializable;
import java.sql.Blob;
import java.sql.Clob;
import java.util.Date;
import java.util.Set;
import javax.persistence.CascadeType;
import javax.persistence.Column;
import javax.persistence.Entity;
import javax.persistence.FetchType;
import javax.persistence.Id;
import javax.persistence.JoinColumn;
import javax.persistence.JoinTable;
import javax.persistence.ManyToMany;
import javax.persistence.ManyToOne;
import javax.persistence.NamedQuery;
import javax.persistence.OneToOne;
```

```
import javax.persistence.Table;
import org.springframework.format.annotation.DateTimeFormat;
//员工持久类
@Entity
@Table(name="oa_employee")
//通过注解的方式使用命名查询
@NamedQuery(name = "getEmployeesWithDepartment",
          query="from EmployeeModel em where em.department.no=:
          departmentNo")
public class EmployeeModel implements Serializable {

    //员工账号
    @Id
    @Column(name="EMPID")
    private String id=null;
    //员工密码
    @Column(name="EMPPASSWORD")
    private String password=null;
    //姓名
    @Column(name="EMPNAME")
    private String name=null;
    //性别
    @Column(name="EMPSEX")
    private String sex=null;
    //年龄
    private int age=0;
    //工资
    private double salary=0;
    //出生日期
    @DateTimeFormat(pattern="yyyy-MM-dd")
    private Date birthday=null;
    //入职日期
    @DateTimeFormat(pattern="yyyy-MM-dd")
    private Date joinDate=null;
    //员工照片
    private Blob photo=null;
    //员工简历
    private Clob resume=null;
    //照片文件名
    private String photoFileName=null;
    //照片文件类型(MIME 类型)
    private String photoContentType=null;
    //多对一关联属性
    @ManyToOne(cascade={CascadeType.ALL, CascadeType.PERSIST},fetch=FetchType.
    EAGER,optional=false)
```

```
@JoinColumn(name="DEPTNO")
private DepartmentModel department=null;
//多对多关联映射
@ManyToMany(cascade={CascadeType.PERSIST,CascadeType.DETACH},fetch=
FetchType.LAZY,targetEntity=com.city.oa.model.annotation.BehaveModel.
class)
@JoinTable(name="oa_employeebehave", joinColumns=@JoinColumn(name="EMPID",
referencedColumnName="EMPID"),inverseJoinColumns=@JoinColumn(name=
"BNO",  referencedColumnName="BNO")
)
private Set<BehaveModel> behaves=null;
//一对一关联关系下的地址类属性
@OneToOne(mappedBy="employee",cascade=CascadeType.ALL,fetch=FetchType.
LAZY,targetEntity=EmployeeAddressModel.class)
private EmployeeAddressModel address=null;
//属性的 get/set 方法
public String getId() {
    return id;
}
public void setId(String id) {
    this.id = id;
}
public String getPassword() {
    return password;
}
public void setPassword(String password) {
    this.password = password;
}
public String getName() {
    return name;
}
public void setName(String name) {
    this.name = name;
}
public String getSex() {
    return sex;
}
public void setSex(String sex) {
    this.sex = sex;
}
public int getAge() {
    return age;
}
public void setAge(int age) {
    this.age = age;
```

```
    }
    public double getSalary() {
        return salary;
    }
    public void setSalary(double salary) {
        this.salary = salary;
    }
    public Date getBirthday() {
        return birthday;
    }
    public void setBirthday(Date birthday) {
        this.birthday = birthday;
    }
    public Date getJoinDate() {
        return joinDate;
    }
    public void setJoinDate(Date joinDate) {
        this.joinDate = joinDate;
    }
    public Blob getPhoto() {
        return photo;
    }
    public void setPhoto(Blob photo) {
        this.photo = photo;
    }
    public Clob getResume() {
        return resume;
    }
    public void setResume(Clob resume) {
        this.resume = resume;
    }
    public String getPhotoFileName() {
        return photoFileName;
    }
    public void setPhotoFileName(String photoFileName) {
        this.photoFileName = photoFileName;
    }
    public String getPhotoContentType() {
        return photoContentType;
    }
    public void setPhotoContentType(String photoContentType) {
        this.photoContentType = photoContentType;
    }
    public DepartmentModel getDepartment() {
        return department;
```

```
    }
    public void setDepartment(DepartmentModel department) {
        this.department = department;
    }
    public Set<BehaveModel> getBehaves() {
        return behaves;
    }
    public void setBehaves(Set<BehaveModel> behaves) {
        this.behaves = behaves;
    }
    public EmployeeAddressModel getAddress() {
        return address;
    }
    public void setAddress(EmployeeAddressModel address) {
        this.address = address;
    }
}
```

代码中为保证接收日期提交数据的正确性，使用了注释类@DateTimeFormat 并配置属性 pattern="yyyy-MM-dd"设置日期的格式，以保证控制器能实现成功的转换。

由于员工的 Model 类的照片属性类型是 java.sql.Blob，而控制器方法接收上传图片的类型是 MultipartFile，因此需要将其转换为 Blob 类型才能 set 到员工的 Model 对象中，此转换推荐在业务实现类内编程实现，因为 Hibernate 的 Session API 提供了创建 LobHelper 工具类的方法，该工具类定义了从 InputStream 到 Blob 的方法。按照此思想设计的员工的业务接口实现参见程序 20-5。

程序 20-5 IEmployeeService.java //员工业务接口

```
package com.city.oa.service;
import java.io.InputStream;
import com.city.oa.model.annotation.EmployeeModel;
//员工业务接口
public interface IEmployeeService {
    //增加用户，无图片上传
    public void add(EmployeeModel em) throws Exception;
    //增加员工，有图片上传情况
    public void add(EmployeeModel em,InputStream photo,String fileName,
    String contentType) throws Exception;
    //取得指定的员工 Model 对象
    public EmployeeModel getEmployee(String id) throws Exception;
}
```

接口中分别定义了两个 add 方法，其中一个是没有图片时的增加员工方法，另一个是有图片时的增加方法。程序 20-6 是该员工业务接口实现类的代码。

程序 20-6 EmloyeeServiceImpl.java //员工业务实现类

```
package com.city.oa.service.impl;
import java.io.InputStream;
import java.sql.Blob;
import org.hibernate.Session;
import org.hibernate.SessionFactory;
import org.springframework.beans.factory.annotation.Autowired;
import org.springframework.stereotype.Service;
import org.springframework.transaction.annotation.Transactional;
import com.city.oa.model.annotation.EmployeeModel;
import com.city.oa.service.IEmployeeService;
@Service("employeeService")
@Transactional
public class EmployeeServiceImpl implements IEmployeeService {
   private SessionFactory sessionFactory=null;
   //注入 hibernate 的 SessionFactory 对象
   @Autowired
   public void setSessionFactory(SessionFactory sessionFactory) {
      this.sessionFactory = sessionFactory;
   }
   @Override
   public void add(EmployeeModel em) throws Exception {
      Session session=sessionFactory.getCurrentSession();
      session.save(em);
   }
   @Override
   public void add(EmployeeModel em, InputStream photo, String fileName,
   String contentType) throws Exception {
      Session session=sessionFactory.getCurrentSession();
      Blob photoBlob=session.getLobHelper().createBlob(photo,photo.available());
      em.setPhoto(photoBlob);
      em.setPhotoFileName(fileName);
      em.setPhotoContentType(contentType);
      session.save(em);
   }
   @Override
   public EmployeeModel getEmployee(String id) throws Exception {
      Session session=sessionFactory.getCurrentSession();
      EmployeeModel em=session.get(EmployeeModel.class, id);
      em.getPhoto();
      em.getDepartment();
      return em;
   }
}
```

当有文件上传时，使用 Hibernate Session 对象的 getLobHelper 方法取得 LobHelper 类对象，在调用其 createBlob 方法根据传入的图片的输入字节流转换为 java.sql.Blob 类型，就可以 set 到员工对象的图片属性中，执行 session 的 create 方法将图片写入到数据库字段中。

程序 20-7 是使用 Spring MVC 注释模式实现的员工控制类的实现代码，该类中 add 控制方法用于实现增加员工的处理，在方法内使用 MultipartFile 参数接收上传的文件。

这里要特别注意的是，增加员工的表单中图片上传的文件选择控件的 name 一定不能与员工 Model 类的属性 photo 相同，如果文件域表单的 name 值与 Model 的属性名相同，Spring MVC 会自动执行转换，并试图将取得的表单值 set 到 Model 类的属性中。但是由于 Spring MVC 接收文件的类型是 MultipartFile，而员工的照片属性的类型是 java.sql.Blob，这是无法实现成功转换的，因此定义文件域的 name 时要使用一个不同的名称，在控制方法中单独接收上传文件，其他属性可以与表单元素的 name 相同，实现自动转换。

程序 20-7 EmppolyeeController.java //员工控制器类

```
package com.city.oa.controller;
import java.io.File;
import javax.servlet.ServletContext;
import javax.servlet.http.HttpServletRequest;
import org.springframework.beans.factory.annotation.Autowired;
import org.springframework.stereotype.Controller;
import org.springframework.web.bind.annotation.RequestMapping;
import org.springframework.web.bind.annotation.RequestMethod;
import org.springframework.web.bind.annotation.RequestParam;
import org.springframework.web.multipart.MultipartFile;
import com.city.oa.model.annotation.EmployeeModel;
import com.city.oa.service.IEmployeeService;
//增加了上传文件到数据库的员工控制类
@Controller
@RequestMapping(value="/employee")
public class EmployeeController {
    //员工业务服务对象定义
    private IEmployeeService employeeService=null;
    @Autowired //注入该员工业务服务对象
    public void setEmployeeService(IEmployeeService employeeService) {
        this.employeeService = employeeService;
    }
    @RequestMapping(value="/tomain")
    public String tomain() throws Exception
    {
        return "employee/main";
    }
    //增加员工有图片上传的控制器方法
    @RequestMapping(value="/add",method=RequestMethod.POST)
```

```
    public String add(EmployeeModel em,@RequestParam(value="uploadphoto",
    required=false) MultipartFile uploadphoto,HttpServletRequest request)
    throws Exception
    {
        ServletContext application=request.getServletContext();
        //取得 upload 目录的物理路径
        String uploadpath=application.getRealPath("/upload");
        //取得上传文件的文件名
        String fileName=uploadphoto.getOriginalFilename();
        //取得上传文件的文件类型
        String contentType=uploadphoto.getContentType();
        //创建目标文件对象
        File file=new File(uploadpath+"/"+fileName);
        //将上传文件保存到目标文件
        uploadphoto.transferTo(file);
        //调用业务层对象的方法增加员工
        if(uploadphoto.isEmpty()){
            employeeService.add(em); //无上传文件时增加员工
        }
        else{
            //有图片上传时增加员工
            employeeService.add(em,uploadphoto.getInputStream(),fileName,
            contentType);
        }
        //跳转到员工主页分发控制方法
        return "redirect:/employee/tomain";
    }
}
```

员工实现类代码中先判断是否有文件上传，再决定调用哪个增加员工的方法，包括无图片上传和有图片上传两种情况下的分开定义的方法。

20.7 Spring MVC 处理文件下载的编程

对于保存在 Web 普通目录下的文件，可以使用 HTML 的超链接机制指向该文件，客户直接点击超链接即可下载或浏览该文件。但对于保存非 Web 站点目录下的文件、/WEB-IN 目录下的文件，或在数据库中将图片或文件读取出来并下载到客户端只能通过在控制器中进行编程处理实现，因为只有 JSP 和控制器才能处理客户的 HTTP 请求，而 JSP 编写下载处理代码非常不方便。

Spring MVC 的控制类没有提供专门的机制实现文件的下载处理，在 Spring MVC 的控制器中实现文件下载编程，可以直接使用 Java Web 的响应对象 HttpServletResponse 的二进制响应编程实现。

由于直接使用响应对象编程实现 HTTP 响应，此时需要定义控制器方法的返回类型为 void，即不需要控制方法有返回类型，如此 Spring MVC 注册的所有结果解析器都不会参与结果的解析和处理，由控制方法自己直接生成 HTTP 响应。

无论是直接下载还是在浏览器中直接显示文件内容，推荐在生成 HTTP 响应时，发送响应头 Content-Disposition，并将其值设定为 attachment;filename=fileName，其中 fileName 是提示浏览器下载时保存的文件名。

该处理的实现原理是：先取得文件的类型，设置 HTTP 响应类型为该类型，取得到下载文件的字节输入流，再取得到浏览器的字节输出流，编程读出输入字节流的数据写到字节输出流就可以实现文件下载的编程。程序 20-8 演示了员工控制类中包含员工图片下载的下载的控制方法。

程序 20-8　EmployeeController.java //员工控制器

```
package com.city.oa.controller;
import java.io.File;
import java.io.InputStream;
import java.io.OutputStream;
import java.util.List;
import javax.servlet.ServletContext;
import javax.servlet.http.HttpServletRequest;
import javax.servlet.http.HttpServletResponse;
import org.springframework.beans.factory.annotation.Autowired;
import org.springframework.stereotype.Controller;
import org.springframework.ui.Model;
import org.springframework.web.bind.annotation.RequestMapping;
import org.springframework.web.bind.annotation.RequestMethod;
import org.springframework.web.bind.annotation.RequestParam;
import org.springframework.web.multipart.MultipartFile;
import com.city.oa.model.annotation.DepartmentModel;
import com.city.oa.model.annotation.EmployeeModel;
import com.city.oa.service.IDepartmentService;
import com.city.oa.service.IEmployeeService;
@Controller
@RequestMapping(value="/employee")
public class EmployeeController {
    //部门业务服务对象
    private IDepartmentService departmentService=null;
    //员工业务服务对象
    private IEmployeeService employeeService=null;
    @Autowired
    public void setDepartmentService(IDepartmentService departmentService) {
        this.departmentService = departmentService;
    }
    @Autowired
    public void setEmployeeService(IEmployeeService employeeService) {
```

```
        this.employeeService = employeeService;
    }
    @RequestMapping(value="/tomain")
    public String tomain() throws Exception
    {
        return "employee/main";
    }
    @RequestMapping(value="/toadd")
    public String toadd(Model model) throws Exception
    {
        List<DepartmentModel>departmentList=departmentService.getListByAll();
        model.addAttribute("departmentList",departmentList);
        return "employee/add";
    }
    @RequestMapping(value="/add",method=RequestMethod.POST)
    public String add(EmployeeModel em,@RequestParam(value="uploadphoto",
    required=false) MultipartFile uploadphoto,HttpServletRequest request)
    throws Exception
    {
        ServletContext application=request.getServletContext();
        //取得 upload 目录的物理路径
        String uploadpath=application.getRealPath("/upload");
        //取得上传文件的文件名
        String fileName=uploadphoto.getOriginalFilename();
        //取得上传文件的文件类型
        String contentType=uploadphoto.getContentType();
        //创建目标文件对象
        File file=new File(uploadpath+"/"+fileName);
        //将上传文件保存到目标文件
        uploadphoto.transferTo(file);
        //调用业务层对象的方法增加员工
        if(uploadphoto.isEmpty()){
            employeeService.add(em); //无上传文件时增加员工
        }
        else{
            //有图片上传时增加员工
            employeeService.add(em,uploadphoto.getInputStream(),fileName,
            contentType);
        }
        //跳转到员工主页分发控制方法
        return "redirect:/employee/tomain";
    }
    @RequestMapping(value="/photodown",method=RequestMethod.GET)
    public void photodown(@RequestParam String id,HttpServletResponse
    response) throws Exception{
```

```
        EmployeeModel em=employeeService.getEmployee(id);
        if(em!=null&&em.getPhotoFileName()!=null){
            //根据员工的图片的类型设置 HTTP 响应的类型
            response.setContentType(em.getPhotoContentType());
            //设置下载响应头
            response.addHeader("Content-Disposition","attachment;  filename=
            "+em.getPhotoFileName());
            //取得员工图片的输入字节流
            InputStream in=em.getPhoto().getBinaryStream();
            //取得到浏览器的输出字节流
            OutputStream out=response.getOutputStream();
            //
            int data=0;
            while((data=in.read())!=-1){
                out.write(data);
            }
            out.flush();
            out.close();
            in.close();
        }
    }
}
```

请着重理解员工图片的下载控制方法的编程，代码中使用了传统的 IO 流读写方式实现将文件从数据库中读出来并发送到客户端。

JavaSE7 提供了新的 NIO 模式实现 IO 操作，使得文件的 I/O 速度极大提高。使用了新的 NIO 实现员工图片下载的代码如下所示。

```
@RequestMapping(value="/photodown",method=RequestMethod.GET)
    public void photodown(@RequestParam String id,HttpServletRequest request,
    HttpServletResponse response) throws Exception{

        EmployeeModel em=employeeService.getEmployee(id);
        if(em!=null&&em.getPhotoFileName()!=null){
            //根据员工的图片的类型设置 HTTP 响应的类型
            response.setContentType(em.getPhotoContentType());
            response.addHeader("Content-Disposition","attachment; filename
            ="+em.getPhotoFileName());
            String dataDirectory = request.getServletContext().getRealPath
            ("/upload");
            Path path=Paths.get(dataDirectory,em.getPhotoFileName());
            Files.copy(em.getPhoto().getBinaryStream(), path, StandardCopy-
            Option.REPLACE_EXISTING);
            //取得到浏览器的输出字节流
            OutputStream out=response.getOutputStream();
```

```
            Files.copy(path, out);
            Files.delete(path);
            /*
            int data=0;
            while((data=in.read())!=-1){
                out.write(data);
            }
            out.flush();
            out.close();
            in.close();
            */
        }
    }
```

使用 Spring MVC 的控制器实现文件下载，可以实现对文件下载的安全控制，如可在控制器方法内检查用户是否登录，或检查其权限是否满足文件下载的需求，而这是普通超链接文件下载无法实现的。

本章小结

本章详细讲述了使用 Spring MVC 实现文件上传和下载的控制器编程，讲解了文件上传的处理机制，以及常用的文件上传处理框架的基本信息。

针对 Web 3.0 版本以前的 Web 容器没有文件上传的支持，Spring MVC 使用 Apache 的开源下载框架 Commons FileUpload 实现文件上传处理，提供了专门针对此框架的上传文件解析器，并需要将此解析器配置在 Spring MVC 专门的 IoC 配置文件中。

Web 3.0 版本以后 Web 容器内置了对文件上传的支持，在上传处理的性能上有较大的改善；Spring MVC 针对 Web 3.0 内置的文件上传也提供了专有的文件上传解析器类，并需要在 IoC 配置文件中进行配置。对于使用 Web 3.0 以后的 Java Web 服务器推荐使用此种模式，以获得更高的性能。

在配置好文件上传解析器后，就可在控制器方法中注入 MultipartFile 参数对象，用于接收客户端上传的文件，该类提供了诸多非常简便的方法实现对上传文件的处理，如保存到服务器指定的目录中或数据库指定的字段中。

最后讲述了使用 Spring MVC 控制器实现文件下载的编程处理，并简要介绍了使用 NIO 处理文件下载的编程。

第21章 Spring MVC 表单标记

本章要点

- Spring MVC 数据绑定的基本原理。
- Spring MVC Form 标记。
- Spring MVC 通用标记。
- Spring MVC 的表单标记的使用。

编写任何动态 Web 应用，都需要面临用户提交数据的接收问题，以及将业务层取得的数据传递到 View 层组件去显示，或回填到表单元素中。例如在进行员工的修改时，就需要将从数据库中取得的指定的员工数据显示在修改表单的元素中，以上这些都需要使用数据绑定和类型转换编程。

使用传统 Java Web 的 JSP 和 Servlet 技术，数据绑定需要程序员人工编程才能实现，因为任何表单提交数据通过 Request 请求对象取得的都是 String 类型，而表达业务对象的 Model 类的属性类型是根据实际业务需求而确定的，如表达员工年龄为整数、员工工资为 double、员工的生日为 Date 等等，就需要进行相应的类型转换编程。当类型转换完成后再将接收的参数变量逐个注入到业务 Model 类对象的对应属性中，实现数据绑定功能。

目前流行的 Web 框架如 Spring MVC、Struts2、WebWork 等都支持自动的数据类型转换和自动的数据绑定功能，即框架内部将接收的请求参数从 String 类型转换为业务对象属性要求的类型，并自动创建业务 Model 类对象，将接收的数据注入到对应的属性，这些都不需要开发者手动编程。

Spring MVC 提供了专门的表单用于实现与业务 Model 对象的双向数据绑定，即表单提交的数据自动传送到控制器方法中的 Model 对象，而显示时，表单元素自动读取控制器传送的 Model 对象的对应属性。

21.1 Spring MVC 数据绑定基本原理

Spring MVC 控制器支持与 View 组件（主要是 JSP）自动的双向数据绑定，并实现自动的数据类型转换。

当 View 组件 JSP 的表单数据提交时，控制器的接收处理方法可以直接定义项目中的业务 Model 类进行数据的粗粒度接收，如 OA 案例中的员工增加的控制器方法定义。

```
@RequestMapping(value="/add",method=RequestMethod.POST)
public String add(EmployeeModel em) throws Exception
{
    employeeService.add(em); //增加员工
    return "redirect:/employee/tomain";
}
```

控制方法 add 中直接定义项目中的 EmployeeModel 持久类作为方法参数，即可实现增加员工页面表单的提交数据。Spring MVC 首先创建该 Model 类的对象，再自动根据表单元素的 name 值，找到员工持久类 EmployeeModel 中此 name 的属性，根据该属性的数据类型，自动执行类型转换，最后将转换后的数据通过 set 方法注入到该对象的属性中。

以上数据绑定过程，如果使用 Servlet 编程，其代码的编写工作量是非常巨大的，尤其是在表单中的元素非常多的情况下；而使用 Spring MVC 这些工作都是在框架内部完成的，不需要编写任何代码。

在编写诸如数据修改的 View JSP 页面时，需要将控制器层取得的业务 Model 类的对象的属性写入到表单的元素中，以往只有 HTML 的原始表单元素时，需要使用 JSP 表达式脚本代码或 EL 表达式才能完成。假如控制器在转发到员工修改页面时，将包含员工信息的 Model 类 EmployeeModel 的对象保存在 request 对象的属性中 em 中，即如下面代码所示。

```
EmployeeModel em=employeeService.getEmployee(id);
request.setAttribute("em",em);
request.getRequestDiapcther("modify.jsp").forward(request,response);
```

在修改员工的 JSP 页面 modify.jsp 中，要在文本框中显示此员工的姓名，需要使用如下代码完成。

```
<input type="text" name="name" value="${em.name}" />
```

Spring MVC 提供了表单及表单元素的标记，这些标记内置了对 Model 对象的访问，可以实现双向的数据绑定，使用 Spring MVC 的文本框标记实现员工姓名的显示的代码如下。

```
<form:input name="name" path="name"/>
```

上述代码也可以简化为如下形式。

```
<form:input path="name"/>
```

不再需要使用任何的 Java 代码和 EL 表达式。Spring MVC 的标记提供了访问容器对象并遍历其包含元素的功能、可以简便地实现单选、复选、下拉框等原来需要编写许多代码才能实现与数据库表记录关联的功能，如根据数据库表的记录自动生成多个对应的复选框。

21.2 Spring MVC 表单标记类型与实现

为实现 View 组件（主要是 JSP）与控制器中的 Model 类对象的双向数据绑定，Spring

MVC 提供了专门的表单标记，这些表单标记在实现传统的 HTML 表单元素的基础上，加强了与 Spring MVC 控制器的数据绑定和数据的验证，21.3 节将详细讲述数据验证的实现和验证失败信息的显示。

为在 JSP 页面中使用 Spring MVC 提供的表单标记和 Spring MVC 的通用标记，需要在 JSP 页面中使用 taglib 指令引入这些标记类库，其引入的代码如下所示。

```
<%@ taglib prefix="spring" uri="http://www.springframework.org/tags"%>
<%@ taglib prefix="form" uri="http://www.springframework.org/tags/form"%>
```

其中 form 是用于实现表单及表单元素的标记库，该标记库提供了所有常用表单和表单元素的实现，它们包括如下标记。

1. <form:form> 表单定义标记

该标记用于生成 HTML 的<form>标记，其使用语法如下。

```
<form:form commandName="em" action="add" method="post">
...
</form:form>
```

该标记的主要属性及其功能如下。

（1）commandName="model 对象属性名"：指定接收控制器传输的 Model 对象的属性名，用于接收目的。

（2）action="url"。

（3）method="POST|GET"。

（4）modelAttribute="向控制器传输的 Model 的属性名"：指定向控制器传输的 Model 对象的属性名，用于发送目的，通常使用与 commnand 相同的名称。

（5）cssClass=""：指定表单元素使用的样式类名。

（6）cssStyle=""：指定表单元素使用的样式 CSS。

（7）htmlEscape="true|false"：是否转换 HTML 标记。

（8）acceptCharset="编码集列表"：指定服务器接收的编码集列表。

假如员工的前分发控制器的方法实现代码如下。

```
@RequestMapping(value="/add",method=RequestMethod.POST)
public String tomodify(Model model,@RequestParam String id) throws
Exception
{
   EmployeeModel em=employeeService.getEmployee(id); //取得指定员工
   model.addAttribute("em",em);
   return "employee/modify";
}
```

在修改员工的 JSP 编写时，为接收修改前分发方法传输的员工 Model 对象，修改员工的表单定义代码如下。

```
<form:form commandName="em" action="add" method="post" modelAttribute=
"emp">
```

```
...
</form:form>
```

代码中使用 commandName="em"接收前分发控制传输的业务 Model 对象，又定义了属性 modelAttribute="emp"，用于在表单提交后向后处理控制器传输 Mode 对象属性名，要接收表单提交数据，需要定义的控制器方法如下。

```
@RequestMapping(value="/add",method=RequestMethod.POST)
public String add(@ModelAttribute(value="emp") EmployeeModel emp) throws Exception
{
    employeeService.add(emp); //增加员工
    return "redirect:/employee/tomain";
}
```

2. <form:input>文本框标记

该标记生成<input type="text"/>文本框，其主要属性和取值如下所述。

（1）id="标记的 ID"

（2）name="提交的名称"

（3）path="Model 对象属性名"：指定与控制器的 Model 绑定的属性名。

（4）cssClass="CSS 类名"：指定该文本框的 CSS 类名。

（5）cssStyle="CSS 样式"：指定该文本框标记的 CSS 样式。

（6）CssErrorClass="CSS 类名"：指定当验证失败后的异常信息的 CSS 类名。

（7）htmlEscape="true|false"：指定是否对 HTML 标记进行转换。

该标记的使用案例如下所示。

```
<form:input id="age" path="age" cssErrorClass="errorInfo"/>
```

3. <form:password>标记

该标记用于生成 HTML 密码框<input type="password"/>，其属性与<form:input>标记基本相同，只是增加了 showPassword 属性，取值为 true 或 false，用于设定是否显示输入的密码字符串，默认为 false，不显示，其使用案例代码如下所示。

```
<form:password id="pwd" path="password" cssClass="normal" showPassword
="true"/>
```

4. <form:hidden>标记

用于生成隐藏域<input type="hidden">标记，其属性与<form:input>相同，因为其没有显示，因此没有相关的样式显示属性，其使用代码如下所示。

```
<form:hidden path="Id" name="id"/>
```

5. <form:textarea>标记

生成 HTML 文本域标记<textarea>，其属性在 HTML 原有<textarea>属性的 id、name、rows、cols 基础上，增加了 Spring MVC 的 path、cssClass、cssStyle、cssErrorClass、htmlEscape 属性，其含义与<form:input>相同，其使用代码如下。

```
简历：<form:textarea path="resume" tabindex="4" rows="5" cols="80"/>
```

6．<form:checkbox>标记

该标记用于生成<input type="checkbox"/>，它在原有 HTML 复选框基础上增加了 path、label、cssClass、cssStyle、cssErrorClass、htmlEscape 等属性。Label 属性用于指定提示的信息，path 指定绑定的 Model 对象的属性，其使用代码如下。

```
<form:checkbox path="leave" value="是" label="是否离职"/>
```

7．<form:radiobutton>标记

该标记用于生成 HTML 单选按钮<input type="radio">，其属性与<form:checkbox>一样，其使用案例代码如下所示。

```
性别:<form:radiobutton path="sex" name="sex" value="男" label="男"/>
    <form:radiobutton path="sex" name="sex" value="女" label="女"/>
```

在实际编程中，与集合属性关联的<form:rediobuttons>标记使用较多，因为其可以直接遍历 Model 中的集合对象，自动生成多个单选按钮。

8．<form:checkboxes>标记

该标记用于生成多个复选框，可以自动遍历控制器传递的 Model 中的集合对象，根据对象的个数生成对应的复选框，其属性在原有的 path、cssClass、cssStyle、cssErrorClass、htmlEscape 基础上增加了如下特有的用于实现遍历容器对象的属性。

（1）items="容器对象"：指定用于生成复选框的容器，容器可以是 List、Set、Map 或数组。

（2）itemLabel="复选框提示的属性名"：指定 Model 类对象的哪个属性用于生成提示值。

（3）itemValue="提交的属性名"：指定 Model 类对象的属性用于提交到服务器。

（4）delimiter="字符串"：指定每个复选框之间使用什么字符进行间隔，如使用冒号、逗号或分号等。

（5）element="标记"：指定每个复选框架使用什么标记进行包装，默认是使用<span>将每个复选框进行封装，即<span><input type="checkbox" /></span>。

该标记的使用案例代码如下所示，其功能是取得所有爱好对象，并生成对应的复选框，且自动选中该员工已经有的爱好。

```
爱好：<form:checkboxes items="${behaveList}" path="behaves" itemLabel=
"name" itemValue="no" element="span" />
```

需要注意的是，items 的值要使用 EL 表达式，itemLabel 和 itemValue 直接使用业务 Model 类的属性即可。

9．<form:radiobuttons>标记

该标记与<form:checkboxs>标记类似，只是生成多个单选按钮，也会自动遍历容器中的对象，生成对应个数的单选按钮，其属性与多个复选框的标记相同。例如要使用部门列表容器，生成与部门对应的单选按钮，让用户进行选择，其使用代码如下所示。

```
员工部门：<form:radiobuttonss items="${departmentList}" path="department.
no" itemLabel="name" itemValue="no" element="span" />
```

10. <form:select>标记

该标记用于根据遍历的容器的对象个数生成对应选项的下拉框。其属性与<form:radiobuttons>和<form:checkboxes>相同。其使用代码案例如下所示。

```
部门：<form:select path="department.no" items="${departmentList}" itemValue=
"no" itemLabel="name" />
```

11. <form:option>标记

如果想为下拉框生成单独的选项，可以使用此标记，其使用代码如下所示，注意其使用要在下拉框标记内部。

```
<html:option value="0">请选择部门</html:option>
```

12. <form:options>标记

该标记用于生成多个选择项，也是要内嵌在下拉框的标记内，其属性主要有 items、itemLabel 和 itemValue，注意该属性没有 path 属性，因为其不能与业务 Model 类的属性进行绑定，其使用代码如下所示。

```
<form:options items="${departmentList}" itemValue="no" itemLabel="name" />
```

13. <form:errors>标记

该标记用于显示表单的数据验证失败信息，可以集中显示也可以在每个元素中单独显示。其属性有 cssClass、cssStyle、delimiter、element、htmlEscape、path，每个属性的含义前面已经介绍过。如果指定 path，则只显示与 path 对应的验证错误信息，也可以使用*指定显示所有的验证错误信息。如下代码演示了该标记的使用案例。

```
<form:errors path="age"/> 只显示年龄的验证失败信息。
<form:errors path="*"/> 显示表单所有元素的验证失败信息。
```

有关验证的编程和配置，下节将详细介绍。将上面的所有标记使用在 OA 案例的员工修改页面，其实现代码如程序 21-1 所示。

程序 21-1 /employee/modify.jsp 员工修改页面

```
<%@ page language="java" contentType="text/html; charset=UTF-8"
    pageEncoding="UTF-8"%>
<%@ taglib uri="http://java.sun.com/jsp/jstl/core" prefix="c" %>
<%@ taglib prefix="spring" uri="http://www.springframework.org/tags"%>
<%@ taglib prefix="form" uri="http://www.springframework.org/tags/form"%>
<!DOCTYPE html>
<html>
<head>
<meta http-equiv="Content-Type" content="text/html; charset=UTF-8">
<title>Insert title here</title>
</head>
<body>
```

```
<h1>修改新员工</h1>
<form:form commandName="em" action="modify" method="post" enctype="multipart/
form-data">
账号：<form:input  name="id" path="id"/><br/>
密码：<form:input name="password" path="password"/><br/>
部门：<form:select path="department.no" items="${departmentList}" itemValue=
"no" itemLabel="name" /><br/>
姓名：<form:input  name="name" path="name"/><br/>
性 别 :<form:radiobutton path="sex" name="sex" value=" 男 " label=" 男 "/>
<form:radiobutton path="sex" name="sex" value="女" label="女"/> <br/>
年龄：<form:input name="age" path="age"/><br/>
工资：<form:input name="salary" path="salary"/><br/>
生日：<form:input  name="birthday" path="birthday"/><br/>
入职：<form:input name="joinDate" path="joinDate"/><br/>
照片：<form:input type="file" path="photo" name="uploadphoto"/><br/>
离职：<form:checkbox path="leave" value="是" label="是否离职"/><br/>
爱 好 ： <form:checkboxes items="${behaveList}" path="behaves" itemLabel=
"name" itemValue="no" element="span" /><br/>
<form:button type="submit" >提交</form:button>
</form:form>
</body>
</html>
```

页面中首先需要引入 Spring form 标记库，在进入该修改页面之前，需要编写修改页面的前分发控制方法，向页面传递部门列表、爱好列表和指定的要修改的员工 Mode 对象，前分发方法所在的员工控制类代码如程序 21-2 所示。

程序 21-2　EmployeeController.java　//员工控制器类

```
package com.city.oa.controller;
import java.io.File;
import java.io.InputStream;
import java.io.OutputStream;
import java.nio.file.CopyOption;
import java.nio.file.Files;
import java.nio.file.Path;
import java.nio.file.Paths;
import java.nio.file.StandardCopyOption;
import java.util.List;
import javax.servlet.ServletContext;
import javax.servlet.http.HttpServletRequest;
import javax.servlet.http.HttpServletResponse;
import org.springframework.beans.factory.annotation.Autowired;
import org.springframework.stereotype.Controller;
import org.springframework.ui.Model;
import org.springframework.web.bind.annotation.RequestMapping;
import org.springframework.web.bind.annotation.RequestMethod;
```

```
import org.springframework.web.bind.annotation.RequestParam;
import org.springframework.web.multipart.MultipartFile;
import com.city.oa.model.annotation.BehaveModel;
import com.city.oa.model.annotation.DepartmentModel;
import com.city.oa.model.annotation.EmployeeModel;
import com.city.oa.service.IBehaveService;
import com.city.oa.service.IDepartmentService;
import com.city.oa.service.IEmployeeService;
//员工控制类
@Controller
@RequestMapping(value="/employee")
public class EmployeeController {
   private IDepartmentService departmentService=null;
   private IEmployeeService employeeService=null;
   private IBehaveService behaveService=null;
   @Autowired
   public void setDepartmentService(IDepartmentService departmentService) {
      this.departmentService = departmentService;
   }
   @Autowired
   public void setEmployeeService(IEmployeeService employeeService) {
      this.employeeService = employeeService;
   }
   @Autowired
   public void setBehaveService(IBehaveService behaveService) {
      this.behaveService = behaveService;
   }
   @RequestMapping(value="/tomain")
   public String tomain() throws Exception
   {
      return "employee/main";
   }
   @RequestMapping(value="/toadd")
   public String toadd(Model model) throws Exception
   {
      List<DepartmentModel> departmentList=departmentService.getListByAll();
      model.addAttribute("departmentList",departmentList);

      return "employee/add";
   }
   //跳转到员工修改页面的前分发控制方法
   @RequestMapping(value="/tomodify")
   public String tomodify(Model model,@RequestParam String id) throws
   Exception
   {
```

```
    List<DepartmentModel> departmentList=departmentService.getListByAll();
    List<BehaveModel> behaveList=behaveService.getListByAll();
    model.addAttribute("departmentList",departmentList);
    model.addAttribute("behaveList",behaveList);
    EmployeeModel em=employeeService.getEmployee(id);
    model.addAttribute("em",em);
    return "employee/modify";
}
//增加员工处理的控制方法
@RequestMapping(value="/add",method=RequestMethod.POST)
public String add(EmployeeModel em,@RequestParam(value="uploadphoto",
required=false) MultipartFile uploadphoto,HttpServletRequest request)
throws Exception
{
    ServletContext application=request.getServletContext();
    //取得 upload 目录的物理路径
    String uploadpath=application.getRealPath("/upload");
    //取得上传文件的文件名
    String fileName=uploadphoto.getOriginalFilename();
    //取得上传文件的文件类型
    String contentType=uploadphoto.getContentType();
    //创建目标文件对象
    File file=new File(uploadpath+"/"+fileName);
    //将上传文件保存到目标文件
    uploadphoto.transferTo(file);

    //调用业务层对象的方法增加员工
    if(uploadphoto.isEmpty()){
        employeeService.add(em); //无上传文件时增加员工
    }
    else{
        //有图片上传时增加员工
        employeeService.add(em,uploadphoto.getInputStream(),fileName,
        contentType);
    }
    //跳转到员工主页分发控制方法
    return "redirect:/employee/tomain";
}
@RequestMapping(value="/photodown",method=RequestMethod.GET)
public void photodown(@RequestParam String id,HttpServletRequest
request,HttpServletResponse response) throws Exception{

    EmployeeModel em=employeeService.getEmployee(id);
    if(em!=null&&em.getPhotoFileName()!=null){
        //根据员工的图片的类型设置 HTTP 响应的类型
```

```
            response.setContentType(em.getPhotoContentType());
            response.addHeader("Content-Disposition","attachment; filename="
            +em.getPhotoFileName());
            String dataDirectory = request.getServletContext().getRealPath
            ("/upload");
            Path path=Paths.get(dataDirectory,em.getPhotoFileName());
            Files.copy(em.getPhoto().getBinaryStream(), path, Standard-
            CopyOption.REPLACE_EXISTING);
            //取得到浏览器的输出字节流
            OutputStream out=response.getOutputStream();
            Files.copy(path, out);
            Files.delete(path);
        }
    }
}
```

与修改页面有关的方法是 tomodify 控制方法，请注意并理解其取得修改页面需要数据的方法和使用 Model 类传递数据的编程方法。

本章小结

本章详述了 Spring MVC 提供的表单相关的标记及其使用，对于每种 HTML 的表单和表单元素，Spring MVC 都提供了与其对应的<form>标记。Spring MVC 的表单标记能自动读取 Spring MVC 控制器传输的 Model 对象，并实现数据的填充。

Spring MVC 的单选按钮、复选框和下拉框标记提供了自动遍历容器的方法，可自动生成与容器中对象个数相同的选择项目。

Spring MVC 的 form 表单标记还能与第 22 章要讲述数据验证框架集成，提供了表单数据的验证和验证失败信息的显示。

第22章 Spring MVC 数据验证

本章要点

- Web 应用数据验证的基本原理。
- Spring MVC 实现数据验证的方式。
- Spring MVC 内置数据验证框架的原理编程与应用。
- Java Validation API（JSR-303）的原理。
- Spring MVC 整合 JSR303 验证规格的整合和编程。

开发任何实际的项目应用，都需要对用户录入的数据进行验证，以保证数据的有效性和合法性，阻止非法数据进入应用系统。

在基于多层架构设计的 Web 应用开发中，数据验证可以在各个层上进行，在表示层（JSP）上使用客户端技术（JavaScript）实现客户端验证，在控制层使用服务器提供的技术或框架对取得的数据进行验证，也可以在业务层、持久层对数据进行业务逻辑验证，最后在数据层通过数据库提供的技术实现对数据保存前的最后一道验证。

本章主要讲述如何 Spring MVC 提供的内置验证机制和通过 Java 验证规范 JSR-303 与 Spring MVC 整合完成数据验证，其他各层的数据验证（如客户端验证）请参阅各种客户端框架的文档。

22.1 Web 应用数据验证概述

Web 应用使用 HTML 表单及其相关的表单元素（如文本框、密码框、文本域、下拉框等）收集用户的输入，当客户提交表单后，将数据发送给控制层对象进行接收、验证和处理。

数据验证按类型划分有格式验证和业务逻辑验证。

（1）格式验证主要完成用户输入数据是否符合特定数据的格式要求，如邮箱是否合法，邮编是否符合国家要求的格式，手机号码、身份证号码等都属于格式验证。格式验证与业务没有关系，任何应用对这些数据的格式的要求都是一样的。

（2）业务逻辑验证则根据不同业务需求对数据进行与业务相关的逻辑验证，如有的公司人力系统要求员工的奖金不能高于工资的 3 倍，登录系统时必须保证账号已经存在，出库数量必须小于库存数量等等都是属于业务逻辑验证。

数据验证按实现的位置区分有如下几种。

（1）客户端验证：在数据为提交直接由客户端技术实现，主要使用 JavaScript 编程或客户端框架，如 jQuery 验证插件、AngularJS、DOJO 等实现。客户端验证保证只有合法的数据才能提交给服务器。

（2）服务器端验证：服务器接收到客户端提交数据后，对数据进行验证，主要使用服务器端编程语言，如 Java、PHP 以及服务器端的验证框架，如 Spring MVC、Struts2、JSR-303 等。

（3）数据存储端验证：由数据库服务器实现对数据的验证，可以使用表中定义的各种约束实现，如主键、外键、非空、唯一、检查等，也可以使用触发器完成功能复杂的数据验证。

本章主要集中在服务器端数据验证的实现，并使用 Spring MVC 的内置数据验证机制以及整合 Java 验证规范 API（JSR-303）两种方式实现服务器端控制器层数据验证的编程和配置。

控制器在取得客户输入的数据后，首先进行数据格式验证，待验证合法后，将对数据进行类型转换，再调用业务服务层的方法进行数据验证。

22.2 Spring MVC 支持数据验证的方式

在 Spring MVC 完成 View 页面的表单和控制器的双向数据绑定后，Spring MVC 框架会自动执行数据的类型转换，将取得的 String 类型的请求参数转换为业务 Model 类对象属性需要的数据类型。

如果在类型转换过程中由于数据格式不符，无法实现类型转换，Spring MVC 将抛出异常，启动数据验证第 1 步的格式验证失败流程。如果类型转换成功，并且定义了验证规则，Spring MVC 将调用这些验证逻辑实施数据验证，如果验证失败则抛出异常，启动第 1 阶段的数据验证处理流程。

Spring MVC 自身提供了一整套的数据验证机制，与此同时也提供了支持 Java validation specification-JSR303 验证规范的验证机制，因此在编写数据验证功能时，可以通过两套技术实现数据验证功能。

22.3 Spring MVC 内置数据验证机制

Spring MVC 在设计时就考虑了数据验证的需求，因此数据验证是其内置功能的一部分，其内置的数据验证框架要早于 JSR-303 规范。

22.3.1 Spring MVC 内置验证框架的接口

Spring MVC 的数据验证通过编写验证类来完成，所有的数据验证器类都需要实现数据验证接口 org.springframework.validation.Validator，该接口定义的方法如下所示。

```
package org.springframework.validation;
public interface Validator {
    boolean supports(Class<?> clazz);
    void validate(Object target, Errors errors);
}
```

验证接口方法 supports 用于检查指定的 Model 类是否支持数据验证，如果支持则返回 true，否则返回 false。

接口的方法 validate 对指定的 target 对象进行数据验证，如果验证失败，则生成 Errors 类型的对象。

org.springframework.validation.Errors 接口的对象表达一个容器对象，其功能是保存验证失败时的字段级验证错误对象 FieldError，或对象级的验证错误对象 ObjectError，如果 Errors 对象不为空，则说明验证失败，否则指示数据验证通过。

FieldError 错误表达业务 Model 对象的属性级验证错误，如员工的密码必须在 4～10 位之间，且不能为空，员工的年龄必须在 18～60 之间，员工的邮箱必须是合法的邮箱等。

ObjectError 是对象级验证失败时生成的对象，与对象的属性验证无关，实际验证时此种错误非常少见，没有合适的案例说明。

在 validate 验证逻辑方法中，当编程实现的验证逻辑失败时，使用 Errors 对象提供的如下方法增加字段级验证错误。

（1）void reject(String errorCode)

增加对象级别验证错误，并指定错误代码。

（2）void reject(String errorCode, String defaultMessage)

增加对象级别验证错误，指定错误代码和错误信息。

（3）void rejectValue(String field, String errorCode)

增加字段级别验证错误，指定错误代码。

（4）void rejectValue(String field, String errorCode,String defaultMessage)

增加字段级别验证错误，指定验证错误代码和验证消息，field 是业务 Model 类的属性名。

如下代码演示了简单验证的逻辑实现。

```
EmployeeModel em=(EmployeeModel)target;
if (em.getPassword()==null||em.getPassword().trim().lentgth()==0) {
    errors.rejectValue("password","2001","密码为空");
}
```

22.3.2　Spring MVC 内置验证框架的实现编程

要实现 Spring MVC 内置的数据验证，需要按照上面讲述的编写验证类，并实现 Validator 接口，在类中实现接口定义的方法。程序 22-1 演示了 OA 案例中部门 Model 类的验证类。

程序 22-1 DepartmentValidator.java //部门数据验证类

```
package com.city.oa.validator;
import org.springframework.validation.Errors;
import org.springframework.validation.Validator;
import com.city.oa.model.annotation.DepartmentModel;
import com.city.oa.model.annotation.EmployeeModel;
//部门 Model 类数据验证类
public class DepartmentValidator implements Validator {
    @Override
    //检查部门 Model 是否支持验证
    public boolean supports(Class<?> klass) {
        return DepartmentModel.class.isAssignableFrom(klass);
    }
    //验证方法
    @Override
    public void validate(Object target, Errors errors) {
        System.out.println("部门验证方法执行...");
        DepartmentModel dm=(DepartmentModel)target;
        if(dm.getCode()==null||dm.getCode().trim().length()==0){
            errors.rejectValue("code", "department.code.empty","部门编码为空");
        }
        if(dm.getName()==null||dm.getName().trim().length()==0){
            errors.rejectValue("name", "department.name.empty","部门名称为空");
        }
    }
}
```

当验证部门的代码和名称为空时，使用 Errors 对象的 rejectValue 方法增加错误信息对象，本代码使用的是字段级的错误对象。

22.3.3 Spring MVC 中启用验证机制的编程

要让上面编写的验证类能在表单提交数据时启用数据验证，需要在 Spring MVC 的控制器中启用使用的验证类。Spring MVC 支持两种方式引用数据验证类。

（1）直接在控制器的处理方法中创建验证器类对象，并调用其验证方法。此方式的实现代码参见程序 22-2。

程序 22-2 DeparmentController.java //部门控制器类

```
package com.city.oa.controller;
import org.springframework.beans.factory.annotation.Autowired;
import org.springframework.stereotype.Controller;
import org.springframework.transaction.annotation.Transactional;
import org.springframework.ui.Model;
import org.springframework.validation.BindingResult;
```

```
import org.springframework.web.bind.annotation.RequestMapping;
import org.springframework.web.bind.annotation.RequestMethod;
import com.city.oa.model.annotation.DepartmentModel;
import com.city.oa.service.IDepartmentService;
import com.city.oa.validator.DepartmentValidator;
//部门控制类
@Controller
@RequestMapping(value="/department")
@Transactional
public class DepartmentController {
    private IDepartmentService departmentService=null;
    @Autowired
    public void setDepartmentService(IDepartmentService departmentService) {
        this.departmentService = departmentService;
    }
    //部门主页面前分发方法
    @RequestMapping(value="/tomain")
    public String tomain() throws Exception{

        return "department/main";
    }
    //部门增加前分发方法
    @RequestMapping(value="/toadd")
    public String toadd(Model model) throws Exception{

        DepartmentModel dm=new DepartmentModel();
        dm.setCode("");
        dm.setName("");
        model.addAttribute("dm",dm);
        return "department/add";
    }
    //增加部门处理方法，并启用部门数据验证类
    @RequestMapping(value="/add",method=RequestMethod.POST)
    public String add(DepartmentModel dm,BindingResult bindingResult,Model
    model) throws Exception{
        DepartmentValidator dv=new DepartmentValidator(); //创建验证类对象
        dv.validate(dm, bindingResult); //调用验证方法
        if(bindingResult.hasErrors()){ //检查是否有验证错误
            model.addAttribute("dm",dm);
            return "department/add";
        }
        else{
            System.out.println(dm.getName());
            return "redirect:/department/tomain";
        }
```

```
    }
}
```

在部门的增加处理控制器方法中，首先创建部门验证类的对象，任何调用其 validate 验证方法，都会将取得的部门数据 Model 对象和 Errors 类的子对象 BindingResult 传入该方法，如果验证失败，则可以使用 bindingResult.hasErrors()方法检查是否有错误信息存在，如果有验证错误信息，则表明数据验证失败。

（2）启用验证类的第 2 种方法是在控制类中编写 initBinder 方法，并在此方法中传递 WebDataBinder 类型参数。在方法内创建验证器类，并 set 到 WebDataBinder 类型的对象，调用此对象的 validate()启用创建的具体 Model 对象的验证器，其示意代码实现如下所示。

```
@org.springframework.web.bind.annotation.InitBinder
public void initBinder(WebDataBinder binder) {
// this will apply the validator to all request-handling methods
binder.setValidator(new DepartmentValidator());
binder.validate();
}
```

如果控制器的多个方法都使用相同的验证器类，使用此方法可以简化启用验证器的编程，只需在控制器中编写一次，请求该控制器的所有方法时，该验证器都会起作用。如果每个控制方法使用的验证类不一样，则不能使用此方式，需要使用方式（1）模式，在每个方法内部自己创建验证器类对象。

22.4 Spring MVC 集成 Java 验证机制 JSR-303 实现数据验证

Bean Validation API 规范编号为 JSR-303，该规范为 JavaBean 验证定义了相应的元数据模型和 API。JSR-303 默认使用 Java Annotations 模式，其注释类写在应用的业务 Model 类上。在原始的注释类基础上可以通过使用 XML 对原有的元数据信息进行覆盖和扩展。在应用程序中，通过使用 Bean Validation 或是你自己定义的 constraint，例如 @NotNull、@Max、@ZipCode，就可以确保数据模型（JavaBean）的正确性。constraint 可以附加到字段、getter 方法、类或者接口上面。对于一些特定的需求，用户可以很容易地开发定制化的 constraint。Bean Validation 是一个运行时的数据验证框架，在验证之后验证的错误信息会被马上返回。

在使用 JSR-303 规范实现数据验证时，由于它只是一个规范，因此需要引入它的具体实现框架，目前市场上出现了最常用的两种该协议的实现：一个是 Hibernate 的 Hibernate Validator，另一个是 Apache 的 Apache BVal 框架。

Hibernate Validator 是 Bean Validation 的参考实现。Hibernate Validator 提供了 JSR-303 规范中所有内置 constraint 的实现，除此之外，还有一些附加的 constraint。该框

架的具体信息请参阅其官方文档（http://hibernate.org/validator/），其最新版是 5.3.4。

JSR-303 用于数据验证的注释类的类型与功能说明参见表 22-1。

表 22-1　JSR-303 注释类及其功能

注　释　类	功 能 说 明
@Null	被注释的元素必须为 null，很少使用
@NotNull	被注释的元素必须不为 null，使用最多
@AssertTrue	被注释的元素必须为 true
@AssertFalse	被注释的元素必须为 false
@Min(value)	被注释的元素必须是一个数字，其值必须大于等于指定的最小值
@Max(value)	被注释的元素必须是一个数字，其值必须小于等于指定的最大值
@DecimalMin(value)	被注释的元素必须是一个数字，其值必须大于等于指定的最小值
@DecimalMax(value)	被注释的元素必须是一个数字，其值必须小于等于指定的最大值
@Size(max, min)	被注释的元素的大小必须在指定的范围内
@Digits (integer, fraction)	被注释的元素必须是一个数字，其值必须在可接受的范围内。参数 1 指定有效位数，参数 2 指定小数位数
@Past	被注释的元素必须是一个过去的日期，必须小于当前日期
@Future	被注释的元素必须是一个将来的日期，必须大于当前日期
@Pattern(value)	被注释的元素必须符合指定的正则表达式，这是最灵活的验证方式

JSR-303 数据验证注释类的使用示意代码如下所示。

```
@AssertFalse
boolean hasBehaves;
@AssertTrue
boolean isEmpty;
@DecimalMax("120.15")
double price;
@DecimalMin("0.04")
double price;
@Digits(integer=5,fraction=2)
double price;
@Future
Date produceDate;
@Max(60)
int age;
@Min(18)
int age;
@NotNull
String code;
@Null
String errorMessage;
@Past
Date birthDate; //员工的出生日期一定要小于当前日期
@Pattern(regext="\d{6}")
```

```
String postcode; //邮政编码
@Size(min=2, max=10)
String password;  //密码必须在 2～10 位之间
```

如果项目中使用 Hibernate Validator 框架作为 JSR-303 的实现技术，Hibernate Validator 还提供了扩展的验证注释类，其类型和说明参见表 22-2。

表 22-2 Hibernate Validator 框架提供的扩展的验证注释类

注 释 类	功 能 说 明
@Email	被注释的元素必须是合法的电子邮箱地址
@Length	被注释的字符串的大小必须在指定的范围内
@NotEmpty	被注释的字符串的必须非空
@Range	被注释的元素必须在合适的范围内

22.4.1 JSR-303 Bean Validation 规范验证使用案例

在本书的 OA 项目案例中，将部门持久 Model 类改造为使用 JSR-303 和 Hibernate Validator 注释类，实现对部门编码 code 和部门名称 name 的验证，其编程代码参见程序 22-3。

程序 22-3 DepartmentModel.java //增加了 JSR-303 注释类后的部门持久类

```
package com.city.oa.model.annotation;
import java.io.Serializable;
import java.util.Set;
import javax.persistence.Basic;
import javax.persistence.CascadeType;
import javax.persistence.Column;
import javax.persistence.Entity;
import javax.persistence.GeneratedValue;
import javax.persistence.GenerationType;
import javax.persistence.Id;
import javax.persistence.Index;
import javax.persistence.JoinTable;
import javax.persistence.OneToMany;
import javax.persistence.Table;
import javax.validation.constraints.NotNull;
import javax.validation.constraints.Size;
import org.hibernate.annotations.Formula;
import org.hibernate.validator.constraints.Length;
//Java 注释方式的部门类，增加了 JSR-303 验证注释类
@Entity
@Table(name="oa_department")
public class DepartmentModel implements Serializable {
    @Id
    @GeneratedValue(strategy = GenerationType.IDENTITY)
    @Column(name="DEPTNO")
```

```
private int no=0;

@Basic
@Column(name="DEPTCODE")
@NotNull
@Size(min=2,max=10)
private String code=null;

@Basic
@Column(name="DEPTNAME")
@NotNull
@Length(min=3,max=20)
private String name=null;

//本部门员工汇总工资
@Formula("(select sum(emp.salary) from OA_Employee emp where emp.deptno=
deptno)")
private Double totalSalary=null;;
//部门员工平均年龄
@Formula("(select avg(emp.age) from OA_Employee emp where emp.deptno
=deptno)")
private Integer avgAge=null;
//一对多关联属性，部门对象包含多个员工对象
@OneToMany(cascade=CascadeType.ALL,mappedBy="department")
private Set<EmployeeModel> employees=null;
//属性的 get 和 set 方法
public int getNo() {
    return no;
}
public void setNo(int no) {
    this.no = no;
}
public String getCode() {
    return code;
}
public void setCode(String code) {
    this.code = code;
}
public String getName() {
    return name;
}
public void setName(String name) {
    this.name = name;
}
public Double getTotalSalary() {
```

```
        return totalSalary;
    }
    public void setTotalSalary(Double totalSalary) {
        this.totalSalary = totalSalary;
    }
    public Integer getAvgAge() {
        return avgAge;
    }
    public void setAvgAge(Integer avgAge) {
        this.avgAge = avgAge;
    }
    public Set<EmployeeModel> getEmployees() {
        return employees;
    }
    public void setEmployees(Set<EmployeeModel> employees) {
        this.employees = employees;
    }
}
```

代码中使用注释类@NotNull 和@Size(min=2,max=10)对部门编码属性 code 进行约束，使用@NotNull 和@Length(min=3,max=20)对部门名称属性 name 进行约束。

22.4.2 启用 JSR-303 注释验证的 Spring MVC 控制器编程

当使用 JSR-303 对 Model 类的属性进行数据验证约束后，控制器方法需要使用该 Model 类对象以粗粒度模式接收表单提交的数据，此时不能使用细粒度模式的单个参数接收数据模式。

在控制方法的接收数据的 Model 类参数前需要加入注释类@Valid，Spring MVC 框架自动启用注释类的数据验证模式。OA 案例的部门控制器类中修改处理的控制方法时就使用了基于 JSR-303 模式的数据验证，其实现代码参见程序 22-4。

程序 22-4 DepartmentController.java

```
package com.city.oa.controller;
import javax.validation.Valid;
import org.springframework.beans.factory.annotation.Autowired;
import org.springframework.stereotype.Controller;
import org.springframework.transaction.annotation.Transactional;
import org.springframework.ui.Model;
import org.springframework.validation.BindingResult;
import org.springframework.web.bind.annotation.RequestMapping;
import org.springframework.web.bind.annotation.RequestMethod;
import org.springframework.web.bind.annotation.RequestParam;
import com.city.oa.model.annotation.DepartmentModel;
import com.city.oa.service.IDepartmentService;
```

```
import com.city.oa.validator.DepartmentValidator;
//部门控制器类（部分代码，其余代码已经省略，只演示启用注释类验证）
@Controller
@RequestMapping(value="/department")
@Transactional
public class DepartmentController {
    private IDepartmentService departmentService=null;
    @Autowired
    public void setDepartmentService(IDepartmentService departmentService) {
        this.departmentService = departmentService;
    }
    @RequestMapping(value="/tomodify")
    public String tomodify(@RequestParam int departmentNo,Model model)
    throws Exception{

        DepartmentModel dm=departmentService.getDepartment(departmentNo);
        model.addAttribute("dm",dm);
        System.out.println(dm.getCode());
        return "department/modify";
    }
    //修改部门处理方法，并启用部门数据验证类
    @RequestMapping(value="/modify",method=RequestMethod.POST)
    public String modify(@Valid DepartmentModel dm,BindingResult bindingResult,
    Model model) throws Exception{
        if(bindingResult.hasErrors()){
            System.out.println("部门修改时验证失败...");
            model.addAttribute("dm",dm);
            return "department/modify";
        }
        else{
            System.out.println(dm.getName());
            return "redirect:/department/tomain";
        }
    }
}
```

修改控制方法中的重点代码是参数 dm 前面的@Valid，该注释类用于启用 JSR-303 注释模式验证，检查是否有验证错误的代码与使用内置验证类的方式一样，都是通过在控制方法中调用 bindingResult.hasErrors()实现是否有验证失败信息。

在使用 JSR-303 注释类配置验证规则时，没有指定验证的失败显示的信息，JSR-303 模式必须使用资源文件模式才能完成验证失败信息的显示。在指定的资源文件 properties 文件中，某个验证失败信息的格式如下：

```
Constraint.object.property=验证失败显示的信息
```

其中 Constraint 是验证注释类的名，object 是控制器接收 Model 的参数名，property 是

Model 对象的属性名。

在程序 22-4 的部门控制类的部门修改方法中，接收的部门 Model 类的参数是 dm，部门编码 code 的验证类@NotNull 的错误信息的配置如下。

NotNull.dm.code=部门编码不能为空。

部门编码验证@Size(min=2,max=10)的错误信息配置如下所示。

Size.dm.code=部门编码必须在 2 到 10 位之间。

其他验证类的显示信息按此模式进行配置，非常方便。

22.4.3 JSP 页面显示验证错误信息

在数据验证失败后，控制器会以转发模式跳转回数据输入界面，如本案例的员工修改页面，在页面中使用 Spring MVC 的 FORM 标记<form:errors>显示验证错误信息。其案例代码参见程序 22-5。

程序 22-5 /department/modify.jsp //部门修改页面

```
<%@ page language="java" contentType="text/html; charset=UTF-8" pageEncoding=
"UTF-8"%>
<%@ taglib uri="http://java.sun.com/jsp/jstl/core" prefix="c" %>
<%@ taglib prefix="spring" uri="http://www.springframework.org/tags"%>
<%@ taglib prefix="form" uri="http://www.springframework.org/tags/form"%>
<!DOCTYPE html PUBLIC "-//W3C//DTD HTML 4.01 Transitional//EN" "http://www.
w3.org/TR/html4/loose.dtd">
<html>
<head>
<meta http-equiv="Content-Type" content="text/html; charset=UTF-8">
<title>Insert title here</title>
</head>
<body>
<h1>修改部门</h1>
<form:form action="modify" method="post" commandName="dm">
    <ul>
    <li>
    <label for="code">部门编码</label>
    <form:input path="code" />
    <form:errors path="code" />
    </li>
    <li>
    <label for="name">部门名称</label>
    <form:input path="name" />
    <form:errors path="name" />
    </li>
    <li>
    <form:button type="submit">提交</form:button>
```

```
    </li>
    </ul>
</form:form>
</body>
</html>
```

页面中使用<form:errors path="code" />显示指定属性上的验证错误信息。

本章小结

本章详述了 Spring MVC 实现控制层职责之一的数据验证的设计与编程。Spring MVC 支持两种模式的数据验证，包括其内置的数据验证类编程以及基于注释模式的 JSR-303 Bean Validation 规范的数据验证。

使用 Spring 内置的数据验证类需要编写实现接口 Validator 的数据验证类，并实现该接口的两个数据验证方法。在验证方法 validate 内，根据验证的编程，如果验证失败，生成表达验证错误信息的对象 FieldError 对象或 ObjectError 对象，并将错误对象增加到错误信息集合对象 Errors 中。在控制器方法内，需要创建此验证类对象，并调用其验证方法，根据是否包含验证错误信息，决定是否返回数据输入页面，并使用 Spring MVC 的标记<form:errors>显示错误信息。

使用 JSR-303 注释类模式实现数据验证，需要引入该规范的实现框架，包括 Hibernate Validator 和 Apache BVal，本章主要使用 Hibernate Validator。该验证模式在项目的 Model 的属性上增加验证注释类，并在控制方法中接收 Model 类对象的参数前使用@Valid 启用 JSR-303 的注释验证模式。

实际编程中可根据实际需求选择使用哪种模式，如果使用 JSR-303 模式，只能在 Mode 类的属性上定义验证，无法在单个接收参数上进行数据验证。而使用 Spring MVC 的内置验证器类编程模式，可实现非常灵活的验证，但是编程工作量较大。

第23章 Spring MVC 国际化编程

本章要点

- 国际化与本地化基本原理。
- 国际化的基本要素。
- Java 的国际化的处理机制。
- 国际化资源文件的命名。
- Spring MVC 国际化的处理机制。

随着全球经济的一体化，要求软件开发者开发出支持多国语言、供多国家地区的用户使用的软件应用，尤其对 Web 应用来说，国际化尤为重要，因为 Web 应用运行在 Internet 上，因此潜在的用户可能来自世界的各个角落，这就要求 Web 应用程序在运行时能够根据客户端请求所在的国家和使用的语言显示不同的用户界面。本章重点讲述的就是 Spring MVC 如何支持国际化的软件开发与编程。

23.1 国际化的基本概念

国际化（Internationalization）简称 I18N（国际化的单词首字符和末字符中间有 18 个字符由此而得名）是指应用软件能根据使用客户的语言、国家或地区的不同而显示不同提示的界面。

以著名的 QQ Mail Web 为例，当浏览器使用中文访问 mail.qq.com 时，显示中文的提示操作信息，参见图 23-1。

修改浏览器的默认的语言和国家，以 IE 浏览器为例，其他浏览器请参考其帮助说明，参见图 23-2 中的操作步骤，选择 IE 主菜单的 Internet 选项，选择语言按钮，默认情况下只有“中文简体-中国”，单击“添加”按钮，弹出语言和国家选择提示框，选择“英语（美国）”即可。

增加英语后，再单击“上移”按钮，将英语设定为首选语言，参见图 23-3。

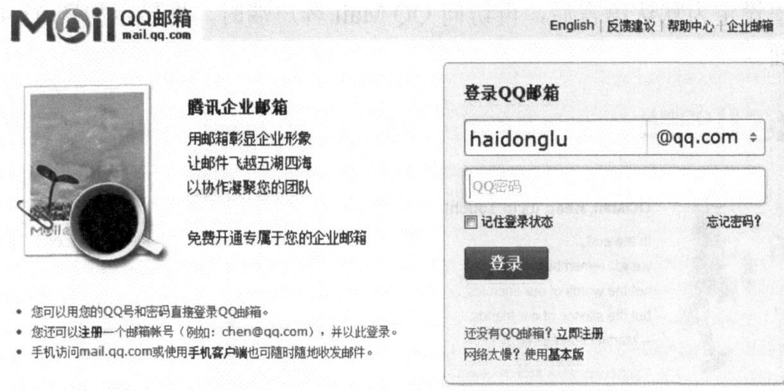

图 23-1　使用中文访问 QQ Mail Web 客户端

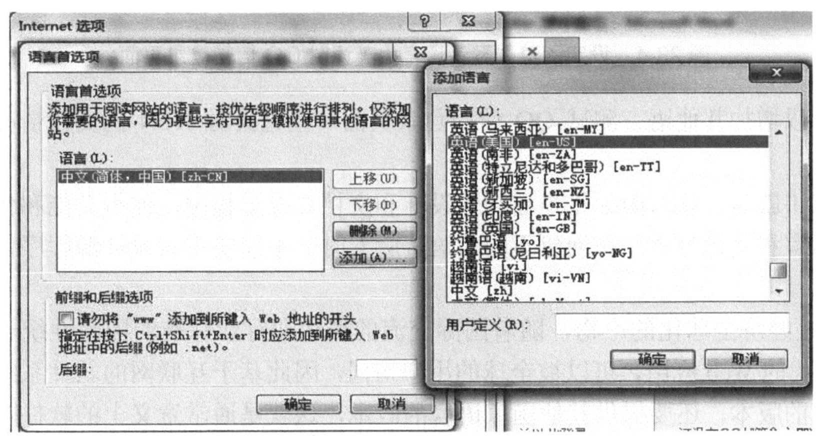

图 23-2　浏览器增加新的语言和国家

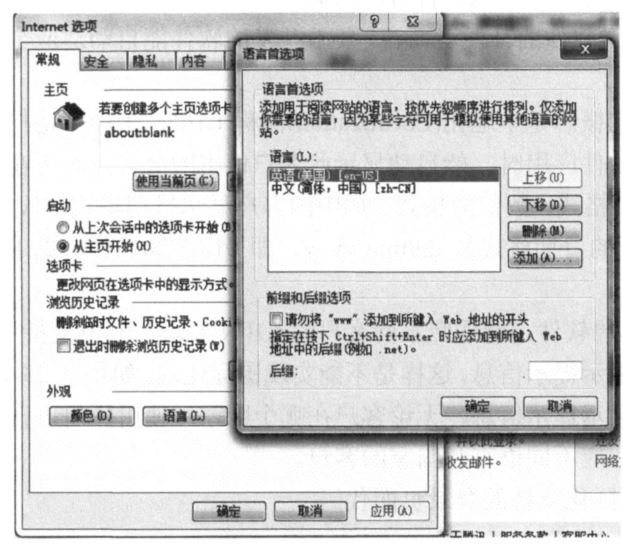

图 23-3　上移新增加的语言成为默认的访问 Web 语言

在将英语设定为默认语言后，再访问 QQ Mail 客户端时，将显示如图 23-4 所示的 QQ 信箱登录页面。

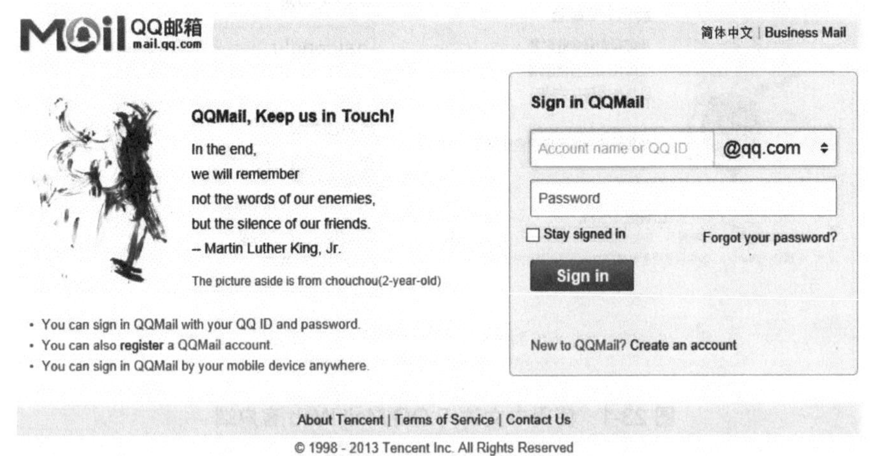

图 23-4　设定浏览器默认语言为英语时 QQ 信箱登录页面

读者可以增加其他语言测试 QQ 信箱登录页面，检查其对 I18N 的支持情况，此处不再赘述。

专业点讲就是，软件国际化是在软件设计和文档开发过程中，使得功能和代码设计能处理多种语言和文化习俗，在创建不同的语言版本时，不需要重新设计源程序代码的软件工程方法。

I18N 是经济全球化的产物，随着国际交流的密切和行业标准的国际性统一，尤其是 Internate 时代的 Web 应用，可以被全球的用户访问，因此基于互联网的软件系统不但要提供一国语言的版本，还要提供其他国家语言的版本，这就是通常意义上的软件国际化。

在开发 I18N 软件系统时，一般要通过软件平台提供的 I18N 支持机制，取得客户的语言和区域信息，显示与用户本地语言对应的提示信息和时间数据格式。

I18N 主要是针对软件的开发者而言，要求开发的软件能自动适应全球不同语言和不同国家的客户的访问。

与国际化对应的概念是本地化(Localization)简称 L10N。L10N 是指某个具体的客户当访问支持 I18N 的软件应用时，能自动显示此客户使用的语言，和所在国家或地区的各种日常习惯，如时间的格式，数值的格式。如中国客户显示日期格式一般为 yyyy-mm-dd，即 2013-02-01，而英国的日期格式是 dd/mm/yyyy，即 01/02/2013，可见 L10N 是针对客户而言的。

一个支持 I18N 的软件，能适应不同客户的 L10N 要求。开发支持 I18N 应用软件时，不要以硬编码形式显示提示信息，这样是不能实现国际化的。如程序 23-1 的用户登录页面，就采用硬编码方式显示提示信息，无论客户在哪个国家，使用任何语言，都会显示汉语提示信息，不会自动适应不同语言和国家的客户。

程序 23-1 无国际化支持的登录页面代码

```
<h1>用户登录</h1>
```

```
<form action="login.action" method="post">
账号:<input type="text" name="userid" /> *<br/>
密码: <input type="password" name="password" /> *<br/>
<input type="submit" value="提交" />
</form>
```

要开发支持 I18N 的应用软件，必须将用户界面(UI)的提示信息移到外部的资源文件中，并且为每种语言或地区创建各自的资源文件，并将不同语言的提示信息保存到这些资源文件中。通过软件平台的 I18N 支持机制，取得客户的语言和国家，自动定位到与客户对应的资源文件，并通过 UI 界面的控件取出提示信息，实现客户的 L10N 本地化信息显示。

JavaEE 提过 JSTL 提供的 I18N 支持标记<fmt:message>可以访问国际化的消息文本，Spring MVC 则提供了更加完善的 I18N 支持机制，完美地实现了 Web 应用的国际化。

23.2　国际化的基本要素

一个支持 I18N 的软件系统首先要定位客户的语言和国家，在此基础上定位与语言和国家对应的资源文件，并通过编程或标记取得指定的提示文本，实现应用的 I18N 化。国际化的基本元素包括本地化 Locale 信息和消息资源文件。

1. 本地化 Locale 信息

Locale 表达一个特定的语言和国家。每个语言和国家都有自己的特定的语言符号和习惯，如英语、汉语、日语、同时有不同习惯的数值格式和日期格式。

每个 Locale 的组成为：

1）语言码（Languange Code）

ISO-639 国际标准定义了不同语言的编码，格式为 2 位小写字母。读者可以访问此标准的网址 http://www.w3.org/WAI/ER/IG/ert/iso639.htm，查阅不同语言的编码，常见语言的编码参见表 23-1。

表 23-1　常用语言的编码

编　码	语　言
de	德语
el	希腊语
en	英语
es	西班牙
fr	法语
it	意大利语
ja	日语
ru	俄语
zh	汉语

2）国家码（Country Code）

ISO-3166 国际标准规定了不同国家的编码，格式为 2 位大写字母。查阅所有国家的编码网址 http://www.iso.org/iso /prods-services /iso3166ma/ 02iso-3166-code-lists/country_names_and_code_elements。常见国家的编码参见表 23-2。

表 23-2 常用国家的 Locale 编码

编码	国家
AU	澳大利亚
BR	巴西
CA	加拿大
CN	中国
DE	德国
FR	法国
IN	印度
JP	日本
US	美国

2. 国际化文本消息资源绑定文件

将不同语言和国家的提示信息保存在不同的资源文件中称为绑定。资源文件是保存提示信息的文本文件，扩展名为.properties。不同的平台存储资源文件的位置是不同的。Java 平台将资源文件保存在 classpath 根目录或其子目录中。

资源文件的命名规则是：

```
基础名_语言码_国家码.properties
```

其中基础名是资源文件的默认文件名，默认的资源文件为：

基础名.properties

如果没有查找到对应的语言和国家资源文件，则自动使用默认资源文件。

语言码和国家码可以省略，如果都省略则为默认的资源文件。可以省略国家码，保留语言码，但不能保留国家码而省略语言码。如下资源文件命名都是合法的：

```
Info.properties
Info_zh.properties
Info_zh_CN.properties
```

只有国家码的资源文件是非法的，如下为非法的资源文件：

```
Info_CN.properties
```

提示信息在资源文件中以 key=value 对格式保存。其中 key 是指定文本的 id，在所有资源文件中保持一致，而 value 则表达不同语言的提示信息。

如将上述的登录页面按中文和英文进行国际化，需要创建两个资源文件，并将不同语言的提示信息分别保存到这两个文件中。

英文的资源文件：Info_en_US.properties

```
login.userid=User ID
login.password=Password
login.submit.button=Submit
```

中文的资源文件：Info_zh_EN.properties

```
login.userid=\u8D26\u53F7
login.password=\u5BC6\u7801
login.submit.button=\u63D0\u4EA4
```

23.3 国际化资源文件的创建

一个支持 I18N 的软件系统首先要定位客户的语言和国家，在此基础上定位与语言和国家对应的资源文件，并通过编程或标记取得指定的提示文本，实现应用的 I18N 化。

资源文件是以.properties 为扩展名的纯文本文件，且必须以 ISO-8859-1 为字符编码，不能在资源文件中直接保存其他编码的字符，如 UTF-8、GB 2312 等。如果保存为非 ISO-8859-1 字符集，必须首先使用转换软件或工具进行转换。

资源文件必须在 Java 项目的 classpath 目录下，在 Spring MVC 的 Web 项目中，使用 IDE 集成开发环境时，一般在 Java 资源的目录 src 的根目录或指定的子目录下。当项目部署时，资源文件会自动部署到 Web 项目的/WEB-INF/classes 目录下。

资源文件的命名必须按照 Java 国际化的规范要求进行。根据项目需求支持的语言和国家，分别创建不同语言和国家的资源文件，其命名规则如下所示。

```
基础名_语言码_国家码.properties
```

基础名用于指定哪个资源文件，一般情况下，当项目较大，需要的国际化的文本较多时，可以为项目的每个模块创建一个资源文件，如开发一个小型的进销存管理系统，可以按采购、销售、库存和财务模型分别创建每个模块的资源文件。要分别支持汉语和英语，则可创建如下资源文件。

```
Purchase_zh_CN.properties
Purchase_en_US.properties
Sales_zh_CN.properties
Sales_en_US.properties
Inventory_zh_CN.properties
Inventory_en_US.properties
Finance_zh_CN.properties
Finance_en_US.properties
```

将每个模块需要的国际化消息文本保存到各自模块的资源文件中。

23.4 Java 实现国际化的机制与编程

Spring MVC 框架对 I18N 的支持是建立在 Java 语言本身国际化机制基础之上，在了解 Java 的 I18N 机制的基础上，才能更好地理解 Spring MVC 的国际化的内在运行原理和执行过程。

Java 对 I18N 的支持依靠 java.util 包中的两个类完成的。

1. java.util.Locale 类

Locale 类的一个实例对象表达一个具体的语言和地区，任何应用软件系统实现 I18N 的首要任务就是取得用户所使用的语言和所在的国家或地区。

在 Java 语言中可以通过如下方式取得一个 Locale，取得 Java JVM 运行平台的本地化 Locale 信息的示意代码如下。

```
Locale locale=Locale.getDefault();
```

但这种方式对 Web 应用意义不大，因为此语句取得的是 Web Server 所在机器的语言和国家，不是用户的 Locale 信息。另一种取得 Locale 对象的方法是通过 Locale 的构造方法指定语言和国家，同时指定语言和国家两个参数，其使用代码如下所示。

```
Locale locale=new Locale("zh","CN");
```

Locale 的构造方法也可以只指定语言参数，此模式的实现代码如下所示。

```
Locale locale=new Locale("zh");
```

这种方式取得的本地化信息，一般用于在 Web 应用中提供选择语言的下拉框或超链接，让用户人工选择自己的语言。编程取得用户的选择后，就可以通过构造方法创建用户指定的本地化 Locale 对象，进而进行资源文件的选择。

在 Java EE Web 应用中，每次用户进行 HTTP 请求，都会将用户浏览器的默认语言和国家的本地化信息放置在请求头(Request Header)中，发送到 Web 服务器端，通过 Java Web 的请求对象取得用户的本地化信息。

```
Locale locale=request.getLocale();
```

这种方式是目前最常见的方式，不需要用户手工选择，软件系统自动识别用户使用的语言和所在的国家或地区，并选择与用户本地化相对应的资源文件。

2. java.util.ResourceBundle 类

ResourceBundle 类的实例表示对一个资源文件的绑定。该类是一个抽象类，需要提供对它的具体实现，例如开发人员可以自己编写使用数据库方式的资源绑定，通过语言选择数据库消息文本表的不同字段，每个资源表示一个语言的消息文本。

Java 语言自身为支持国际化特别提供了默认的 ResourceBundle 的一个实现类，即 java.util.PropertyResourceBundle 实现类，该实现类自动定位属性文件类型的资源文件，这也是目前软件项目最常用的方式，不需要开发者自己编写实现类代码。

通过 ResourceBundle 的自身的静态工厂方法，会自动取得 PropertyResourceBundle 的一个实例，与一个资源文件进行绑定。

```
ResourceBundle bundle=ResourceBundle.getBundle("MessageInfo",locale);
```

该工厂方法需要指定资源文件的 BaseName 和本地化 Locale 信息，会自动在 classpath 目录下查找基础名为 MessageInfo 并与 Locale 对应的资源文件。

如果 Locale 包含的语言码是 zh，国家码是 CN，则首先搜索并绑定同时指定语言和国家的资源文件：

```
MessageInfo_zh_CN.properties
```

如果该资源文件不存在，接下来搜索绑定只指定语言的资源文件：

```
MessageInfo_zh.properties
```

假如该资源文件也不存在，最后检索绑定默认资源文件：

```
MessageInfo.properties
```

如果默认资源文件也不存在，则抛出 java.util.MissingResourceException 异常，指示无此资源文件。

在资源文件绑定成功情况下，提供 ResourceBundle 的实例化方法 getString(String key)可取得资源文件中指定 key 的消息文本的值。

```
String mess=bundle.getString("info");
```

Java 语言 I18N 编程的步骤如下：

```
Locale locale=new Locale("zh","CN");
ResourceBundle bundle=ResourceBundle.getBundle("MyInfo",locale);
String mess=bundle.getString("info");
```

23.5 Spring MVC 国际化的实现机制

Spring MVC 框架提供了简便的国际化实现机制，它内部使用 Java 的 I18N API 实现国际化的处理。Spring MVC 国际化的实现机制包括如下组成部分。

1．messageSource Bean

该 Bean 类负责定位国际化资源文件，并且 Spring MVC 提供了多种该 Bean 的实现类，用于读取不同位置的消息文本资源文件，如读取类路径的资源文件、读取普通文件系统下的资源文件。

为定位不同位置的国际化资源文件，Spring 提供了不同类型的资源文件定位 Bean 类，包括读取类路径下资源文件的 ResourceBundleMessagesource 类，以及读取应用程序项目指定目录下资源文件的 ReloadableResourceBundleMessageSource 类，并需要在 Spring MVC 的 IoC 配置文件中配置使用这些 Bean。

ResourceBundleMessagesource 类的配置代码如下所示。

```
<bean id="messageSource" class="org.springframework.context.support.Resource
-Bundle MessageSource">
<property name="basenames" >
    <list>
        <value>com/city/oa/messages/Info</value>
    </list>
</property>
</bean>
```

该 Bean 需要注入属性 beasenames，该属性指定类路径下查找国际化资源文件的路径和基础名，结合 Locale 信息的语言和国家即可定位指定的资源文件。如果只有一个资源文件基础名，则可以使用属性 basename 替代 basenames 集合属性，其配置代码如下。

```
<bean id="messageSource" class="org.springframework.context.support.
ResourceBundleMessageSource">
<property name="basename" value="com/city/oa/messages/Info" />
</bean>
```

读取应用项目指定目录下的资源文件的 ReloadableResourceBundleMessageSource 类的配置代码如下。

```
<bean id="messageSource" class="org.springframework.context.support.
ReloadableResourceBundleMessageSource">
<property name="basenames" >
<list>
<value>resource/Messages</value>
<value>resource/Infos</value>
</list>
</property>
</bean>
```

需要注入的属性与 ResourceBundleMessageSource 类相同，也可以使用 basename 注入单个资源文件基础名。ReloadableResourceBundleMessageSource 还有一个非常重要的特性是其修改资源文件后，不需要重新启动 Web 服务器，会自动读取新的资源消息文本；而 ResourceBundleMessageSource 类没有此特性，修改资源文件后必须重新启动 Web 服务器。

2．客户 Locale 信息读取的 locale 解析 bean

在配置定义资源文件的 Bean 后，另一个需要配置的是客户 Locale 信息的解析器，该解析器负责读取客户的本地化信息，它通过读取 Web 请求中包含的 accept-language 请求头，取得客户端使用的语言和所在的国家或地区。Spring MVC 也支持在 Java Web 的会话对象 HttpSession 中保存的 Locale 信息，或 Cookie 中包含的 Locale 信息。

Spring MVC 提供的 Locale 解析器有定义在包 org.springframework.web.servlet.i18n 下的以下类型。

（1）AcceptHeaderLocaleResolver：从请求头中读取 accept-language 的 Locale 信息解析器，其配置代码如下所示。

```
<bean  id="localeResolver"  class="org.springframework.web.servlet.i18n.
AcceptHeaderLocaleResolver">
</bean>
```

（2）SessionLocaleResolver：解析 Locale 的另一种方法是通过 SessionLocaleResolver。它通过检验用户会话中预置的属性来解析区域。如果该会话属性不存在，它会根据 accept-language HTTP 头部确定默认区域。要使用基于 Session 或 Cookie 的 Locale 解析器，同时还需要配置 Spring MVC 的拦截器，整个配置代码如下所示。

```
<mvc:interceptors>
    <!-- 国际化操作拦截器 如果采用基于（请求/Session/Cookie）则必须配置 -->
    <bean class="org.springframework.web.servlet.i18n.
    LocaleChangeInterceptor"/>
</mvc:interceptors>
<bean  id="localeResolver"  class="org.springframework.web.servlet.i18n.
SessionLocaleResolver" />
```

如果不配置默认的会话属性，则会话属性不存在时，会使用 AcceptHeaderLocale Resolver 取得请求头的信息，也可以设置 defaultLocale 属性设置默认的 Locale，其配置代码如下所示。

```
<bean id="localeResolver" class="org.springframewrok.web.servlet.i18n.
SessionLocaleResolver">
    <property name="defaultLocale" value="zh"/>
</bean>
```

（3）CookieLocaleResolver：该解析器取得用户浏览器中的 Cookie，用 CookieLocale Resolver 来解析 Cookie 中保存的 Locale 信息。如果 Cookie 不存在，它会根据 accept-language HTTP 头部确定默认区域， 其配置代码如下所示。

```
<bean id="localeResolver" class="org.springframework.web.servlet.i18n.
CookieLocaleResolver"/>
```

该 Locale 解析器所采用的 Cookie 可以通过 cookieName 和 cookieMaxAge 属性进行定制。cookieMaxAge 属性表示这个 Cookie 应该持续多少秒，–1 表示这个 Cookie 在浏览器关闭之后就失效，配置了这些属性的代码如下所示。

```
<bean id="localeResolver" class="org.springframework.web.servlet.i18n.
CookieLocaleResolver">
    <property name="cookieName" value="language"/>
    <property name="cookieMaxAge" value="3600"/>
    <property name="defaultLocale" value="en"/>
</bean>
```

如果用户浏览器中不存在该 Cookie，你也可以为这个解析器设置 defaultLocale 属性。通过修改保存该区域的 Cookie，这个区域解析器能够改变用户的区域。

3. 显示资源文本的 Spring MVC 标记

在定位了资源文件配置和 Locale 解析器后，Spring MVC 在 JSP 页面中使用<spring>空间下的标记 message 实现指定消息文本的显示。

首先在 JSP 页面中引入 Spring 标记库。

```
<% @taglib prefix="spring" uri="http://www.springframework.org/tags" %>
```

再使用<spring:message>标记显示指定 key 的资源文本。

```
<spring:message code="department.main.title"/>
```

23.6 Spring MVC 实现 I18N 的编程案例

下面以本书 OA 实际案例中部门主页的国际化编程过程详细讲述 Spring MVC 实现国际化的全过程。

1. 创建国际化消息资源文件

在项目的 src 目录下，创建包 com.city.oa.message，再分别创建中文和英文两个资源文件：Info_zh_CN.properties 和 Info_en_US.properties。其内容分别为如下所示。

```
Info_zh_CN.properties 文件内容：
department.main.title=\u90E8\u95E8\u7BA1\u7406
department.main.table.code=\u90E8\u95E8\u7F16\u7801
department.main.table.name=\u90E8\u95E8\u540D\u79F0
```

Info_en_US.properties 的文件内容：

```
department.main.title=Department Main
department.main.table.code=CODE
department.main.table.name=NAME
```

2. 在 Spring MVC 的配置文件 springmvc.xml 配置资源文件定位 Bean

如上所述，要实现国际化处理，需要在 Spring MVC 的 IoC 容器配置文件中配置消息资源文件定位 Bean 以及客户 Locale 信息解析器，其配置代码参见程序 23-2，为了全面展示，保留了之前使用的 JSP 和文件上传解析器。

程序 23-2 springmvc.xml //Spring MVC 配置文件

```
<?xml version="1.0" encoding="UTF-8"?>
<beans xmlns="http://www.springframework.org/schema/beans"
    xmlns:xsi="http://www.w3.org/2001/XMLSchema-instance"
    xmlns:aop="http://www.springframework.org/schema/aop"
    xmlns:c="http://www.springframework.org/schema/c"
    xmlns:cache="http://www.springframework.org/schema/cache"
    xmlns:context="http://www.springframework.org/schema/context"
    xmlns:jdbc="http://www.springframework.org/schema/jdbc"
    xmlns:jee="http://www.springframework.org/schema/jee"
    xmlns:jms="http://www.springframework.org/schema/jms"
    xmlns:lang="http://www.springframework.org/schema/lang"
    xmlns:mvc="http://www.springframework.org/schema/mvc"
    xmlns:oxm="http://www.springframework.org/schema/oxm"
    xmlns:p="http://www.springframework.org/schema/p"
    xmlns:task="http://www.springframework.org/schema/task"
    xmlns:tx="http://www.springframework.org/schema/tx"
    xmlns:util="http://www.springframework.org/schema/util"
    xmlns:websocket="http://www.springframework.org/schema/websocket"
    xsi:schemaLocation="http://www.springframework.org/schema/beans
```

```
http://www.springframework.org/schema/beans/spring-beans.xsd
    http://www.springframework.org/schema/aop
http://www.springframework.org/schema/aop/spring-aop-4.3.xsd
    http://www.springframework.org/schema/cache
http://www.springframework.org/schema/cache/spring-cache-4.3.xsd
    http://www.springframework.org/schema/context
http://www.springframework.org/schema/context/spring-context-4.3.xsd
    http://www.springframework.org/schema/jdbc
http://www.springframework.org/schema/jdbc/spring-jdbc-4.3.xsd
    http://www.springframework.org/schema/jee
http://www.springframework.org/schema/jee/spring-jee-4.3.xsd
    http://www.springframework.org/schema/jms
http://www.springframework.org/schema/jms/spring-jms-4.3.xsd
    http://www.springframework.org/schema/lang
http://www.springframework.org/schema/lang/spring-lang-4.3.xsd
    http://www.springframework.org/schema/mvc
http://www.springframework.org/schema/mvc/spring-mvc-4.3.xsd
    http://www.springframework.org/schema/oxm
http://www.springframework.org/schema/oxm/spring-oxm-4.3.xsd
    http://www.springframework.org/schema/task
http://www.springframework.org/schema/task/spring-task-4.3.xsd
    http://www.springframework.org/schema/tx
http://www.springframework.org/schema/tx/spring-tx-4.3.xsd
    http://www.springframework.org/schema/util
http://www.springframework.org/schema/util/spring-util-4.3.xsd
    http://www.springframework.org/schema/websocket
http://www.springframework.org/schema/websocket/spring-websocket-4.3.xsd">
    <!-- 设置扫描 Bean 的路径 -->
    <context:component-scan base-package="com.city.oa"></context:component-scan>
    <!--启用 Spring MVC 注释  -->
    <mvc:annotation-driven></mvc:annotation-driven>
    <!-- 启用事务注释 -->
    <tx:annotation-driven/>
    <!-- 配置 Spring MVC JSP 视图解析器 -->
    <bean class="org.springframework.web.servlet.view.InternalResource-
    ViewResolver">
        <property name="prefix" value="/"></property>
        <property name="suffix" value=".jsp"></property>
    </bean>
    <!--文件上传解析器 -->
     <bean id="multipartResolver" class="org.springframework.web.multipart.
    support.StandardServletMultipartResolver"></bean>
    <!-- 资源定义器 Bean -->
    <bean id="messageSource" class="org.springframework.context.support.
    ResourceBundleMessageSource">
```

```
        <property name="basename" value="com/city/oa/message/Info" />
    </bean>
    <!-- 客户 Locale 解析器 -->
    <bean id="localeResolver" class="org.springframework.web.servlet.i18n.
    AcceptHeaderLocaleResolver" />
</beans>
```

3. JSP 页面引入 Spring 标记库并使用<spring:message>标记显示消息文本

创建部门主页显示文件/departmetn/main.jsp，在页面中引入 Spring MVC 的 Spring 和 form 标记库，使用标记<spring:message>显示消息文本。其实现代码如程序 23-3 所示。

程序 23-3 /department/main.js //部门管理主页页面代码

```
<%@ page language="java" contentType="text/html; charset=UTF-8"
    pageEncoding="UTF-8"%>
<%@ taglib uri="http://java.sun.com/jsp/jstl/core" prefix="c" %>
<%@ taglib prefix="form" uri="http://www.springframework.org/tags/form"%>
<%@ taglib prefix="spring" uri="http://www.springframework.org/tags"%>
<!DOCTYPE html PUBLIC "-//W3C//DTD HTML 4.01 Transitional//EN" "http://www.
w3.org/TR/html4/loose.dtd">
<html>
<head>
<meta http-equiv="Content-Type" content="text/html; charset=UTF-8">
<title>Insert title here</title>
</head>
<body>
<table width="100%" height="74" border="0">
  <tr>
    <td align="center" bgcolor="#D6D6D6">
    <h1><spring:message code="system.main.title"></spring:message></h1>
    </td>
  </tr>
</table>
<table width="100%" height="234" border="0">
  <tr>
    <td width="58%" height="230" valign="top" bgcolor="#D6D6D6">
     <p><spring:message code="department.main.title"></spring:message> </p>
      <table width="100%" border="1" cellspacing="1" cellpadding="1">
        <tr>
          <td width="13%" bgcolor="#F2F2F2"><spring:message code="department.
          main.table.code"></spring:message></td>
          <td width="28%" bgcolor="#F2F2F2"><spring:message code="department.
          main.table.name"></spring:message></td>
          <td width="28%" bgcolor="#F2F2F2"><spring:message code="department
          .main.table.operation"></spring:message></td>
        </tr>
        <c:forEach var="dm" items="${departmentList}">
```

```
      <tr>
        <td>${dm.code}</td>
        <td>${dm.name }</td>
        <td><a href="tomodify?departmentNo=${dm.no}"><spring:message code=
       "department.main.modify.link"></spring:message></a>
           <a href="todelete?departmentNo=${dm.no}"><spring:message code=
           "department.main.delete.link"></spring:message></a>
           <a href="toview?departmentNo=${dm.no}"><spring:message code=
           "department.main.view.link"></spring:message></a></td>
      </tr>
      </c:forEach>
    </table>
  <p><a href="toadd"><spring:message code="department.main.add.link">
  </spring:message></a></p></td>
 </tr>
</table>
<table width="100%" border="0">
 <tr>
  <td align="center" bgcolor="#D6D6D6"><spring:message code="system.copyright.
  title"/></td>
 </tr>
</table>
</body>
</html>
```

启动项目，请求部门前分发控制器的地址/department/tomain，将显示部门主管理界面，其中文请求的显示如图 23-5 所示。

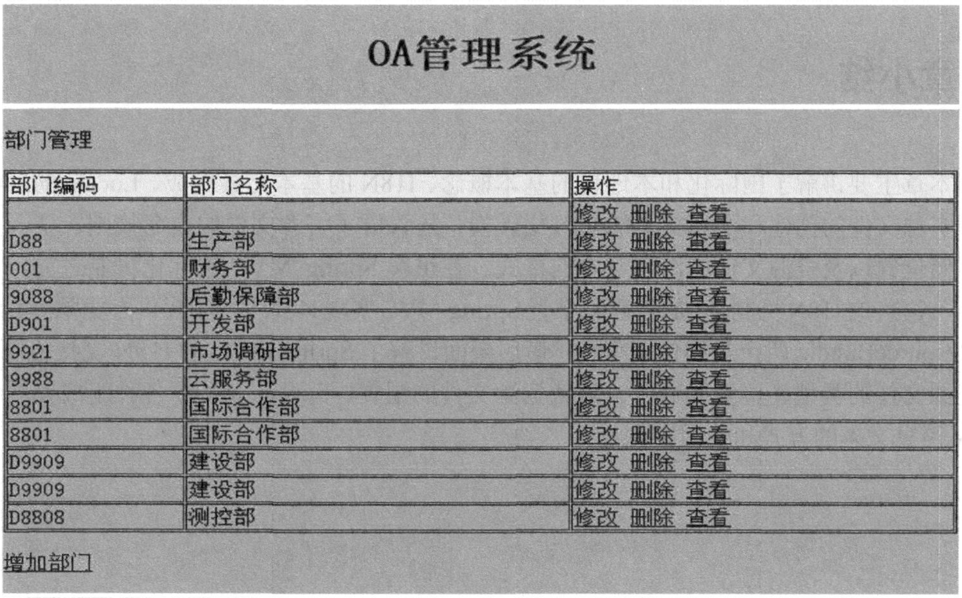

OA管理系统

部门管理

部门编码	部门名称	操作
		修改 删除 查看
D88	生产部	修改 删除 查看
001	财务部	修改 删除 查看
9088	后勤保障部	修改 删除 查看
D901	开发部	修改 删除 查看
9921	市场调研部	修改 删除 查看
9988	云服务部	修改 删除 查看
8801	国际合作部	修改 删除 查看
8801	国际合作部	修改 删除 查看
D9909	建设部	修改 删除 查看
D9909	建设部	修改 删除 查看
D8808	测控部	修改 删除 查看

增加部门

图 23-5　中文请求时的部门主页显示

将浏览器的 Locale 信息改为英文-美国后，刷新前面请求的地址，显示如图 23-6 所示的英语状态下的部门主页。

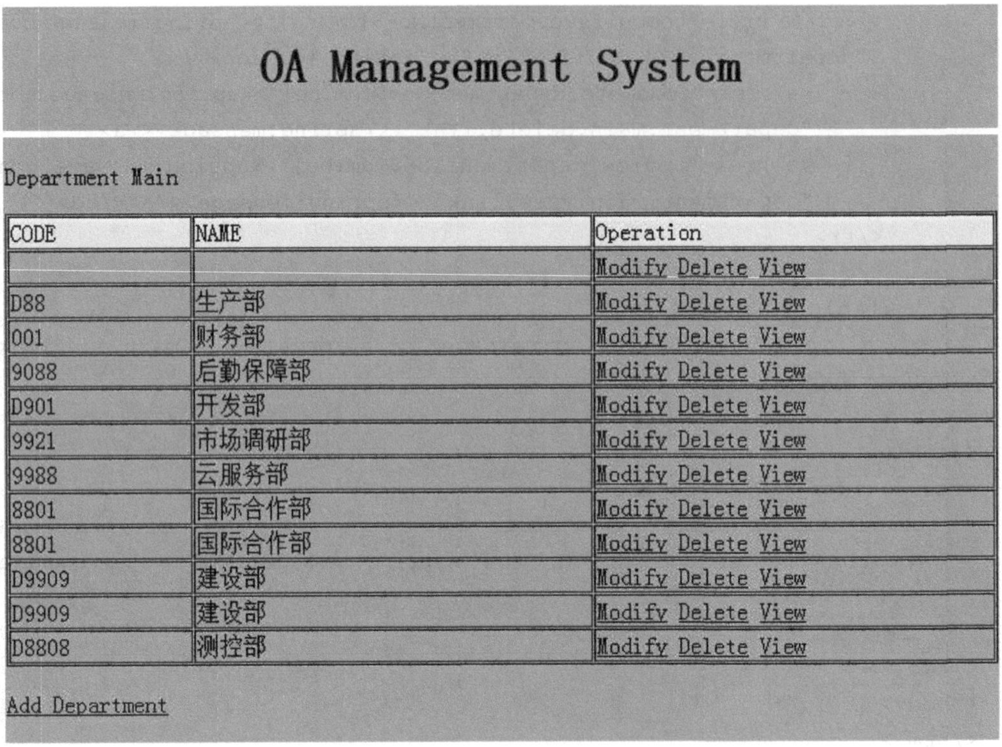

OA Management System

Department Main

CODE	NAME	Operation
		Modify Delete View
D88	生产部	Modify Delete View
001	财务部	Modify Delete View
9088	后勤保障部	Modify Delete View
D901	开发部	Modify Delete View
9921	市场调研部	Modify Delete View
9988	云服务部	Modify Delete View
8801	国际合作部	Modify Delete View
8801	国际合作部	Modify Delete View
D9909	建设部	Modify Delete View
D9909	建设部	Modify Delete View
D8808	测控部	Modify Delete View

Add Department

图 23-6　英文请求下的部门主页显示

通过以上步骤和配置，可以实现这个 Web 应用所有页面的国际化消息显示处理。

本章小结

本章主要讲解了国际化和本地化的基本概念、I18N 的基本元素构成、Locale 的组成元素、资源文件的创建和消息文本的字符集转换；还讲解了资源文件的命名规则、资源文件的存储位置以及资源文件中消息文本的格式。在讲解 Spring MVC 国际化机制之前，讲述了 Java 语言的 I18N 机制，它是学习和掌握 Spring MVC 实现 I18N 的基础，重点要掌握 Locale 和 ResourceBundle 两个类的使用编程；最后全面讲解了 Spring MVC 的 I18N 支持机制，包括资源文件的类型、检索的顺序、默认资源文件的配置、Spring MVC 各种组成元素访问 I18N 消息文本的方式和使用案例。

第24章 Spring REST API 编程

本章要点

- REST API 概述。
- REST API 协议详解。
- Spring MVC 实现 REST API。
- Spring MVC 实现客户端访问 REST API。

由于智能设备的飞速发展，各种智能手机、平板以及物联网设备都在与互联网相连，推动并产生了移动互联网。当今任何一个软件系统，都不再只是简单地使用 PC 客户端通过浏览器来访问，而是各个结构各异的客户端都可以访问应用系统，这导致了应用系统访问编程处理的复杂性。

要使不同设备使用不同的操作系统、不同的编程语言和架构快捷方便地访问企业级应用系统，就必须使用一种统一的协议和处理方式，这就是 REST API 诞生的目的。

REST API 定义一个基于 HTTP 的统一的访问协议，使得不同系统之间，包括前端访问服务端、服务端与服务端通信编程变得极其简单而高效。目前一些新软件系统的开发甚至几乎抛弃了传统的类似 JSP 的技术，转而大量使用 REST 风格的构架设计，即在服务器端所有商业逻辑都以 REST API 的方式暴露给客户端，所有浏览器用户端和智能手机，IoT 设备端都使用 REST API 方式与后台直接交互。

Spring MVC 的内置的特性原本使得编写 REST API 应用就非常简单，新版的 Spring 更是直接提供了专门的实现 REST API 的注释类，使这一特性得到更彻底的展示，目前使用 Spring MVC 编写 REST API 是所有实现方式中最简单的。

24.1 REST API 概述

REST 的全拼是 REpresentational State Transfer，即表述性状态转移。REST 指的是一组架构约束条件和原则，满足这些约束条件和原则的应用程序设计就是 RESTful。

REST 不是一种新兴的技术语言，也不是新的框架，而是一种概念、风格或者约束。

24.1.1 REST 的技术体系

REST API 实现主要使用基于互联网的 HTTP 技术系统，包括如下成熟技术。

1. HTTP 协议

API 与用户的通信协议，总是使用 HTTPs 协议，并支持 HTTP 的所有请求方式，包括 GET、POST、DELETE、HEADER、PUT 等。

2. URI 资源定位

REST API 依然使用 Web 的全球资源定位技术实现 API 服务的寻址和定位。

3. Hypertext

Hypertext 即超文本，用来描述资源的内容和状态，可以用 html、xml、json 或者自定义格式的文本来描述任何一个资源。

24.1.2 REST API 的设计规范

REST API 实现的规范的要求如下。

（1）每个资源都应该有唯一的一个标识。

每个 API 都必须是全球唯一的，不能多个 API 对应一个 URI 地址。

（2）使用标准的方法更改资源的状态。如取得资源数据使用 GET 方式，提交数据到 API 使用 POST 方法，删除指定的资源使用 DELETE 方法等。

（3）request 和 response 的自描述。

每一个消息都包含了一块能精确描述如何对齐进行处理的信息。响应信息也会清晰明确地指出它们是否具备缓存能力。

（4）资源多重表述。

开发者在发送一个 REST API 请求的同时，根据应用场景，针对相同的资源，可能会期待不同的返回形式，如 XML、JSON。

（5）无状态服务。

URL、查询参数、内容或者头中已经包含了操作请求所需要的各种状态。URL 标识资源，内容包含了资源的状态。在服务端处理之后，适当的状态或部分状态会通过响应头、响应状态、响应内容等回传给客户端。

24.2 REST API 规范的实现约束

无论使用什么技术和编程语言，都必须符合 REST API 的设计规范，下面分别讲述实现 REST API 的具体要求。

1. 访问的协议

所有 REST API 的访问都必须使用 HTTP 或 HTTPS 协议。现在也正在研究基于 WebSocket 的响应式 REST API 的实现，期待早点发布。

2．API 的定位要使用 URI 规范

首先 API 要定义在发布服务的公司或组织的域名下，并专门设置 REST API 主机地址。假如 XYZ 公司的域名是 xyz.com，其 API 可以设计为如下主机地址。

```
http://api.xyz.com
```

当 API 需要更新时，而且还要保留原来的 API，以保证原有的客户端依然能正常工作，这时可以为 API 增加版本号，其实现的地址如下。

```
http://api.xyz.com/v10 表示 1.0 版本的 API。
http://api.xyz.com/v11 表示 1.1 版本的 API。
http://api.xyz.com/v20 表示 2.0 版本的 API。
```

不同功能的 API 使用路径（Endpoint）表示，每个路径表示对一个业务对象处理的 API，如下是分发对部门和员工处理的 API。

```
http://api.xyz.com/v10/department：对部门处理的 API。
http://api.xyz.com/v10/employee：对员工处理的 API。
```

需要注意的是，路径不能包含对业务对象处理的方法动作，如下 API 的路径是不符合 REST 规范的。

```
http://api.xyz.com/v10/department/add 目的是想增加部门。
http://api.xyz.com/v10/department/delete 目的是想删除部门。
```

因为 REST API 提供了专门的动作谓词实现上述功能。

3．API 的动作谓词

对于资源的具体操作类型，由 HTTP 动词表示，在对指定的 API 进行请求时，需要指定执行哪个动作谓词。常用的 HTTP 动词包括以下 7 种。

（1）GET（SELECT）：从服务器取出资源（一项或多项）。

如要取得所有的部门信息，则需要执行如下动作和 API。

```
GET http://api.xyz.com/v10/department
```

取得指定部门的信息，在执行 GET 动作时，需要添加 URI 参数，如下为取得部门编号为 1001 的部门信息的动作格式。

```
GET http://api.xyz.com/v10/department/1001
```

（2）POST（CREATE）：在服务器新建一个资源。

如增加一个新部门的 API 的动作和 URI 如下。

```
POST http://api.xyz.com/v10/department
```

（3）PUT（UPDATE）：在服务器更新资源（客户端提供改变后的完整资源）。

更新一个现有部门的 API 动作和 URI 如下。

```
PUT http://api.xyz.com/v10/department/1001/D1001/财务部
```

可以在 API 中增加各种参数以确定更新的内容，上面的 3 个参数分别是部门编号 1001、部门编码 D1001 和部门名称财务部，其功能是将编号为 1001 的部门的编码修改为 D1001，其名称修改为财务部。

（4）PATCH（UPDATE）：在服务器更新资源（客户端提供改变的属性）。

该动作与 PUT 功能基本相同，很少使用该动作，一般都使用 PUT 的。

```
PATCH http://api.xyz.com/v10/department/1001/D1001/财务部
```

（5）DELETE（DELETE）：从服务器删除资源。

该动作删除指定的信息，如删除编号为 1001 的部门的动作和 URI 如下所示。

```
DLEETE http://api.xyz.com/v10/department/1001
```

（6）HEAD：获取资源的元数据。

仅仅返回响应头的 Header 数据。

（7）OPTIONS：获取信息，关于资源的哪些属性是客户端可以改变的。

4．API 的结果过滤

如果执行 API 动作 GET 时返回的信息记录数量过多，为防止服务器返回过多对象，可能导致服务器或客户端内存泄露，需要 API 应该提供参数，过滤返回结果。REST API 允许在路径中使用参数对 API 的结果进行过滤和筛选，参数使用的语法格式如下。

```
?limit=10：指定返回记录的数量
?offset=10：指定返回记录的开始位置。
?page=2&per_page=100：指定第几页，以及每页的记录数。
?sortby=name&order=asc：指定返回结果按照哪个属性排序，以及排序顺序。
GET http://api.xyz.com/employee?departmentNo=1001：只返回部门编号为 1001 的员工列表。
```

5．API 的状态码

客户请求 API 时，API 根据处理的进度和结果向客户端发送状态码（Status Code）告知服务器处理的情况。REST API 基本沿用 HTTP 响应的状态码来表达 API 的处理结果，下面是常用的处理返回状态码编号和含义。

200 OK - [GET]：服务器成功返回用户请求的数据，该操作是幂等的（Idempotent）。

201 CREATED - [POST/PUT/PATCH]：用户新建或修改数据成功。

202 Accepted - [*]：表示一个请求已经进入后台排队（异步任务）

204 NO CONTENT - [DELETE]：用户删除数据成功。

400 INVALID REQUEST - [POST/PUT/PATCH]：用户发出的请求有错误，服务器没有进行新建或修改数据的操作，该操作是幂等的。

401 Unauthorized - [*]：表示用户没有权限（令牌、用户名、密码错误）。

403 Forbidden - [*] 表示用户得到授权（与 401 错误相对），但是访问是被禁止的。

404 NOT FOUND - [*]：用户发出的请求针对的是不存在的记录，服务器没有进行操作，该操作是幂等的。

406 Not Acceptable - [GET]：用户请求的格式不可得（比如用户请求 JSON 格式，但是只有 XML 格式）。

410 Gone -[GET]：用户请求的资源被永久删除，且不会再得到。

422 Unprocesable entity - [POST/PUT/PATCH] 当创建一个对象时，发生一个验证错误。

500 INTERNAL SERVER ERROR - [*]：服务器发生错误，用户将无法判断发出的请求是否成功。

6．API 返回数据的格式

目前所有 API 请求时返回的结果数据类型基本都是 JSON，该格式已经成为 REST API 事实上的标准，有的 API 还可能返回其他类型的结果如 XML、纯文本等。实际项目编程中推荐使用 JSON 返回格式。

24.3 Spring MVC 实现 REST API

Spring MVC 的注释模式编程内置了对 REST API 的实现，要实现 REST API 的编程，只需使用几个简单的注释类即可。

（1）在@RequestMapping 注释类中使用属性 consumes 指定请求的方式为 JSON 或文本方式，如下代码演示了使用 consumes 属性接收 JSON 类型的数据提交，现在典型的客户端 Web 框架如 jQuery、AngularJS 和 ReactJS 都使用发送 JSON 数据请求与服务器端通信。

```
@RequestMapping(value="/add",consumes="application/json",produces="appl
ication/json",method=RequestMethod.POST)
@ResponseBody
public String add(DepartmentModel dm) throws Exception{
    departmentService.add(dm); //增加新部门
    String result="{'result':'ok'}";
    return result;
}
```

（2）在@RequestMapping 中使用属性 produces 指定响应结果类型为 JSON。

REST API 的关键是能生成非 HTML 响应，主要的结果是 JSON 格式数据，使用 produces 属性指定其返回类型为 application/json，就可以完成生成 JSON 的配置。

（3）控制方法的返回类型可以为 String、业务 Model 类、业务 Model 的 List 集合对象。

用于 REST API 的控制方法，通常返回的类型有 String、业务 Model 类、业务 Model 类的 List 集合。其中 String 用于返回简单的处理结果和状态等信息，而业务 Model 类则返回指定的业务对象信息，业务 Model 类的集合则返回业务对象的列表等。如下代码演示了取得所有员工列表的 REST API 的控制方法编程。

```
@RequestMapping(value="/get",produces="application/json",method=Request
Method.GET)
@ResponseBody
public List<DepartmentModel> getListByAll() throws Exception
{
```

```
    List<DepartmentModel> list=ds.getListByAll();
    return list;
}
```

（4）在控制方法上增加@ResponseBody 注释。

所有实现 REST API 的控制方法都需要使用@ResponseBody 注释类进行注释，表明此方法直接生成响应数据，而不是使用 JSP 的转发或重定向等方式，参见上面代码方法中该注释类的使用。

（5）配置 JSON 结果解析器。

要让控制方法返回的结果类型能生成 JSON 格式，Spring MVC 使用第三方框架 Jackson 完成将 Java 类型转换为 JSON 格式。为使用 Jackson 框架需要在 Spring MVC 的 IoC 配置文件中使用如下配置代码进行注册和配置。

首先注册 Jackson 框架的类型转换 Bean。

```
<bean id="jsonConverter" class="org.springframework.http.converter.json.
MappingJackson2HttpMessageConverter"></bean>
```

其次再配置 Spring MVC JSON 生成注释与 JSON 解析器结合。

```
<bean  class="org.springframework.web.servlet.mvc.annotation.Annotation-
MethodHandlerAdapter">
          <property name="messageConverters">
            <list>
              <ref bean="jsonConverter"/>
            </list>
      </property>
</bean>
```

在使用 Jackson 生成 JSON 的响应处理编程时，该框架提供了几个注释类用于配置在业务 Model 类上用于控制属性生成 JSON 的方式，可方便地对 JSON 序列化和反序列化进行控制。

@JsonIgnore 此注解用于属性上，作用是进行 JSON 操作时忽略该属性。

@JsonFormat 此注解用于属性上，作用是把 Date 类型直接转化为想要的格式，如@JsonFormat(pattern = "yyyy-MM-dd HH-mm-ss")。

@JsonProperty 此注解用于属性上，作用是把该属性的名称序列化为另外一个名称，如把 trueName 属性序列化为 name、@JsonProperty("name")。

这些注释类的使用案例如下所示。

```
//转换 JSON 时不序列化该集合属性
@JsonIgnore
private Set<EmployeeModel> employees=null;
//格式化日期属性
@JsonFormat(pattern = "yyyy 年 MM 月 dd 日")
private Date birthday;
//序列化 email 属性为 mail
```

```
@JsonProperty("mail")
private String email;
```

经过以上配置，在控制方法中调用业务层对象完成业务处理，再返回指定的 Java 类型即可，Jackson 自动将 Java 类型转换为 JSON 数据，由 Spring MVC 的 DispatcherServlet 发送给请求的客户端。

由于 REST API 的日益普及，如何以简洁方便的方式实现 REST API 成为所有软件框架要重点解决的问题。为简化 REST API 的开发，Spring MVC 提供了新的注释类@RestController 对控制类进行注释，表明其是 REST API 的控制类。

@RestController 整合了@Controller 和@ResponseBody，在使用@RestController 后，控制方法就不再需要使用@Response 进行注释了。如下代码演示了使用@RestController 实现的 REST API 的部门控制器编程。

```
//部门控制器类
@RestController
@RequestMapping("/department")
@Transactional
public class DepartmentController {
    @RequestMapping(value="/add",consumes="application/json",produces=
    "application/json",method=RequestMethod.POST)
    public String add(DepartmentModel dm) throws Exception{
        String result="{'result':'ok'}";
        return result;
    }
    @RequestMapping(value="/get/{departmentNo}",produces="application/
    json",method=RequestMethod.GET)
    public DepartmentModel getDepartment(@PathVariable int departmentNo)
    throws Exception
    {
        DepartmentModel dm=ds.getDepartment(departmentNo);
        return dm;
    }
   @RequestMapping(value="/get",produces="application/json",method=
   RequestMethod.GET)
    public List<DepartmentModel> getListByAll() throws Exception
    {
        List<DepartmentModel> list=ds.getListByAll();
        return list;
    }
}
```

24.4 Spring MVC 实现 REST API 客户端编程

部署到 Web 服务器上的 REST 服务可以通过符合 REST API 规范的协议进行访问，可以是 Web 的客户端、手机或 IoT 设备等。Web 客户端一般使用支持 AJAX 的 JavaScript 框架对 REST API 服务进行访问，如 jQuery、AngularJS、ReactJS、DOJO 等，也可以在 Java 程序中实现对 REST 服务的请求。

如果使用纯 Java 编程方式访问 REST 服务，涉及使用 HTTP 或 HTTPS 协议发送和接收 JSON 或 XML 数据，需要编写的代码较多，处理过程较为烦琐。其核心编程是使用 java.net 提供的各种 API，如 HttpUrlConnection，URL 和 Java IO API 访问 REST 服务的地址，再使用 I/O 流读取返回的 JSON 文本数据。使用 Java JDK 编写的 REST 服务客户端的测试类参见程序 24-1。

程序 24-1 RestClientWithJavaAPI.java //REST 服务客户端测试类

```
package com.city.oa.test;

import java.io.BufferedReader;
import java.io.InputStreamReader;
import java.net.HttpURLConnection;
import java.net.URL;
//REST API 客户端，使用 Java API 编程
public class RestClientWithJavaAPI {
    public static void main(String[] args) {
        HttpURLConnection connection = null;
        BufferedReader reader = null;
        try{
            URL restAPIUrl = new URL("http://localhost:8080/spring_ch23/
            department/get/165");
            connection = (HttpURLConnection)restAPIUrl.openConnection();
            connection.setRequestMethod("GET");
            //Read the response
            reader = new BufferedReader(new  InputStreamReader(connection.
            getInputStream()));
            StringBuilder jsonData = new StringBuilder();
            String line;
            while ((line = reader.readLine()) != null) {
            jsonData.append(line);
            }
            System.out.println(jsonData.toString());
        }
        catch(Exception e){
            e.printStackTrace();
        }
        System.out.println("OK");
    }
}
```

该测试类访问取得指定部门信息的 REST 服务，提供一个部门编号参数 165，取得该

部门的所有信息，运行后在控制台上输出了取得的 JSON 文本，其结果如图 24-1 所示。

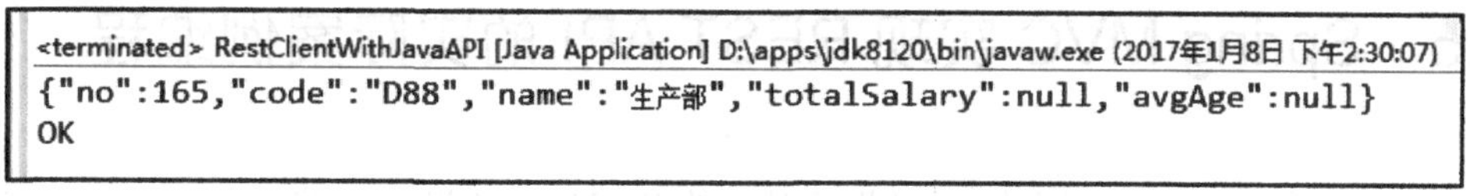

```
<terminated> RestClientWithJavaAPI [Java Application] D:\apps\jdk8120\bin\javaw.exe (2017年1月8日 下午2:30:07)
{"no":165,"code":"D88","name":"生产部","totalSalary":null,"avgAge":null}
OK
```

图 24-1 REST 服务 Java 客户端显示结果

为简化 Java 客户端访问 REST 服务的编程，Spring MVC 提供了专门的访问 REST 服务的模板类 org.springframework.web.client.RestTemplate，该模板将烦琐的 REST API 访问代码进行了封装，提供了灵活的方法用于对 REST 服务的访问，包括参数的发送和结果的接收。该模块类提供了如下重载方法来使用对 REST 服务的访问，而且这些方法可直接将 REST 服务返回的 JSON 数据转换为 Java 对象类型。

（1）public <T> T getForObject(String url, Class<T> responseType,Object… urlVariables) throws RestClientException

参数 1 指定 REST 服务的 URL 地址，参数 2 为返回的对象的类型，参数 3 为可变的 REST API 的参数。

（2）public <T> T getForObject(String url, Class<T> responseType,Map<String,?> url Variables) throws RestClientException

该方法参数 1 为服务的 URL 地址，参数 2 为返回的对象类型，参数 3 为 Map 集合类型表达的 REST 服务参数。

（3）public <T> T getForObject(URI url, Class<T> responseType) throws RestClient Exception

该方法参数 1 是 URL 类型的 URL 地址，用于指定 REST 服务地址，参数 2 为返回类型对象。

使用 RestTemplate 模板类访问 REST 服务，首先创建该类的对象，使用其默认的构造方法完成，然后调用以上 3 种方法之一访问 REST 服务，并接收方法返回的 Java 对象，该对象通过 Spring MVC 对返回的 JSON 数据进行解析而获得。其使用编程参见如下代码。

```
RestTemplate restTemplate = new   RestTemplate();
DepartmentModel dm=restTemplate.getForObject("http://localhost:8080/spring_
ch23/department/get/{departmentNo}",DepartmentModel.class, 165);
//对取得的 Model 对象进行进一步处理
```

上面的代码调用取得指定部门的 REST 服务，该服务接收 URI 参数 departmentNo，返回部门持久类 DepartmentModel 的对象，传递部门编号参数为 165，这里使用硬编码形式，实际编程中此编号一般通过控制器类从客户端取得。

通过上述代码可见，使用 RestTemplate 调用 REST 服务的编程非常简单，相比使用纯 Java API 编程节省了大量辅助性代码，并且该类自动将 JSON 转换为 Java Model 对象，如果使用手动编程，这段转换代码的编程量是非常可观的。

24.5 Spring MVC 实现 REST API 的实际案例编程

下面通过本书 OA 案例中的部门业务对象的 REST API 设计与编程来详细展示 Spring MVC 实现 REST API 的步骤与编程。在 Spring MVC 完成 REST 服务后，通过 Spring MVC 提供的REST API客户端演示如何在Spring Java中调用REST API服务，并发送和接收REST 服务的数据。

24.5.1 Spring MVC 实现 REST API 服务器端

要使用 Spring MVC 开发 REST API 并接收和返回 JSON 类型数据，首先需要在 Spring MVC 的 IoC 容器配置文件中配置 JSON 结果解析器。Spring MVC 使用第三方 JSON 数据转换框架 Jacson，在项目中引入该框架的类库 JAR 文件后，在 Spring MVC 的容器配置文件中配置如程序 24-2 所示的 JSON 类型转换解析器 Bean。

程序 24-2 springmvc.xml //Spring MVC 专门的容器配置文件

```
<beans.............>
    <!-- 设置扫描 Bean 的路径 -->
    <context:component-scan base-package="com.city.oa"></context:component-scan>
    <!--启用 Spring MVC 注释  -->
    <mvc:annotation-driven></mvc:annotation-driven>
    <!-- 启用事务注释 -->
    <tx:annotation-driven/>
    <!-- 配置 Spring MVC JSP 视图解析器 -->
    <bean class="org.springframework.web.servlet.view.InternalResourceView-
    Resolver">
        <property name="prefix" value="/"></property>
        <property name="suffix" value=".jsp"></property>
    </bean>
    <!-- Jackson JSON 结果解析器 -->
    <bean id="jsonConverter" class="org.springframework.http.converter.json.
    MappingJackson2HttpMessageConverter"></bean>
    <!-- 配置基于 Java 注释模式的控制器方法参数 -->
    <bean class="org.springframework.web.servlet.mvc.annotation.Annotation-
    MethodHandlerAdapter">
            <property name="messageConverters">
              <list>
                <ref bean="jsonConverter"/>
              </list>
        </property>
    </bean>
</beans>
```

配置中使用 Jacson 版本 2 的类库，下载时需要注意其版本要与此相同。为简化编程，XML 文件的空间定义部分已经省略，请参考前面章节的案例代码。

案例中依然使用前面章节已经编好的部门业务实现类，此处不再重复。

REST API 服务的实现在 Spring MVC 的控制器类中使用，并使用@RestController 对控制类进行注释，案例中部门业务对象的 REST API 实现代码参见程序 24-3。

程序 24-3　DepartmentRestController.java //部门 REST 服务控制类

```
package com.city.oa.controller;
import java.util.List;
import org.springframework.beans.factory.annotation.Autowired;
import org.springframework.stereotype.Controller;
import org.springframework.transaction.annotation.Transactional;
import org.springframework.web.bind.annotation.PathVariable;
import org.springframework.web.bind.annotation.RequestMapping;
import org.springframework.web.bind.annotation.RequestMethod;
import org.springframework.web.bind.annotation.ResponseBody;
import org.springframework.web.bind.annotation.RestController;
import com.city.oa.model.annotation.DepartmentModel;
import com.city.oa.service.IDepartmentService;
//部门 REST API 控制器类
@RestController
@RequestMapping("/department")
@Transactional
public class DepartmentRestController {

   private IDepartmentService ds=null;
   @Autowired
   public void setDs(IDepartmentService ds) {
      this.ds = ds;
   }

   @RequestMapping(value="/add",consumes="application/json",produces=
   "application/json",method=RequestMethod.POST)
   @ResponseBody
   public String add(DepartmentModel dm) throws Exception{
      String result="{'result':'ok'}";
      return result;
   }
   @RequestMapping(value="/get/{departmentNo}",produces="application/
   json",method=RequestMethod.GET)
   @ResponseBody
   public DepartmentModel getDepartment(@PathVariable int departmentNo)
   throws Exception
   {
      DepartmentModel dm=ds.getDepartment(departmentNo);
```

```
        return dm;
    }
    @RequestMapping(value="/get",produces="application/json",method=
    RequestMethod.GET)
    @ResponseBody
    public List<DepartmentModel> getListByAll() throws Exception
    {
        List<DepartmentModel> list=ds.getListByAll();
        return list;
    }
}
```

部署并运行有 REST API 控制器的 Web 应用，使用 Google Chrome 浏览器请求指定的部门的 REST API，并传入部门的编号为 212，得到如图 24-2 所示的 JSON 返回结果。

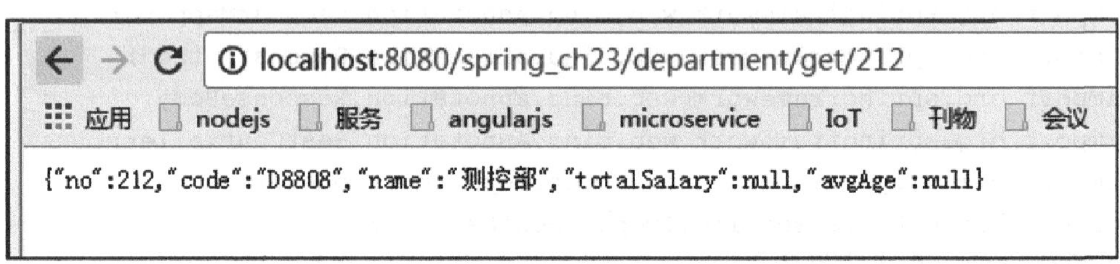

图 24-2　使用浏览器请求取得指定部门的 REST API 的结果显示

再使用浏览器请求取得所有部门信息的 REST API URL 地址，得到如图 24-3 所示的 JSON 返回结果。

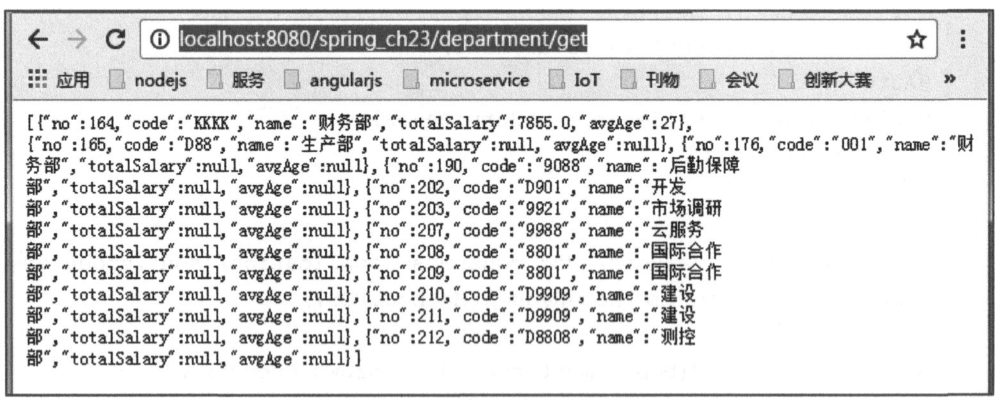

图 24-3　使用浏览器请求取得所有部门列表的 REST API 请求结果

在实际应用中，一般使用客户端的 AJAX 框架请求这些 REST 服务，Spring MVC 提供了专门的 REST API 模板类以简化 Java 客户端的编程。

24.5.2　Spring MVC 编程 REST API 客户端案例

在 REST 服务启动后，使用 Spring MVC 提供的 RestTemplate 请求 REST 服务，使用

该对象的方法 getForObject 取得 REST 服务返回的 JSON 数据并自动转换为业务的 Model 对象，其测试代码参见程序 24-4。

程序 24-4　RestClientWithRestTemplate.java //使用 RestTemplate 访问 REST 服务测试类

```
package com.city.oa.test;
import org.springframework.web.client.RestTemplate;
import com.city.oa.model.annotation.DepartmentModel;
//REST 服务测试类，使用 Spring MVC RestClient
public class RestClientWithRestTemplate {
    public static void main(String[] args) {

        try{
            RestTemplate restTemplate = new RestTemplate();
            DepartmentModel dm=restTemplate.getForObject("http://localhost:
            8080/spring_ch23/department/get/{departmentNo}",DepartmentModel.
            class, 165);
            System.out.println(dm.getCode()+"-"+dm.getName());
        }
        catch(Exception e){
            e.printStackTrace();
        }
    }
}
```

运行该测试类，在 JVM 控制台上输出部门的编码和名称，其显示结果如图 24-4 所示。

Markers　Properties　Servers　Data Source Explorer　Snippets　Problem

<terminated> RestClientWithRestTemplate [Java Application] D:\apps\jdk8120\bin\javaw.exe

取得的部门信息：D88-生产部

图 24-4　使用 RestTemplate 访问 REST 服务的结果显示

本章小结

本章讲述了目前最为流行的 REST API 协议的基本原理和设计规范，重点讲解了使用 Spring MVC 注释编程模式实现 REST API 的编程和配置。

在原有的 Spring MVC 中，通过在控制器方法的@RequestMapping 中增加属性 consumes 和 produces 来指定 REST 服务接收和响应的数据类型。当前 JSON 类型已经是 REST API 事实上的标准，也有部分 REST 服务使用 XML 数据格式。

为实现 REST 服务，还需要在 Spring MVC 控制方法上增加注释@ResponseBody 并设置方法的返回类型为 String。

在最新版的 Spring MVC 中为简化 REST 服务的开发，新增了@RestController 注释类，通过以其取代传统的@Controller，可以省略控制方法上的@ResponseBody 注释类。

对于接收 JSON 请求类型参数的 REST 访问，REST 服务的控制方法中要使用@RequestBody 对参数的数据进行注释，以取得 JSON 格式的输入参数，并转换为指定的 Model 类型对象。

Spring MVC 还提供了 Java 程序作为 REST 服务客户端的 RestTemplate 类，使得编程 REST 服务的客户端编程变得简单又高效。

参 考 文 献

[1] JBoss Hibernate Group. Hibernate ORM 5.2.6.Final User Guide [J/OL]. JBoss Org, 2016：[2016-11-23]. https://docs.jboss.org/hibernate/orm/current/userguide/html_single/Hibernate_User_Guide.html#architecture-overview.

[2] CHRISTIAN BAUER, GAVIN KING, GARY GREGORY. Java Persistence with Hibernate SECOND EDITION[M]. Shelter Island：Manning Publications Co.，2016.

[3] SRINIVAS GURUZU, GARY MAK. Hibernate Recipes:A Problem-Solution Approach[M]. New York：Apress，2010.

[4] Jeff Linwood, Dave Minter. Beginning Hibernate Third Edition[M]. New York：Apress，2014.

[5] CHRISTIAN BAUER, GAVIN KING. Java Persistence with Hibernate[M]. New York：Manning Publications Co.，2007.

[6] Ahmad Reza Seddighi. Spring Persistence with Hibernate[M]. BIRMINGHAM - MUMBAI：Packt Publishing，2009.

[7] Joseph B. Ottinger, Jeff Linwood, Dave Minter. Beginning Hibernate For Hibernate 5 Fourth Edition[M]. New York：Apress，2016.

[8] Madhusudhan Konda. Just Hibernate[M]. Sebastopol：O’Reilly Media, Inc，2014.

[9] Mert Çalı s, kan, Kenan Sevindik. Beginning Spring[M]. Indianapolis：John Wiley & Sons, Inc，2015.

[10] Ravi Kant Soni. Learning Spring Application Development[M]. BIRMINGHAM：Packt Publishing，2015.

[11] Anjana Mankale. Mastering Spring Application Development[M]. BIRMINGHAM：Packt Publishing，2015.

[12] CRAIG WALLS. Spring in Action FOURTH EDITION[M]. Shelter Island,：Manning Publications Co.，2015.

[13] Paul Deck. Spring MVC: A Tutorial Second Edition[M]. Brossard ：Brainy Software Inc，2016.

[14] Alex Bretet. Spring MVC Cookbook[M]. BIRMINGHAM：Packt Publishing，2016.

[15] Balaji Varanasi, Sudha Belida. Spring REST[M]. New York：Apress，2015.

[16] Erik Wilde, Cesare Pautasso. REST: From Research to Practice[M]. Heidelberg：Springer Science+Business Media, LLC，2011.

[17] Martin Kalin. Java Web Services: Up and Running[M]. Sebastopol：O’Reilly Media, Inc，2009.

[18] 刘京华，等. Java Web 整合开发王者归来（JSP+Servlet+Struts+Hibernate+Spring）[M]. 北京：清华大学出版社，1998.

[19] 孙卫琴. Java 开发专家・精通 Hibernate：Java 对象持久化技术详解[M]. 第 2 版. 北京：电子工业出版社，2010.

[20] 蒋许勇，王黎，等. Struts 2+Hibernate+Spring 整合开发深入剖析与范例应用[M]. 北京：清华大学出版社，2013.

[21] [美] 戴克（Paul Deck）. Spring MVC 学习指南[M]. 林仪明，崔毅译，等. 北京：人民邮电出版社，2015.

[22] 计文柯. Spring 技术内幕：深入解析 Spring 架构与设计原理[M]. 第 2 版. 北京：机械工业出版社，2012.

[23] Jifu Tong. Data Access on Tourism Resources Management System Based on Spring JDBC, 2015 3rd International Conference on Education,Management,Arts,Economics and Social Science(ICEMAESS 2015)[C]Changsha,China, 2015.

[24] 陈正举. 基于 Hibernate 的数据库访问优化[J] 计算机应用与软件，2012(7)：5-8.

[25] 张宇，王映辉，张翔南. 基于 Spring 的 MVC 框架设计与实现[J]. 计算机工程，2010, 2(7)：59-62.

[26] DES MARAIS D J，STRAUSS H. 基于 Spring MVC 的 Web 应用开发[J]. 计算机与现代化，2013（02）：167-168+173.

图书资源支持

感谢您一直以来对清华版图书的支持和爱护。为了配合本书的使用，本书提供配套的资源，有需求的读者请扫描下方的“书圈”微信公众号二维码，在图书专区下载，也可以拨打电话或发送电子邮件咨询。

如果您在使用本书的过程中遇到了什么问题，或者有相关图书出版计划，也请您发邮件告诉我们，以便我们更好地为您服务。

我们的联系方式：

地　　址：北京海淀区双清路学研大厦 A 座 707

邮　　编：100084

电　　话：010－62770175－4604

资源下载：http://www.tup.com.cn

电子邮件：weijj@tup.tsinghua.edu.cn

QQ：883604（请写明您的单位和姓名）

资源下载、样书申请

书圈

用微信扫一扫右边的二维码，即可关注清华大学出版社公众号“书圈”。